普通高等教育"十三五"规划教材
高等工科院校卓越工程师教育教材

# 机械设计学习指导

(第 2 版)

傅燕鸣　主编

上海科学技术出版社

## 内 容 提 要

本书是针对高等院校机械类专业的学生进行"机械设计"课程的复习、课程应考以及报考机械类专业硕士研究生所编写的。

本书分为2篇。第1篇为机械设计学习指导，共分11章，每章内容包括知识要点、复习思考题、自测题、自测题参考答案和中英双语名词术语。第2篇为机械设计试题，编入的试卷具有内容丰富、覆盖面广的特点，便于学生熟悉各种题型，开阔眼界，掌握机械设计课程的基本要求。

本书除可作为机械类专业学生课程复习、应考和硕士研究生报考人员的考前热身教材外，也可供教师课程考试命题参考。

### 图书在版编目(CIP)数据

机械设计学习指导 / 傅燕鸣主编. —2版. —上海：上海科学技术出版社，2020.1（2025.9重印）
普通高等教育"十三五"规划教材　高等工科院校卓越工程师教育教材
ISBN 978-7-5478-4693-3

Ⅰ. ①机… Ⅱ. ①傅… Ⅲ. ①机械设计—高等学校—教学参考资料　Ⅳ. ①TH122

中国版本图书馆 CIP 数据核字（2019）第 269196 号

---

**机械设计学习指导（第2版）**
傅燕鸣　主编

上海世纪出版（集团）有限公司
上海科学技术出版社　出版、发行
（上海市闵行区号景路159弄A座9F—10F）
邮政编码 201101　www.sstp.cn
常熟市兴达印刷有限公司印刷
开本 787×1092　1/16　印张 19
字数 470 千字
2015 年 9 月第 1 版
2020 年 1 月第 2 版　2025 年 9 月第 9 次印刷
ISBN 978-7-5478-4693-3/TH・81
定价：58.00 元

---

本书如有缺页、错装或坏损等严重质量问题，请向工厂联系调换

# 第 2 版前言

本书自 2015 年 9 月出版以来,有助于读者尽快掌握机械设计课程的基本内容和基本要求,提高分析问题、解决问题的能力,掌握解题方法和技巧,这些方面得到了广大读者的认可和厚爱,本书已重印四次,取得了预期的效果,说明本书编写的指导思想是正确的,内容的选取是恰当的,因此这次修订第 2 版仍将保持原来的思路和风格。

本书在总结《机械设计学习指导》初版使用经验的基础上,考虑了当前教学改革和人才培养的需要,进行了如下几方面的修订工作:

(1) 每章内容除保留原有的知识要点、复习思考题、自测题、自测题参考答案外,在最后增加了机械设计"中英双语名词术语"一节,以适应当前机械设计双语教学和课程建设发展的需要;

(2) 更正原版文字、图表中的疏漏和印刷错误,以及部分图中线条不规范等问题;

(3) 基于本书所在的"高等院校卓越工程师教育教材"丛书中已出版了《机械设计硕士研究生入学考试试题汇编》一书,因此本书第 2 版删减了初版时关于试题部分的附录。

本书知识要点、复习思考题、自测题、自测题参考答案由傅燕鸣编写,中英双语名词术语由傅昊赟、黄艺喆编写,插图由傅昊赟、唐忠伟、朱磊、周暄妍、李晓腾制作。书稿文字由蔡忠琴、朱南录入。由于编者水平有限,加之时间仓促,书中难免存在一些疏漏和不足之处,敬请广大读者不吝赐教、批评指正。

编 者
2019 年 12 月

# 前　言

"机械设计"是机械类专业的一门主干专业基础课程,也是机械工程一级学科各专业硕士研究生入学考试的课程之一。该课程具有很强的理论性与实践性,学生往往感到内容多,工程实际问题多,不知如何通过该课程考试。实际上,学好这门课程与顺利地通过这门课程的考试,两者的要求是不同的。前者要求掌握课程的总体概貌,不但要掌握这门课程的基本概念、基本内容以及基本方法,还要了解它们的来龙去脉,知道所学内容从何处来,用在何处,如何应用;后者是检验所学内容的掌握情况,注重课程内各概念和内容之间的联系,强调计算技能以及运用基本理论分析处理实际问题的能力。这两者之间没有包含关系,所以顺利地通过考试也是一门学问。本书的编写,就是希望在这方面对读者有所帮助。

本书分为2篇。第1篇为机械设计学习指导,共分11章,每章内容包括:① 知识要点:对机械设计每章的基本知识、基本理论和基本方法进行了详细地分析、归纳和总结,以便使学生能快速地把握知识要点,提高复习效率;② 复习思考题:对每章的一些重点及难点内容以复习思考题的形式给出,可供学生在复习总结时参考;③ 自测题:对每章的自测题以是非题、单项选择题和分析、计算题等形式给出,有助于学生演练,更好地掌握考试要点;④ 自测题参考答案:对自测题中每一道试题,都提供了较为详尽的解答,以便学生检查备考复习效果;⑤ 中英双语名词术语。第2篇为机械设计试题,编入的试卷具有内容丰富、覆盖面广的特点,以便学生熟悉各种题型,开阔眼界,掌握机械设计课程的基本要求。

编者希望本书对学生课程应考、机械类专业研究生的入学考试以及教师较好地组织本课程试卷有所帮助。本书可以作为高等院校"机械设计"课程学生的教学辅导用书,也可以作为教师的教学参考用书。

本书由傅燕鸣编著。插图由傅昊赟、朱磊、周暄妍、李晓腾制作。书稿文字由蔡忠琴录入。由于编者的水平有限、时间仓促,本书错误或不妥之处在所难免,恳请广大读者不吝批评指正。

编　者
2015年2月于上海大学

# 目 录

## 第 1 篇　机械设计学习指导

### 第 1 章　机械零件的强度　3
- 1.1　知识要点　3
- 1.2　复习思考题　8
- 1.3　自测题　10
- 1.4　自测题参考答案　13
- 1.5　中英双语名词术语　18

### 第 2 章　螺纹连接和螺旋传动　21
- 2.1　知识要点　21
- 2.2　复习思考题　27
- 2.3　自测题　29
- 2.4　自测题参考答案　35
- 2.5　中英双语名词术语　42

### 第 3 章　键、花键和销连接　44
- 3.1　知识要点　44
- 3.2　复习思考题　46
- 3.3　自测题　47
- 3.4　自测题参考答案　50
- 3.5　中英双语名词术语　51

### 第 4 章　带传动　53
- 4.1　知识要点　53
- 4.2　复习思考题　56
- 4.3　自测题　58

4.4 自测题参考答案 …………………………………………………………………… 61
4.5 中英双语名词术语 …………………………………………………………………… 64

# 第5章 链传动 …………………………………………………………………… 66
5.1 知识要点 …………………………………………………………………… 66
5.2 复习思考题 …………………………………………………………………… 69
5.3 自测题 …………………………………………………………………… 71
5.4 自测题参考答案 …………………………………………………………………… 73
5.5 中英双语名词术语 …………………………………………………………………… 74

# 第6章 齿轮传动 …………………………………………………………………… 76
6.1 知识要点 …………………………………………………………………… 76
6.2 复习思考题 …………………………………………………………………… 83
6.3 自测题 …………………………………………………………………… 87
6.4 自测题参考答案 …………………………………………………………………… 91
6.5 中英双语名词术语 …………………………………………………………………… 96

# 第7章 蜗杆传动 …………………………………………………………………… 101
7.1 知识要点 …………………………………………………………………… 101
7.2 复习思考题 …………………………………………………………………… 106
7.3 自测题 …………………………………………………………………… 108
7.4 自测题参考答案 …………………………………………………………………… 112
7.5 中英双语名词术语 …………………………………………………………………… 114

# 第8章 滑动轴承 …………………………………………………………………… 116
8.1 知识要点 …………………………………………………………………… 116
8.2 复习思考题 …………………………………………………………………… 122
8.3 自测题 …………………………………………………………………… 125
8.4 自测题参考答案 …………………………………………………………………… 130
8.5 中英双语名词术语 …………………………………………………………………… 133

# 第9章 滚动轴承 …………………………………………………………………… 135
9.1 知识要点 …………………………………………………………………… 135
9.2 复习思考题 …………………………………………………………………… 140

9.3 自测题 …………………………………………………………………… 143
9.4 自测题参考答案 ………………………………………………………… 149
9.5 中英双语名词术语 ……………………………………………………… 157

## 第10章 联轴器和离合器 …………………………………………………… 160
10.1 知识要点 ……………………………………………………………… 160
10.2 复习思考题 …………………………………………………………… 162
10.3 自测题 ………………………………………………………………… 163
10.4 自测题参考答案 ……………………………………………………… 167
10.5 中英双语名词术语 …………………………………………………… 169

## 第11章 轴 …………………………………………………………………… 171
11.1 知识要点 ……………………………………………………………… 171
11.2 复习思考题 …………………………………………………………… 177
11.3 自测题 ………………………………………………………………… 180
11.4 自测题参考答案 ……………………………………………………… 185
11.5 中英双语名词术语 …………………………………………………… 191

# 第2篇 机械设计试题

机械设计(一)试题1 ……………………………………………………………… 195
机械设计(一)试题1解答 ………………………………………………………… 199
机械设计(一)试题2 ……………………………………………………………… 204
机械设计(一)试题2解答 ………………………………………………………… 208
机械设计(一)试题3 ……………………………………………………………… 213
机械设计(一)试题3解答 ………………………………………………………… 217
机械设计(一)试题4 ……………………………………………………………… 221
机械设计(一)试题4解答 ………………………………………………………… 225
机械设计(一)试题5 ……………………………………………………………… 229
机械设计(一)试题5解答 ………………………………………………………… 232
机械设计(一)试题6 ……………………………………………………………… 236
机械设计(一)试题6解答 ………………………………………………………… 240
机械设计(二)试题1 ……………………………………………………………… 244

机械设计(二)试题 1 解答 ……………………………………………………………… 247
机械设计(二)试题 2 ……………………………………………………………………… 251
机械设计(二)试题 2 解答 ……………………………………………………………… 255
机械设计(二)试题 3 ……………………………………………………………………… 259
机械设计(二)试题 3 解答 ……………………………………………………………… 265
机械设计(二)试题 4 ……………………………………………………………………… 270
机械设计(二)试题 4 解答 ……………………………………………………………… 275
机械设计(二)试题 5 ……………………………………………………………………… 278
机械设计(二)试题 5 解答 ……………………………………………………………… 282
机械设计(二)试题 6 ……………………………………………………………………… 286
机械设计(二)试题 6 解答 ……………………………………………………………… 290

**参考文献** ………………………………………………………………………………… 294

# 第 1 篇

# 机械设计学习指导

# 第 1 章 机械零件的强度

## 1.1 知识要点

### 1.1.1 载荷分类

**(1) 按与时间的关系分**

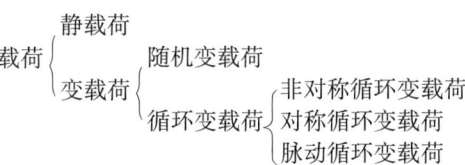

1) 静载荷：大小和方向不随时间变化或变化非常缓慢的载荷。
2) 变载荷：大小和方向随时间变化的载荷。
3) 随机变载荷：大小和方向随时间变化，无规律可循的载荷。
4) 循环变载荷：大小和方向随时间做周期性变化的载荷。

几种典型的载荷谱如图 1-1-1 所示。

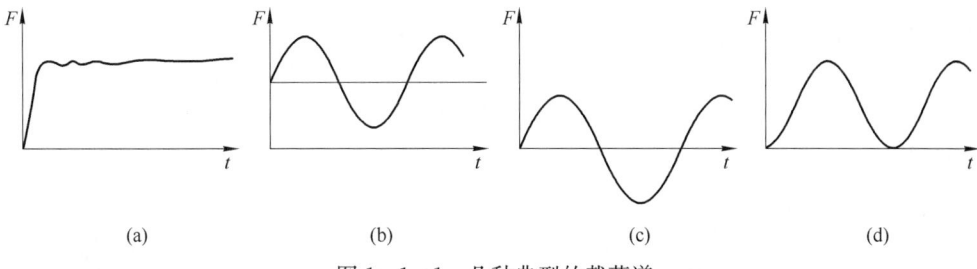

图 1-1-1 几种典型的载荷谱
(a) 静载荷；(b) 非对称循环变载荷；(c) 对称循环变载荷；(d) 脉动循环变载荷

**(2) 按应用计算场合分** 可分为名义载荷和计算载荷。

1) 名义载荷：由原动机的额定功率或机器负载计算得出的载荷值，它是机器在平稳工作条件下作用在零件上的载荷，又称额定载荷。
2) 计算载荷：考虑机器工作时零件受到动载荷和载荷分布不均等情况影响的载荷。通常计算载荷可定义为载荷系数 $K$ 与名义载荷的乘积。

### 1.1.2 应力分类

按与时间的关系分，应力可分为静应力和变应力，变应力又可分为随机变应力和循环变应力，而循环变应力又分为非对称循环变应力、对称循环变应力和脉动循环变应力。

1) 静应力：大小和方向不随时间变化或变化非常缓慢的应力。

2) 变应力：大小和方向随时间变化的应力。
3) 随机变应力：大小和方向随时间变化，无规律可循的应力。
4) 循环变应力：大小和方向随时间做周期性变化的应力。

应力类型及其应力参数间的关系见表 1-1-1。

表 1-1-1 应力类型及其应力参数

| 分类 | 静应力 | 非对称循环变应力 | 脉动循环变应力 | 对称循环变应力 |
|---|---|---|---|---|
| 应力变化谱 | | | | |
| 应力与参数的关系 | $\sigma_{max}=\sigma_{min}=\sigma_m$<br>$\sigma_a=0$<br>$r=\dfrac{\sigma_{min}}{\sigma_{max}}=1$ | $\sigma_m=\dfrac{\sigma_{max}+\sigma_{min}}{2}$<br>$\sigma_a=\dfrac{\sigma_{max}-\sigma_{min}}{2}$<br>$r=\dfrac{\sigma_{min}}{\sigma_{max}}$ | $\sigma_m=\sigma_a=\dfrac{\sigma_{max}}{2}$<br>$\sigma_{min}=0$<br>$r=\dfrac{\sigma_{min}}{\sigma_{max}}=0$ | $\sigma_m=0$<br>$\sigma_a=\sigma_{max}=-\sigma_{min}$<br>$r=\dfrac{\sigma_{min}}{\sigma_{max}}=-1$ |

式中　$\sigma_{max}$——最大应力；
　　　$\sigma_{min}$——最小应力；
　　　$\sigma_m$——平均应力，相当于循环中应力不变部分；
　　　$\sigma_a$——应力幅，相当于循环中应力变动部分；
　　　$r$——应力比（循环特性），表示变应力的不对称程度，$-1 \leqslant r \leqslant 1$

静应力是在静载荷作用下产生的，变应力可以在变载荷下产生，也可以在静载荷下产生，如受径向力的回转轴产生对称循环变应力，相啮合的齿轮齿面产生脉动循环的接触变应力，轴承内外圈滚道表面产生脉动循环的接触变应力等均是在静载荷作用下的机械零件产生变应力的典型例子。

### 1.1.3 材料的疲劳强度

**(1) 疲劳断裂的特征**　零件材料长时间在远低于材料强度极限的交变应力作用下会产生裂纹和断裂的现象称为疲劳破坏。在交变应力作用下的零件材料发生疲劳破坏的主要形式是疲劳断裂。发生这种失效时，首先在零件表面应力较大处产生裂纹，然后裂纹向深处发展，直至余下的截面应力超过材料的强度极限时便发生全部断裂。因此一个典型的疲劳断口往往由疲劳裂纹源区、光滑的疲劳区和粗糙的断裂区组成，如图 1-1-2 所示。

**(2) $\sigma$-$N$ 疲劳曲线**　在一定的应力比 $r$ 下，材料的疲劳极限（以最大应力 $\sigma_{max}$ 表征）与应力循环次数 $N$ 的关系曲线通常称为 $\sigma$-$N$ 疲劳曲线，如图 1-1-3 所示。疲劳曲线是研究材料疲劳强度的基本曲线，它反映了材料抵抗疲劳断裂的能力，通常分为有限寿命区和无限寿命区，以循环基数 $N_0$ 为界。利用疲劳曲线可以对只需要工作一定期限的零件进行有限寿命设计，以期减小零件的尺寸和重量。若已知材料的循环基数 $N_0$ 和疲劳极限 $\sigma_r$，则应力循环 $N$ 次时的疲劳极限为

$$\sigma_{rN} = \sigma_r \sqrt[m]{\dfrac{N_0}{N}} = K_N \sigma_r \qquad (1\text{-}1\text{-}1)$$

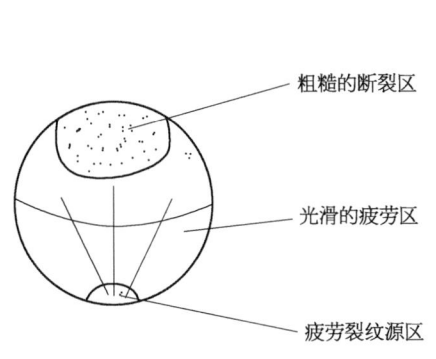

图 1-1-2 单向弯曲时的疲劳断口

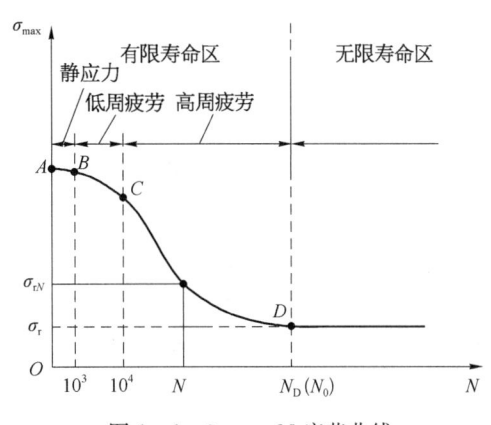

图 1-1-3 $\sigma$-$N$ 疲劳曲线

式中，$K_N$ 称为寿命系数。因此，在做有限寿命设计确定材料的疲劳极限 $\sigma_{rN}$ 时，只要用相应循环特征的无限寿命疲劳极限 $\sigma_r$ 与寿命系数 $K_N$ 相乘即可。

**(3) 等寿命疲劳曲线（极限应力线图）** 在一定的应力循环次数 $N$ 下，材料疲劳极限的应力幅 $\sigma_a$ 与平均应力 $\sigma_m$ 的关系曲线通常称为等寿命疲劳曲线，即 $\sigma_a$-$\sigma_m$ 极限应力线图。按试验的结果，等寿命疲劳曲线为二次曲线。工程上为方便起见，对塑性材料常使用由对称循环疲劳极限 $\sigma_{-1}$、脉动循环疲劳极限 $\sigma_0$ 和屈服极限 $\sigma_S$ 绘制的简化极限应力线图，如图 1-1-4 所示。图中 $A'G'$ 线表示疲劳强度极限线，其方程为

$$\sigma_{-1} = \sigma'_a + \varphi_\sigma \sigma'_m \qquad (1-1-2)$$

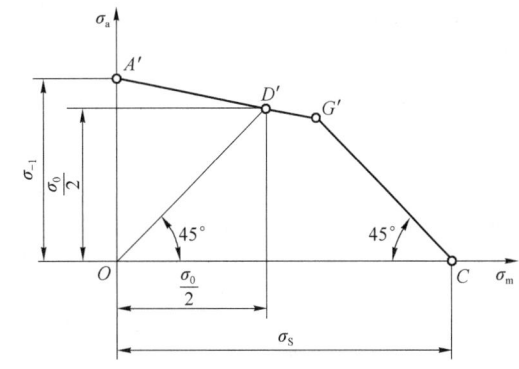

图 1-1-4 材料简化的极限应力线图

式中，$\varphi_\sigma$ 为材料受循环弯曲应力时的材料常数，其值由下式决定

$$\varphi_\sigma = \frac{2\sigma_{-1} - \sigma_0}{\sigma_0} \qquad (1-1-3)$$

$G'C$ 线表示屈服强度极限线，其方程为

$$\sigma'_m + \sigma'_a = \sigma_S \qquad (1-1-4)$$

如果材料承受的工作应力点位于 $OA'G'C$ 区域内，最大应力既不超过疲劳极限，也不超过屈服极限，则表示材料不发生破坏；若在此区域以外，则一定会发生破坏。

### 1.1.4 机械零件的疲劳强度

**(1) 影响机械零件疲劳极限的因素** 影响零件疲劳极限的因素有零件的应力集中、绝对尺寸、表面质量及强化因素等，可以引入一综合影响系数 $K_\sigma$ 统一考虑，其值由下式决定

$$K_\sigma = \left(\frac{k_\sigma}{\varepsilon_\sigma} + \frac{1}{\beta_\sigma} - 1\right)\frac{1}{\beta_q} \qquad (1-1-5)$$

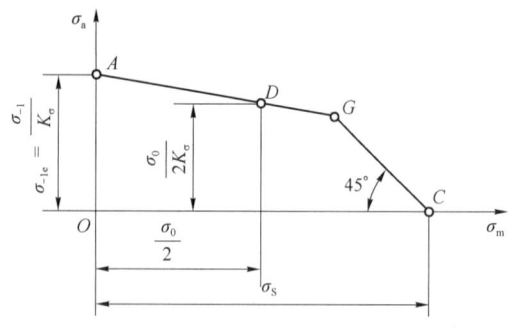

图 1-1-5 零件的简化极限应力线图

式中,$k_\sigma$ 为零件的有效应力集中系数;$\varepsilon_\sigma$ 为零件的尺寸系数;$\beta_\sigma$ 为零件的表面质量系数;$\beta_q$ 为零件的强化系数。在零件受变应力作用时,由于变应力的平均应力 $\sigma_m$ 是应力的不变部分,因此综合影响系数 $K_\sigma$ 只对变应力中的应力幅 $\sigma_a$ 有影响。图 1-1-5 为设计塑性材料零件的简化极限应力线图。图中零件疲劳强度极限线 $AG$ 方程为

$$\sigma_{-1} = K_\sigma \sigma'_{ae} + \varphi_\sigma \sigma'_{me} \qquad (1-1-6)$$

零件屈服强度极限线 $GC$ 方程为

$$\sigma'_{me} + \sigma'_{ae} = \sigma_S \qquad (1-1-7)$$

利用零件的简化极限应力线图,可以判断零件是否发生失效,并能进一步确定零件是发生疲劳失效还是塑性变形失效。

**(2) 单向稳定变应力时机械零件的疲劳强度计算** 进行机械零件疲劳强度计算时,首先根据零件危险截面上的 $\sigma_{max}$ 和 $\sigma_{min}$ 确定平均应力 $\sigma_m$ 与应力幅 $\sigma_a$,然后在极限应力线图的坐标中标出相应的工作应力点 $M$ 或 $N$,最后根据零件的工作应力变化规律来确定极限应力点 $M'$ 或 $N'$。判断稳定变应力下机械零件的疲劳强度通常采用安全系数法,计算公式见表 1-1-2。使用时应注意:零件做有限寿命设计时,在公式中应以有限寿命疲劳极限 $\sigma_{-1N}$ 代替 $\sigma_{-1}$;在尚不能确定零件是由于疲劳强度还是静载强度失效时,除要按公式校核疲劳强度外,还应注意校核零件的静强度;当零件有几个危险截面时,应分别计算其安全系数,以便进行比较改进设计。

表 1-1-2 变应力下机械零件的强度计算公式

| 工作应力变化规律 | | | $r = C$<br>(绝大多数转轴中的应力状态) | $\sigma_m = C$<br>(振动着的受载弹簧中的应力状态) | $\sigma_{min} = C$<br>(紧螺栓连接中螺栓受轴向变载荷时的应力状态) |
|---|---|---|---|---|---|
| 单向稳定变应力 | | 工作应力点 | (图) | (图) | (图) |
| | | $M$(疲劳强度计算) | $S_{ca} = \dfrac{\sigma_{-1}}{K_\sigma \sigma_a + \varphi_\sigma \sigma_m} \geqslant S$    (1-1-8)<br>$S'_a = S_{ca}$    (1-1-9) | $S_{ca} = \dfrac{\sigma_{-1} + (K_\sigma - \varphi_\sigma)\sigma_m}{K_\sigma(\sigma_a + \sigma_m)} \geqslant S$    (1-1-10)<br>$S'_a = \dfrac{\sigma_{-1} - \varphi_\sigma \sigma_m}{K_\sigma \sigma_a} \geqslant S_a$    (1-1-11) | $S_{ca} = \dfrac{2\sigma_{-1} + (K_\sigma - \varphi_\sigma)\sigma_{min}}{(K_\sigma + \varphi_\sigma)(2\sigma_a + \sigma_{min})} \geqslant S$    (1-1-12)<br>$S'_a = \dfrac{\sigma_{-1} - \varphi_\sigma \sigma_{min}}{(K_\sigma + \varphi_\sigma)\sigma_a} \geqslant S_a$    (1-1-13) |
| | | $N$(静强度计算) | | $S_{ca} = \dfrac{\sigma_S}{\sigma_a + \sigma_m} \geqslant S$    (1-1-14) | |

续表

| 工作应力<br>变化规律 | | | $r=C$<br>(绝大多数转轴中的<br>应力状态) | $\sigma_m=C$<br>(振动着的受载弹簧中的<br>应力状态) | $\sigma_{\min}=C$<br>(紧螺栓连接中螺栓受轴向<br>变载荷时的应力状态) | |
|---|---|---|---|---|---|---|
| 单向变应力 | 规律性不稳定变应力 | 对称循环 | | $S_{ca}=\dfrac{\sigma_{-1}}{\sigma_{ca}}\geqslant S,\ \sigma_{ca}=\sqrt[m]{\dfrac{1}{N_0}\sum\limits_{i=1}^{z}n_i\sigma_i^m}$ | | $(1-1-15)$ |
| | | 非对称循环 | | $S_{ca}=\dfrac{\sigma_{-1}}{\sigma_{ca}}\geqslant S,\ \sigma_{ca}=\sqrt[m]{\dfrac{1}{N_0}\sum\limits_{i=1}^{z}n_i\sigma_{adi}^m},\ \sigma_{adi}=K_\sigma\sigma_{ai}+\varphi_\sigma\sigma_{mi}$ | | $(1-1-16)$ |
| 双向稳定变应力 | 塑性材料 | 疲劳强度 | | $S_{ca}=\dfrac{S_\sigma S_\tau}{\sqrt{S_\sigma^2+S_\tau^2}}\geqslant S$ | | $(1-1-17)$ |
| | | 静强度 | | $S_{ca}=\dfrac{\sigma_S}{\sqrt{\sigma_{\max}^2+4\tau_{\max}^2}}\geqslant S$ | | $(1-1-18)$ |
| | 脆性材料 | | | $S_{ca}=\dfrac{S_\sigma S_\tau}{S_\sigma+S_\tau}\geqslant S$ | | $(1-1-19)$ |

注:单向应力中的$\sigma$可表示拉、压或弯曲应力,受扭转时,把式中$\sigma$改为$\tau$。

**(3) 单向不稳定变应力时的疲劳强度计算** 不稳定变应力可分为规律性的和非规律性的两大类。非规律性的不稳定变应力应根据大量的试验,求得载荷及应力的统计分布规律,然后用统计疲劳强度的方法进行处理。规律性的不稳定变应力应根据疲劳损伤积累假说(常称为Miner法则)进行处理,其数学表达式为

$$\sum_{i=1}^{z}\frac{n_i}{N_i}=1 \qquad (1-1-20)$$

利用上式疲劳损伤效应相等原则,可将规律性的不稳定变应力转换成某一等效的稳定变应力$\sigma_{ca}$,然后按稳定变应力进行强度计算,其计算公式见表$1-1-2$。

**(4) 双向稳定变应力疲劳强度计算** 在弯、扭复合变应力下工作的零件,其双向应力状态的计算安全系数公式见表$1-1-2$。式中的$S_\sigma$、$S_\tau$为单向应力状态的计算安全系数值。双向应力状态的计算安全系数公式虽然是在对称循环复合应力情况下推导出的,但考虑到非对称循环应力可以转化为等效的对称循环应力,所以也可用于非对称循环复合应力的情况,即可作为一般双向稳定变应力的计算公式。

## 1.1.5 机械零件的接触疲劳强度

机械零件的表面强度分为挤压强度和接触强度,前者为面接触,零件表面之间相对静止;后者为点或线接触,零件表面之间有相对运动,相应的接触应力是循环变应力,因而称为接触疲劳强度。在接触变应力作用下,零件表面将发生疲劳点蚀,这是齿轮、滚动轴承等零件的主要失效形式。

对于线接触，由弹性力学可知，接触面的最大接触应力为

$$\sigma_H = \sqrt{\dfrac{\dfrac{F}{B}\left(\dfrac{1}{\rho_1} \pm \dfrac{1}{\rho_2}\right)}{\pi\left(\dfrac{1-\mu_1^2}{E_1} + \dfrac{1-\mu_2^2}{E_2}\right)}} \quad (1-1-21)$$

式中，$F$ 为作用于接触面上的法向力；$B$ 为初始接触线长度；$\rho_1$ 和 $\rho_2$ 分别为零件1和零件2初始接触处的曲率半径，通常令 $\dfrac{1}{\rho_\Sigma} = \dfrac{1}{\rho_1} \pm \dfrac{1}{\rho_2}$，称为综合曲率，而 $\rho_\Sigma = \dfrac{\rho_1 \rho_2}{\rho_1 \pm \rho_2}$ 称为综合曲率半径，其中正号用于外接触，负号用于内接触；$\mu_1$ 和 $\mu_2$ 分别为零件1和零件2材料的泊松比；$E_1$ 和 $E_2$ 分别为零件1和零件2材料的弹性模量。式(1-1-21)即为著名的赫兹公式。

## 1.2 复习思考题

**1-1** 根据零件的断裂断口，如何识别它是疲劳断裂还是静力断裂？

答：疲劳断裂断口有明显的光滑疲劳发展区与粗糙断裂区，并且在初始裂纹源区有放射条纹，如图1-1-2所示。静力断裂断口是粗糙的，没有光滑区和放射条纹。

**1-2** 说明疲劳曲线适用的范围和解决的问题。当应力循环次数 $N < 10^4$ 时，疲劳曲线是否还适用？为什么？这种情况应如何处理？

答：疲劳曲线适用于低工作应力（接近或超过 $\sigma_{-1}$，小于 $\sigma_S$）、高循环次数（$N \geqslant 10^4$）的机械零件设计。它是为解决在某一应力比 $r$ 下不同应力循环次数试件材料的疲劳极限。

当应力循环次数 $N < 10^4$ 时，疲劳曲线已不再适用。原因是疲劳极限将增大到屈服点或超过屈服点，这时可按静强度问题来处理。

**1-3** 试举例说明什么零件的疲劳破坏属于低周疲劳破坏，什么零件的疲劳破坏属于高周疲劳破坏。

答：零件上的应力接近屈服极限，疲劳破坏发生在应力循环次数 $10^3 \sim 10^4$ 时，零件破坏断口处有塑性变形的特征，这种疲劳破坏称为低周疲劳破坏，如飞机起落架、火箭发射架中零件的疲劳破坏。

零件上的应力远低于屈服极限，疲劳破坏发生在应力循环次数大于 $10^4$ 时，零件破坏断口处无塑性变形的特征，这种疲劳破坏称为高周疲劳破坏，如一般机械上的齿轮、轴承、螺栓等通用零件的疲劳破坏。

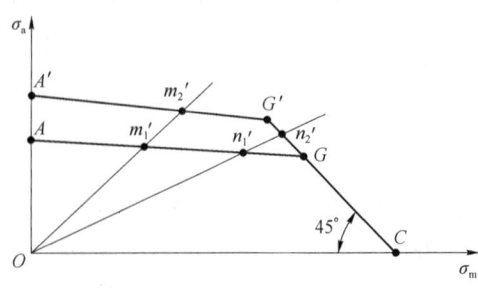

图1-1-6 零件和材料试件的等寿命疲劳曲线的区别

**1-4** 零件的等寿命疲劳曲线与材料试件的等寿命疲劳曲线有何区别？在相同的应力变化规律下，零件和材料试件的失效形式是否总是相同的？为什么？

答：两者的区别在于零件的等寿命疲劳曲线相对于材料试件的等寿命疲劳曲线下移了一段距离（不是平行下移）。在相同的应力变化规律下，两者的失效形式并不总是相同的，如图1-1-6中 $n_1'$ 和 $n_2'$ 点，这是由于综合影响系数 $K_\sigma$（或 $K_\tau$）的

影响,使得在极限应力线图中零件发生疲劳破坏的范围增大。

**1-5** 什么是有限寿命的疲劳强度设计? 什么是无限寿命的疲劳强度设计?

答:当应力循环次数小于循环基数时,根据应力循环次数 $N$ 确定相应的疲劳极限应力,然后按此疲劳极限应力进行的设计称为有限寿命的疲劳强度设计。当应力循环次数达到 $N$ 时,零件将发生疲劳破坏。按持久疲劳极限应力进行的设计称为无限寿命的疲劳强度设计,从理论上说,用这种方法设计的零件可无限期工作,不会发生疲劳破坏。

**1-6** 承受循环变应力的机械零件,在什么情况下可按静强度条件计算? 在什么情况下可按疲劳强度条件计算?

答:承受循环变应力的机械零件,当应力循环次数 $N \leqslant 10^3$ 时,应按静强度条件计算。当应力循环次数 $N > 10^3$ 时,在一定的应力变化规律下,如果极限应力点落在极限应力线图中的屈服强度极限线上,也应按静强度条件计算;如果极限应力点落在极限应力线图中的疲劳强度极限线上,则应按疲劳强度条件计算。

**1-7** 绘制钢制试件简化极限应力线图的原始参数是哪些? 该图有何用处?

答:绘制钢制试件简化极限应力线图的原始参数是 $\sigma_{-1}$、$\sigma_0$ 和 $\sigma_S$。通过简化极限应力线图可以得出应力循环次数为 $10^7$ 时不同应力比的极限应力(疲劳极限)值。

**1-8** 从应力的等效转化角度考虑,$\varphi_\sigma$ 的含义是什么? 材料强度越高,$\varphi_\sigma$ 值是越大还是越小?

答:$\varphi_\sigma$ 是把不对称循环变应力中的平均应力折算为等效的应力幅的折算系数。碳素钢 $\varphi_\sigma = 0.1 \sim 0.2$,合金钢 $\varphi_\sigma = 0.2 \sim 0.3$。这表明材料的强度越高,$\varphi_\sigma$ 值越大。

**1-9** 在单向稳定变应力下工作的零件,如何确定其极限应力?

答:在单向稳定变应力下工作的零件,应当在零件简化极限应力线图中,按零件的应力变化规律,由计算法或作图法确定其极限应力。

**1-10** 如何区分稳定变应力和不稳定变应力?

答:稳定变应力是指应力幅、平均应力和应力变化周期都不变的变应力。如果三者中之一是变化的则称为不稳定变应力。

**1-11** 疲劳损伤线性积累假说的含义是什么? 试写出其数学表达式。

答:疲劳损伤线性积累假说的含义是:零件在每次循环变应力的作用下,造成的损伤程度是可以累加的,应力循环次数增加,损伤程度也增加,两者满足线性关系。当损伤达到 100% 时,零件则发生疲劳破坏。疲劳损伤线性积累假说的数学表达式是:$\sum_{i=1}^{z} \frac{n_i}{N_i} = 1$。

**1-12** 何谓损伤率? 零件达到疲劳寿命极限时损伤率是多少?

答:损伤率是指某一工作应力的实际应力循环次数与同一应力下达到疲劳寿命极限时应力循环次数的比值。零件达到疲劳寿命极限时,损伤率 $\sum_{i=1}^{z} \frac{n_i}{N_i} = 1$。

**1-13** 影响机械零件疲劳强度的主要因素有哪些? 提高机械零件疲劳强度的措施有哪些?

答:影响机械零件疲劳强度的主要因素有零件上应力集中的大小、零件的尺寸、零件表面质量以及零件的强化方式。提高机械零件疲劳强度的措施有:① 尽可能降低零件上应力集中的影响;② 选用疲劳强度高的材料和规定能够提高材料疲劳强度的热处理方法及强化工艺;③ 提高零件的表面质量;④ 尽可能减少或消除零件表面可能发生的初始裂纹的尺寸。

**1-14** 机械零件上的哪些部位容易产生应力集中? 如果零件一个截面有多种产生应力

集中的结构,有效应力集中系数应如何选取?

答：轴肩、键槽、孔、螺纹等形状突变之处都容易产生应力集中。如果零件一个截面有多种产生应力集中的结构,有效应力集中系数应选取最大的值进行计算。

**1-15** 零件的截面形状一定,当截面尺寸增大时,其疲劳极限将如何变化？为什么？

答：实验结果表明,零件尺寸越大,其疲劳极限越低。这是因为尺寸越大的零件,其材料内部存在的缺陷就越多,同时表面积越大,表面形成疲劳源的概率也越大。

**1-16** 在图1-1-7a所示的零件简化极限应力线图上,工作点$M$和$N$为斜齿轮轴上两个工作应力点。试在图中标出对应的极限应力点,并分别说明会出现什么形式的破坏。

答：斜齿轮轴既受弯矩又承受扭矩,故为转轴。转轴上各点应力循环特性$r=C$,$M$、$N$两点对应的极限应力点分别是$OM$、$ON$与极限应力线$AG$和$GC$的交点$M'$和$N'$,如图1-1-7b所示。因而,$M$点会出现疲劳失效,$N$点会出现屈服失效(塑性变形)。

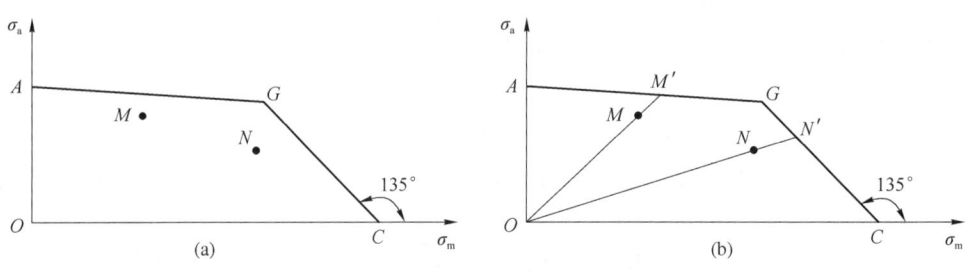

图1-1-7　零件简化极限应力线图
(a) 斜齿轮轴工作应力点；(b) 加载后的破坏形式

## 1.3　自测题

**1. 是非题**

(1) 大小和方向随时间变化而呈周期性变化的载荷称为随机变载荷。　　　　　　(　)

(2) 由原动机铭牌功率计算出来的载荷称为计算载荷,也称名义载荷。　　　　　(　)

(3) 在变应力作用下,零件的主要失效形式将是疲劳断裂；而在静应力作用下,其失效形式将是塑性变形或断裂。　　　　　　　　　　　　　　　　　　　　　　(　)

(4) 机械零件在静载荷作用下,则均为静强度破坏。　　　　　　　　　　　　　(　)

(5) 不稳定变应力是指平均应力、应力幅或应力变化周期随时间而变化的变应力。
　　　　　　　　　　　　　　　　　　　　　　　　　　　　　　　　　　　(　)

(6) 机械零件的截面形状一定时,如截面的绝对尺寸增大,则其材料的疲劳极限将增大。
　　　　　　　　　　　　　　　　　　　　　　　　　　　　　　　　　　　(　)

(7) 对于受循环变应力作用的零件,影响疲劳破坏的主要因素是平均应力。　　　(　)

(8) 零件的工作安全系数为零件的工作应力与零件的极限应力之比。　　　　　　(　)

(9) 转轴弯曲应力的应力循环特性为脉动循环变应力。　　　　　　　　　　　　(　)

(10) 零件表面越粗糙,其疲劳强度就越低。　　　　　　　　　　　　　　　　　(　)

(11) 合金钢与碳素钢相比有较高的强度和较好的热处理能力,因此用合金钢制造零件不但可以缩小尺寸,而且可以减小断面变化处过渡圆角半径和降低表面粗糙度的要求。(　)

(12) 一钢制零件材料的疲劳极限$\sigma_{-1}$是在循环基数$N_0$及可靠度$R=0.9$条件下实验得

到的。 ( )
(13) 钢的强度极限越高,对应力集中就越敏感。 ( )
(14) 在载荷和几何形状相同的情况下,钢制零件间的接触应力小于铸铁零件间的接触应力。 ( )
(15) 两零件的材料和几何尺寸都不相同,以曲面接触受载时,两者的接触应力值应该相等。 ( )

**2. 单项选择题**

(1) 滚动轴承工作时,滚动体的应力循环特征是_____。
  A. $r=-1$    B. $r=1$    C. $r=0$    D. $0<r<1$

(2) 四个结构和材料完全相同的零件甲、乙、丙、丁,若承受最大应力 $\sigma_{max}$ 也相同,而应力循环特性 $r$ 分别等于 $+1$、$0$、$-0.5$、$-1$,则最可能先发生失效的是_____。
  A. 甲    B. 乙    C. 丙    D. 丁

(3) 一对啮合的传动齿轮,单向回转,则齿面接触应力按_____变化。
  A. 对称循环              B. 循环特性 $r=0.5$
  C. 脉动循环              D. 循环特性 $r=-0.5$

(4) 塑性材料制成的零件,进行静强度计算时,其极限应力为_____。
  A. $\sigma_S$    B. $\sigma_B$    C. $\sigma_0$    D. $\sigma_{-1}$

(5) 一等截面直杆,其直径 $d=15$ mm,受静拉力 $F=40$ kN,材料为 35 钢,$\sigma_B=540$ MPa,$\sigma_S=320$ MPa,则该杆的计算安全系数 $S_{ca}$ 为_____。
  A. 2.38    B. 1.69    C. 1.49    D. 1.41

(6) 绘制零件极限应力线图时,所必需的已知数据为_____。
  A. $\sigma_{-1}$,$\sigma_0$,$K_\sigma$           B. $\sigma_S$,$\varphi_\sigma$,$\sigma_0$,$\sigma_{-1}$
  C. $\sigma_{-1}$,$\sigma_S$,$K_\sigma$           D. $\sigma_{-1}$,$\sigma_S$,$\varphi_\sigma$,$K_\sigma$

(7) 零件的形状、尺寸、结构、精度和材料相同时,磨削加工的零件与精车加工的零件相比,其疲劳强度_____。
  A. 较高    B. 较低    C. 相同    D. 无法相比

(8) 绘制塑性材料的简化极限应力线图时,所必需的已知数据是_____。
  A. $\sigma_{-1}$,$\sigma_0$,$\sigma_S$    B. $\sigma_S$,$\sigma_0$,$\sigma_B$    C. $\sigma_{-1}$,$\sigma_S$,$\sigma_B$    D. $\sigma_{-1}$,$\sigma_B$,$\sigma_0$

(9) 当零件某一截面上存在几个应力集中源时,零件的有效应力集中系数应取_____。
  A. 各有效应力集中系数的平均值    B. 各有效应力集中系数的乘积
  C. 各有效应力集中系数中的最大值    D. 各有效应力集中系数之和

(10) 变应力的循环次数 $N$ _____时,称为低周疲劳。
  A. $=10^3 \sim 10^4$    B. $\leqslant 10^3$    C. $\leqslant 10^4$    D. $=100 \sim 1\,000$

(11) 下列零件中,_____的疲劳失效属于低周疲劳。
  A. 自行车坐垫弹簧           B. 汽车内燃机曲轴
  C. 火车铁轨                 D. 飞机座舱

(12) 零件受不稳定变应力作用时,若各级应力是递减的,则发生疲劳破坏时的总损伤率将_____。
  A. 大于1                   B. 等于1

C. 小于1　　　　　　　　　　D. 可能大于1,也可能小于1

(13) 变应力特性可用 $\sigma_{max}$、$\sigma_{min}$、$\sigma_a$、$\sigma_m$、$r$ 五个参数中的任意＿＿＿＿来描述。

A. 1个　　　　B. 2个　　　　C. 3个　　　　D. 4个

(14) 两圆柱体沿母线相压,载荷为 $F$ 时,最大接触应力为 $\sigma_H$,当载荷增大到 $2F$ 时,最大接触应力变为＿＿＿＿。

A. $1.26\sigma_H$　　B. $1.41\sigma_H$　　C. $1.59\sigma_H$　　D. $2\sigma_H$

(15) 两圆柱体相接触,其直径 $d_1 = 2d_2$,弹性模量 $E_1 = 2E_2$,泊松比 $\mu_1 = \mu_2$,长度 $B_1 = 2B_2$,其接触应力 $\sigma_{H1}$ 与 $\sigma_{H2}$ 的关系有＿＿＿＿。

A. $\sigma_{H1} = \sigma_{H2}$　　B. $\sigma_{H1} = 2\sigma_{H2}$　　C. $\sigma_{H1} = 4\sigma_{H2}$　　D. $\sigma_{H1} = 8\sigma_{H2}$

(16) 在有限寿命疲劳极限的符号 $\sigma_{rN}$ 中,$N$ 表示寿命计算的＿＿＿＿。

A. 循环基数　　B. 循环次数　　C. 寿命指数　　D. 寿命系数

### 3. 分析、计算题

(1) 如图 1-1-8 所示,一旋转轴直径 $d = 80$ mm,受径向力 $F = 2$ kN,跨距 $L = 2$ m。$F$ 力作用在两支点的中间。试计算 $a$ 点的最大弯曲应力 $\sigma_{max}$、最小弯曲应力 $\sigma_{min}$、应力幅 $\sigma_a$、平均应力 $\sigma_m$ 和应力比 $r$,并画出其变应力图。

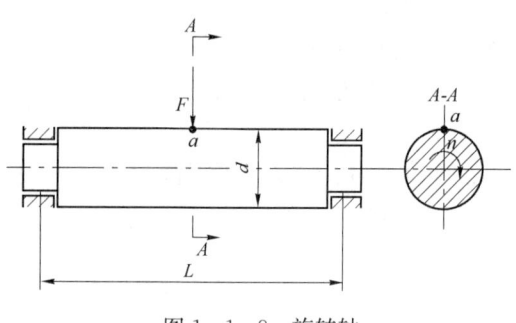

图 1-1-8　旋转轴

(2) 某材料的对称循环弯曲疲劳极限 $\sigma_{-1} = 350$ MPa,屈服极限 $\sigma_S = 550$ MPa,强度极限 $\sigma_B = 750$ MPa,循环基数 $N_0 = 5 \times 10^6$,$m = 9$,试求对称循环次数 $N$ 分别为 $5 \times 10^4$ 次、$5 \times 10^5$ 次、$5 \times 10^7$ 次时的极限应力。

(3) 一零件由 45 钢制成,材料的力学性能为 $\sigma_S = 360$ MPa,$\sigma_{-1} = 300$ MPa,$\varphi_\sigma = 0.2$。已知零件上的 $\sigma_{max} = 190$ MPa,$\sigma_{min} = 110$ MPa,应力变化规律为 $\sigma_m = $ 常数,弯曲疲劳极限的综合影响系数 $K_\sigma = 2.0$,试分别用图解法和计算法确定该零件的计算安全系数。

(4) 一双向旋转的传动轴由中碳钢制成,材料的力学性能为 $\tau_{-1} = 230$ MPa,$\tau_S = 390$ MPa,$\varphi_\tau = 0.05$。现知该轴某危险截面处的直径 $d = 50$ mm,该截面处的疲劳强度综合影响系数 $K_\tau = 3.07$,轴的转速 $n = 955$ r/min。若要求安全系数 $S_\tau = 2.0$,试:

1) 求此时该轴能传递的最大功率 $P$。

2) 在 $\tau_a$-$\tau_m$ 极限应力图上表示此时的应力状况。

(5) 已知某钢制试件的材料常数 $m = 9$,承受不稳定对称循环变应力作用,各级应力均大于材料的疲劳极限,其大小分别为 $\sigma_1 = 500$ MPa,$\sigma_2 = 450$ MPa,$\sigma_3 = 400$ MPa,统计得各级应力实际循环次数分别为 $n_1 = 2 \times 10^6$,$n_2 = 10^6$,$n_3 = 3 \times 10^6$,此时试件刚好损坏。试问:

1) 若此试件仅受稳定对称循环应力 $\sigma = 500$ MPa 的作用时,试件所能经受的应力循环次数 $N$ 是多少?

2) 若此试件所能经受的应力循环次数 $N = 6 \times 10^6$,其相应的稳定对称循环应力 $\sigma$ 应为多少?

(6) 某转轴承受规律性不稳定对称循环变应力作用,各级最大应力及相应的作用时间比率如图 1-1-9 所示。转轴的工作时间 $t_h=500$ h，转速 $n=100$ r/min，材料为 45 钢调质，其硬度为 217 HBW，$\sigma_{-1}=300$ MPa，$m=9$，$N_0=10^7$，$K_\sigma=2.5$，许用安全系数 $S=1.5$。试：

1) 求不稳定变应力的计算应力 $\sigma_{ca}$。
2) 校验该轴疲劳强度。

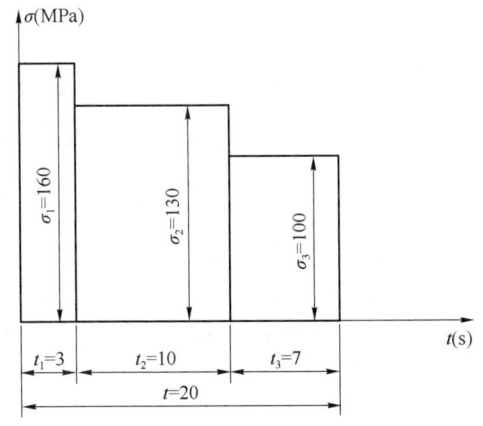

图 1-1-9  各级最大应力及相应的作用时间比率

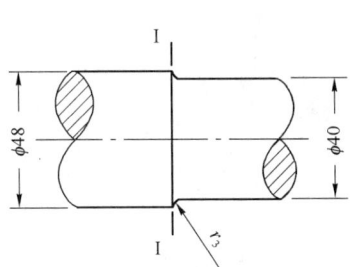

图 1-1-10  转轴的局部结构

（7）转轴的局部结构如图 1-1-10 所示。已知轴的 Ⅰ-Ⅰ 截面承受的弯矩 $M=300$ N·m，扭矩 $T=800$ N·m，弯曲应力为对称循环，扭转切应力为脉动循环。轴材料为 40Cr 调质，$\sigma_{-1}=355$ MPa，$\tau_{-1}=200$ MPa，$\varphi_\sigma=0.2$，$\varphi_\tau=0.1$。设 $K_\sigma=2.2$，$K_\tau=1.8$，试计算考虑弯矩和扭矩共同作用时的计算安全系数 $S_{ca}$。

（8）一转轴的材料为 40Cr，调质处理，其力学性能为 $\varphi_\sigma=0.2$，$\sigma_{-1}=355$ MPa，$\varphi_\tau=0.1$，$\tau_{-1}=205$ MPa，其危险截面上的直径 $d=40$ mm，所受弯矩 $M=300$ N·m，扭矩 $T=800$ N·m，疲劳强度综合影响系数 $K_\sigma=2.5$，$K_\tau=1.5$。

1) 若该转轴工作时频繁正反转，试确定其计算安全系数 $S_{ca}$。
2) 若该转轴工作时单向旋转，且经常开车与停车，试确定其计算安全系数 $S_{ca}$。

## 1.4  自测题参考答案

**1. 是非题**

(1) × (2) × (3) √ (4) × (5) √ (6) × (7) × (8) × (9) × (10) √ (11) × (12) √ (13) √ (14) × (15) √

**2. 单项选择题**

(1) C (2) D (3) C (4) A (5) D (6) D (7) A (8) A (9) C (10) A (11) D (12) C (13) B (14) B (15) A (16) B

**3. 分析、计算题**

(1) 解：梁中 $a$ 点受到的最大弯矩为

$$M_{A-A}=\frac{F}{2}\times\frac{L}{2}=\frac{2\,000}{2}\times\frac{2\,000}{2}=10^6 (\text{N}\cdot\text{mm})$$

最大应力为

$$\sigma_{max} = \frac{M}{W} = \frac{10^6}{0.1d^3} = \frac{10^6}{0.1 \times 80^3} = 19.53 \text{(MPa)}$$

最小应力为

$$\sigma_{min} = -\sigma_{max} = -19.53 \text{(MPa)}$$

平均应力为

$$\sigma_m = \frac{\sigma_{max} + \sigma_{min}}{2} = \frac{19.53 - 19.53}{2} = 0$$

应力幅为

$$\sigma_a = \frac{\sigma_{max} - \sigma_{min}}{2} = \frac{19.53 - (-19.53)}{2} = 19.53 \text{(MPa)}$$

应力循环特性系数为

$$r = \frac{\sigma_{min}}{\sigma_{max}} = -1$$

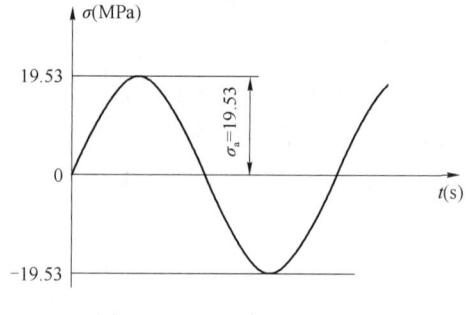

图 1-1-11 应力变化规律

其应力变化规律如图 1-1-11 所示。

（2）解：在某一循环次数下的极限应力值应在 $\sigma_{-1}$ 和 $\sigma_S$ 之间。设 $N_1 = 5 \times 10^4$，$N_2 = 5 \times 10^5$，$N_3 = 5 \times 10^7$，就有

$$\sigma_{-1N_1} = \sigma_{-1} \sqrt[m]{\frac{N_0}{N_1}} = 350 \times \sqrt[9]{\frac{5 \times 10^6}{5 \times 10^4}} = 583.8 \text{(MPa)} > \sigma_S$$

因此，取 $\sigma_{-1N_1} = 550 \text{ MPa} = \sigma_S$。

$$\sigma_{-1N_2} = \sigma_{-1} \sqrt[m]{\frac{N_0}{N_2}} = 350 \times \sqrt[9]{\frac{5 \times 10^6}{5 \times 10^5}} = 452 \text{(MPa)}$$

$$\sigma_{-1N_3} = \sigma_{-1} \sqrt[m]{\frac{N_0}{N_3}} = 350 \times \sqrt[9]{\frac{5 \times 10^6}{5 \times 10^7}} = 271 \text{(MPa)} < \sigma_{-1}$$

因此，取 $\sigma_{-1N_3} = 350 \text{ MPa} = \sigma_{-1}$。

（3）解：1）图解法。由 $\varphi_\sigma = \frac{2\sigma_{-1} - \sigma_0}{\sigma_0}$ 得

$$\sigma_0 = \frac{2\sigma_{-1}}{1 + \varphi_\sigma} = \frac{2 \times 300}{1 + 0.2} = 500 \text{(MPa)}$$

$A$ 点坐标为 $\left(0, \frac{\sigma_{-1}}{K_\sigma}\right)$，即 $(0, 150)$；$D$ 点坐标为 $\left(\frac{\sigma_0}{2}, \frac{\sigma_0}{2K_\sigma}\right)$，即 $(250, 125)$；$C$ 点坐标为 $(\sigma_S,$

0),即(360,0)。作零件简化极限应力线图,如图1-1-12所示。设零件的工作应力点为$M$,则

$$\sigma_m = \frac{\sigma_{max} + \sigma_{min}}{2} = \frac{190 + 110}{2} = 150(\text{MPa})$$

$$\sigma_a = \frac{\sigma_{max} - \sigma_{min}}{2} = \frac{190 - 110}{2} = 40(\text{MPa})$$

根据$\sigma_m$和$\sigma_a$的值在零件简化极限应力线图中可定出$M$点,根据$\sigma_m = C$可定出相应的极限应力点$M'$,量出这两点的横、纵坐标值,可得计算安全系数为

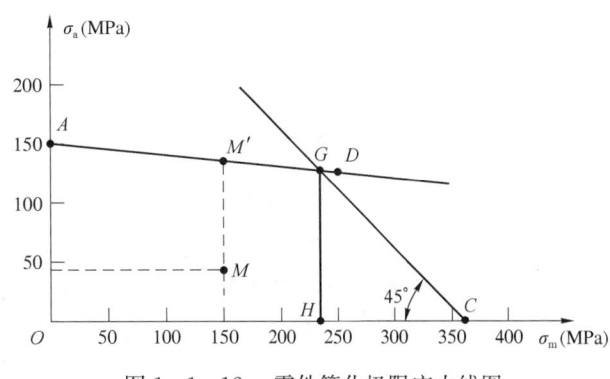

图1-1-12 零件简化极限应力线图

$$S_{ca} = \frac{M'_{\sigma_m} + M'_{\sigma_a}}{M_{\sigma_m} + M_{\sigma_a}} = \frac{30 + 27}{30 + 8} = 1.5$$

2)计算法。由于$M$点位于$AGHO$区域,故只要计算其疲劳强度计算安全系数,即

$$S_{ca} = \frac{\sigma_{-1} + (K_\sigma - \varphi_\sigma)\sigma_m}{K_\sigma(\sigma_m + \sigma_a)} = \frac{300 + (2.0 - 0.2) \times 150}{2.0 \times (150 + 40)} = 1.5$$

(4)解:1)由题意可知该轴为双向旋转,故$r = -1$,$\tau_m = 0$,$\tau_a = \tau$。

因为
$$S_\tau = \frac{\tau_{-1}}{K_\tau \tau_a + \varphi_\tau \tau_m} = \frac{\tau_{-1}}{K_\tau \tau_a} = \frac{\tau_{-1}}{K_\tau \tau}$$

所以
$$\tau = \frac{\tau_{-1}}{K_\tau S_\tau} = \frac{230}{3.07 \times 2} = 37.46(\text{MPa})$$

又因为
$$\tau = \frac{T}{W} = \frac{9.55 \times 10^6 \frac{P}{n}}{\pi d^3/16} = \frac{16 \times 9.55 \times 10^6 P}{\pi d^3 n}$$

所以
$$P = \frac{\pi d^3 n \tau}{16 \times 9.55 \times 10^6} = \frac{\pi \times 50^3 \times 955 \times 37.46}{16 \times 9.55 \times 10^6} = 91.94(\text{kW})$$

2)由$\varphi_\tau = \frac{2\tau_{-1} - \tau_0}{\tau_0}$得

$$\tau_0 = \frac{2\tau_{-1}}{1 + \varphi_\tau} = \frac{2 \times 230}{1 + 0.05} = 438.1(\text{MPa})$$

$A$点的坐标为$\left(0, \frac{\tau_{-1}}{K_\tau}\right)$,即(0,74.91);$D$点的坐标为$\left(\frac{\tau_0}{2}, \frac{\tau_0}{2K_\tau}\right)$,即(219.05,71.35);$C$点的坐标为$(\tau_S, 0)$,即(390,0)。

设该轴某危险截面处的工作应力点为$M$,此时的应力循环特性为对称循环特性,就有:$\tau_a = \tau = 37.46$ MPa,$\tau_m = 0$,即$M$点的坐标为(0,37.46),此时的应力状况如图1-1-13所示。

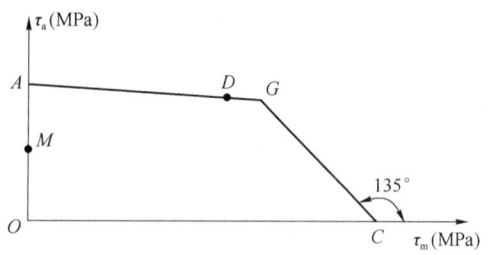

图 1-1-13　$M$ 点在 $\tau_a$-$\tau_m$ 简化极限应力图上的应力状况

(5) 解：1) 由 $\sigma_{rN}^m N = \sigma_r^m N_0$ 得

$$N_1 = N_0 \left(\frac{\sigma_{-1}}{\sigma_1}\right)^m = N_0 \left(\frac{\sigma_{-1}}{500}\right)^9$$

$$N_2 = N_0 \left(\frac{\sigma_{-1}}{\sigma_2}\right)^m = N_0 \left(\frac{\sigma_{-1}}{450}\right)^9$$

$$N_3 = N_0 \left(\frac{\sigma_{-1}}{\sigma_3}\right)^m = N_0 \left(\frac{\sigma_{-1}}{400}\right)^9$$

根据题意试件的总损伤率为

$$\frac{n_1}{N_1} + \frac{n_2}{N_2} + \frac{n_3}{N_3} = \frac{2\times 10^6}{N_0\left(\frac{\sigma_{-1}}{500}\right)^9} + \frac{10^6}{N_0\left(\frac{\sigma_{-1}}{450}\right)^9} + \frac{3\times 10^6}{N_0\left(\frac{\sigma_{-1}}{400}\right)^9} = 1$$

可得

$$N_0 \sigma_{-1}^9 = 2\times 10^6 \times 500^9 + 10^6 \times 450^9 + 3\times 10^6 \times 400^9$$

当试件仅受稳定对称循环应力 $\sigma = 500$ MPa 的作用时，其对应的使试件材料发生疲劳破坏的应力循环次数 $N$ 为

$$N = N_0 \left(\frac{\sigma_{-1}}{\sigma}\right)^m = N_0 \left(\frac{\sigma_{-1}}{500}\right)^9$$

由 Miner 法则 $\frac{n}{N} = 1$ 得试件所能经受的应力循环次数

$$n = N = N_0 \left(\frac{\sigma_{-1}}{500}\right)^9 = \frac{2\times 10^6 \times 500^9 + 10^6 \times 450^9 + 3\times 10^6 \times 400^9}{500^9} = 2.79\times 10^6$$

2) 由 $N\sigma^9 = N_0 \sigma_{-1}^9$ 得

$$6\times 10^6 \times \sigma^9 = 2\times 10^6 \times 500^9 + 10^6 \times 450^9 + 3\times 10^6 \times 400^9$$

其相应的稳定对称循环应力 $\sigma = 459.22$ MPa。

(6) 解：1) 变应力 $\sigma_1$、$\sigma_2$ 和 $\sigma_3$ 分别作用次数为

$$n_1 = \frac{3}{20}\times 500 \times 3\,600 \times \frac{100}{60} = 4.5\times 10^5$$

$$n_2 = \frac{10}{20}\times 500 \times 3\,600 \times \frac{100}{60} = 1.5\times 10^6$$

$$n_3 = \frac{7}{20}\times 500 \times 3\,600 \times \frac{100}{60} = 1.05\times 10^6$$

计算应力为

$$\sigma_{ca} = \sqrt[m]{\frac{1}{N_0} \sum_{i=1}^{z} n_i \sigma_i^m}$$

$$= \sqrt[9]{\frac{1}{10^7}\times (4.5\times 10^5 \times 160^9 + 1.5\times 10^6 \times 130^9 + 1.05\times 10^6 \times 100^9)} \approx 119$$

2) 轴的计算安全系数为

$$S_{ca} = \frac{\sigma_{-1}}{\sigma_{ca}} = \frac{300}{119} = 2.52 \geqslant S = 1.5$$

故此轴安全。

(7) 解：1) 计算平均应力和应力幅。材料的弯曲应力和扭转切应力分别为

$$\sigma_b = \frac{M}{W} = \frac{M}{0.1d^3} = \frac{300 \times 10^3}{0.1 \times 40^3} = 46.88(\text{MPa})$$

$$\tau = \frac{T}{W_T} = \frac{T}{0.2d^3} = \frac{800 \times 10^3}{0.2 \times 40^3} = 62.5(\text{MPa})$$

因弯曲应力为对称循环变应力，故 $\sigma_m = 0$，$\sigma_a = \sigma_b = 46.88\,\text{MPa}$。因扭转切应力为脉动循环变应力，故 $\tau_m = \tau_a = 0.5\tau = 0.5 \times 62.5 = 31.25(\text{MPa})$。

2) 求计算安全系数。转轴 I-I 截面承受单向应力时的计算安全系数为

$$S_\sigma = \frac{\sigma_{-1}}{K_\sigma \sigma_a + \varphi_\sigma \sigma_m} = \frac{355}{2.2 \times 46.88 + 0.2 \times 0} = 3.44$$

$$S_\tau = \frac{\tau_{-1}}{K_\tau \tau_a + \varphi_\tau \tau_m} = \frac{200}{1.8 \times 31.25 + 0.1 \times 31.25} = 3.37$$

则转轴 I-I 截面承受双向应力时的计算安全系数为

$$S_{ca} = \frac{S_\sigma S_\tau}{\sqrt{S_\sigma^2 + S_\tau^2}} = \frac{3.44 \times 3.37}{\sqrt{3.44^2 + 3.37^2}} = 2.41$$

(8) 解：1) 若该转轴工作时频繁正反转，则所受的弯曲应力和扭转剪切应力均为对称循环变化。

弯曲应力 $\sigma_b = \dfrac{32M}{\pi d^3} = \dfrac{32 \times 300 \times 10^3}{\pi \times 40^3} = 47.75(\text{MPa})$

扭转剪切应力 $\tau_T = \dfrac{16T}{\pi d^3} = \dfrac{16 \times 800 \times 10^3}{\pi \times 40^3} = 63.66(\text{MPa})$

弯曲应力的平均应力 $\sigma_m = 0$

弯曲应力的应力幅 $\sigma_a = \sigma_b = 47.75\,\text{MPa}$

扭转剪切应力的平均应力 $\tau_m = 0$

扭转剪切应力的应力幅 $\tau_a = \tau_T = 63.66\,\text{MPa}$

转轴只承受法向应力 $\sigma_a$ 时的计算安全系数为

$$S_\sigma = \frac{\sigma_{-1}}{K_\sigma \sigma_a} = \frac{355}{2.5 \times 47.75} = 2.97$$

转轴只承受剪切应力 $\tau_a$ 时的计算安全系数为

$$S_\tau = \frac{\tau_{-1}}{K_\tau \tau_a} = \frac{205}{1.5 \times 63.66} = 2.15$$

转轴承受双向应力时的计算安全系数为

$$S_{ca} = \frac{S_\sigma S_\tau}{\sqrt{S_\sigma^2 + S_\tau^2}} = \frac{2.97 \times 2.15}{\sqrt{2.97^2 + 2.15^2}} = 1.74$$

2) 若该转轴工作时单向旋转，且经常开车与停车，则所受的弯曲应力为对称循环变化，而扭转剪切应力为脉动循环变化。

弯曲应力的平均应力 $\sigma_m = 0$

弯曲应力的应力幅 $\sigma_a = \sigma_b = 47.75$ MPa

扭转剪切应力的平均应力 $\tau_m = 0.5\tau_T = 0.5 \times 63.66 = 31.83$(MPa)

扭转剪切应力的应力幅 $\tau_a = 0.5\tau_T = 0.5 \times 63.66 = 31.83$(MPa)

转轴只承受法向应力 $\sigma_a$ 时的计算安全系数为

$$S_\sigma = \frac{\sigma_{-1}}{K_\sigma \sigma_a} = \frac{355}{2.5 \times 47.75} = 2.97$$

转轴只承受剪切应力 $\tau_a$ 时的计算安全系数为

$$S_\tau = \frac{\tau_{-1}}{K_\tau \tau_a + \varphi_\tau \tau_m} = \frac{205}{1.5 \times 31.83 + 0.1 \times 31.83} = 4.03$$

转轴承受双向应力时的计算安全系数为

$$S_{ca} = \frac{S_\sigma S_\tau}{\sqrt{S_\sigma^2 + S_\tau^2}} = \frac{2.97 \times 4.03}{\sqrt{2.97^2 + 4.03^2}} = 2.39$$

## 1.5 中英双语名词术语

安全系数　safety factor；factor of safety
安全系数法　safety factor method；safety coefficient method；factor of safety method
安全载荷　safe load
变形　deformation；deflection
变应力　varying stress；variable stress；repeated stress
变载荷　repeated fluctuating load
表面处理　surface treatment
表面挤压强度　bearing strength；pressure strength
表面磨损强度　wear strength
表面疲劳　surface fatigue
表面强度　surface strength
表面损伤　surface damage
表面质量系数　superficial mass factor

泊松比　Poisson's ratio
不稳定循环应力　unsteady cycle stress；variable stress of unstable cycle
不稳定周期载荷　unsteady periodic load
冲击载荷　impact load；shock load
单向稳定变应力　one-way steady cycle stress
断裂　fracture
断裂力学　fracture mechanics
对称循环应力　symmetry circulating stress
工作能力　work ability
工作应力　working stress
工作载荷　external load；working load
规律性单向非稳定变应力　one-way regularity unsteady cycle stress
赫兹公式　Hertz equation
机械　machinery

|  |  |
|---|---|
| 机械加工 | machining |
| 机械结构 | mechanical structure; machine structure; machinery structure |
| 机械利益 | mechanical advantage |
| 机械零件 | mechanical part; mechanical component; mechanical element; machine part; machine component; machine element |
| 机械零件设计 | mechanical part design |
| 机械平衡 | balance of machinery |
| 机械设计 | machine design; mechanical design |
| 机械特性 | mechanical behavior |
| 机械系统 | mechanical system |
| 机械效率 | mechanical efficiency |
| 极惯性矩 | polar moment of inertial |
| 挤压 | extruding |
| 尖峰应力 | peak stress |
| 剪切应力 | shear stress; shearing stress |
| 交变应力 | repeated stress |
| 交变载荷 | repeated fluctuating load |
| 接触应力 | contact stress; Hertz stress |
| 静强度 | static strength; static intension; static intensity |
| 静应力 | static stress |
| 静载荷 | static load |
| 绝对尺寸系数 | absolute dimensional factor |
| 抗拉强度 | tensile strength; tension strength |
| 抗扭截面模量 | polar section modulus |
| 抗弯截面模量 | section modulus |
| 抗弯强度 | bending strength |
| 抗压强度 | compression strength |
| 拉伸 | tensile; tension |
| 拉伸应力 | tensile stress |
| 力学性能 | mechanical properties; mechanical property; mechanical behavior |
| 零件 | part; component; element |
| 脉动循环应力 | fluctuating circulating stress |
| 脉动载荷 | fluctuating load |
| 名义应力、公称应力 | nominal stress |
| 名义载荷 | nominal load |
| 磨损 | wear |
| 磨损过程 | wear process |
| 扭矩 | moment of torque |
| 扭转 | torsion |
| 扭转应力 | torsion stress |
| 抛光 | polishing |
| 刨削 | shaping; gouging |
| 疲劳极限 | fatigue limit |
| 疲劳极限应力图 | fatigue limit stress diagram |
| 疲劳强度 | fatigue strength |
| 疲劳失效 | fatigue failure |
| 疲劳特性 | fatigue property; fatigue characteristic; fatigue properties; fatigue behavior; fatigue performance |
| 疲劳载荷极限 | fatigue load limit |
| 平均应力 | average stress |
| 强度 | strength |
| 强度极限 | ultimate strength |
| 强度条件 | strength condition |
| 强度准则 | strength criterion; strength criteria |
| 屈服强度 | yield strength |
| 韧性 | toughness |
| 失效 | failure |
| 失效形式 | failure mode; failure form |
| 实际安全系数 | actual safety factor |
| 双向稳定变应力 | two-way steady cycle stress |
| 塑性变形 | plastic deformation |
| 塑性材料 | ductile material |
| 随机应力 | random variable stress; random stress |
| 随机载荷 | random load |
| 弹性模量 | modulus of elasticity |
| 外力 | external force |
| 弯矩 | bending moment |
| 弯扭合成 | combination of bending and torque moments; crankle-synthesized |
| 弯曲 | bending |
| 弯曲强度寿命系数 | life factor for tooth root stress |
| 弯曲应力 | bending stress |
| 稳定循环应力 | steady cycle stress |

稳定周期载荷　steady periodic load
许用安全系数　allowable safety coefficient
许用应力　allowable stress; permissible stress
许用应力法　allowable stress method
许用最大转矩　allowance maximum torque
压溃　crushing
压应力　compressive stress
延伸率　percentage extension
应变　strain
应力幅　stress amplitude
应力集中　stress concentration
应力集中系数　factor of stress concentration
应力图　stress diagram
应力修正系数　stress correction factor
硬度　hardness

约束　constraint
约束反力　constraint force
约束条件　constraint condition
载荷　load
载荷-变形曲线　load-deformation curve
载荷-变形图　load-deformation diagram
载荷谱　load spectrum
正应力、法向应力　normal stress
周期载荷　periodic load
最大拉应力理论　maximum normal stress theory
最大切应力理论　maximum shear stress theory
作用力　applied force

# 第 2 章　螺纹连接和螺旋传动

## 2.1　知识要点

### 2.1.1　螺纹概述

**(1) 螺纹的类型和应用**　不需破坏连接中的任一零件就可拆开的连接称为可拆连接。必须破坏连接中的某一部分才能拆开的连接称为不可拆连接。螺纹连接属于可拆连接。

螺纹有内螺纹和外螺纹,两者共同组成螺旋副,用于连接和传动。

按照螺纹母体形状,螺纹可分为圆柱螺纹和圆锥螺纹,圆锥螺纹主要用于管连接,圆柱螺纹用于一般连接和传动。按照轴剖面牙型,螺纹可分为普通螺纹、管螺纹、矩形螺纹、梯形螺纹和锯齿形螺纹。普通螺纹和管螺纹主要用于连接,而矩形螺纹、梯形螺纹和锯齿形螺纹主要用于传动。除矩形螺纹外,其他均已标准化。普通螺纹同一公称直径按其螺距大小,可分为细牙和粗牙。细牙螺纹的牙型与粗牙相似,但螺距小,升角小,自锁性较好,强度高。因细牙不耐磨,故容易滑扣。一般连接均采用粗牙螺纹,细牙螺纹常用于细小零件,薄壁管件或受冲击、振动和变载荷的连接中,也可以作为微调结构的调整螺纹。此外,按照螺旋线的旋向,螺纹还有左旋和右旋之分,常用右旋。

**(2) 螺纹的主要参数**　普通螺纹的主要参数有:① 大径 $d$,是螺纹的公称直径;② 小径 $d_1$,强度计算中作为螺杆危险截面的计算直径;③ 中径 $d_2$,是确定螺纹几何参数和配合性质的直径,$d_2 \approx (d+d_1)/2$;④ 线数 $n$,按照螺旋线的数目,螺纹可分为单线和多线。为了便于制造,一般螺纹线数不超过 4 条。单线螺纹多用于连接,具有自锁性;多线螺纹多用于传动,传动效率较高;⑤ 螺距 $P$;⑥ 导程 $P_h$,对于线数为 $n$ 的螺纹,$P_h = nP$;⑦ 牙型角 $\alpha$,对称牙型的牙侧角 $\beta = \alpha/2$;⑧ 接触高度 $h$;⑨ 螺纹升角 $\phi$,通常按螺纹中径 $d_2$ 处计算,即

$$\phi = \arctan \frac{P_h}{\pi d_2} = \arctan \frac{nP}{\pi d_2} \qquad (1-2-1)$$

### 2.1.2　螺纹连接的类型和标准螺纹连接件

**(1) 螺纹连接的类型**　螺纹连接主要有螺栓连接、双头螺柱连接、螺钉连接和紧定螺钉连接四种基本类型。

1) 螺栓连接。螺栓连接广泛用于被连接件不太厚的场合。它是利用一端有螺栓头、另一端有螺纹的螺栓穿过被连接件的通孔,旋上螺母并拧紧,从而将被连接件连成一体。螺栓连接又分普通螺栓(又称受拉螺栓)连接和铰制孔用螺栓(又称受剪螺栓)连接。前者的特点是孔和螺栓杆之间有间隙,螺栓受轴向拉力,且通孔的加工精度要求低;而后者孔和螺栓杆之间多采用过渡配合,螺栓能承受横向载荷,但孔的加工精度要求较高。

2) 双头螺柱连接。双头螺柱连接利用两端均有螺纹的螺柱,将其一端拧入被连接件的螺纹孔中,另一端穿过另一被连接件的通孔,旋上螺母并拧紧,从而将被连接件连成一体。这种

连接适用于被连接件之一太厚,不宜制成通孔,材料较软,并且需要经常拆装的场合。

3) 螺钉连接。螺钉连接不使用螺母,而是利用螺钉穿过一被连接件的通孔,拧入另一被连接件的螺纹孔内实现连接。这种连接适用于被连接件一薄一厚,不需要经常拆装的场合。

4) 紧定螺钉连接。紧定螺钉连接利用紧定螺钉旋入一零件,并以其末端顶紧另一零件来固定两零件的相对位置。这种连接适用于用力和转矩不大的场合。

**(2) 标准螺纹连接件** 在机械制造中,常见的标准螺纹连接件有螺栓、双头螺柱、螺钉、紧定螺钉、螺母和垫圈等。标准螺纹连接件分为 A、B、C 三个精度等级,A 级精度最高,用于要求配合精确、防止振动等重要场合;B 级精度多用于受载较大并且经常装拆、调整或承受变载荷的连接;C 级精度多用于一般的螺纹连接。

### 2.1.3 螺纹连接的预紧

螺纹连接分为松连接和紧连接,大多情况下使用的是紧连接,即在装配时需要拧紧,使螺栓在承受载荷之前,先受到预紧力的作用。预紧的目的在于增强连接的可靠性和紧密性,以防止受载后被连接件间出现缝隙或发生相对滑移。为了保证连接所需的预紧力,又不使螺纹连接件过载,对重要的螺纹连接,在装配时要控制预紧力。控制预紧力的方法有:① 使用测力矩扳手;② 使用定力矩扳手;③ 测量螺栓受力后的伸长量等。前两种方法操作简便,但准确性较差(因拧紧力矩受摩擦系数波动的影响较大),也不适用大型的螺栓连接;第三种方法相对精确,常用于装配时要求精确控制预紧力的场合。

### 2.1.4 螺纹连接的防松

用于连接的螺纹副具有自锁性,在静载荷和工作温度变化不大时不会自动松脱。但在变载、冲击、振动的作用下,或温度变化较大时,螺纹连接就会出现松脱现象。因此,为使螺纹连接可靠,必须考虑螺纹连接的防松。

防松的实质在于阻止螺纹副在受载时发生相对转动。防松方法按照工作原理的不同可分为:① 摩擦防松(如弹簧垫圈、对顶螺母、自锁螺母等);② 机械防松(开口销与开槽螺母、止动垫圈、串联钢丝等);③ 破坏螺纹副运动关系(冲点、涂胶黏剂等)。

### 2.1.5 螺栓组连接的设计

螺栓连接通常都是成组使用的,螺栓组连接的设计包括螺栓组连接的结构设计、受力分析及螺栓的强度计算。

**(1) 螺栓组连接的结构设计** 螺栓组连接的结构设计就是要合理确定连接接合面的几何形状、螺栓布置方式和数目,做到螺栓组连接受力合理,便于加工和装配。因此,连接接合面的设计应简单并具有对称性,如圆形、环形、矩形、三角形等;螺栓数目不宜过多且取偶数,如4、6、8等;螺栓排列间距应保证扳手活动空间和连接的紧密性;螺栓的布置应使各螺栓受力合理,特别应避免使螺栓承受附加的弯曲载荷。另外,还需合理地选择螺栓组的防松装置。

**(2) 螺栓组连接的受力分析** 螺栓组连接的受力分析是由螺栓组的结构和所受的外载荷分析螺栓组内各个螺栓的受载情况,找出其中受力最大的螺栓,并确定其受力的大小和方向。

1) 四种典型受载情况下螺栓组的受力分析。螺栓组四种典型受载情况是指螺栓组分别受到横向载荷、轴向载荷、旋转力矩和翻转力矩的作用。其中旋转力矩对螺栓组内的每个螺栓而言仍为横向载荷,而翻转力矩使螺栓受到轴向载荷。四种典型受载情况下螺栓组内受力最大的螺栓受力计算式见表 1-2-1。

## 表 1-2-1 螺栓组连接的受力分析及单个螺栓连接的强度计算

| 螺栓类别 | 松螺栓连接 | 紧螺栓连接 | | | | |
|---|---|---|---|---|---|---|
| | | 受拉螺栓 | | 受剪螺栓 | | |
| | | 螺栓只受预紧力 $F_0$ 作用 | | 螺栓受预紧力 $F_0$ 和工作载荷 $F$ 作用 | | |
| 螺栓组及螺栓受载典型图例 | 轴向载荷 $F$ | 横向总载荷 $F_\Sigma$ | 旋转力矩 $T$ | 轴向总载荷 $F_\Sigma$ | 倾覆力矩 $M$ 作用 | 横向总载荷 $F_\Sigma$ | 旋转力矩 $T$ |
| 单个螺栓载荷计算 | 螺栓只受轴向拉力 $F$ | 预紧力 $F_0$ $$F_0 \geqslant \frac{K_s F_\Sigma}{fzi} \quad (1-2-2)$$ 式中 $K_s$——防滑系数; $F_\Sigma$——横向总载荷; $f$——接合面间的摩擦系数; $i$——接合面数; $z$——螺栓数目 | 预紧力 $F_0$ $$F_0 \geqslant \frac{K_s T}{f \sum_{i=1}^{z} r_i} \quad (1-2-3)$$ 式中 $K_s$——防滑系数; $T$——旋转力矩; $f$——接合面间的摩擦系数; $z$——螺栓数目; $r_i$——力臂 | 轴向力 $F$ $$F = \frac{F_\Sigma}{z} \quad (1-2-4)$$ 式中 $F_\Sigma$——轴向总载荷; $z$——螺栓数目 | 轴向力 $F(F_{max})$ $$F_{max} = \frac{ML_{max}}{\sum_{i=1}^{z} L_i^2} \quad (1-2-5)$$ 式中 $M$——倾覆力矩; $L_{max}$——最大力臂; $L_i$——力臂; $z$——螺栓数目 总拉力 $F_2 = F_1 + F$ $F_2 = F_0 + \dfrac{C_b}{C_b + C_m} F \quad (1-2-9)$ 式中 $F_1$——残余预紧力; $F_0$——预紧力; $C_b$——螺栓刚度; $C_m$——被连接件刚度 (1-2-8) | 剪切力 $F$ $$F = \frac{F_\Sigma}{z} \quad (1-2-6)$$ 式中 $F_\Sigma$——横向总载荷; $z$——螺栓数目 | 剪切力 $F(F_{max})$ $$F_{max} = \frac{T r_{max}}{\sum_{i=1}^{z} r_i^2} \quad (1-2-7)$$ 式中 $T$——旋转力矩; $r_{max}$——最大力臂; $r_i$——力臂; $z$——螺栓数目 |

续表

| 螺栓类别 | 松螺栓连接 | 紧螺栓连接 | | 受剪螺栓 |
|---|---|---|---|---|
| | | 受拉螺栓 | | |
| | | 螺栓只受预紧力 $F_0$ 作用 | 螺栓受预紧力 $F_0$ 和工作载荷 $F$ 作用 | |
| 强度准则 | $\sigma = \dfrac{F}{\pi d_1^2/4} \leqslant [\sigma]$ (1-2-10)<br><br>式中 $F$——螺栓工作载荷；<br>$d_1$——螺栓小径 | $\sigma_{ca} = \dfrac{1.3F_0}{\pi d_1^2/4} \leqslant [\sigma]$ (1-2-11)<br><br>式中 $F_0$——螺栓预紧力；<br>$d_1$——螺栓小径 | $\sigma_{ca} = \dfrac{1.3F_2}{\pi d_1^2/4} \leqslant [\sigma]$ (1-2-12)<br><br>式中 $F_2$——螺栓总拉力；<br>$d_1$——螺栓小径 | $\tau = \dfrac{F}{i\pi d_0^2/4} \leqslant [\tau]$ (1-2-13)<br><br>$\sigma_p = \dfrac{F}{d_0 L_{min}} \leqslant [\sigma_p]$ (1-2-14)<br><br>式中 $d_0$——螺栓剪切面的直径；<br>$i$——接合面数；<br>$L_{min}$——螺栓杆与孔壁挤压面的最小高度 |

2) 任意外载荷下螺栓组的受力分析。在实际应用中,有些螺栓组所受到的载荷相当复杂,但无论怎样都可以把任意的外载荷转化为四种典型受载情况下基本载荷的组合,使问题得到解决。如外载荷不通过螺栓组的形心或不在接合面内作用,这时应当将外载荷向接合面上螺栓组的形心简化。简化后螺栓组所受载荷即为上述四种典型受载情况的某种组合。

对各种组合的载荷都可先按单一的基本情况求出每个螺栓的工作载荷,然后根据各工作载荷的矢量叠加原理即可求出每个螺栓总的工作载荷。

### 2.1.6 螺纹连接的强度计算

螺栓连接的强度计算主要针对松螺栓连接和紧螺栓连接两种形式。所谓松螺栓连接,是指连接承受外载荷之前螺栓不受力,而在受外载荷之后受力;而紧螺栓连接是指连接承受外载荷之前已经承受预紧力。

对于受拉螺栓,其主要失效形式是螺栓杆螺纹部分发生断裂,因而其设计准则是保证螺栓的静力抗拉强度或疲劳抗拉强度;对于受剪螺栓,其主要失效形式是螺栓杆和孔壁的贴合面上出现压溃或螺栓杆被剪断,因而其设计准则是保证连接的挤压强度和螺栓的抗剪强度。单个螺栓的强度计算方法见表1-2-1,在使用该表中的公式时,需要注意以下几点:

1) 对于只受预紧力 $F_0$ 的普通螺栓连接,虽然其螺栓杆同时承受拉伸应力和扭转切应力,但计算时,可将所受的拉力增大30%作为考虑了扭转的影响,然后只按抗拉强度来计算。

2) 当单个紧螺栓所受的轴向工作拉力 $F$ 为变载荷时,对于重要连接,除按表1-2-1做静强度计算外,还应对螺栓的疲劳强度做精确校核。

3) 关于受轴向静载荷 $F$ 的紧螺栓连接中各力之间的关系可见图1-2-1。

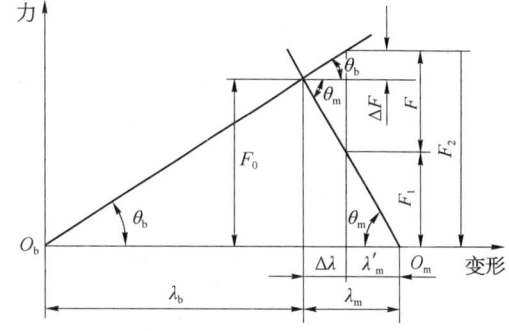

图1-2-1 螺栓和被连接件受力与变形关系

4) 对于受倾覆力矩的螺栓组连接,为防止接合面受压最大处被压碎或受压最小处出现间隙,要求接合面压应力应满足以下要求

$$\sigma_{pmax} \approx \frac{zF_0}{A} + \frac{M}{W} \leqslant [\sigma_p] \qquad (1-2-15)$$

$$\sigma_{pmin} \approx \frac{zF_0}{A} - \frac{M}{W} > 0 \qquad (1-2-16)$$

### 2.1.7 螺纹连接件的材料及许用应力

**(1) 螺纹连接件的材料** 螺栓、螺柱和螺钉的常用材料有 Q215、Q235、35 和 45 等碳素钢;普通垫圈的常用材料有 Q235、15 和 35 等碳素钢;弹簧垫圈推荐使用的材料是65Mn。

螺栓、螺柱和螺钉按材料的力学性能等级分为9级,从4.6到12.9。小数点前的数字代表材料抗拉强度极限的1/100,小数点后的数字代表材料屈服强度与抗拉强度极限之比值的10倍。螺母的性能等级分为7级,从4到12,数字表示与该螺母相配的螺栓中性能等级最高的,也近似表示螺母最小保证应力 $\sigma_{min}$ 的1/100。因此,选用时应注意所用螺母的性能等级不低于其相配的螺栓的性能等级。

**(2) 螺纹连接件的许用应力**　螺纹连接件许用拉应力为

$$[\sigma] = \frac{\sigma_S}{S} \quad (1-2-17)$$

螺纹连接件的许用切应力和许用挤压应力分别为

$$[\tau] = \frac{\sigma_S}{S_\tau} \quad (1-2-18)$$

对于钢

$$[\sigma_p] = \frac{\sigma_S}{S_p} \quad (1-2-19)$$

对于铸铁

$$[\sigma_p] = \frac{\sigma_B}{S_p} \quad (1-2-20)$$

### 2.1.8　提高螺纹连接强度的措施

**(1) 降低螺栓的应力幅**　如图 1-2-2 所示,利用减小螺栓刚度(如适当增加螺栓的长度,采用柔性螺栓或在螺母下加装弹性元件等)、增大被连接件的刚度(如采用刚度较大的垫圈或不用垫圈)并适当提高预紧力的方法,既能减小螺栓连接的应力幅,又能保证连接的可靠性和紧密性。

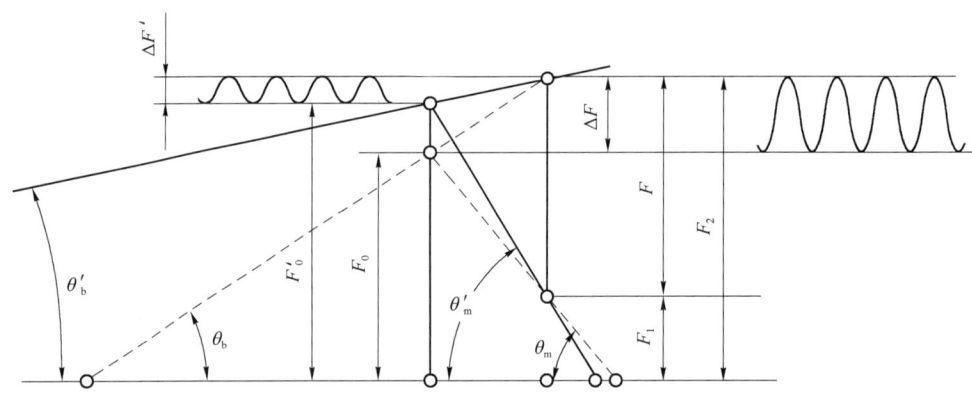

图 1-2-2　降低螺栓连接应力幅的方法

**(2) 改善螺纹牙间载荷分配不均的现象**　如采用悬置螺母、环槽螺母、内斜螺母和钢丝螺套等。

**(3) 减小应力集中**　如采用加大过渡圆角半径、加卸载槽或将螺纹收尾改为退刀槽等。

**(4) 避免附加弯曲应力**　如结构设计时应尽量避免斜支承面,否则应加斜垫圈、球面垫圈或环腰螺栓等。

**(5) 采用合理制造工艺**　如采用滚压螺纹工艺,表面氮化、碳氮共渗、喷丸等表面硬化处理。

### 2.1.9　螺旋传动

**(1) 螺旋传动的类型和应用**　螺旋传动是利用螺杆和螺母组成的螺旋副来实现传动要求

的,主要用来把回转运动变为直线运动,同时传递运动和动力。螺旋传动按其用途不同可分为传力螺旋、传导螺旋和调整螺旋。

1) 传力螺旋。以传递动力为主,工作速度不高,设计时要求用较小的力矩产生较大的轴向力,通常需要有自锁能力,如压力机中的螺旋传动。

2) 传导螺旋。以传递运动为主,工作速度较高,设计时要求具有很高的运动精度,如机床中工作台的进给螺旋机构。

3) 调整螺旋。用以调整或固定零件之间的相对位置,如仪器中的微调螺旋机构。

螺旋传动按其螺杆和螺母之间的摩擦性质不同,又可分为滑动螺旋(滑动摩擦)、滚动螺旋(滚动摩擦)和静压螺旋(流体摩擦)三类,其中滑动螺旋传动应用较广。

**(2) 滑动螺旋传动的结构和材料**　螺旋传动的结构主要是螺杆、螺母的固定和支承的结构形式,其中支承结构与螺旋传动的工作刚度和精度有直接关系。螺母的结构有整体螺母、组合螺母和剖分螺母等形式。滑动螺旋采用的螺纹类型有矩形螺纹、梯形螺纹和锯齿形螺纹,其特点是牙型角较小,传动效率高。其中后两种应用最为普遍。

在螺旋传动中,螺杆材料要有足够的强度和耐磨性。螺母材料除有足够的强度外,还要求在与螺杆材料配合时摩擦系数小且耐磨。

**(3) 滑动螺旋传动的设计计算**　滑动螺旋传动设计的主要任务是确定其基本尺寸——螺杆直径和螺母高度。由于滑动螺旋工作时主要承受转矩及轴向拉力或压力的作用,同时在螺杆和螺母的旋合螺纹间有较大的相对滑动,其主要失效形式是螺纹磨损。因此,螺杆直径与螺母高度是根据耐磨性条件确定的,其计算公式分别为

$$d_2 \geqslant \sqrt{\frac{FP}{\pi h \varphi [p]}} \tag{1-2-21}$$

$$H = \varphi d_2 \tag{1-2-22}$$

式中,$d_2$ 为螺纹中径;$F$ 为螺杆承受的轴向力;$P$ 为螺纹螺距;$h$ 为螺纹工作高度;$\varphi$ 为螺母的高径比;$[p]$ 为材料的许用应力;$H$ 为螺母高度。

在由耐磨性条件初步确定了螺杆直径与螺母高度以后,一般还需根据具体情况做以下校核计算:

1) 对于受力较大的螺杆,应校核其危险截面的强度。

2) 一般螺母的材料强度低于螺杆,螺母的螺纹牙更易发生剪切和挤压破坏,应校核螺母螺纹牙的强度。

3) 对于有自锁性要求的螺杆,应校核其自锁性。

4) 对于长径比大的受压螺杆,螺杆受压时易失稳,应进行稳定性的校核计算。

5) 对于螺旋起重器的螺母,除耐磨性和螺母螺纹牙的强度计算外,还应对螺母下段与螺母凸缘进行强度计算。

## 2.2　复习思考题

**2-1**　常用螺纹有哪几种类型? 各用于什么场合? 对连接螺纹和传动螺纹的要求有何不同?

答:常用螺纹有普通螺纹、管螺纹、梯形螺纹、矩形螺纹和锯齿形螺纹等。前两种螺纹主要用于连接,后三种螺纹主要用于传动。

对连接螺纹的要求是自锁性好,有足够的连接强度;对传动螺纹的要求是传动精度高,效率高,并且具有足够的强度和耐磨性。

**2-2** 拧紧螺母时要克服哪些力矩,此时螺栓和被连接件各受什么力?

答:拧紧螺母时要克服螺纹副间的摩擦力矩和螺母与支承面间的摩擦力矩。此时螺栓受预紧力,而被连接件受拧紧压力。

**2-3** 螺栓连接中拧紧的目的是什么?试举出几种控制预紧力的方法。

答:螺栓连接中拧紧的目的在于增强连接的可靠性和紧密性,以防止受载后被连接件间出现缝隙或发生相对滑动。

预紧力大小可借助测力矩扳手、定力矩扳手、测定螺栓伸长量或利用控制拧紧力矩的方法来控制。

**2-4** 在螺栓连接中,为什么承受变载荷和冲击载荷的螺栓连接要求有较长的螺纹余留长度?

答:螺纹的余留长度越长,则螺栓杆的刚度 $C_b$ 越低,这对提高螺栓连接的疲劳强度是有利的。因此承受变载荷和冲击载荷的螺栓连接要求有较长的螺纹余留长度。

**2-5** 普通螺栓连接和铰制孔用螺栓连接的主要失效形式是什么?计算准则是什么?

答:普通螺栓连接的主要失效形式是螺栓杆和螺纹部分发生塑性变形或断裂,其设计准则是保证螺栓的静力抗拉强度或疲劳抗拉强度。

铰制孔用螺栓连接的主要失效形式是螺栓杆和孔壁的贴合面被压溃或螺栓杆被剪断,其设计准则是保证连接的挤压强度和螺栓的抗剪强度。

**2-6** 计算普通螺栓连接时,为什么只考虑螺栓危险截面的抗拉强度,而不考虑螺栓头、螺母和螺纹牙的强度?

答:螺栓头、螺母和螺纹牙的结构尺寸是根据与螺杆的等强度条件及使用经验规定的,实践中很少发生失效。因此,通常不需要进行强度计算。

**2-7** 普通紧螺栓连接所受到的轴向工作载荷或横向工作载荷为脉动循环时,螺栓轴向上的总载荷是什么循环?

答:普通紧螺栓连接所受到的轴向工作载荷为脉动循环时,螺栓轴向上的总载荷为不变号的不对称循环变载荷,$0 < r < 1$;所受到的横向工作载荷为脉动循环时,螺栓轴向上的总载荷为静载荷,$r = 1$。

**2-8** 螺栓组连接受力分析的目的是什么?在进行受力分析时,通常要做哪些假设条件?

答:螺栓组连接受力分析的目的是:根据连接的结构形式和受载情况,求出受力最大的螺栓及其所受力的大小,以进行单个螺栓连接的强度计算。

在进行受力分析时,通常要做这样几个假设:① 所有螺栓的材料、直径、长度和预紧力均相同;② 螺栓组的对称中心与连接接合面的形心重合;③ 受载后连接接合面仍保持为平面。

**2-9** 螺栓的性能等级为 8.8 级,与它相配合的螺母性能等级应为多少?螺栓性能等级的数字代号的含义是什么?

答:螺栓的性能等级为 8.8 级,与它相配合的螺母性能等级应为 8 级(大直径时为 9 级)。螺栓性能等级小数点前的数字代表材料抗拉强度极限的 $1/100$,即 $\sigma_B/100$;小数点后的数字代表材料屈服强度与公称抗拉强度之比值的 10 倍,即 $10\sigma_S/\sigma_B$。

**2-10** 在什么情况下,螺栓连接的安全系数大小与螺栓直径有关?试说明其原因。

答:不控制预紧力的情况下,螺栓连接的安全系数与螺栓直径有关,螺栓直径越小,则安全系数取得越大。这是因为扳手的长度随螺栓的直径减小而线性减短,而螺栓的承载能力随螺栓直径减小而平方性降低,因此,用扳手拧紧螺栓时,螺栓直径越细越易过拧紧,造成螺栓过载断裂。所以小直径的螺栓应取较大的安全系数。

**2-11** 紧螺栓连接所受轴向变载荷在 $0 \sim F$ 间变化,当预紧力 $F_0$ 一定时,改变螺栓或被连接件的刚度,对螺栓连接的疲劳强度和连接的紧密性有何影响?

答:降低螺栓的刚度或增大被连接件的刚度,将会提高螺栓连接的疲劳强度,降低螺栓连接的紧密性;反之,则降低螺栓连接的疲劳强度,提高螺栓连接的紧密性。

**2-12** 滑动螺旋的主要失效形式是什么?其基本尺寸(即螺杆直径及螺母高度)通常是根据什么条件确定的。

答:滑动螺旋的主要失效形式是螺纹磨损。由此决定了滑动螺旋的基本尺寸(即螺杆直径及螺母高度)通常是根据耐磨性条件确定的。

**2-13** 滚动螺旋传动与滑动螺旋传动相比较,有何优缺点?

答:滚动螺旋传动与滑动螺旋传动相比较具有传动效率高、启动力矩小、传动灵敏稳定、工作寿命长等优点;其缺点是制造工艺比较复杂,特别是长螺杆更难保证热处理及磨削工艺质量,刚性和抗振性能较差。

**2-14** 图 1-2-3 所示为螺栓连接的受力变形线图。若保证残余预紧力 $F_1$ 为预紧力 $F_0$ 之一半,由作图求取作用在螺栓上的总拉力 $F_2$。

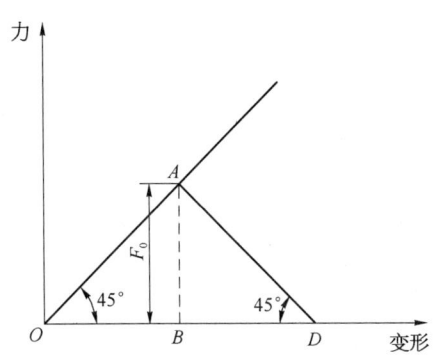 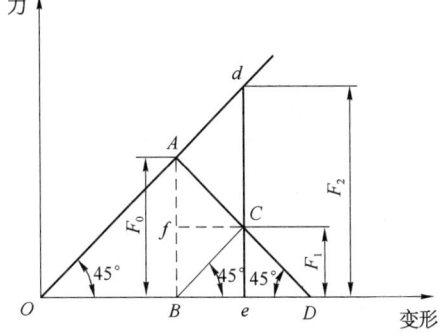

图 1-2-3 螺栓连接的受力变形线图　　图 1-2-4 作图法求解螺栓总拉力

答:如图 1-2-4 所示,取 $AB$ 的中点为 $f$,通过 $f$ 点作水平轴线的平行线交 $C$ 点,连接 $BC$,有 $\angle CBD = 45°$,通过 $C$ 点作垂直线 $ed$,则 $BC // Od$,显然 $ABCd$ 为一平行四边形,故 $AB = Cd = F_0$。即有

$$F_2 = eC + Cd = F_0/2 + F_0 = 1.5F_0$$

## 2.3 自测题

**1. 是非题**

(1) 在常用的螺纹连接中,自锁性最好的螺纹是矩形螺纹。　　　　　　　　　(　)

(2) 当两被连接件之一太厚,不宜制成通孔,且需要经常拆装时,通常采用螺钉连接。

(　)

(3) 在有气密性要求的螺栓连接结构中,接合面之间不用软垫片进行密封而采用密封环结构,这主要是为了增大被连接件的刚度,从而提高螺栓的疲劳强度。　　　　　(　)

(4) 受横向载荷的铰制孔用螺栓连接,螺栓的抗拉强度不需要进行计算。( )

(5) 在螺纹连接中,采用加厚螺母以增加旋合圈数的办法对提高连接的强度并没有多少作用。( )

(6) 普通螺栓连接中,松螺栓连接和紧螺栓连接之间的主要区别是松螺栓连接的螺纹部分不承受拉伸作用。( )

(7) 减小螺栓和螺母的螺距变化差可以改善螺纹牙间的载荷分配不均的程度。( )

(8) 被连接件是锻件或铸件时,可将安装螺栓处制成凸台或沉头座,其目的是易拧紧。( )

(9) 对顶螺母防松方法属于摩擦防松。( )

(10) 普通螺纹的公称直径指的是螺纹中径。( )

(11) 螺纹的牙型角越大,螺旋副就越容易自锁。( )

(12) 受轴向工作载荷的紧螺栓连接,螺栓所受总拉力为轴向工作载荷与残余预紧力之和。( )

(13) 螺栓连接件的制造精度分为 A、B、C 三个精度等级,其中 B 级多用于配合精确、防止振动等重要零件的连接。( )

(14) 紧螺栓连接强度计算中,将螺栓所受轴向力乘以 1.3,是考虑到螺栓处于弯扭复合应力状态。( )

(15) 受轴向载荷的普通螺栓连接,适当增加预紧力能提高螺栓的抗疲劳强度。( )

**2. 单项选择题**

(1) 在常用的螺旋传动中,传动效率最高的螺纹是_____。
   A. 普通螺纹　　　B. 梯形螺纹　　　C. 锯齿形螺纹　　　D. 矩形螺纹

(2) 在螺栓强度计算中,常用作危险剖面的计算直径是_____。
   A. 螺纹的大径 $d$　　B. 螺纹的中径 $d_2$　　C. 螺纹的小径 $d_1$

(3) 被连接件受横向工作载荷时,如果采用普通螺栓连接,则螺栓可能出现的失效为_____。
   A. 剪切破坏　　　B. 挤压破坏　　　C. 扭断　　　D. 拉扭断裂

(4) 螺纹连接防松的根本问题在于_____。
   A. 增加螺纹连接的轴向力　　　　B. 增加螺纹连接的刚度
   C. 增加螺纹连接的强度　　　　　D. 防止螺纹副相对转动

(5) 螺栓的性能等级为 6.8 级,则该螺栓材料的屈服强度近似为_____。
   A. 6 MPa　　　B. 0.8 MPa　　　C. 8 MPa　　　D. 480 MPa

(6) 当两个被连接件不太厚时,宜采用_____。
   A. 双头螺柱连接　B. 螺栓连接　　C. 螺钉连接　　D. 紧定螺钉连接

(7) 确定紧螺栓连接中拉伸和扭转复合载荷作用下的计算应力时,通常是按_____来进行计算的。
   A. 第一强度理论　B. 第二强度理论　C. 第三强度理论　D. 第四强度理论

(8) 对于紧螺栓连接,当螺栓的总拉力 $F_2$ 和残余预紧力 $F_1$ 不变,若将螺栓由实心变成空心,则螺栓的应力幅 $\sigma_a$ 与预紧力 $F_0$ 会发生这样的变化:_____。
   A. 应力幅 $\sigma_a$ 增大,预紧力 $F_0$ 则适当减小

B. 应力幅 $\sigma_a$ 增大，预紧力 $F_0$ 也适当增大
C. 应力幅 $\sigma_a$ 减小，预紧力 $F_0$ 也适当减小
D. 应力幅 $\sigma_a$ 减小，预紧力 $F_0$ 则适当增大

(9) 采用_____方法不能改善螺纹牙受力不均匀程度。
A. 增加旋合圈数　　B. 悬置螺母　　C. 内斜螺母　　D. 钢丝螺套

(10) 螺纹主要参数间的关系是_____。

A. 导程 $P_h = nP$，螺纹升角 $\phi = \arctan \dfrac{P_h}{\pi d_2}$

B. 导程 $P_h = nP$，螺纹升角 $\phi = \arctan \dfrac{\pi d_2}{P_h}$

C. 螺距 $P = nP_h$，螺纹升角 $\phi = \arctan \dfrac{P_h}{\pi d_2}$

D. 螺距 $P = nP_h$，螺纹升角 $\phi = \arctan \dfrac{\pi d_2}{P_h}$

(11) 在同一螺栓组中，螺栓的材料、直径和长度均应相同，这是为了_____。
A. 受力均匀　　B. 便于装配　　C. 外形美观　　D. 降低成本

(12) 用于薄壁零件连接的螺纹，应采用_____。
A. 普通细牙螺纹　　B. 梯形螺纹　　C. 锯齿形螺纹　　D. 多线的普通粗牙螺纹

(13) 铰制孔用螺栓连接中，螺栓杆与孔的配合为_____。
A. 基孔制间隙配合　　　　　　B. 基孔制过渡配合
C. 基孔制过盈配合

(14) 对于螺旋起重器的螺母，应进行_____计算。
A. 耐磨性　　　　　　　　　　B. 螺母螺纹牙强度
C. 螺母下段与螺母凸缘强度　　D. A、B、C 三者

(15) _____一般需要有较高的运动速度和传动效率，因此应采用多线螺纹。
A. 传导螺纹　　B. 传力螺旋　　C. 调整螺旋　　D. A、B、C 三者

**3. 分析、计算题**

(1) 如图 1-2-5 所示的单个紧螺栓连接力-变形线图中，已知螺栓所受的预紧力 $F_0 = 3\,000\,\text{N}$，在轴向外力的作用下，被连接件的残余预紧力 $F_1 = 2\,000\,\text{N}$，试按比例在图中标出螺栓轴向总拉力 $F_2$、轴向外力 $F$、螺栓总变形 $\lambda_b'$ 以及被连接件残余变形 $\lambda_m'$。

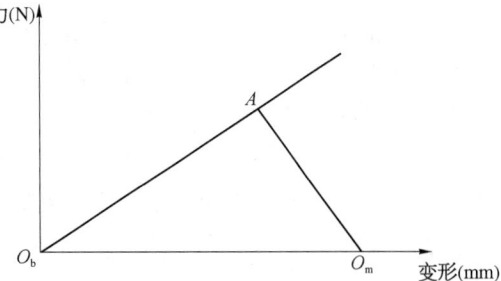

图 1-2-5　单个紧螺栓连接力-变形线

(2) 有一受预紧力 $F_0$ 和轴向工作载荷 $F$ 作用的紧螺栓连接，已知预紧力 $F_0 = 1\,000\,\text{N}$，轴向工作载荷 $F = 1\,000\,\text{N}$，螺栓的刚度 $C_b$ 与被连接件的刚度 $C_m$ 相等，试计算该螺栓所受的总拉力 $F_2$、残余预紧力 $F_1$。在预紧力 $F_0$ 不变的情况下，若保证被连接件间不出现缝隙，则该螺栓的最大轴向工作载荷 $F_{\max}$ 为多少？

(3) 某螺栓连接的预紧力 $F_0 = 10\,000\,\text{N}$，且承受变动的轴向工作载荷 $F = 0 \sim 8\,000\,\text{N}$ 的作用。现测得在该预紧力作用下，该螺栓的伸长量 $\lambda_b = 0.2\,\text{mm}$，被连接件的缩短量 $\lambda_m =$

0.05 mm。试求在工作中螺栓及被连接件所受总载荷的最大值和最小值。

（4）图 1-2-6 所示为一牵引钩用两个 M12（$d_1 = 10.106$ mm）的普通螺栓固定于机体上，已知接合面间摩擦系数 $f = 0.2$，防滑系数 $K_s = 1.2$，螺栓材料强度级别为 6.8 级，安全系数 $S = 3$，试计算该螺栓组连接允许的最大牵引力 $F$。

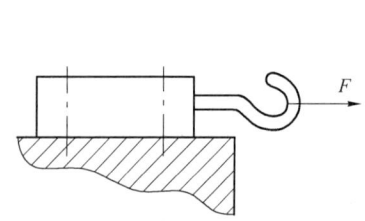
图 1-2-6 普通螺栓连接的牵引钩

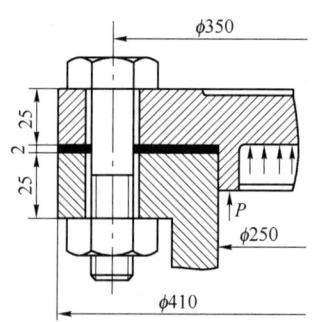
图 1-2-7 一气缸盖螺栓组连接

（5）一气缸盖螺栓组连接，缸盖与缸体均为钢制，其结构尺寸如图 1-2-7 所示。已知气缸内的工作压力 $p$ 在 0～1.5 MPa 变化（螺栓间距见表 1-2-2），为保证气密性要求，试选择螺栓材料，并确定螺栓数目和尺寸。

表 1-2-2 螺栓间距 $t_0$

| 工作压力 $p$（MPa） | | | | | |
| --- | --- | --- | --- | --- | --- |
| ≤1.6 | >1.6～4 | >4～10 | >10～16 | >16～20 | >20～30 |
| 螺栓间距 $t_0$（mm） | | | | | |
| $7d$ | $5.5d$ | $4.5d$ | $4d$ | $3.5d$ | $3d$ |

（6）如图 1-2-8 所示为一夹紧螺栓连接采用两个普通螺栓，已知连接柄端受力 $R = 240$ N，连接柄长 $L = 420$ mm，轴的直径 $d = 65$ mm，夹紧接合面摩擦系数 $f = 0.15$，可靠性系数 $K_s = 1.2$，螺栓材料的许用应力 $[\sigma] = 80$ MPa，试计算螺栓小径 $d_1$ 的计算值。

（7）图 1-2-9 所示支架采用四个普通螺栓与立柱相连，已知载荷 $P = 1.24 \times 10^4$ N，连接的尺寸参数如图所示，支架与立柱接合面摩擦系数 $f = 0.2$，螺栓材料的屈服强度 $\sigma_S = 270$ MPa，安全系数 $S = 1.5$，螺栓的相对刚度 $\dfrac{C_b}{C_b + C_m} = 0.3$，防滑系数 $K_s = 1.2$，试求所需螺栓小径 $d_1$。

（8）厚度 $\delta = 12$ mm 的钢板用四个螺栓固连在 $\delta_1 = 30$ mm 的铸铁支架上，螺栓的两种布置方案如图 1-2-10a、b 所示。已知螺栓材料为 Q235，$[\sigma] = 95$ MPa，$[\tau] = 96$ MPa，钢板 $[\sigma_p] = 320$ MPa，铸铁 $[\sigma_{p1}] = 180$ MPa，接合面间的摩擦系数 $f = 0.15$，防滑系数 $K_s = 1.2$，载荷 $F_\Sigma = 12\,000$ N，$L = 400$ mm，$a = 100$ mm。试：

1）比较螺栓两种布置方案，确定哪种方案较合理。
2）按照螺栓布置合理方案，分别确定采用普通螺栓连接和铰制孔用螺栓连接时的螺栓直径。

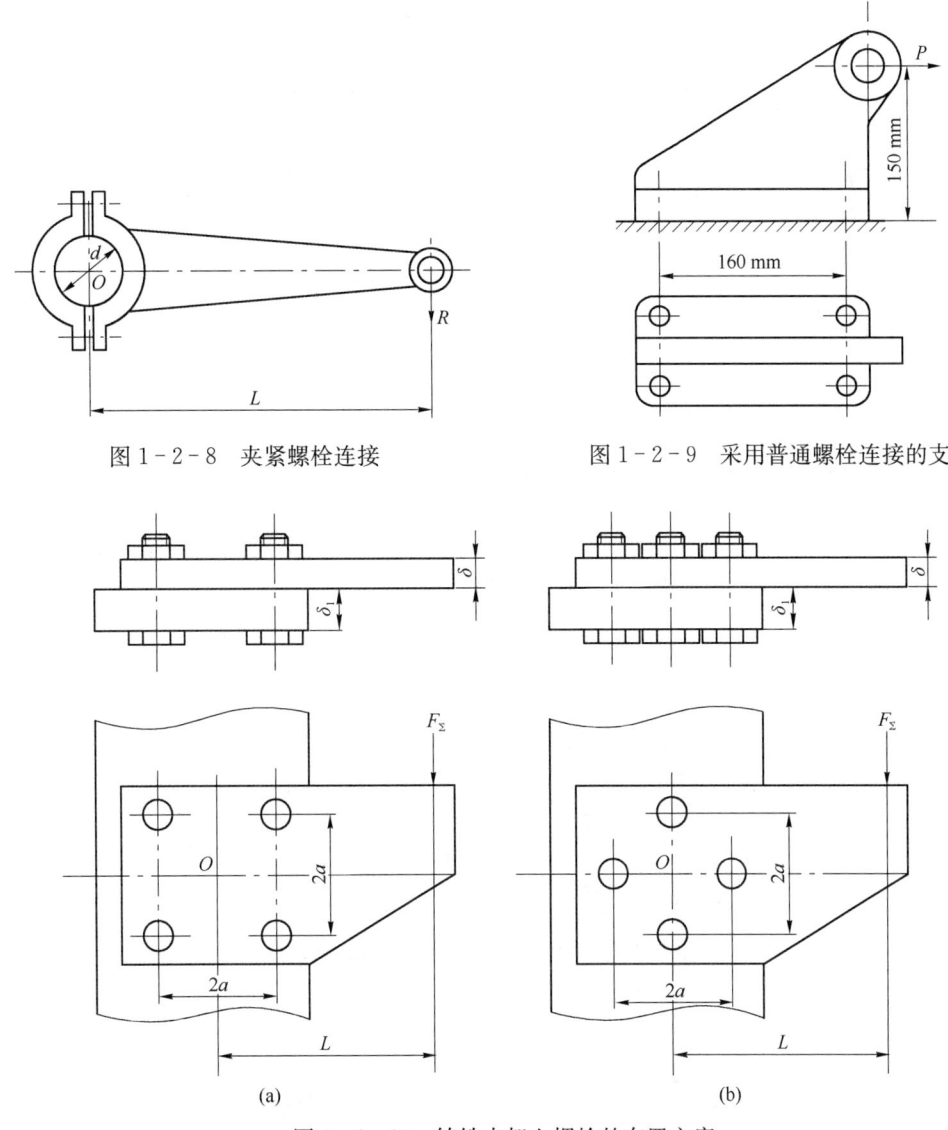

图 1-2-8 夹紧螺栓连接

图 1-2-9 采用普通螺栓连接的支架

图 1-2-10 铸铁支架上螺栓的布置方案
(a) 方案一；(b) 方案二

(9) 在图 1-2-11 所示的螺旋传动中，螺纹 1 为 M12×1，螺纹 2 为 M10×0.75。试问：

1) 两螺纹标记的含义是什么？

2) 若螺纹 1 和螺纹 2 均为右旋，手柄按图示方向回转一周时，螺母 2 相对于机架 3 移动的距离为多少？方向如何？

3) 若螺纹 1 为左旋，螺纹 2 为右旋，手柄按图示方向回转一周时，螺母 2 相对于机架 3 移动的距离为多少？方向如何？

(10) 如图 1-2-12 所示的方形盖板用四个 M16（$d_1 = 13.835$ mm）的螺钉与箱体相连接，盖板中心 $O$ 点装有吊环，已知 $F_Q = 20$ kN，取残余预紧力 $F_1 = 0.6F$（$F$ 为工作拉力），螺钉材料的性能等级为 6.6 级，安全系数 $S = 3$，尺寸如图所示。试：

1) 校核螺钉的强度。

2) 由于制造误差，吊环由 $O$ 点移至对角线上 $O'$ 点，且 $OO' = e = 5\sqrt{2}$ mm，问哪个螺钉的

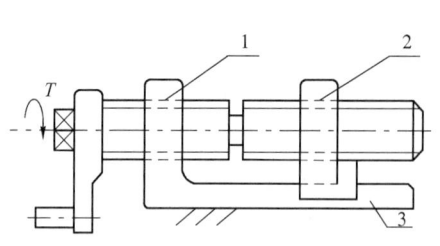

图1-2-11 螺旋传动机构

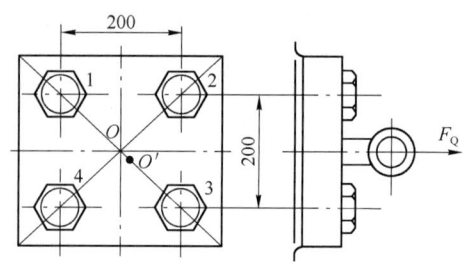

图1-2-12 方形盖板的螺钉连接

受力最大?并校核其强度。

**4. 结构设计题**

(1) 画出一螺纹连接结构图,该螺纹连接不使用螺母,适用于两被连接件一薄一厚、不需要经常装拆的场合。

(2) 在图1-2-13所示的螺纹连接结构中,试指出图中的错误结构,并说明原因就图改正。已知被连接件材料均为Q235,连接件均为标准件。

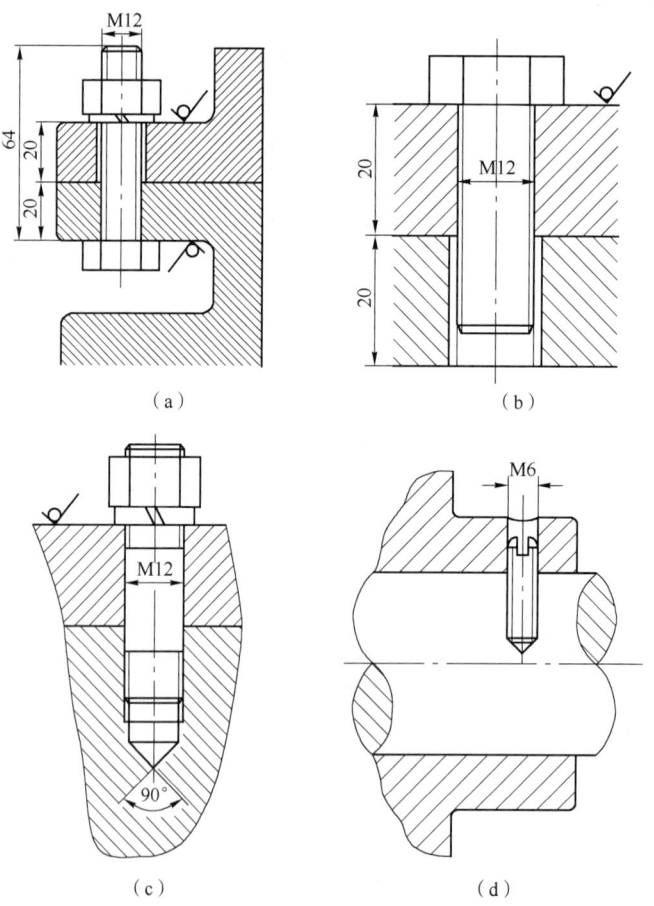

图1-2-13 错误的螺纹连接结构
(a) 普通螺栓连接;(b) 螺钉连接;(c) 双头螺柱连接;(d) 紧定螺钉连接

## 2.4 自测题参考答案

**1. 是非题**

(1) ×  (2) ×  (3) √  (4) √  (5) √  (6) ×  (7) √  (8) ×  (9) √  (10) ×  (11) √  (12) √  (13) ×  (14) ×  (15) √

**2. 单项选择题**

(1) D  (2) C  (3) D  (4) D  (5) D  (6) B  (7) D  (8) D  (9) A  (10) A  (11) B  (12) A  (13) B  (14) D  (15) A

**3. 分析、计算题**

(1) 解：如图 1-2-14 所示，螺栓的力-变形直线 $O_bA$ 与被连接件的力-变形直线 $O_mA$ 的交点 $A$ 的纵坐标即为预紧力的大小，即 3 000 N。按此比例，作一条纵坐标为 2 000 N 的水平线，得到该直线与被连接件的力-变形直线的交点 $B$，过该点作纵轴的平行线，得到 $C$ 点和 $D$ 点，便可得到所求的力及变形的大小。

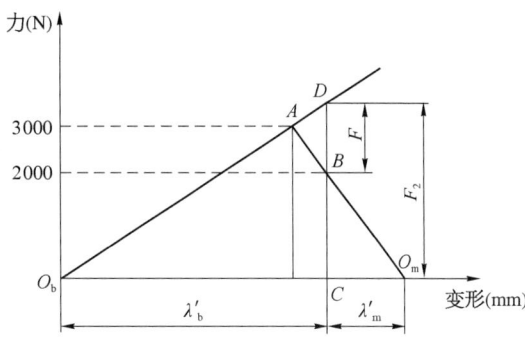

图 1-2-14　螺栓与被连接件的力-变形直线

(2) 解：螺栓所受的总拉力

$$F_2 = F_0 + \frac{C_b}{C_b + C_m}F = 1\,000 + \frac{1}{2} \times 1\,000 = 1\,500(\text{N})$$

残余预紧力

$$F_1 = F_2 - F = 1\,500 - 1\,000 = 500(\text{N})$$

为保证被连接件间不出现缝隙，则须 $F_1 \geqslant 0$。由 $F_1 = F_0 - \frac{C_m}{C_b + C_m}F \geqslant 0$ 得

$$F \leqslant \frac{F_0}{\frac{C_m}{C_b + C_m}} = \frac{1\,000}{0.5} = 2\,000(\text{N})$$

即为保证被连接件间不出现缝隙，该螺栓的最大轴向工作载荷 $F_{max} = 2\,000$ N。

(3) 解：螺栓及被连接件的刚度分别为

$$C_b = F_0/\lambda_b,\ C_m = F_0/\lambda_m$$

则有

$$\frac{C_b}{C_b + C_m} = \frac{\lambda_m}{\lambda_b + \lambda_m} = \frac{0.05}{0.2 + 0.05} = 0.2$$

$$\frac{C_m}{C_b + C_m} = 1 - \frac{C_b}{C_b + C_m} = 0.8$$

当 $F_{min} = 0$ 时，螺栓所受总载荷的最小值

$$F_{2\min} = F_0 + \frac{C_b}{C_b + C_m} F_{\min} = F_0 = 10\ 000\ \text{N}$$

被连接件所受总载荷的最大值

$$F_{1\max} = F_0 - \frac{C_m}{C_b + C_m} F_{\min} = F_0 = 10\ 000\ \text{N}$$

当 $F_{\max} = 8\ 000\ \text{N}$ 时,螺栓所受总载荷的最大值

$$F_{2\max} = F_0 + \frac{C_b}{C_b + C_m} F_{\max} = 10\ 000 + 0.2 \times 8\ 000 = 11\ 600(\text{N})$$

被连接件所受总载荷的最小值

$$F_{1\min} = F_0 - \frac{C_m}{C_b + C_m} F_{\max} = 10\ 000 - 0.8 \times 8\ 000 = 3\ 600(\text{N})$$

(4) 解:6.8 级螺栓的屈服强度 $\sigma_S = 480\ \text{MPa}$,许用应力 $[\sigma] = \sigma_S/S = 480/3 = 160(\text{MPa})$。
螺栓上的预紧力为

$$F_0 \leqslant \frac{[\sigma]\pi d_1^2}{1.3 \times 4} = \frac{160 \times \pi \times 10.106^2}{1.3 \times 4} = 9\ 872.45(\text{N})$$

最大牵引力为

$$F \leqslant \frac{F_0 f z i}{K_s} = \frac{9\ 872.45 \times 0.2 \times 2 \times 1}{1.2} = 3\ 290.82(\text{N})$$

(5) 解:1) 确定螺栓数 $z$ 和直径 $d$。由于气缸内的工作压力 $p$ 在 $0 \sim 1.5\ \text{MPa}$,故由表 1-2-2 可得螺栓的间距 $t_0 \leqslant 7d$,现取 $t_0 = 6d$,$z = 12$,则螺栓间距为

$$t_0 = \frac{\pi D_0}{z} = \frac{\pi \times 350}{12} = 92(\text{mm})$$

螺栓直径 $d = t_0/6 = 92/6 = 15.33(\text{mm})$,取 $d = 16\ \text{mm}$。

2) 选择螺栓性能等级。取螺栓性能等级为 8.8 级,则有 $\sigma_B = 800\ \text{MPa}$,$\sigma_S = 640\ \text{MPa}$。

3) 确定作用在螺栓上的载荷。作用在气缸上的最大压力 $F_\Sigma$ 和单个螺栓上的工作载荷 $F$ 分别为

$$F_\Sigma = \frac{\pi D^2}{4} p = \frac{\pi \times 250^2}{4} \times 1.5 = 73\ 631(\text{N})$$

$$F = \frac{F_\Sigma}{z} = \frac{73\ 631}{12} = 6\ 136(\text{N})$$

根据有密封性要求的连接 $F_1 = (1.5 \sim 1.8)F$ 的推荐,现取 $F_1 = 1.5F$,则螺栓总载荷

$$F_2 = F_1 + F = 1.5F + F = 2.5F = 2.5 \times 6\ 136 = 15\ 340(\text{N})$$

4) 确定许用应力。按不控制预紧力确定安全系数,可取 $S = 4$,许用拉应力为

$$[\sigma] = \frac{\sigma_S}{S} = \frac{640}{4} = 160(\text{MPa})$$

5) 验算螺栓的强度。由螺栓的大径 $d = 16$ mm 查手册得：小径 $d_1 = 13.835$ mm，取螺栓的公称长度 $l = 70$ mm，则螺栓的计算应力为

$$\sigma_{ca} = \frac{1.3F_2}{\pi d_1^2/4} = \frac{4 \times 1.3 \times 15\,340}{\pi \times 13.835^2} = 132.7(\text{MPa}) < [\sigma]$$

满足强度条件。因而气缸盖螺栓选为 GB/T 5782—86 M16×70，螺栓数量取为 $z = 12$。

(6) 解：图 1-2-15 为夹紧螺栓连接的受力图。根据接合面不滑移条件，对轴中心 $O$ 取矩，有

$$2 \times 2F_0 f \times \frac{d}{2} = K_s R L$$

$$F_0 = \frac{K_s R L}{2fd} = \frac{1.2 \times 240 \times 420}{2 \times 0.15 \times 65} = 6\,203.08(\text{N})$$

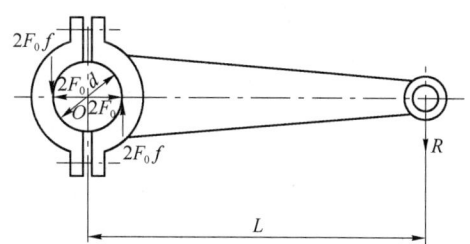

图 1-2-15 夹紧螺栓连接受力分析

螺栓小径

$$d_1 \geqslant \sqrt{\frac{4 \times 1.3 F_0}{\pi[\sigma]}} = \sqrt{\frac{4 \times 1.3 \times 6\,203.08}{\pi \times 80}} = 11.33(\text{mm})$$

(7) 解：螺栓组连接承受的是顺时针方向的倾覆力矩，其大小为

$$M = P \times 150 = 1.24 \times 10^4 \times 150 = 1.86 \times 10^6 (\text{N} \cdot \text{mm})$$

在倾覆力矩 $M$ 的作用下，左边两螺栓受力较大，所受载荷为

$$F_{\max} = \frac{M L_{\max}}{\sum_{i=1}^{z} L_i^2} = \frac{1.86 \times 10^6 \times 160/2}{4 \times (160/2)^2} = 5\,812.5(\text{N})$$

在横向力 $P$ 的作用下，根据支架与立柱接合面不滑移条件可得

$$fzF_0 \geqslant K_s P$$

$$F_0 \geqslant \frac{K_s P}{fz} = \frac{1.2 \times 1.24 \times 10^4}{0.2 \times 4} = 1.86 \times 10^4(\text{N})$$

左边螺栓所受的总拉力为

$$F_2 = F_0 + \frac{C_b}{C_b + C_m} F_{\max} = 1.86 \times 10^4 + 0.3 \times 5\,812.5 = 2.03 \times 10^4(\text{N})$$

螺栓的许用应力

$$[\sigma] = \frac{\sigma_S}{S} = \frac{270}{1.5} = 180(\text{MPa})$$

螺栓小径

$$d_1 \geqslant \sqrt{\frac{4 \times 1.3 F_2}{\pi [\sigma]}} = \sqrt{\frac{4 \times 1.3 \times 2.03 \times 10^4}{\pi \times 180}} = 13.67 (\text{mm})$$

(8) 解：1) 螺栓组连接的受力分析。将载荷 $F_\Sigma$ 向螺栓组连接的接合面形心点 $O$ 简化，得一横向载荷 $F_\Sigma = 12\,000\,\text{N}$ 和一旋转力矩 $T = F_\Sigma L = 12\,000 \times 0.4 = 4\,800\,\text{N}\cdot\text{m}$，如图 1-2-16 所示。

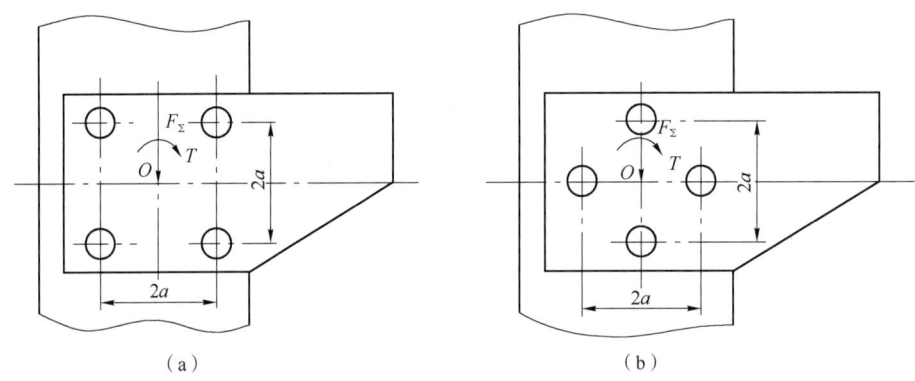

图 1-2-16　$F_\Sigma$ 向螺栓组连接的接合面形心点 $O$ 简化的结果
(a) 方案一；(b) 方案二

在横向力 $F_\Sigma$ 作用下，各个螺栓所受的横向载荷 $F_{s1}$ 方向同 $F_\Sigma$ 一致，大小均为

$$F_{s1} = \frac{F_\Sigma}{4} = \frac{12\,000}{4} = 3\,000(\text{N})$$

在旋转力矩 $T$ 作用下，各个螺栓所受的横向载荷 $F_{s2}$ 方向垂直于各螺栓中心与形心点 $O$ 的连线，如图 1-2-17 所示；由于各个螺栓中心至形心点 $O$ 的距离相等，故各个螺栓所受的横向载荷 $F_{s2}$ 大小也均相同。对于方案一，各螺栓中心至形心点 $O$ 的距离为

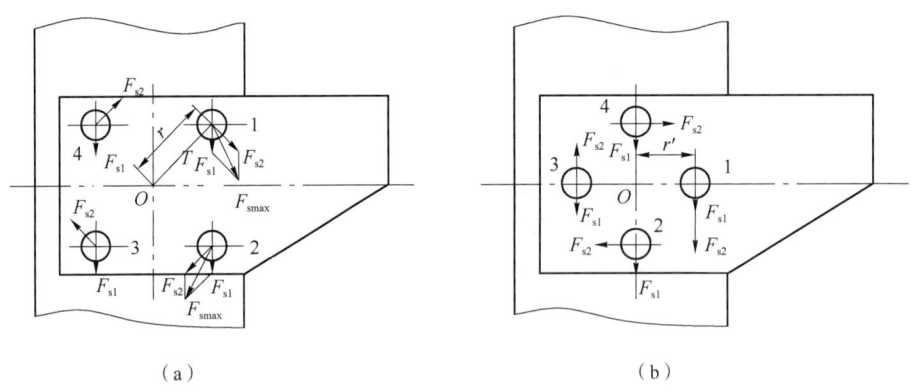

图 1-2-17　各螺栓的受力分析
(a) 方案一；(b) 方案二

$$r = \sqrt{a^2 + a^2} = \sqrt{100^2 + 100^2} = 141.4(\text{mm})$$

所以各螺栓所受的横向载荷

$$F_{s2} = \frac{T}{4r} = \frac{4\,800}{4 \times 0.141\,4} = 8\,487(\text{N})$$

由图 1-2-17a 可知,螺栓 1 和螺栓 2 所受两力夹角 $\alpha$ 最小,故螺栓 1 和螺栓 2 所受横向载荷最大,即

$$F_{s\text{max}} = \sqrt{F_{s1}^2 + F_{s2}^2 + 2F_{s1}F_{s2}\cos\alpha}$$
$$= \sqrt{3\,000^2 + 8\,487^2 + 2 \times 3\,000 \times 8\,487 \times \cos 45°} = 10\,818(\text{N})$$

对于方案二,各螺栓所受的横向载荷 $F_{s2}$ 为

$$F_{s2} = \frac{T}{4r'} = \frac{T}{4a} = \frac{4\,800}{4 \times 0.1} = 12\,000(\text{N})$$

由图 1-2-17b 可知,螺栓 1 所受的横向载荷最大,即为

$$F_{s\text{max}} = F_{s1} + F_{s2} = 3\,000 + 12\,000 = 15\,000(\text{N})$$

因而,在螺栓布置方案一中,受力最大的螺栓 1(或螺栓 2)所受的总横向载荷 $F_{s\text{max}} = 10\,818\,\text{N}$;而在螺栓布置方案二中,受力最大的螺栓 1 所受的总横向载荷 $F_{s\text{max}} = 15\,000\,\text{N}$。显然,方案一比较合理。

2) 按螺栓布置方案一确定螺栓直径。

① 采用铰制孔用螺栓连接。螺栓光杆部分直径

$$d_0 \geqslant \sqrt{\frac{4F_s}{\pi[\tau]}} = \sqrt{\frac{4 \times 10\,818}{\pi \times 96}} = 11.98(\text{mm})$$

查 GB/T 27—2013《六角头加强杆螺栓》,取 M12×60 ($d_0 = 13\,\text{mm} > 11.98\,\text{mm}$),其装配图如图 1-2-18 所示。

螺栓光杆与钢板孔间的挤压应力

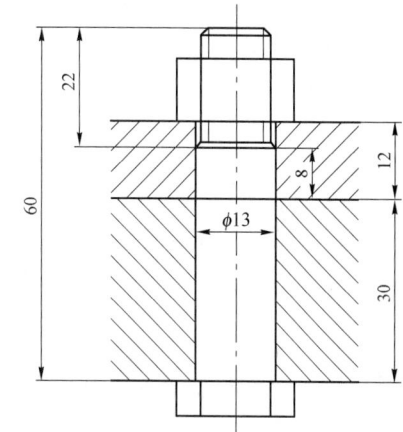

图 1-2-18 铰制孔用螺栓连接

$$\sigma_p = \frac{F_s}{d_0 h} = \frac{10\,818}{13 \times 8} = 104(\text{MPa}) < [\sigma_p] = 320\,\text{MPa}$$

螺栓光杆与铸铁支架孔间的挤压应力

$$\sigma_{p1} = \frac{F_s}{d_0 h_1} = \frac{10\,818}{13 \times 30} = 27.7(\text{MPa}) < [\sigma_{p1}] = 180\,\text{MPa}$$

故配合面挤压强度足够。

② 采用普通螺栓连接。螺栓所需要的预紧力

$$F_0 = \frac{K_s F_s}{f} = \frac{1.2 \times 10\,818}{0.15} = 86\,544(\text{N})$$

螺栓的小径

$$d_1 \geqslant \sqrt{\frac{4 \times 1.3 F_0}{\pi[\sigma]}} = \sqrt{\frac{4 \times 1.3 \times 86\,544}{\pi \times 95}} = 38.83(\text{mm})$$

查 GB/T 196—2003《普通螺纹 基本尺寸》,取 M45($d_1=40.129$ mm$>38.83$ mm)。

(9) 解:1) 螺纹的标记:M12×1 表示大径为 12 mm、螺距为 1 mm 的细牙螺纹;M10×0.75 表示大径为 10 mm、螺距为 0.75 mm 的细牙螺纹。

2) 当螺纹 1 和螺纹 2 均为右旋时,螺旋传动为差动螺旋机构,手柄按图示方向回转一周,螺母 2 相对于机架移动的距离 $S$ 为

$$S = (P_{h1} - P_{h2})\frac{\phi}{2\pi} = (1-0.75) \times \frac{2\pi}{2\pi} = 0.25(\text{mm})$$

由于 $P_{h1} > P_{h2}$,因此螺母 2 移动的方向向右。

3) 当螺纹 1 为左旋,螺纹 2 为右旋时,螺旋传动为复式螺旋机构,手柄按图示方向回转一周,螺母 2 相对于机架移动的距离 $S$ 为

$$S = (P_{h1} + P_{h2})\frac{\phi}{2\pi} = (1+0.75) \times \frac{2\pi}{2\pi} = 1.75(\text{mm})$$

螺母 2 移动的方向向左。

(10) 解:1) 由螺钉材料性能等级为 6.6 级可知,材料的屈服强度 $\sigma_S = 360$ MPa。螺钉的许用应力

$$[\sigma] = \frac{\sigma_S}{S} = \frac{360}{3} = 120(\text{MPa})$$

每个螺钉的工作拉力为

$$F = \frac{F_Q}{Z} = \frac{20 \times 10^3}{4} = 5 \times 10^3(\text{N})$$

单个螺栓所受的总拉力为

$$F_2 = F_1 + F = 0.6F + F = 1.6F = 1.6 \times 5 \times 10^3 = 8 \times 10^3(\text{N})$$

单个螺栓所受的工作应力为

$$\sigma = \frac{4 \times 1.3 F_2}{\pi d_1^2} = \frac{4 \times 1.3 \times 8 \times 10^3}{\pi \times 13.835^2} = 69.18(\text{MPa}) < [\sigma] = 120 \text{ MPa}$$

故安全。

2) 吊环偏移使起吊时产生附加的倾覆力矩 $M = F_Q e$($e$ 为偏心距),这时螺钉组受轴向载荷 $F_Q$ 和倾覆力矩 $M$ 的共同作用。根据吊环中心偏移的方向可知,螺钉 3 受力最大。

由轴向载荷 $F_Q$ 引起的螺钉 3 的工作拉力为

$$F' = \frac{F_Q}{Z} = \frac{20 \times 10^3}{4} = 5 \times 10^3(\text{N})$$

由倾覆力矩 $M$ 引起的螺钉 3 的工作拉力为

$$F'' = \frac{ML}{\sum_{i=1}^{4} L_i^2} = \frac{ML}{2L^2} = \frac{M}{2L} = \frac{F_Q e}{2L} = \frac{20 \times 10^3 \times 5\sqrt{2}}{2 \times 100\sqrt{2}} = 500(\text{N})$$

螺钉 3 所受的总的工作拉力为
$$F = F' + F'' = 5\,000 + 500 = 5\,500(\text{N})$$

螺钉 3 所受的总拉力为
$$F_2 = F_1 + F = 0.6F + F = 1.6F = 1.6 \times 5\,500 = 8\,800(\text{N})$$

螺钉 3 所受的工作应力为
$$\sigma = \frac{4 \times 1.3 F_2}{\pi d_1^2} = \frac{4 \times 1.3 \times 8\,800}{\pi \times 13.835^2} = 76.10(\text{MPa}) < [\sigma] = 120\,\text{MPa}$$

由此可知,吊环偏移后螺钉的强度仍然足够。

**4. 结构设计题**

(1) 解:根据题意,该螺纹连接的类型应该采用螺钉连接,其结构如图 1-2-19 所示。

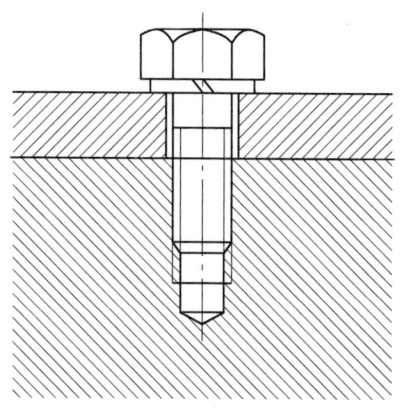

图 1-2-19 螺钉连接结构

(2) 解:(a) 普通螺栓连接的结构错误有:① 螺栓安装方向不对,从下朝上装不进去,应掉过头来安装;② 下被连接件的孔径应与螺栓杆之间有间隙;③ 被连接件表面没有加工,应做出沉头孔,以免产生附加的载荷;④ 螺栓中的螺纹长度太长;⑤ 螺栓长度不标准,应取标准长度 $l = 60\,\text{mm}$。改正后的结构如图 1-2-20a 所示。

(b) 螺钉连接的结构错误有:① 上被连接件没有做成大于螺钉大径的光孔,下被连接件的螺纹孔过大,与螺钉外径不等;② 螺纹孔画法不正确,小径不应是细实线,剖面线应打到小径,而大径应为细实线;③ 被连接件表面没有加工,应做出沉头孔,以免产生附加的载荷;④ 由于两被连接件的厚度均较薄,故应采用螺栓连接为宜。改正后的结构如图 1-2-20b、c 所示。

(c) 双头螺柱连接的结构错误有:① 双头螺柱的光杆部分不能拧进被连接件的螺纹孔内;② M12 不能标注在光杆部分;③ 剖面线应打到螺纹孔的小径;④ 锥孔角度应为 120°,并且应从螺纹孔的小径处(粗实线处)画锥孔角的两边;⑤ 被连接件表面没有加工,应做出沉头孔,以免产生附加的载荷;⑥ 上被连接件光孔与螺柱间应有间隙。改正后的结构如图 1-2-20d 所示。

(d) 紧定螺钉连接的结构错误有:① 轮毂上是一个 $\phi 6$ 的光孔,无法将紧定螺钉拧紧顶住轴;② 轴上不该有螺纹孔,如果有螺纹孔,螺钉能拧入,其画法也不对,而且需要作局部剖视才能见到。改正后的结构如图 1-2-20e 所示。

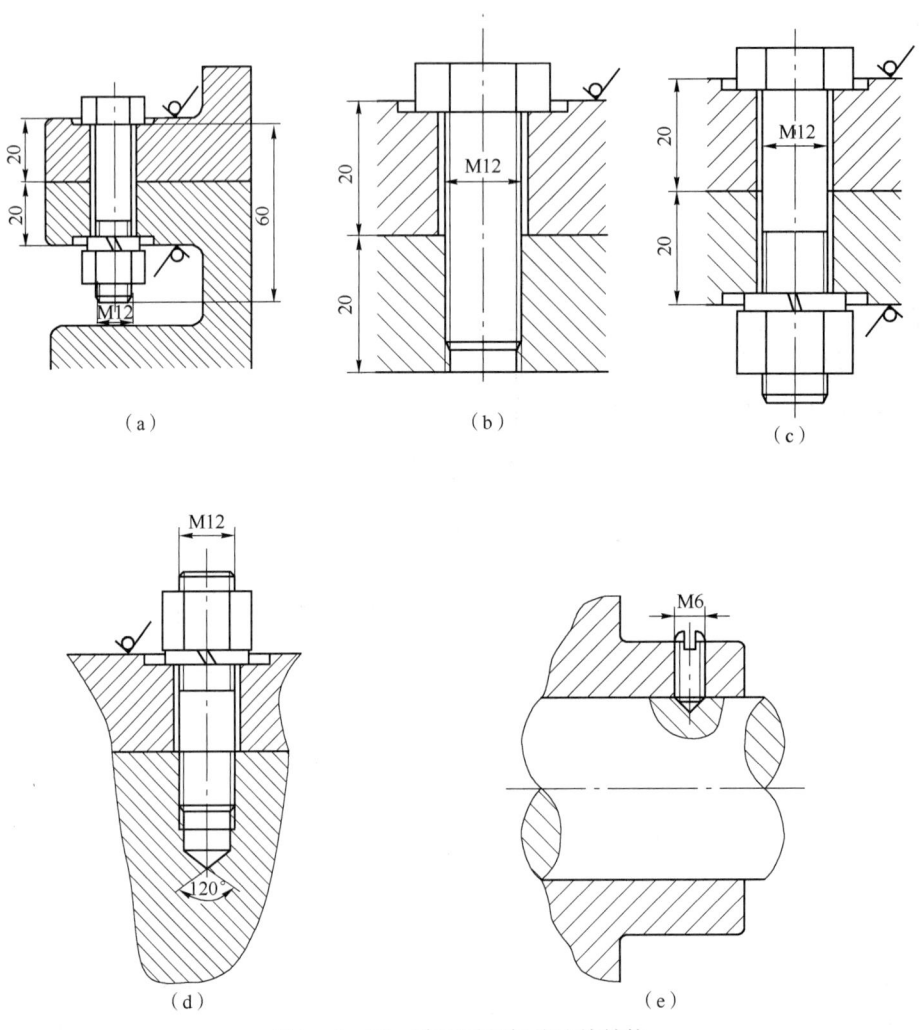

图 1-2-20 改正后的螺纹连接结构
(a) 普通螺栓连接;(b) 螺钉连接;(c) 普通螺栓连接;
(d) 双头螺柱连接;(e) 紧定螺钉连接

## 2.5 中英双语名词术语

扳手  wrench
残余应力  residual stress
粗牙螺纹  coarse thread
大径  nominal diameter
底座  chassis; underframe
第三强度理论  third strength theory
第四强度理论  fourth strength theory

第一强度理论  first strength theory
垫片  gasket; shim
垫圈  gasket; washer
复杂受力状态  complex forced state
复式螺旋机构  compound screw mechanism
复合应力  combined stress
横向力  transverse force

简单受力状态　simple forced state
紧定螺钉　fastening screw；tightening screw
紧定螺钉连接　fastening screw connection
公称应力　nominal stress
公称直径　nominal diameter
公称转矩　nominal torque
滚珠丝杆　ball leading screw
剪切　shear
剪切应力　shear stress
紧固件　fastener
矩形螺纹　square thread
锯齿形螺纹　buttress thread
螺钉　screw；screw nail
螺钉连接　screw connection
螺距　thread pitch
螺母　screw nut；nut
螺栓　screw bolt；thread bolt
螺栓连接　bolting
螺纹　thread
螺纹连接　threaded connection；threaded and coupled
螺纹连接的防松　looseness-resistance of threaded connection
螺纹连接的预紧　the initial tightness of threaded connection
螺纹传动　power screw
螺纹导程　lead
螺纹升角　lead angle
螺纹效率　screw efficiency
螺旋副　helical pair
螺旋机构　screw mechanism
螺旋传动　thread drive
螺旋角　helix angle
螺旋角系数　helix angle factor

螺旋线　helix；helical line
倾覆力矩　overturning moment
剩余预紧力　rest preload；residual preload；residual initial tightening load
摩擦　friction
摩擦角　friction angle
摩擦力　friction force
摩擦学设计　tribology design；TD
摩擦力矩　friction moment
摩擦系数　friction coefficient
摩擦功　friction work
千斤顶　jack
三角形螺纹　V thread screw
双头螺柱　studs；stud-bolt
双头螺柱连接　stud-bolt connection
旋转力矩　torque
预紧　pretighten
预紧力　preload；the initial tightening load
总拉力　total stretching force
轴向力　axial force
梯形螺纹　Acme thread；Acme screw thread
微动螺旋机构　differential screw mechanism
细牙螺纹　fine thread
小径　minor diameter
校核计算　check calculation
自锁　self-locking
自锁条件　condition of self-locking
总效率　combined efficiency；overall efficiency
当量摩擦系数　equivalent coefficient of friction
平均中径　mean screw diameter
圆螺母　circular nut
底板　base plate

# 第 3 章　键、花键和销连接

## 3.1　知识要点

### 3.1.1　键连接

键是一种标准件,键连接的主要类型有平键连接、半圆键连接、楔键连接和切向键连接。

**(1) 平键连接**

1) 平键连接的特点和类型。平键是矩形截面的连接件,它位于轴和轮毂孔的键槽内,以实现轴上零件的周向固定,并传递一定的工作转矩。平键的上表面与轮毂槽底面之间应留有间隙,以便轮毂在轴上顺利装拆,传递转矩是靠平键的两个侧面,因此侧面是平键的工作面。由于平键连接结构简单,对中性较好,装拆方便,加工容易,故应用十分广泛。

平键连接按其用途可分为四种:普通平键、薄型平键、导向平键和滑键。普通平键和薄型平键连接一般用于静连接,轴上零件沿轴向无移动,可分为圆头(A 型)、平头(B 型)和单圆头(C 型)三种。A 型和 C 型键的键槽通常用指状铣刀加工,应力集中较大;B 型键的键槽通常用盘状铣刀加工,应力集中较小;C 型普通平键用于轴端。导向平键和滑键则用于动连接,当轴向移动量不大时宜采用导向平键,而轴向移动量较大时则采用滑键。

2) 平键连接的失效形式和强度计算。平键连接可能失效的形式有:静连接时工作面被压溃,动连接时工作面过度磨损以及键的剪断。对于实际采用的材料组合和标准尺寸来说,压溃和磨损是其主要失效形式。因此,对于平键连接,通常只做连接的挤压强度或耐磨性计算,其计算公式为

挤压强度条件(静连接) $$\sigma_p = \frac{4\,000T}{hld} \leqslant [\sigma_p] \qquad (1-3-1)$$

耐磨性条件(动连接) $$p = \frac{4\,000T}{hld} \leqslant [p] \qquad (1-3-2)$$

式中,$h$ 为键的高度;$l$ 为键的工作长度;$d$ 为轴的直径;$[\sigma_p]$ 为许用挤压应力,用于静连接;$[p]$ 为许用压力,用于动连接。$[\sigma_p]$ 和 $[p]$ 都应按键、轴、轮毂三者中力学性能最弱材料选取。

3) 键连接的设计步骤。在设计键连接时,通常轴和轮毂的材料和尺寸已经确定,连接所传递的转矩也已求得。因此键连接的设计步骤是:

① 类型选择。根据结构特点、使用条件和工作条件进行选择。

② 尺寸选择。根据轴的直径 $d$ 选择截面尺寸 $b \times h$,根据轮毂宽度选择键的公称长度 $L$($L \leqslant$ 轮毂宽度),并应符合长度系列标准。

③ 材料选择。选用抗拉强度不小于 600 MPa 的钢,一般选用 45 钢。

④ 强度校核。根据主要失效形式,选择相应的强度公式进行校核计算。

若校核计算不满足强度条件,则要采用双键连接,两个普通平键的布置形式是沿周向相隔180°对称布置,校核计算时只按1.5个键计算。

**(2) 半圆键连接** 半圆键连接用于静连接,工作面为两侧面,靠轴和轮毂与键的挤压和键的剪切传递转矩。其特点是:具有自定位功能,更适用于锥形轴端与轮毂的连接;轴上键槽较深,对轴的强度削弱较大。

采用双键连接时,两个半圆键的布置形式是沿轴向在同一母线上。

**(3) 楔键连接** 楔键主要分为普通楔键(圆头、平头和半圆头)和钩头楔键。楔键的上表面和与它相配合的轮毂键槽底面均有1:100的斜度。楔键连接用于静连接,工作面为上、下两面,靠上、下两面楔紧的摩擦力传递转矩。主要失效形式为上下楔紧面被压溃。其特点是:对中性差,轴和轮毂有偏心和偏斜;可承受单向轴向载荷,可对轮毂单向轴向固定。

采用双楔键连接时,两个楔键的布置形式是沿周向相隔90°~120°布置。

**(4) 切向键连接** 由一对斜度为1:100的楔键组成,工作面为由一对楔键沿斜面拼合后相互平行的两个窄面,其中一个面在通过轴心的平面内,靠轴和轮毂与键的挤压和摩擦力传递转矩。主要失效形式为工作面被压溃。其特点是:对轴的削弱较大,传递的转矩大。用一个切向键时,只能传递单向转矩;当要传递双向转矩时,必须用两个切向键,两者间的夹角为120°~130°。

## 3.1.2 花键连接

**(1) 花键连接的特点和类型** 花键连接由外花键和内花键组成。花键连接承载能力高,对中性和导向性好,对轴的削弱也较小。它适用于传递载荷大及对定心精度要求较高的静连接和动连接,但加工成本较高。花键已标准化,按其齿形不同可分为矩形花键和渐开线花键两类。

1) 矩形花键的键齿两侧面为平行平面,形状较为简单,加工方便,其定心方式为小径定心,并且可用磨削方法获得较高的定心精度,故应用广泛。轻系列用于轻载或静连接,中系列用于中等载荷的连接。

2) 渐开线花键的齿廓为渐开线,键齿较短,根部较宽,圆角较大,因而连接强度高,寿命长,受载时能起到自动调心的作用。渐开线花键的定心方式为齿形定心。压力角为45°的渐开线花键用于轻载的静连接;压力角为30°的渐开线花键用于重载连接。

**(2) 花键连接的失效形式和强度计算** 花键连接的主要失效形式有:静连接时齿面被压溃,动连接时齿面过度磨损。因此,一般只对花键连接进行挤压强度或耐磨性计算,其计算公式为

挤压强度条件(静连接) $$\sigma_p = \frac{2\,000T}{\psi z h l d_m} \leqslant [\sigma_p] \qquad (1-3-3)$$

耐磨性条件(动连接) $$p = \frac{2\,000T}{\psi z h l d_m} \leqslant [p] \qquad (1-3-4)$$

式中,$\psi$为载荷分配不均系数;$z$为花键齿数;$h$为花键齿侧面的工作高度;$l$为花键齿的工作长度;$d_m$为花键的平均直径。

## 3.1.3 销连接

销主要用于定位,也可用于连接,但只能传递不大的载荷。

按销的形状可分为普通圆柱销和普通圆锥销。圆柱销靠过盈配合固定在销孔中,经多次装拆后会降低定位的精确性和连接的紧固性。圆锥销有 1∶50 的锥度,安装方便,定位精度高,多次装拆对定位精度影响较小,在受到横向载荷时可以自锁。

按销的用途可分为用于固定零件之间相对位置的定位销、用于轴与毂连接的连接销以及用作安全装置中过载剪断元件的安全销。

销均已标准化。销连接的直径尺寸可根据连接结构按经验或规范确定,必要时按剪切或挤压进行强度校核。

## 3.2　复习思考题

**3-1**　试简述平键连接的工作原理及特点。

答:平键的截面是矩形,两侧面是工作面,连接时靠键与键槽的侧面相互挤压传递转矩。平键连接的特点是结构简单、装拆方便、对中性较好,但连接不能承受轴向力。

**3-2**　平键连接有哪些失效形式?

答:静连接时较弱零件的工作面被压溃(通常是轮毂);动连接时工作面过度磨损以及键的剪断。对于实际采用的材料组合和标准尺寸来说,压溃和磨损是其主要失效形式。

**3-3**　平键的截面尺寸 $b×h$ 和键的长度 $L$ 是如何确定的?

答:根据轴径 $d$ 从标准中选取键宽 $b$ 和键高 $h$,再按轮毂长度选出相应键长 $L$,即键长等于或略短于轮毂的长度。导向平键的长度应依毂长与滑移距离来定。

**3-4**　简述普通平键的类型、特点和应用。

答:普通平键分圆头(A 型)、平头(B 型)和单圆头(C 型)三种。圆头和单圆头普通平键,其键槽用指状铣刀加工,在键槽中固定良好,但轴上键槽端部的应力集中较大。圆头平键用途较广,单圆头平键主要用于轴端。平头普通平键在轴上的键槽用盘状铣刀加工,轴上键槽端部的应力集中较小,但要用螺钉把键固定在键槽中,应用不及 A 型普遍。

**3-5**　薄型平键连接与普通平键连接相比,在结构尺寸、承载能力和使用场合上有何区别?

答:薄型平键的高度为普通平键的 60%～70%,传递转矩的能力比普通平键弱,常用于薄壁结构、空心轴以及一些径向尺寸受限制的场合。

**3-6**　半圆键连接与普通平键连接相比,有什么优缺点? 它适用于什么场合?

答:半圆键连接的优点是加工工艺性较好、装拆方便,尤其适用于锥形轴端与轮毂的连接;缺点是轴上键槽较深,对轴的削弱较大,故一般用于轻载静连接中。

**3-7**　为什么采用两个平键时,一般布置在沿周向相隔 180°的位置? 为什么采用两个楔键时,一般布置在沿周向相隔 90°～120°? 为什么采用两个半圆键时,则常布置在轴的同一条母线上?

答:两个平键布置在沿周向相隔 180°是为了均匀对轴的削弱,两键的挤压力对轴平衡,对轴不产生附加弯矩,受力状态好。两个楔键布置在沿周向相隔 90°～120°是为了保证轴与轮毂孔之间有较大的受力面积,产生较大的摩擦力矩。两个半圆键布置在轴的同一条母线上是为了减少键槽对轴强度的削弱。此外,上述各种布置也综合考虑了各类键连接的特点。

**3-8**　与平键、楔键、半圆键相配的轴和轮毂上的键槽是如何加工的?

答:轴上键槽是在铣床上用端铣刀或盘铣刀加工的。轮毂上的键槽是在插床上用插刀加工的,也可以由拉刀加工,还可以在线切割机上用电火花方法加工。

**3-9** 简述楔键连接的工作原理。

答:楔键的上、下两面为工作面(键的上表面具有1∶100的斜度),分别与轴和轮毂的键槽底面贴合。装配后键楔紧在轴毂之间,工作时靠键、轴与毂之间的摩擦力传递转矩,同时也能承受单向的轴向力。

**3-10** 简述切向键连接的工作原理。

答:切向键由一对斜度为1∶100的楔键组成。装配后一对楔键的斜面相互贴合,共同楔紧在轴毂之间。切向键的上、下两面为工作面,连接时靠工作面的挤压力和摩擦力来传递转矩。当需传递双向转矩时,需用两对切向键,两者间的夹角为120°~130°。切向键也能传递单向轴向力。

**3-11** 花键按齿形不同可以分成几种类型?各类花键连接的定心方式又有哪几种,其特点如何?

答:花键按齿形不同可以分成矩形花键和渐开线花键两类。矩形花键的定心方式是小径定心,其特点是定心精度高,定心稳定性好,能用磨削的方法消除热处理引起的变形。渐开线花键的定心方式为齿形定心,其特点是当受载时,齿上的径向力能起到自动定心作用,有利于各齿均匀承载。

**3-12** 花键连接的主要失效形式是什么?如何进行强度计算?

答:静连接花键连接的主要失效形式是工作面被压溃,动连接花键连接的主要失效形式是工作面过度磨损。所以通常对花键连接只进行挤压强度和耐磨性计算。

**3-13** 一般定位用销、连接用销及安全保护用销在设计计算上有何不同?

答:定位用销的尺寸按连接结构确定,不做强度计算。连接用销的尺寸根据连接的结构特点按经验或规范确定,必要时校核其抗剪强度和挤压强度。安全保护用销的直径按过载时被剪断的条件确定。

## 3.3 自测题

**1. 是非题**

(1) 普通平键可以分为 A 型、B 型和 C 型,其中 A 型、C 型可以承受轴向力,B 型不能承受轴向力。( )

(2) 平键连接的一个优点是轴与轮毂的对中性较好。( )

(3) 一个平键连接能传递的最大转矩为 $T$,则安装一对平键能传递的转矩为 $2T$。( )

(4) 普通平键静连接工作时,其主要的失效形式为工作面被压溃。( )

(5) 平键的截面尺寸是根据抗剪强度和挤压强度来设计的。( )

(6) 楔键连接通常用于要求轴与轮毂严格对中的场合。( )

(7) 平键连接可以实现轴与轮毂的轴向和周向固定。( )

(8) 切向键连接的斜度是做在轴的键槽底面。( )

(9) 轴上键槽用盘铣刀加工的优点是应力集中较小。( )

(10) 普通平键的长度是根据轴的工作转矩来设计的。( )

(11) 滑键的主要失效形式不是磨损而是键槽侧面的压溃。( )

(12) 当花键连接用于静连接时,其承载能力应按其齿侧面的挤压强度计算。( )

(13) 在渐开线花键中,连接是靠内径定心的。（　　）
(14) 导向平键是利用键的上面与轮毂之间的动配合关系进行导向的。（　　）
(15) 销连接只能用于固定连接件间的相对位置,不能用来传递载荷。（　　）

**2. 单项选择题**

(1) 当键连接强度不足时可采用双键,使用两个平键时要求两键_____布置;使用两个半圆键时要求两键_____布置;使用两个楔键时要求两键_____布置。
　　A. 在同一母线上　　B. 相隔 90°～120°　　C. 相隔 180°　　D. 相隔 120°～130°

(2) 普通平键的承载能力通常取决于_____。
　　A. 键的抗剪强度　　　　　　　　B. 键的抗弯强度
　　C. 键连接工作表面挤压强度　　　D. 轮毂的挤压强度

(3) 当轴做单向回转时,平键的工作面在键的_____;楔键的工作面在键的_____。
　　A. 上、下两面　　　　　　B. 上表面或下表面
　　C. 一侧面　　　　　　　　D. 两侧面

(4) 能构成紧连接的两种键是_____。
　　A. 楔键和半圆键　　　　　　B. 半圆键和切向键
　　C. 楔键和切向键

(5) 轴和轴上零件广泛采用平键连接的主要原因是_____。
　　A. 带毂零件的键槽容易加工　　B. 能实现轴向固定
　　C. 对轴的键槽加工要求不高　　D. 装拆方便和对中性较好

(6) 在键连接中,承载能力最低的是_____连接。
　　A. 平键　　　B. 半圆键　　　C. 楔键　　　D. 切向键

(7) 楔键连接中,楔键上表面、下表面、轴的键槽底面和轮毂键槽底面的斜度分别为_____。
　　A. 1∶1,1∶1,1∶100,1∶100　　　B. 1∶100,1∶100,1∶1,1∶1
　　C. 1∶1,1∶100,1∶1,1∶100　　　D. 1∶100,1∶1,1∶1,1∶100

(8) 轮毂上的键槽常用_____方法加工。
　　A. 插削　　　B. 铣削　　　C. 刨削　　　D. 钻及铰

(9) 一般采用_____加工 B 型普通平键的键槽。
　　A. 指状铣刀　　B. 盘状铣刀　　C. 插刀　　　D. 刨刀

(10) 平键标记:键 B16×100 GB/T 1096—2003 中,16×100 表示_____。
　　A. 键宽×键长　　B. 键宽×轴径　　C. 键宽×键高　　D. 键高×键长

(11) 设计键连接的主要内容是:① 按轮毂长度确定键的长度;② 按使用要求选定键的适当类型;③ 按轴径选定键的截面尺寸;④ 对连接进行强度校核。在具体设计时,一般按_____顺序进行。
　　A. ②→①→③→④　　　　　B. ②→③→①→④
　　C. ③→④→②→①　　　　　D. ①→③→②→①

(12) 某人认为花键连接与平键连接相比较,具有下列优点:① 承载能力较大;② 定心精度较高;③ 沿轴向移动的导向性较好;④ 对轴的强度削弱较小;⑤ 制造成本较低;⑥ 适合单件生产。其中有_____条是对的。

A. 3　　　　　B. 4　　　　　C. 5　　　　　D. 6

(13) 静连接时花键连接的主要失效形式是_____。
A. 齿根剪切破坏　　　　　B. 齿面挤压破坏
C. 齿面磨损　　　　　　　D. 齿面点蚀

(14) 在渐开线花键中,连接是靠_____定心。
A. 齿侧　　　　B. 内径　　　　C. 外径　　　　D. 齿形

(15) 某人认为圆锥销用来固定两个零件相互位置的优点是：① 便于安装；② 连接牢固；③ 能传递较大的载荷；④ 多次装拆后对定心精度影响较小。其中有_____条是对的。
A. 1　　　　　B. 2　　　　　C. 3　　　　　D. 4

**3. 分析、计算题**

(1) 图 1-3-1 所示的刚性凸缘联轴器允许传递的最大转矩 $T = 1\,000\,\text{N}\cdot\text{m}$, 载荷稳定, 联轴器材料为 HT200。试确定平键的类型、尺寸和标记,并验算连接的强度。若强度不足,应采取哪些措施?

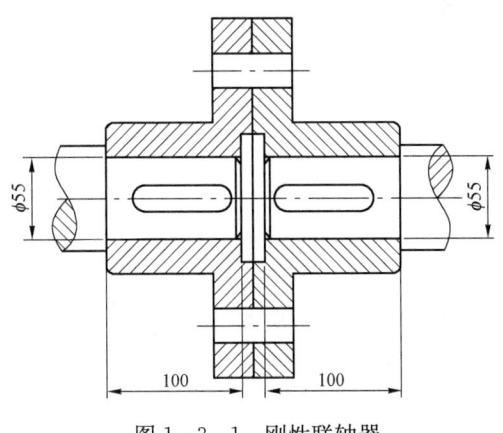

图 1-3-1　刚性联轴器

(2) 一轻系列矩形花键 $6 \times 28 \times 32 \times 7$ GB/T 1144—2001 连接齿轮与轴。若传递转矩 $T = 200\,\text{N}\cdot\text{m}$, 轮毂宽度 $L = 20\,\text{mm}$, 轮毂许用挤压应力 $[\sigma_p] = 60\,\text{MPa}$。按标准查得花键倒角尺寸 $C = 0.3\,\text{mm}$, 并取齿的工作长度 $l = L = 20\,\text{mm}$, 载荷分配不均系数 $\psi = 0.7$。试验算此连接强度。若强度不足,应采取哪些措施?

(3) 轴和轮毂分别采用 B 型普通平键连接和中系列矩形花键连接。已知轴的直径(即花键的大径 $D$) $d = 102\,\text{mm}$, 轮毂宽度 $L = 150\,\text{mm}$, 轴和轮毂的材料均为碳钢, 取许用挤压应力 $[\sigma_p] = 100\,\text{MPa}$, 试计算两种连接各允许传递的转矩。

**4. 结构设计题**

试指出图 1-3-2 中的错误结构,并画出正确的结构图。

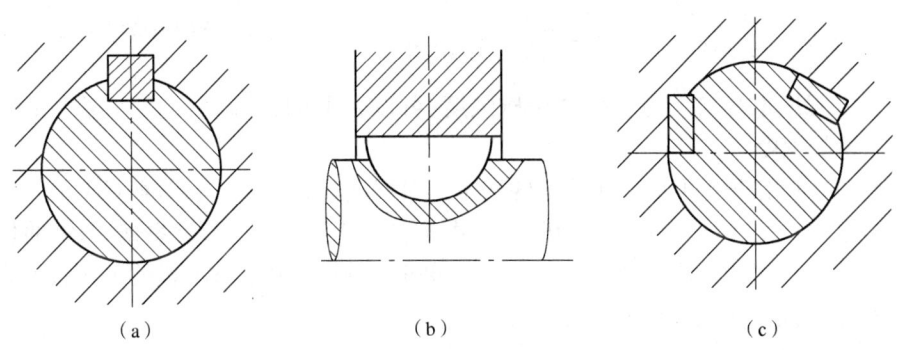

图 1-3-2　键连接的错误结构
(a) 平键连接；(b) 半圆键连接；(c) 传递双向转矩的切向键连接

## 3.4 自测题参考答案

**1. 是非题**

(1) ×  (2) √  (3) ×  (4) √  (5) ×  (6) ×  (7) ×  (8) ×  (9) √  (10) ×  (11) ×  (12) √  (13) ×  (14) ×  (15) ×

**2. 单项选择题**

(1) C,A,B  (2) D  (3) D,A  (4) C  (5) D  (6) B  (7) D  (8) A  (9) B  (10) A  (11) B  (12) B(①、②、③、④)  (13) B  (14) D  (15) C(①、②、④)

**3. 分析、计算题**

(1) 解：1) 确定平键的类型、尺寸和标记。按题图选用圆头普通平键。根据轴径 $d = 55$ mm，查 GB/T 1096—2003《普通型 平键》可得键的宽度 $b = 16$ mm，高度 $h = 10$ mm。由轮毂宽并参考键的长度系列，取键的长度 $L = 90$ mm，其规定标记如下：

$$键\ 16 \times 90\ GB/T\ 1096—2003$$

2) 挤压强度校核计算。键的工作长度

$$l = L - b = 90 - 16 = 74(\text{mm})$$

$$\sigma_p = \frac{4\,000T}{hld} = \frac{4\,000 \times 1\,000}{10 \times 74 \times 55} = 98.28(\text{MPa})$$

查手册可得静载荷下铸铁静连接的许用挤压应力 $[\sigma_p] = 70 \sim 80$ MPa，显然有 $\sigma_p > [\sigma_p]$，故键的强度不合格，轮毂槽与键的侧面有压溃的危险。为了提高挤压强度，可以：① 改用双键，相隔 180°；② 采用花键连接等。

(2) 解：花键标记为 $N \times d \times D \times B$ GB/T 1144—2001，由此可得到花键的对应参数：花键齿数 $z = 6$，外花键的大径 $D = 32$ mm，内花键的小径 $d = 28$ mm。由此可得

花键齿侧面的工作高度 $\quad h = \dfrac{D-d}{2} - 2C = \dfrac{32-28}{2} - 2 \times 0.3 = 1.4(\text{mm})$

花键的平均直径 $\quad d_m = \dfrac{D+d}{2} = \dfrac{32+28}{2} = 30(\text{mm})$

挤压应力 $\sigma_p = \dfrac{2\,000T}{\psi z h l d_m} = \dfrac{2\,000 \times 200}{0.7 \times 6 \times 1.4 \times 20 \times 30} = 113.38(\text{MPa}) > [\sigma_p] = 60$ MPa

故花键的强度不合格。为了提高挤压强度，可以采取的措施是：① 改用中系列矩形花键；② 增加轮毂宽度。

(3) 解：1) 计算普通平键连接传递的转矩。根据轴径 $d = 102$ mm，查 GB/T 1096—2003 可得键的宽度 $b = 28$ mm，高度 $h = 16$ mm。由轮毂宽并参考键的长度系列，取键的长度 $L = 140$ mm，其规定标记为：键 B 28×140 GB/T 1096—2003。由于 B 型键的工作长度 $l = L = 140$ mm，故平键连接所允许传递的转矩为

$$T_1 \leqslant \frac{hld}{4\,000}[\sigma_p] = \frac{16 \times 140 \times 102}{4\,000} \times 100 = 5\,712(\text{N} \cdot \text{m})$$

2) 计算花键连接传递的转矩。查 GB/T 1144—2001《矩形花键尺寸、公差和检验》：中系列矩形花键的尺寸 $N \times d \times D \times B = 10 \times 92 \times 102 \times 14$，倒角尺寸 $C = 0.6$ mm；取载荷分配不均系数 $\psi = 0.75$，齿的工作长度 $l = L = 150$ mm，则花键的平均直径

$$d_{\mathrm{m}} = \frac{D+d}{2} = \frac{102+92}{2} = 97 \text{(mm)}$$

花键齿侧面的工作高度

$$h = \frac{D-d}{2} - 2C = \frac{102-92}{2} - 2 \times 0.6 = 3.8 \text{(mm)}$$

花键连接所允许传递的转矩为

$$T_2 \leqslant \frac{\psi z h l d_{\mathrm{m}}}{2\,000} [\sigma_{\mathrm{p}}] = \frac{0.75 \times 10 \times 3.8 \times 150 \times 97}{2\,000} \times 100 = 20\,733.75 \text{(N·m)}$$

**4. 结构设计题**

解：(a) 因为平键连接两侧面是工作面，而上、下两面是非工作面，故键的上表面和轮毂的键槽底面间应留有间隙。(b) 因为半圆键连接两侧面也是工作面，而上、下表面也是非工作面，故键的上表面和轮毂的键槽底面间应留有间隙。(c) 当传递双向转矩时，必须用两个切向键，两者间的夹角为 120°～130°，所以本题的两切向键的夹角值不对，此外右侧的一个切向键的一个边没有与轴的半径方向对准。修改后正确的结构如图 1-3-3 所示。

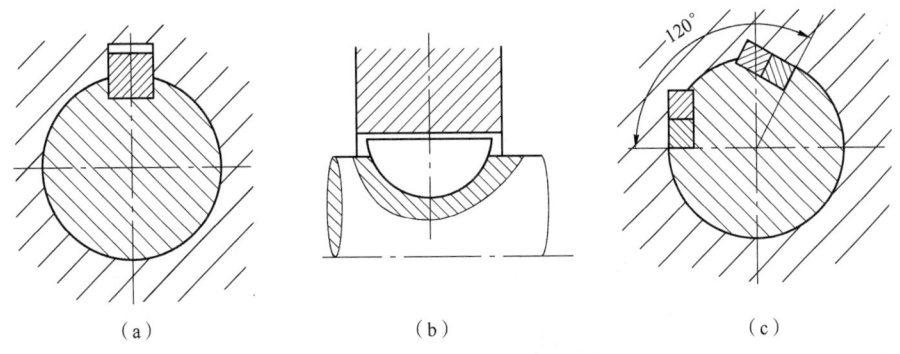

图 1-3-3 键连接修改后的正确结构
(a) 平键连接；(b) 半圆键连接；(c) 传递双向转矩的切向键连接

## 3.5 中英双语名词术语

半圆键　woodruff key; half round key
带槽连接销轴　spring clip connecting pin
带孔连接销轴　cottered connecting pin
导键　guide key
沟槽　groove
钩头楔键　taper key; gib head key
花键　spline

花键连接　spline joint
滑键　slide key
滑键、导键　feather key
渐开线花键　involute spline
键　key
键槽　keyway
键连接　key joint

胶接　gluing
矩形花键　rectangle spline
开口销　cotter
铆钉　rivet
铆接　riveting
内花键　internal spline
平键　flat key
普通平键　parallel key
切向键　tangential key

三角形花键　serration spline
外花键　external spline
销、销轴　pin
销钉连接　pin connection; pin joint
楔键　wedge key
斜键　taper key
型面连接　shape joint
圆柱销　cylindrical pin
圆锥销　cone pin

# 第 4 章 带 传 动

## 4.1 知识要点

### 4.1.1 带传动概述

根据传动原理不同,带传动可分为摩擦型带传动和啮合型带传动,其中摩擦型带传动比较常见。摩擦型带传动是靠张紧在带轮上的带与带轮接触面上的摩擦力来实现传动的。根据传动带的截面形状,摩擦型带传动可分为平带传动、圆带传动、V 带传动、多楔带传动等,其中应用最广的是 V 带传动。啮合型带传动即同步带传动,靠带轮上的轮齿与带上的齿轮啮合进行传动。

带传动的优点有:带有挠性,减振、抗冲击性好,传动平稳,噪声小;能过载打滑,对其他零件可起到保护作用;结构简单,易于制造安装,成本低,适合较大中心距的场合。缺点有:效率低,寿命短,因存在弹性滑动,故传动比不稳定。

### 4.1.2 带传动工作情况的分析

**(1) 带传动受力分析** 带传动静止时,带轮两边的带所受拉力相等,均为初拉力(张紧力)$F_0$;带传动传递载荷时,由于摩擦力作用,带绕入主动轮的一边被进一步拉紧,拉力增大至 $F_1$,另一边被放松,拉力减小至 $F_2$。若带所能传递的有效拉力为 $F_e$,则它们之间的关系为

$$\left. \begin{array}{l} F_1 + F_2 = 2F_0 \\ F_1 - F_2 = F_e \end{array} \right\} \tag{1-4-1}$$

由上式可得

$$\left. \begin{array}{l} F_1 = F_0 + \dfrac{F_e}{2} \\ F_2 = F_0 - \dfrac{F_e}{2} \end{array} \right\} \tag{1-4-2}$$

当有效拉力 $F_e$ 达到最大值时,载荷再增加,带即发生打滑。在这临界状态时,紧边拉力 $F_1$ 和松边拉力 $F_2$ 遵循柔韧体摩擦的欧拉公式,即

$$F_1 = F_2 e^{f\alpha} \tag{1-4-3}$$

将式(1-4-2)代入式(1-4-3)可得带与带轮之间的极限摩擦力,即带传动的最大(临界)有效拉力为

$$F_{ec} = 2F_0 \frac{e^{f\alpha} - 1}{e^{f\alpha} + 1} = 2F_0 \frac{1 - 1/e^{f\alpha}}{1 + 1/e^{f\alpha}} \tag{1-4-4}$$

上式表明,有效拉力的极限值主要与初拉力 $F_0$、小轮包角 $\alpha_1$ 以及带与带轮间的摩擦系数 $f$ 有关。当 $F_0$ 大、$\alpha_1$ 大、$f$ 大时,极限摩擦力也大,能传递的有效拉力就大。

**(2) 带传动应力分析** 带传动工作时,传动带将受到以下三种应力:

1) 由紧边拉力 $F_1$ 和松边拉力 $F_2$ 产生的拉应力。

$$\left.\begin{array}{l}\text{紧边拉应力:} \sigma_1 = \dfrac{F_1}{A} \\ \text{松边拉应力:} \sigma_2 = \dfrac{F_2}{A}\end{array}\right\} \quad (1-4-5)$$

在小带轮包角处,应力从 $\sigma_1$ 逐渐减小到 $\sigma_2$;在大带轮包角处,应力从 $\sigma_2$ 逐渐增大到 $\sigma_1$。

2) 由离心拉力 $F_c$ 产生的离心拉应力。

$$\sigma_c = \frac{F_c}{A} = \frac{qv^2}{A} \quad (1-4-6)$$

$\sigma_c$ 作用在带的整个周长上。

3) 由带绕过小带轮 $d_{d1}$、大带轮 $d_{d2}$ 时产生的弯曲应力。

$$\left.\begin{array}{l}\sigma_{b1} \approx E \dfrac{h}{d_{d1}} \\ \sigma_{b2} \approx E \dfrac{h}{d_{d2}}\end{array}\right\} \quad (1-4-7)$$

$\sigma_{b1}$ 仅作用在带与小带轮接触的包角段;$\sigma_{b2}$ 仅作用在带与大带轮接触的包角段。图 1-4-1 所示为带工作时各应力分布情况。减速传动时,带中产生的瞬时最大应力发生在带的紧边开始绕上小带轮处,其值近似表示为

$$\sigma_{max} \approx \sigma_1 + \sigma_{b1} + \sigma_c \quad (1-4-8)$$

由图 1-4-1 可见,带工作时是受变应力作用,所以容易产生疲劳而发生断裂或塑性变形,因此要限制最大应力不超过允许值。由式(1-4-8)可知,控制带速 $v$ 不能过大,限制小带轮直径 $d_1$ 不能过小是两个有效方法。

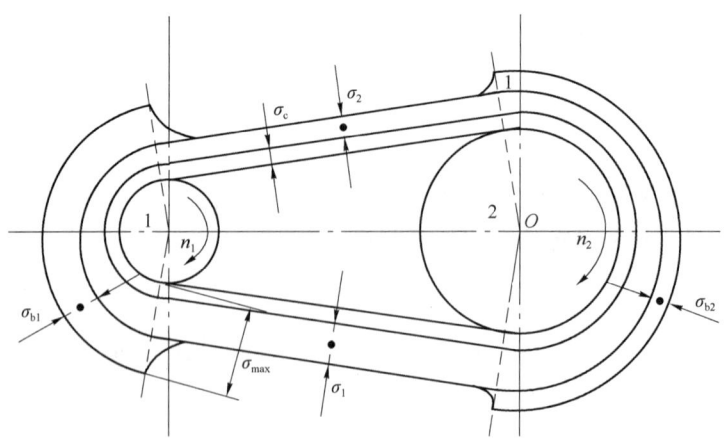

图 1-4-1 带传动减速传动时带的应力分布

## 4.1.3 带的弹性滑动和打滑

当带从紧边转到松边时,由于拉力减小,带产生弹性收缩,使带与带轮间发生相对滑动;当带从松边转到紧边时,由于拉力增大,带产生弹性伸长,也使带与带轮间发生相对滑动,这种由带的弹性变形引起的局部相对滑动称为弹性滑动。从本质上看,弹性滑动是由带本身的弹性和带传动两边的拉力差引起的,带传动只要传递工作载荷,就必然存在拉力差,就不可避免弹性滑动,它是带传动的固有特性。而且载荷越大,弹性滑动就越大。弹性滑动导致从动轮圆周速度低于主动轮,传动比不稳定,传动效率下降,且引起带的磨损和升温。一般用弹性滑动率 $\varepsilon$ 来表征从动轮上圆周速度的降低率,即

$$\varepsilon = \frac{v_1 - v_2}{v_1} \times 100\% \quad (1-4-9)$$

带传动的实际平均传动比为

$$i = \frac{n_1}{n_2} = \frac{d_{d2}}{d_{d1}(1-\varepsilon)} \quad (1-4-10)$$

在一般的带传动中,滑动率为 $1\% \sim 2\%$,故可不予考虑。

当最大有效拉力(摩擦力)不足以克服负载时,带在整个轮面上发生滑动,这种由过载引起的全面滑动称为打滑。由于小带轮的包角总是小于大带轮的包角,因而打滑通常首先发生在小带轮上。打滑是带传动的一种失效形式,它使带传动失去稳定性,无法继续工作,还会引起带的严重磨损,所以必须避免。

## 4.1.4 V带传动的设计计算

**(1) V带传动的失效形式和设计准则** V带传动的主要失效形式是打滑和疲劳破坏。因此带传动的设计准则是:在保证不打滑的条件下,使带具有一定的疲劳强度和寿命。

**(2) V带传动的参数选择**

1) 中心距 $a$。中心距 $a$ 小,单位时间内带绕过带轮次数多,带易疲劳破坏,另外会使包角减小,降低摩擦力,影响传动能力。中心距 $a$ 大,使带过长,则会加剧带的波动,且整体结构尺寸增大。因此,应综合考虑,合理选取中心距 $a$。推荐的中心距取值范围为:$0.7(d_{d1} + d_{d2}) \leqslant a \leqslant 2(d_{d1} + d_{d2})$。

2) 传动比 $i$。传动比 $i$ 大,则会减小小带轮的包角,从而降低带传动的承载能力。因此,带传动的传动比 $i$ 不宜取得过大,推荐值为 $i = 2 \sim 5$。

3) 带轮的基准直径。当带传动传递的功率一定时,减小带轮的直径,则带速将减小,需增大带传动的有效拉力,从而导致需要的 V 带根数增加。这样不仅增大了带轮的宽度,而且增大了载荷在 V 带之间分配的不均性。另外,带轮直径的减小,也会增大带的弯曲应力。对每种型号的 V 带轮,都有一个最小带轮的限制,设计时应按标准系列尺寸选取。

4) 带速 $v$。带速 $v$ 过大,不仅会产生过大的离心力,降低带与轮面间的正压力和摩擦力,降低传动能力,同时,在单位时间内绕过带轮的次数增多,缩短了带的使用寿命。但带速也不能过小,否则影响输出功率。一般推荐的带速 $v = 5 \sim 25 \text{ m/s}$。

5) 小带轮包角 $\alpha_1$。小带轮包角 $\alpha_1$ 大,摩擦力大,传动能力提高;小带轮包角 $\alpha_1$ 小,容易打

滑。对于平带传动通常要求 $\alpha_1 \geqslant 150°$，对于 V 带传动通常要求 $\alpha_1 \geqslant 120°$。增大中心距、降低传动比或加装张紧轮，可增大小带轮的包角。

6) 带的根数 $z$。带的根数越多，带的传动能力就越强。但带的根数太多，各根带受力不均，对传动不利。为使受力均匀，带的根数 $z$ 不应大于 10，否则应改选带的型号重新计算。

**(3) V 带传动设计的主要步骤**　V 带传动设计的主要步骤：① 确定带传动的计算功率 $P_{ca}$；② 选择 V 带的类型；③ 确定带轮的基准直径 $d_{d1}$、$d_{d2}$，验算带速 $v$；④ 确定中心距 $a$ 和带的基准长度 $L_d$；⑤ 验算包角 $\alpha_1$；⑥ 计算带的根数 $z$；⑦ 确定带的初拉力 $F_0$；⑧ 计算压轴力 $F_p$；⑨ 完成带轮的结构设计。

### 4.1.5　V 带轮的设计

**(1) V 带轮的材料**　当带速 $v < 25$ m/s 时，常采用 HT150 或 HT200；当带速 $v > 25 \sim 40$ m/s 时，宜采用球墨铸铁、铸钢或用钢板冲压后焊接而成；小功率时可用铸铝或塑料。

**(2) V 带轮的结构形式**　带轮由轮缘、轮辐和轮毂组成。根据轮辐结构的不同，V 带轮可以分为实心式、腹板式、孔板式和椭圆轮辐式。V 带轮的结构形式的选取与带轮的基准直径有关。

**(3) V 带轮的轮槽**　为了使 V 带的两侧面在工作时能和带轮的轮槽两侧工作面紧密贴合，V 带轮轮槽工作面的夹角应小于 40°。

### 4.1.6　V 带传动的张紧

带在运转一段时间后，由于带的老化和塑性变形，会发生松弛。这时，带的初拉力逐渐减小，承载能力随之降低，直至打滑失效。为了保证带传动正常工作，必须重新张紧。常见的张紧方法有：

1) 改变中心距的张紧方法，如定期张紧装置、自动张紧装置等。

2) 采用张紧轮的方法。这种方法适应于中心距不可调的场合。张紧轮要安装在带的松边的内侧，靠近大带轮的地方，以便使带只受单向弯曲，以免减小带在小带轮上的包角。张紧轮的轮槽尺寸应与带轮的相同，且直径小于小带轮的直径。

## 4.2　复习思考题

**4-1**　试简述带传动的受力情况。

答：带传动不工作时，带两边所受拉力相等，均为初拉力 $F_0$。带传动工作时，带两边受力不同，其紧边受力由 $F_0$ 增至紧边拉力 $F_1$，松边受力由 $F_0$ 减至松边拉力 $F_2$。

**4-2**　何谓带的有效拉力？试列出其计算式。

答：带传动紧边与松边拉力之差为带传动的有效拉力，即 $F_e = F_1 - F_2$，而 $F_e = \dfrac{1\,000P}{v}$。

**4-3**　V 带轮的基准直径 $d_d$ 以及 V 带的基准长度 $L_d$ 是如何定义的？

答：V 带绕在带轮上，顶胶变窄，底胶变宽，宽度不改变处称为带的节宽 $b_p$。把 V 带套在规定尺寸的测量带轮上，在规定的张紧力下，沿 V 带的节宽巡行一周的长度即为 V 带的基准长度 $L_d$。V 带轮的基准直径 $d_d$ 是指带轮槽宽尺寸等于带的节宽尺寸处的带轮直径。

**4-4**　带传动中的弹性滑动是如何发生的？打滑又是如何发生的？两者有何区别？对带

传动各产生什么影响？打滑首先发生在哪个带轮上？为什么？

答：由于带传动在工作中，带两边的拉力不同，两边的伸长变形不同，从而导致带在带轮轮面上有相对滑动。这种带在带轮上的局部滑动即为弹性滑动。当带传动的工作载荷过大，超过带与带轮间的最大摩擦力时，将发生打滑。

弹性滑动是带传动的固有属性，是不可避免的。打滑是带在带轮上的全面滑动，是一种失效形式，是可以避免的。

打滑首先发生在小带轮上，因为小带轮上带的包角小，带与带轮间所能产生的最大摩擦力也较小。

**4-5** 何谓带传动的滑动率？如何计算？

答：由于弹性滑动的影响，从动带轮的圆周速度 $v_2$ 低于主动带轮的圆周速度 $v_1$，其相对降低率为滑动率 $\varepsilon$，$\varepsilon = \dfrac{v_1 - v_2}{v_1}$。

**4-6** 带传动工作时，带受何种应力？最大应力 $\sigma_{max}$ 作用在何处？

答：带传动工作时，带上受有紧边拉应力 $\sigma_1$、松边拉应力 $\sigma_2$、离心拉应力 $\sigma_c$ 和弯曲应力 $\sigma_{b1}$ 与 $\sigma_{b2}$。最大应力 $\sigma_{max}$ 作用在紧边开始绕上小带轮处。

**4-7** 带速为什么不宜过高或过低？一般带速控制在何范围为宜？

答：带速过高，离心力加大，降低了带与轮面间的正压力和摩擦力，从而降低带的传动能力；带速过低，在传递功率一定时，有效拉力加大，所需带的根数过多。一般推荐带速 $v = 5 \sim 25$ m/s 为宜。

**4-8** 在单根普通 V 带的基本额定功率表中，单根带的额定功率 $P_0$ 值随小带轮转速增大而有何变化？试说明其原因。

答：单根带的额定功率 $P_0$ 随小带轮转速增大而增大，当转速超过一定值后，$P_0$ 值随小带轮转速的进一步增大而下降。这是由于 $P = \dfrac{F_e v}{1\,000}$，即在带传动能力允许的范围内，随着小带轮转速的增大，带传递的功率也增大。然后当转速超过一定值后，由于产生的离心力过大，使得带所能传递的有效拉力 $F_e$ 下降。因而小带轮转速进一步增大超过一定值后，单根带的额定功率 $P_0$ 则下降。

**4-9** V 带传动的传动比不等于 1 时要引入额定功率增量 $\Delta P_0$，传动比 $i > 1$ 时为何会使带传递的功率有所增加？

答：因为单根普通 V 带的基本额定功率 $P_0$ 是在传动比 $i = 1$ 的条件下由实验得到的，所以当传动比 $i > 1$ 时，大带轮上的带的弯曲应力相应减小，对带的损伤减少，从而在相同的使用寿命情况下，允许带传递更大一些的功率，因此要引入额定功率增量 $\Delta P_0$。

**4-10** 普通 V 带的楔角为 40°，为何带轮槽角分别为 32°、34°、36° 和 38°？

答：因胶带绕在带轮上要弯曲，这样胶带顶层受拉在横向要收缩，而胶带底层受压其横向要伸长，因此带的楔角变小。为保证带两侧面与轮槽有良好的接触，故轮槽依轮径的大小不同均适当减小。

**4-11** 为什么带传动需要张紧？常见的张紧装置有哪些？

答：为保证带传动正常工作，带在初始安装时要紧套在轮上，借以产生足够的张紧力。带传动工作一段时间后，由于带的塑性变形和磨损，将使带发生松弛。为保证足够的张紧力，带传动需要再张紧。常见的张紧装置有定期张紧装置、自动张紧装置和采用张紧轮的张紧装置等。

**4-12** 在什么情况下,带传动采用张紧轮装置?张紧轮应如何布置才合理?张紧轮的结构在设计上有什么要求?

答:对于中心距不可调节的带传动,只能采用张紧轮装置来调节带中的张紧力。张紧轮一般应布置在带的松边内侧靠近大带轮,这样使带只受单向弯曲,以免过分影响小带轮的包角。若带传动的中心距很小,则可以将张紧轮布置在带的松边外侧靠近小带轮。但这种方法使带产生反向弯曲,降低带的疲劳强度。

张紧轮设计时,它的轮槽尺寸应与带轮的相同,直径要小于小带轮的直径。

**4-13** 一般带轮采用什么材料?带轮的结构形式有哪些?根据什么来选定带轮的结构形式?

答:一般带轮采用 HT150 或 HT200。铸铁制的 V 带轮的典型结构有实心式、腹板式、孔板式和椭圆轮辐式。设计时,可根据带轮的基准直径来选择带轮的结构形式。

**4-14** 在多根 V 带传动中,当一根带疲劳断裂时,应如何更换?为什么?

答:在多根 V 带传动中,当一根带疲劳断裂时,应当全部更换。由于带工作一段时间后会发生松弛带长增加,所以新、旧带的长度相差很大,这样新带的初拉力就可能比旧带大得多,会增大载荷在各带上分配不均的现象,导致新带磨损加剧,快速失效。

**4-15** 某带传动由变速电动机驱动,大带轮输出转速的变化范围为 500～1 000 r/min。若大带轮上的负载为恒功率负载,应该按哪一种转速设计带传动?若大带轮上的负载为恒转矩负载,应该按哪一种转速设计带传动?为什么?

答:若大带轮上的负载为恒功率负载,则转速高时带轮上的有效拉力小,转速低时有效拉力大。因此,应当按转速为 500 r/min 来设计带传动。若大带轮上的负载为恒转矩负载,则转速高时输出功率大,转速低时输出功率小。因此,应当按转速为 1 000 r/min 来设计带传动。

## 4.3 自测题

**1. 是非题**

(1) V 带的基准长度为公称长度,此长度在带弯曲时不发生变化。　　　　　　( )

(2) 单根普通 V 带所能传递的基本额定功率 $P_0$ 随小带轮基准直径的增大而增大,随小带轮转速的提高也提高。　　　　　　　　　　　　　　　　　　　　　　　　( )

(3) 为了提高带传动传递工作载荷的能力,V 带轮的槽形角应该设计成与 V 带的楔角相等,都等于 40°。　　　　　　　　　　　　　　　　　　　　　　　　　　　( )

(4) 带传动工作时,只要带的最大应力满足 $\sigma_{max} = \sigma_1 + \sigma_{b1} + \sigma_c \leqslant [\sigma]$,就可保证带不发生打滑,且具有一定的疲劳强度和寿命。　　　　　　　　　　　　　　　　　( )

(5) 在带的工作应力中,由离心力引起的带的离心拉应力在带的各截面上都相等。
　　　　　　　　　　　　　　　　　　　　　　　　　　　　　　　　　　( )

(6) 当带传动的传递功率过大而导致带打滑时,带的松边拉力为零。　　　　( )

(7) 在 V 带传动中,若带轮直径、带的型号、带的材质、带的根数及转速均不变,则中心距越大,其承载能力也越强。　　　　　　　　　　　　　　　　　　　　( )

(8) 带的弹性滑动使其传动比不准确,传动效率低,带磨损加快,因此在设计中应避免带出现弹性滑动。　　　　　　　　　　　　　　　　　　　　　　　　　　( )

(9) 在相同的初拉力作用下，V 带的传动能力高于相应的平带传动能力。（　）
(10) 在带传动中，传动带的最大应力发生在带开始绕入主动轮的那一点处。（　）
(11) 在机械传动系统中，V 带传动往往置于传动的高速级是因为它可以传递较大的转矩。（　）
(12) 在 V 带传动设计计算中，通常限制带的根数 $z \leqslant 10$，主要是为了保证每根带受力比较均匀。（　）
(13) 正常运行的带传动中，弹性滑动发生在带与带轮的整个接触弧上。（　）
(14) 带传动中，若紧边拉力为 $F_1$，松边拉力为 $F_2$，则空载时 $F_1/F_2 = 1$；载荷达到开始打滑的瞬间，则 $F_1/F_2 = e^{f\alpha}$。（　）
(15) V 带中以 E 型带的横截面积为最小，Y 型的横截面积为最大。（　）

**2. 单项选择题**

(1) V 带轮的最小直径 $d_{\min}$ 取决于＿＿＿＿。
  A. 带的型号　　　B. 带的线速度　　　C. 高速轴的转速　　　D. 传动比
(2) 带传动不能保证精确的传动比是由于＿＿＿＿。
  A. 带和带轮间的摩擦力不够　　　B. 带易磨损
  C. 带的弹性滑动　　　D. 初拉力不够
(3) 当带速 $v \leqslant 20$ m/s 时，一般采用＿＿＿＿来制造带轮。
  A. 灰铸铁　　　B. 球墨铸铁　　　C. 铸钢　　　D. 碳钢
(4) 带传动的设计准则是＿＿＿＿。
  A. 保证带具有一定的寿命
  B. 保证不发生滑动的情况下，带具有一定的寿命
  C. 保证带不被拉断
  D. 保证传动不打滑的条件下，带具有一定的疲劳强度和寿命
(5) 同一 V 带传动，若主动轮转速不变，用于减速（小带轮主动）比用于增速（大带轮主动）所能传递的功率＿＿＿＿。
  A. 大　　　B. 小　　　C. 相等　　　D. 不确定
(6) 与 V 带传动相比较，同步带传动的突出优点是＿＿＿＿。
  A. 传递功率大　　　B. 传动比准确　　　C. 传动效率高　　　D. 带的制造成本低
(7) 带传动中，主动轮圆周速度 $v_1$，从动轮圆周速度 $v_2$，带速 $v$，它们之间的关系是＿＿＿＿。
  A. $v_1 = v_2 = v$　　B. $v_1 > v > v_2$　　C. $v_1 < v < v_2$　　D. $v > v_1 > v_2$
(8) 带传动中，若产生打滑现象，是沿＿＿＿＿。
  A. 小带轮先发生　　　B. 大带轮先发生　　　C. 两轮同时发生
(9) 带传动正常工作时，小带轮上的滑动角＿＿＿＿小带轮的包角。
  A. 大于　　　B. 小于　　　C. 小于或等于　　　D. 大于或等于
(10) 一定型号的 V 带传动，当小带轮转速一定时，其所能传递的功率增量 $\Delta P_0$ 取决于＿＿＿＿。
  A. 小带轮上的包角　　　B. 带的线速度
  C. 传动比　　　D. 大带轮上的包角

(11) V带传动,最后计算出的实际中心距 $a$ 与初定的中心距 $a_0$ 不一致,这是由于_____。

A. 传动安装时有误差

B. 带轮加工有尺寸误差

C. 带工作一段时间后会松弛,故需预先张紧

D. 选用标准长度的带

(12) 柔韧体摩擦的欧拉公式 $F_1 = F_2 e^{f\alpha}$ 是在忽略离心力的情况下推导出来的,如果考虑离心力的影响,则公式应变为_____。

A. $(F_1 + qv^2)/(F_2 + qv^2) = e^{f\alpha}$
B. $(F_1 - qv^2)/(F_2 - qv^2) = e^{f\alpha}$
C. $(F_1 - qv^2)/(F_2 + qv^2) = e^{f\alpha}$
D. $(F_1 + qv^2)/(F_2 - qv^2) = e^{f\alpha}$

(13) 在带传动中,如果主动轮的基准直径 $d_1 = 160\,\mathrm{mm}$,转速 $n_1 = 950\,\mathrm{r/min}$,从动轮的基准直径 $d_2 = 750\,\mathrm{mm}$,转速 $n_2 = 200\,\mathrm{r/min}$,则传动的滑动率是_____。

A. 1.3%  B. 1.6%  C. 1.8%  D. 2.0%

(14) 在V带传动中,滑动率 $\varepsilon$ 值随所传递载荷的增加而_____。

A. 减小  B. 增加  C. 不变

(15) 带传动张紧的目的是_____。

A. 减轻带的弹性滑动

B. 提高带的寿命

C. 改变带的传动方向

D. 使带具有一定的初拉力

### 3. 分析、计算题

(1) 一普通V带传动传递的功率 $P = 3.2\,\mathrm{kW}$,带速 $v = 8.2\,\mathrm{m/s}$,带的根数 $z = 4$,安装时测得初拉力 $F_0 = 120\,\mathrm{N}$,试求有效拉力 $F_e$、紧边拉力 $F_1$ 和松边拉力 $F_2$。

(2) V带传动的 $n_1 = 1450\,\mathrm{r/min}$,带与带轮的当量摩擦系数 $f_v = 0.51$,包角 $\alpha_1 = 180°$,初拉力 $F_0 = 360\,\mathrm{N}$。试问:

1) 该传动所能传递的最大有效拉力为多少?

2) 若 $d_{d1} = 100\,\mathrm{mm}$,其传递的最大转矩为多少?

3) 若传动效率 $\eta = 95\%$,弹性滑动忽略不计,从动轮输出功率为多少?

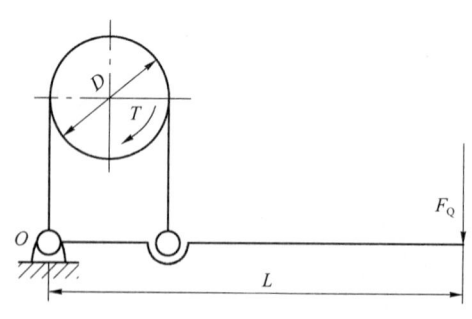

图 1-4-2 带式制动器

(3) 如图 1-4-2 所示为一带式制动器,已知制动轮直径 $D = 100\,\mathrm{mm}$,制动轮转矩 $T = 60\,\mathrm{N\cdot m}$,制动杆长 $L = 250\,\mathrm{mm}$,制动带和制动轮之间的摩擦系数 $f = 0.4$。

1) 试求制动力 $F_Q$。

2) 当制动轮转矩 $T$ 的方向与图示相反时,制动力 $F_Q$ 又应为多少?

3) 试问这种形式的制动器是否适用于双向制动?若不行,可以怎样改进?

(4) 一普通V带传动,已知主动带轮直径 $d_{d1} = 180\,\mathrm{mm}$,从动带轮直径 $d_{d2} = 630\,\mathrm{mm}$,传动中心距 $a = 1600\,\mathrm{mm}$,主动轮转速 $n_1 = 1450\,\mathrm{r/min}$,B型带4根,V带与带轮表面摩擦系数 $f = 0.4$,V带的弹性模量 $E = 200\,\mathrm{MPa}$,当传递的最大功率 $P = 41.5\,\mathrm{kW}$ 时,试计算:

1) V带中各类应力的大小,并画出各应力沿带长方向的分布图。

2) V 带的最大应力 $\sigma_{max}$ 中各应力所占百分比。

注：① B 型带截面尺寸参数为：顶宽 $b = 17$ mm，节宽 $b_p = 14$ mm，高度 $h = 11$ mm，楔角 $\theta = 40°$（带轮槽角 $\varphi = 38°$），单位长度质量 $q = 0.17$ kg/m。

② V 带的当量摩擦系数 $f_v = f/\sin\dfrac{\varphi}{2}$，V 带的截面面积 $A = h(b - h\tan 20°)$，$\alpha_1 = 180° - (d_{d2} - d_{d1})\dfrac{57.5°}{a}$。

## 4.4 自测题参考答案

**1. 是非题**
(1) √  (2) √  (3) ×  (4) ×  (5) √  (6) ×  (7) √  (8) ×  (9) √  (10) ×  (11) ×  (12) √  (13) ×  (14) √  (15) ×

**2. 单项选择题**
(1) A  (2) C  (3) A  (4) D  (5) B  (6) B  (7) B  (8) A  (9) B  (10) C  (11) D  (12) B  (13) A  (14) B  (15) D

**3. 分析、计算题**

(1) 解：由式 $P = \dfrac{zF_e v}{1\,000}$ 可得

$$F_e = \dfrac{1\,000P}{zv} = \dfrac{1\,000 \times 3.2}{4 \times 8.2} = 97.56(\text{N})$$

联立 $F_e = F_1 - F_2$ 和 $F_1 + F_2 = 2F_0$ 两式，可得

$$F_1 = \dfrac{2F_0 + F_e}{2} = \dfrac{2 \times 120 + 97.56}{2} = 168.78(\text{N})$$

$$F_2 = \dfrac{2F_0 - F_e}{2} = \dfrac{2 \times 120 - 97.56}{2} = 71.22(\text{N})$$

(2) 解：1) 最大有效拉力

$$F_{ec} = 2F_0 \dfrac{e^{f\alpha} - 1}{e^{f\alpha} + 1} = 2 \times 360 \times \dfrac{e^{0.51\pi} - 1}{e^{0.51\pi} + 1} = 478.35(\text{N})$$

2) 传递的最大转矩

$$T = F_{ec} \dfrac{d_{d1}}{2} = 478.35 \times \dfrac{100}{2} = 23\,917.5(\text{N} \cdot \text{mm})$$

3) 带速

$$v = \dfrac{\pi d_{d1} n_1}{60 \times 1\,000} = \dfrac{\pi \times 100 \times 1\,450}{60 \times 1\,000} = 7.59(\text{m/s})$$

输出功率

$$P = \eta \dfrac{F_{ec} v}{1\,000} = 0.95 \times \dfrac{478.35 \times 7.59}{1\,000} = 3.45(\text{kW})$$

(3) 解：1) 作用在制动轮上的圆周力

$$F_e = \frac{2T}{D}$$

制动力矩作用在带上时，将使带的两端产生拉力 $F_1$ 和 $F_2$，如图 1-4-3 所示，则

$$F_e = F_1 - F_2$$

将欧拉公式 $F_1 = F_2 e^{f\alpha}$ 代入上式，有

$$F_2 = \frac{F_e}{e^{f\alpha} - 1} = \frac{2T}{D} \frac{1}{e^{f\alpha} - 1}$$

在图 1-4-3 中，对 $O$ 点取矩有 $F_Q L = F_2 D$，则

$$F_Q = \frac{D}{L} F_2 = \frac{D}{L} \frac{2T}{D} \frac{1}{e^{f\alpha} - 1} = \frac{2T}{L} \frac{1}{e^{f\alpha} - 1} = \frac{2 \times 60}{0.25} \times \frac{1}{e^{0.4\pi} - 1} = 190.96(\text{N})$$

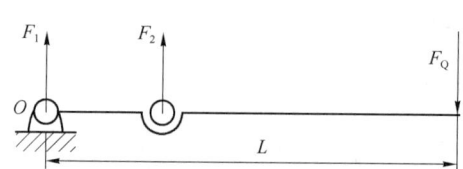

图 1-4-3 带式制动器受力分析

2) 当制动轮反转时，同理可得

$$F_1 = \frac{2T}{D} \frac{e^{f\alpha}}{e^{f\alpha} - 1}$$

由 $F_Q L = F_1 D$ 可得

$$F_Q = \frac{D}{L} F_1 = \frac{D}{L} \frac{2T}{D} \frac{e^{f\alpha}}{e^{f\alpha} - 1} = \frac{2T}{L} \frac{e^{f\alpha}}{e^{f\alpha} - 1} = \frac{2 \times 60}{0.25} \times \frac{e^{0.4\pi}}{e^{0.4\pi} - 1} = 670.96(\text{N})$$

3) 若改变转矩 $T$ 方向后，施加的制动力 $F_Q$ 是原制动力的 $e^{f\alpha}$ 倍，效果不理想，所以本设计方案不宜用于双向制动。双向制动可设计成如图 1-4-4 所示的方案。

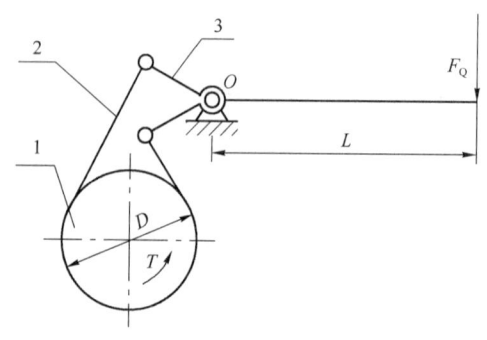

图 1-4-4 双向制动器设计方案
1—制动轮；2—闸带；3—杠杆

(4) 解：1) 小带轮的包角为

$$\alpha_1 = 180° - (d_{d2} - d_{d1}) \frac{57.5°}{a}$$

$$= 180° - (630 - 180) \times \frac{57.5°}{1\,600}$$

$$= 163.83° \approx 2.86(\text{rad})$$

当量摩擦系数为

$$f_v = \frac{f}{\sin\frac{\varphi}{2}} = \frac{0.4}{\sin\frac{38°}{2}} = 1.2286$$

小带轮的圆周速度为

$$v = \frac{\pi d_{d1} n}{60 \times 1000} = \frac{\pi \times 180 \times 1450}{60 \times 1000} = 13.6659 \text{(m/s)}$$

由 $P = \dfrac{4F_e v}{1000}$ 可得有效拉力为

$$F_e = \frac{1000P}{4v} = \frac{1000 \times 41.5}{4 \times 13.6659} = 759.2 \text{(N)}$$

初拉力、紧边拉力和松边拉力为

$$F_0 = \frac{F_e(\mathrm{e}^{f_v \alpha} + 1)}{2(\mathrm{e}^{f_v \alpha} - 1)} = \frac{759.2 \times (\mathrm{e}^{1.2286 \times 2.86} + 1)}{2 \times (\mathrm{e}^{1.2286 \times 2.86} - 1)} = 402.9 \text{(N)}$$

$$F_1 = F_0 + \frac{F_e}{2} = 402.9 + \frac{759.2}{2} = 782.5 \text{(N)}$$

$$F_2 = F_0 - \frac{F_e}{2} = 402.9 - \frac{759.2}{2} = 23.3 \text{(N)}$$

带截面面积为

$$A = h(b - h\tan 20°) = 11 \times (17 - 11 \times \tan 20°) = 143 \text{(mm}^2\text{)}$$

作用在带上的各类应力为

$$\sigma_1 = \frac{F_1}{A} = \frac{782.5}{143} = 5.472 \text{(MPa)}, \quad \sigma_2 = \frac{F_2}{A} = \frac{23.3}{143} = 0.163 \text{(MPa)}$$

$$\sigma_{b1} = \frac{Eh}{d_{d1}} = \frac{200 \times 11}{180} = 12.2 \text{(MPa)}, \quad \sigma_{b2} = \frac{Eh}{d_{d2}} = \frac{200 \times 11}{630} = 3.492 \text{(MPa)}$$

$$\sigma_c = q\frac{v^2}{A} = 0.17 \times \frac{13.6659^2}{143} = 0.222 \text{(MPa)}$$

各应力沿带长方向的分布如图 1-4-5 所示。

2) V 带中作用的最大应力为

$$\sigma_{\max} = \sigma_1 + \sigma_{b1} + \sigma_c = 5.472 + 12.2 + 0.222 = 17.894 \text{(MPa)}$$

各类应力所占的百分比为

$$\frac{\sigma_1}{\sigma_{\max}} \times 100\% = \frac{5.472}{17.894} \times 100\% = 30.58\%$$

$$\frac{\sigma_{b1}}{\sigma_{\max}} \times 100\% = \frac{12.2}{17.894} \times 100\% = 68.18\%$$

$$\frac{\sigma_c}{\sigma_{\max}} \times 100\% = \frac{0.222}{17.894} \times 100\% = 1.24\%$$

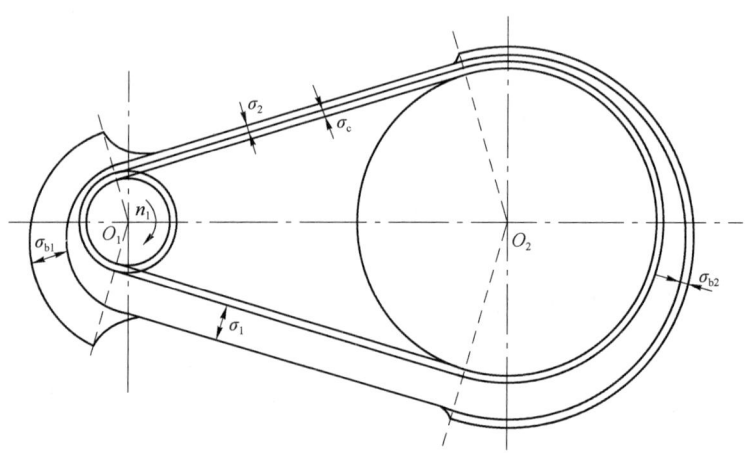

图 1-4-5　各应力沿带长方向的分布

## 4.5　中英双语名词术语

V 带　V-belt
V 带传动　V-belt drives
V 带轮　V-grooved pulley
半交叉带传动　quarter twist belt drives
包角　angle of contact; include angle
槽角　angle of pulley groove
常规运转条件　conventional operating conditions
初拉力　initial tension
传动比　transmission ratio; speed ratio
传动系统　driven system
传动装置　gearing; transmission gear
从动带轮　driven pulley
从动件　driven link; follower
打滑　slip; slipping
带传动　belt drives
带传动形式　type of belt drives

带轮　belt pulley; band pulley
多楔带　V ribbed belt; poly V belt
多楔带传动　V ribbed belt drives
辐板损伤　web failure
复合平带　compound flat belt
高速带　high speed belt
工况系数、使用系数　application factor; service factor
固定构件　fixed link; frame
惯性力　inertia force
惯性力矩　inertia moment
焊接　welding
焊接件　welding; weldment
滑动率　sliding ratio
基本尺寸　basic dimension; basic size
几何尺寸　geometric dimension
减速比　reduction ratio

# 第 4 章 带传动

|  |  |
|---|---|
| 交叉带传动 | cross belt drives |
| 角度 | angularity |
| 角速比 | angular velocity ratio |
| 角速度 | angular velocity |
| 紧边 | tight side |
| 开口带传动 | open belt drives |
| 离心力 | centrifugal force |
| 离心应力 | centrifugal stress |
| 联组 V 带 | tight up V belt |
| 摩擦力矩 | friction moment |
| 摩擦阻力 | frictional resistance |
| 挠性传动 | flexible drive |
| 欧拉公式 | Euler formula |
| 疲劳破坏 | fatigue break down |
| 平带 | flat belt |
| 平带传动 | flat belt drives |
| 平均速度 | average velocity |
| 设计计算准则 | design calculation criterion |
| 失效形式 | types of failure |
| 顺时针 | clockwise |
| 松边 | slack side |
| 速度 | velocity |
| 塔带轮 | step pulley |
| 弹性滑动 | elasticity sliding motion; elastic creep; elastic sliding; elastic slippage |
| 同步带 | synchronous belt |
| 同步带传动 | synchronous belt drives |
| 弯曲应力 | bending stresses |
| 向心力 | centrifugal force |
| 有效拉力 | effective tension |
| 有效圆周力 | effective circle force |
| 有效阻力矩 | effective resistance moment |
| 预紧力 | preload |
| 原动机 | primer mover |
| 圆带 | round belt |
| 圆带传动 | round belt drives |
| 窄 V 带 | narrow V belt |
| 张紧方式 | type of tension |
| 张紧力 | tension |
| 张紧轮 | tension pulley; tensioner |
| 中心距 | centre distance |
| 主动带轮 | driving pulley |

# 第 5 章 链 传 动

## 5.1 知识要点

### 5.1.1 链传动概述

链传动由主动链轮、从动链轮和绕在链轮上的链条所组成。这种传动是利用链条作为中间挠性件,通过链条与链轮轮齿的啮合来传递运动和动力的。

链条按用途不同可以分为传动链、输送链和起重链。传动链又可分为短节矩精密滚子链、齿形链等类型。

链传动的优点有:与带传动相比,链传动无弹性滑动和打滑现象,能保持准确的平均传动比,传动效率高,径向压轴力小,结构紧凑,能在高温、湿度较大及粉尘、泥浆等环境中使用;与齿轮传动相比,链传动易安装,成本低廉,适合较大中心距的传动。缺点有:运转时不能保持恒定的瞬时传动比;传动中有冲击和噪声,不宜在载荷变化很大和急促反向的传动中使用;只能用于平行轴间的同向回转传动。因而,链传动主要用在要求工作可靠、低速重载,且两轴相距较远,工作环境恶劣以及其他不宜采用齿轮传动的场合。

### 5.1.2 滚子链的结构特点

**(1) 滚子链** 滚子链由内链板、外链板、销轴、套筒及滚子组成。内链板与套筒、外链板与销轴为过盈配合;滚子与套筒、套筒与销轴为间隙配合。滚子链的主要参数是节距 $p$。节距 $p$ 大,构成链节的元件尺寸也大,则传递的载荷也大。链板一般做成"8"字形,以使它的各截面具有几乎相同的抗拉强度,同时也减轻链的质量和运动时的惯性力。为使结构紧凑,当传递载荷较大时,应采用多排链。为了保证各排链受力均匀,排数不宜过多,一般不超过 4 排。

链的长度用节数表示。当链节数为偶数时,接头处用开口销(大节距)或弹簧卡片(小节距);当链节数为奇数时,需采用过渡链节。由于过渡链节的链板要受附加弯矩的作用,所以一般情况下不用奇数链节。

滚子链分为 A、B 两个系列,国家标准规定的标记为

| 链号 | 排数 | 整链链节数 | 标准编号 |

例如:08A-1-88 GB/T 1243—2006,表示 A 系列、节距 12.7 mm、单排、88 节的滚子链。其中,链号数乘以 $\frac{25.4}{16}$ mm 即为节距值。

**(2) 滚子链链轮** 链轮的基本参数是配用链条的节距 $p$、套筒的最大外径 $d_1$、排距 $p_t$ 和齿数 $z$。链轮的结构依据其直径的小、中、大分别做成整体式、孔板式和螺栓连接式。链轮的材

料要具有足够的耐磨性和强度。由于小链轮轮齿的啮合次数大于大链轮,故小链轮应采用较好的材料制造。

### 5.1.3 链传动工作情况的分析

**(1) 链传动运动分析** 链的平均速度为

$$v = \frac{z_1 n_1 p}{60 \times 1\,000} = \frac{z_2 n_2 p}{60 \times 1\,000} \tag{1-5-1}$$

链传动的平均传动比为

$$i = \frac{n_1}{n_2} = \frac{z_2}{z_1} \tag{1-5-2}$$

链的瞬时速度为

$$v = R_1 \omega_1 \cos\beta \quad \left( -\frac{180°}{z_1} \leqslant \beta \leqslant \frac{180°}{z_1} \right) \tag{1-5-3}$$

链传动的瞬时传动比为

$$i = \frac{\omega_1}{\omega_2} = \frac{R_2 \cos\gamma}{R_1 \cos\beta} \quad \left( -\frac{180°}{z_1} \leqslant \beta \leqslant \frac{180°}{z_1}, -\frac{180°}{z_2} \leqslant \gamma \leqslant \frac{180°}{z_2} \right) \tag{1-5-4}$$

式中,$R_1$、$R_2$ 分别为主动链轮和从动链轮的分度圆半径;$\beta$、$\gamma$ 分别为每一链节与主动链轮、从动链轮啮合过程中链节铰链在主动链轮、从动链轮上的相位角。由于在传动过程中,$\beta$、$\gamma$ 随时间变化,故链轮每转过一齿,瞬时链速和瞬时传动比就周期性变化一次。链速的周期性变化,给链传动带来速度的不均匀性。链节距越大,链轮齿数越少,链速的不均匀性越严重。这种由链条围绕在链轮上形成正多边形而引起链传动的运动不均匀性,称为链传动的多边形效应。设计时,可以通过合理选择参数来减小瞬时链速和瞬时传动比的变化范围,提高传动的平稳性。只有当 $z_1 = z_2$,且传动的中心距为节距 $p$ 的整数倍时(即 $\gamma$ 与 $\beta$ 角的变化完全相同),瞬时传动比才为常数,即恒为 1。

**(2) 链传动的动载荷** 链传动引起的动载荷将增加功率损耗、产生噪声、降低寿命,其产生的主要原因有:① 水平链速和从动链轮角速度周期性变化;② 垂直链速的周期性变速运动;③ 链节与链轮啮合瞬间的相对速度;④ 张紧不好而有较大松边垂度的链传动,在启动、制动、反转、突然超载或卸载情况下产生的惯性冲击。

降低链轮转速、选取小节距链条、增加链轮齿数和采用自动张紧装置等措施均可减小冲击和动载荷。

**(3) 链传动的受力分析** 链传动也有紧边和松边,紧边拉力 $F_1$ 为工作拉力(有效圆周力)$F_e$、离心拉力 $F_c$ 及悬垂拉力 $F_f$ 之和,即

$$F_1 = F_e + F_c + F_f \tag{1-5-5}$$

松边拉力为

$$F_2 = F_c + F_f \tag{1-5-6}$$

紧、松边拉力差即为工作拉力 $F_e$,而传动功率为

$$P = \frac{F_e v}{1\,000}(\mathrm{kW}) \tag{1-5-7}$$

### 5.1.4 滚子链传动的设计计算

**(1) 链传动的失效形式**　链传动的失效形式有：① 链的疲劳破坏；② 链条铰链的磨损；③ 链条铰链的胶合；④ 链条的静力破坏。链传动的设计准则是：对于中、高速($v \geqslant 0.6 \mathrm{m/s}$)的链传动，通常按疲劳强度进行设计计算；对于低速($v < 0.6 \mathrm{m/s}$)的链传动，则按链的静强度进行设计计算。

**(2) 链传动的参数选择**

1) 链轮的齿数。小链轮齿数 $z_1$ 选得多一些，多边形效应减小，动载荷减小，对传动有利。一般应根据链速选择，$z_1 = 17 \sim 31$。当链速很低时，$z_{\min}$ 可选择等于 9。但 $z_1$ 也不宜取得太大，因为 $z_1$ 大，在传动比给定条件下，大链轮齿数 $z_2$ 会更大。这不仅使传动尺寸和质量增加，而且铰链磨损后容易发生跳齿和脱链现象，缩短了链的使用寿命。大链轮齿数 $z_2$ 一般不宜超过 114。

2) 传动比 $i$。一般取链传动的传动比 $i \leqslant 6$，推荐 $i = 2 \sim 3.5$。仅当低速时可取大一些，当 $i$ 过大时，小链轮包角会减小，啮合的齿数减少，会加速轮齿的磨损。

3) 中心距 $a$。中心距 $a$ 小，传动结构紧凑，但小链轮上的包角小，轮齿受力增大，单位时间内链条绕过链轮的次数增多，加剧链条的疲劳和磨损。中心距 $a$ 过大，链条松边下垂量大，链条运动时上下颤动加剧。设计时，常初选中心距 $a_0 = (30 \sim 50)p$，最大取 $a_{\max} = 80p$。

4) 链节距 $p$ 和排数。节距 $p$ 越大，排数越多，承载能力越高；但 $p$ 大时，运动不均匀性增加，附加动载荷增加，链轮尺寸也大。因此，在承载能力满足的条件下，尽量选较小节距的单排链；高速重载时可选小节距多排链，以使小链轮有一定的啮合齿数；当中心距 $a$ 大、传动比小的低速重载传动时，从经济考虑可选大节距的单排链。

**(3) 链传动设计的主要步骤**　链传动设计的主要步骤：① 选定链轮齿数 $z_1$、$z_2$；② 确定链传动的计算功率 $P_{ca}$；③ 选择链条的型号，确定节距；④ 计算链节数和中心距；⑤ 计算链速 $v$，确定润滑方式；⑥ 计算压轴力 $F_p$；⑦ 完成链轮的结构设计。

### 5.1.5 链传动的布置、张紧和润滑

**(1) 链传动的布置**　链传动的布置应满足：① 链轮必须位于铅垂面内，两链轮共面；② 两链轮中心线最好是水平，也可以倾斜(夹角小于 45°)，尽量避免铅垂位置，以免链与下方链轮啮合不良或脱离啮合；③ 链传动紧边一般在上，松边在下，以避免在上的松边垂量过大而发生咬链或两边链条相碰。

**(2) 链传动的张紧**　链传动是啮合传动，它的张紧力较带传动小得多，因此链作用在轴上的压轴力也不大。链传动张紧的目的是避免在链条的松边垂度过大时产生啮合不良和链条的振动，同时也为了增加链条与链轮的啮合包角。

常用的张紧方法有：① 增大两链轮的中心距；② 设置张紧轮，张紧轮应紧压在松边的外侧靠近小链轮处，其可以是链轮，也可以是无齿的滚轮，直径应与小链轮直径相近；③ 缩短链长，即在链条磨损变长后从中去掉一两个链节；④ 采用压板或托板，这种方法比较适合中心距大的链传动。

**(3) 链传动的润滑**　链传动良好的润滑可缓和冲击，减轻磨损，延长链条的使用寿命。

链传动的润滑方式有：定期人工润滑、滴油润滑、油池润滑、油盘飞溅润滑和压力供油润滑等，主要依据节距 $p$ 和链速 $v$ 的大小来确定。

## 5.2 复习思考题

5-1 与带传动比较，链传动有何特点？

答：① 带传动靠摩擦工作，而链传动靠啮合传递运动和动力，故无滑动，工作可靠，需要的张紧力小，效率高；② 由于弹性滑动，带传动的传动比不准确，而链传动则能保持准确的平均传动比，但其瞬时传动比不为常数；③ 由于速度不均匀的影响，链传动工作平稳性较差，有一定冲击、振动和噪声，高速时尤为明显，故链传动适用的圆周速度通常低于带传动；④ 链传动能在高温、油污等恶劣条件下工作，较带传动适应性强。

5-2 滚子链的各种接头形式各用在何处？

答：当链节数为偶数时，接头处可用开口销或弹簧卡片来固定，前者用于大节距，后者用于小节距；当链节数为奇数时，需采用过渡链节。由于过渡链节的链板受到附加弯矩的作用，故在一般情况下最好不用奇数链节。

5-3 链传动的运动特性是什么？产生的原因是什么？

答：链传动的主要运动特性是链速具有不均匀性，并由此导致产生附加动载荷和振动。产生的原因是：由于传动链的链节是刚性的，绕在链轮上后组成多边形的一部分，故当主动轮等角速度转动时，链速和从动轮角速度产生周期性变化。

5-4 影响链速不均匀性的主要参数是什么？如何减轻不均匀性的影响？

答：影响链速不均匀性的主要参数是链轮齿数 $z$ 和链节距 $p$。采用较多的小链轮齿数 $z_1$ 和较小的链节距 $p$ 可减轻不均匀的程度。

5-5 影响链传动动载荷的主要参数是什么？设计中应如何选择？

答：影响链传动动载荷的主要参数是链轮齿数 $z$、链节距 $p$ 和链轮转速 $n$。设计中采用较多的齿数 $z$、较小的节距 $p$，并限制链轮转速 $n$ 不要过高，对降低动载荷都是有利的。

5-6 在多排链传动中，链的排数过多有何不利？

答：由于链条制造精度的影响，链条排数过多，将使各排链长度不一致而导致承受的载荷不易均匀。

5-7 对链轮材料的基本要求是什么？对大、小链轮的硬度要求有何不同？

答：对链轮材料的基本要求是具有足够的耐磨性和强度。由于小链轮轮齿的啮合次数比大链轮的多，小链轮轮齿受到链条的冲击也较大，故小链轮应采用较好的材料，并具有较高的硬度。

5-8 齿形链与滚子链相比，有何优缺点？

答：与滚子链相比，齿形链传动平稳，噪声低，承受冲击性能好，效率高，工作可靠，但是齿形链比滚子链结构复杂，难于制造，价格较高，故适合用于高速、大传动比和小中心距等工作条件较为严酷的场合。

5-9 链传动的传动比写成 $i = \dfrac{n_1}{n_2} = \dfrac{z_2}{z_1} = \dfrac{d_2}{d_1}$ 是否正确？为什么？

答：不正确。因为 $d = \dfrac{p}{\sin\dfrac{180°}{z}}$，故分度圆直径 $d$ 与齿数 $z$ 不成正比关系，即 $\dfrac{z_2}{z_1} \neq \dfrac{d_2}{d_1}$。

**5-10** 为什么链传动的平均传动比是常数,而在一般情况下瞬时传动比不是常数?

答:链传动为链轮和链条的啮合传动,平均传动比 $i = \dfrac{z_2}{z_1}$,故为常数。由于链传动的多边形效应,瞬时传动比 $i_s = \dfrac{R_2 \cos \gamma}{R_1 \cos \beta}$,故瞬时传动比是变化的。

**5-11** 若只考虑链条铰链的磨损,脱链通常发生在哪个链轮上?为什么?

答:若只考虑链条铰链的磨损,脱链通常发生在大链轮上。由公式 $\Delta p = \Delta d \sin \dfrac{180°}{z}$ 可知,当 $\Delta d$ 一定时,齿数 $z$ 越多,允许的节距增长量 $\Delta p$ 就越小,故大链轮上容易发生脱链。

**5-12** 有一链传动,小链轮主动,转速 $n_1 = 900$ r/min,齿数 $z_1 = 25$,$z_2 = 75$。现因工作需要,拟将大链轮的转速降低到 $n_2 \approx 250$ r/min,链条长度不变,试问:① 若从动轮齿数不变,应将主动轮齿数减少到多少?此时链条所能传递的功率有何变化?② 若主动轮齿数不变,应将从动轮齿数增大到多少?此时链条所能传递的功率有何变化?

答:① 若从动轮齿数不变,则主动小链轮齿数改为

$$z_1' = \frac{z_2}{i_{12}} = \frac{z_2 n_2}{n_1} = \frac{75 \times 250}{900} = 20.83$$

取 $z_1' = 21$。由于小链轮的齿数从 25 减少到 21,相应的齿数系数 $K_z$ 增大,根据链传动所能传递的功率 $P = \dfrac{K_p P_{ca}}{K_A K_z}$:在相同的计算功率 $P_{ca}$ 的情况下,链传动所能传递的功率 $P$ 下降。

② 若主动轮齿数不变,则从动大链轮齿数改为

$$z_2' = z_1 i_{12} = \frac{z_1 n_1}{n_2} = \frac{25 \times 900}{250} = 90$$

从链传动所能传递的功率 $P = \dfrac{K_p P_{ca}}{K_A K_z}$ 中分析,由于齿数系数 $K_z$ 只与主动链轮齿数有关,故式中没有发生参数的变化,即链条所能传递的功率 $P$ 不变。

**5-13** 如图 1-5-1 所示的链传动布置形式,小链轮为主动轮,中心距 $a = (30 \sim 50)p$。图 1-5-1a、b 所示布置中,小链轮应按哪个方向回转才算合理?图 1-5-1c 中,两轮轴线布置在同一铅垂面上有什么缺点?应采取什么措施?

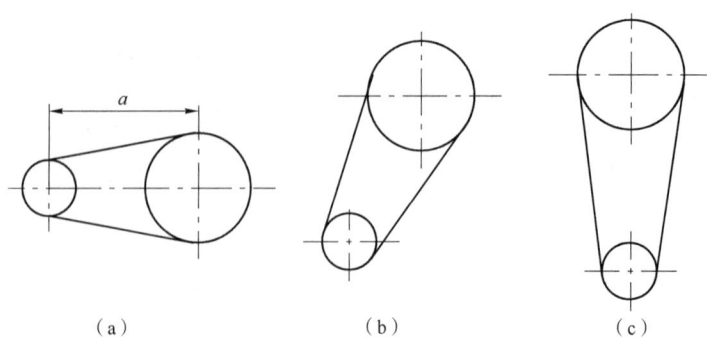

图 1-5-1 链传动的布置形式
(a) 水平布置;(b) 倾斜布置;(c) 垂直布置

答：图 1-5-1a、b 所示布置中，小链轮应该逆时针方向回转才算合理。这样才能保证链条紧边在上，松边在下，否则可能有少数链节垂落到小链轮上，导致有咬链的危险。图 1-5-1c 中，两轮轴线布置在同一铅垂面内，若链条的下垂量增大，会减少下链轮的有效啮合齿数，降低传动能力，为此应采取以下措施：① 中心距可调；② 设置张紧轮装置；③ 上、下两链轮偏置，使两轮的轴线不在同一铅垂平面内。

## 5.3 自测题

**1. 是非题**

(1) 链传动两轴线相对位置应相交成一定角度。（　）
(2) 滚子链链条的主要参数是销轴的直径。（　）
(3) 链条的链节总数宜选择 5 的倍数。（　）
(4) 链传动中，当主动链轮匀速回转时，链速是变化的。（　）
(5) 旧自行车的后链轮（小链轮）比前链轮（大链轮）容易脱链。（　）
(6) 链传动设计时，链条的型号是通过抗拉强度计算公式确定的。（　）
(7) 若已选定链条的节距为 $p$，对结构没有特殊的要求，这时宜取初选中心距 $a_0 = (30 \sim 50)p$。（　）
(8) 在传递的功率、转速相同的情况下，仅采用双列链代替单列链可以降低链传动不均匀性。（　）
(9) 链传动的平均传动比恒定不变。（　）
(10) 链传动中，当一根链的链节数为偶数时，其接头形式应采用过渡链节。（　）
(11) 在一定转速下，要减轻链传动的运动不均匀性，设计时，应选择较小节距的链条。（　）
(12) 链传动水平布置，当中心距 $a > 60p$，$i < 1.5$，若使链条松边在上、紧边在下，这样可能发生链条的松边与紧边相碰。（　）
(13) 链传动张紧的目的是提高链传动的工作能力。（　）
(14) 链传动的张紧轮应安装在松边的外侧靠近小链轮处。（　）
(15) 链传动人工润滑时，润滑油应加在紧边上。（　）

**2. 单项选择题**

(1) 按链传动的用途，套筒滚子链和齿形链属于_____。
A. 传动链　　　　B. 起重链　　　　C. 曳引链
(2) 套筒滚子链在传动中，当链条在链轮上啮入和啮出时，滚子沿链轮轮齿表面_____。
A. 滑动　　　　B. 滚动　　　　C. 滑动加滚动
(3) 套筒滚子链链轮分度圆直径 $d$ 等于_____。
A. $\dfrac{p}{\sin\dfrac{180°}{z}}$　　　　　　B. $\dfrac{p}{\tan\dfrac{180°}{z}}$

C. $p\left(0.54 + \cot\dfrac{180°}{z}\right)$  D. $\dfrac{\sin\dfrac{180°}{z}}{p}$

(4) 链传动设计中,一般链轮最多齿数限制为 $z_{\max} = 120$,是为了_____。
A. 减小链传动的不均匀性
B. 限制传动比
C. 减少链节磨损后链从链轮上脱落下来的可能性
D. 保证链轮轮齿的强度

(5) 链传动中,限制链轮最少齿数的目的之一是_____。
A. 减小链传动的不均匀性和动载荷     B. 防止链节磨损后脱链
C. 使小链轮轮齿受力均匀     D. 防止润滑不良时轮齿加速磨损

(6) 下列链传动传动比的计算公式中,_____是错误的。
A. $i = \dfrac{n_1}{n_2}$   B. $i = \dfrac{d_2}{d_1}$   C. $i = \dfrac{z_2}{z_1}$   D. $i = \dfrac{T_2}{T_1\eta}$

(7) 链传动中,链条的平均速度 $v=$_____。
A. $\dfrac{\pi d_1 n_1}{60 \times 1\,000}$   B. $\dfrac{\pi d_2 n_2}{60 \times 1\,000}$   C. $\dfrac{z_1 n_1 p}{60 \times 1\,000}$   D. $\dfrac{z_1 n_2 p}{60 \times 1\,000}$

(8) 链传动设计中,当载荷大、中心距小、传动比大时,宜选用_____。
A. 大节距单排链   B. 小节距多排链   C. 小节距单排链   D. 大节距多排链

(9) 滚子链标记为 08A-2-60 GB/T 1243—2006 的链,其节距 $p$ 为_____。
A. 8 mm   B. 25.4 mm   C. 12.7 mm   D. 60 mm

(10) 为了限制链传动的动载荷,在节距 $p$ 和小链轮的齿数 $z_1$ 一定时,应该限制_____。
A. 小链轮的转速 $n_1$   B. 传递的功率 $P$
C. 链条的速度 $v$

(11) 在传递功率和速度相同的条件下,链传动压轴力要比带传动小,这主要是因为_____。
A. 链的质量大、离心力大     B. 啮合传动不需要很大的初拉力
C. 在传递同样功率时,圆周力小     D. 这种传动只用来传递小功率

(12) 某压缩机的滚子链传动,电动机的转速 $n_1 = 970$ r/min,压缩机转速 $n_2 = 330$ r/min,则两链轮的齿数 $z_1$ 及 $z_2$ 应分别取为_____。
A. 23 和 67   B. 23 和 68   C. 25 和 74   D. 25 和 75

(13) 链传动的瞬时传动比等于常数的充要条件是_____。
A. 大链轮齿数 $z_2$ 是小链轮齿数 $z_1$ 的整数倍
B. $z_2 = z_1$
C. $z_2 = z_1$,中心距 $a$ 是节距 $p$ 的整数倍
D. $z_2 = z_1$,$a = 40p$

(14) 在一定转速下,要减小链传动的运动不均匀性和动载荷,设计时应_____。
A. 增大节距 $p$ 和链轮齿数 $z_1$     B. 增大 $p$ 和减小 $z_1$
C. 减小 $p$ 和增加 $z_1$

(15) 链条由于静强度不够而被拉断的现象,多发生在_____情况下。

A. 低速重载　　　　B. 高速重载　　　　C. 高速轻载　　　　D. 低速轻载

**3. 分析、计算题**

(1) 单列滚子链水平传动,已知主动链轮转速 $n_1 = 970$ r/min,从动链轮转速 $n_2 = 323$ r/min,平均链速 $v = 5.85$ m/s,链节距 $p = 19.05$ mm,求链轮齿数 $z_1$、$z_2$ 和两链轮分度圆直径。

(2) 一链号为 16A 的链传动,主动链轮齿数 $z_1 = 21$,转速 $n_1 = 730$ r/min,试求其平均链速 $v$、瞬时最大链速 $v_{\max}$ 和最小链速 $v_{\min}$,并画图表示链速的变化规律。

## 5.4 自测题参考答案

**1. 是非题**

(1) ×　(2) ×　(3) ×　(4) √　(5) ×　(6) ×　(7) √　(8) ×　(9) √　(10) ×　(11) √　(12) √　(13) ×　(14) √　(15) ×

**2. 单项选择题**

(1) A　(2) C　(3) A　(4) C　(5) A　(6) B　(7) C　(8) B　(9) C　(10) A　(11) B　(12) A　(13) C　(14) C　(15) A

**3. 分析、计算题**

(1) 解:由链的平均速度公式 $v = \dfrac{z_1 n_1 p}{60 \times 1\,000} = \dfrac{z_2 n_2 p}{60 \times 1\,000}$ 可得

$$z_1 = \frac{60 \times 1\,000 v}{n_1 p} = \frac{60 \times 1\,000 \times 5.85}{970 \times 19.05} = 18.995$$

$$z_2 = \frac{60 \times 1\,000 v}{n_2 p} = \frac{60 \times 1\,000 \times 5.85}{323 \times 19.05} = 57.04$$

取 $z_1$、$z_2$ 分别为 19 和 57。两链轮分度圆直径分别为

$$d_1 = \frac{p}{\sin \dfrac{180°}{z_1}} = \frac{19.05}{\sin \dfrac{180°}{19}} = 115.74 \text{(mm)}$$

$$d_2 = \frac{p}{\sin \dfrac{180°}{z_2}} = \frac{19.05}{\sin \dfrac{180°}{57}} = 345.81 \text{(mm)}$$

(2) 解:节距 $p = 16 \times \dfrac{25.4}{16} = 25.4 \text{(mm)}$。平均链速

$$v = \frac{z_1 n_1 p}{60 \times 1\,000} = \frac{21 \times 730 \times 25.4}{60 \times 1\,000} = 6.49 \text{(m/s)}$$

主动链轮上一个链节所对的中心角

$$\varphi_1 = \frac{360°}{z_1} = \frac{360°}{21} = 17.143°$$

链的瞬时速度

$$v = v_1 \cos\beta = \frac{\pi d_1 n_1}{60 \times 1\,000} \cos\beta$$

其中

$$d_1 = \frac{p}{\sin\dfrac{180°}{z_1}} = \frac{25.4}{\sin\dfrac{180°}{21}} = 170.42 (\text{mm})$$

当 $\beta = \pm\dfrac{\varphi_1}{2}$ 时,链速为最小值,即

$$v_{\min} = \frac{\pi d_1 n_1}{60 \times 1\,000} \cos\frac{\varphi_1}{2} = \frac{170.42 \times 730\pi}{60 \times 1\,000} \times \cos\frac{17.143°}{2} = 6.44 (\text{m/s})$$

当 $\beta = 0$ 时,链速为最大值,即

$$v_{\max} = \frac{\pi d_1 n_1}{60 \times 1\,000} = \frac{170.42 \times 730\pi}{60 \times 1\,000} = 6.51 (\text{m/s})$$

链速的变化规律如图 1-5-2 所示。

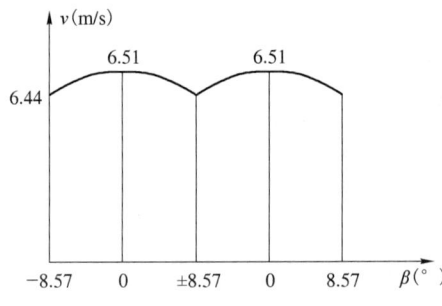

图 1-5-2 链速的变化规律

## 5.5 中英双语名词术语

8 字形链板　waisted plate
齿形链、无声链　silent chain
齿形系数　tooth form factor; form factor
从动链轮　driven chain wheel
带卡簧连接链节　spring clip connecting link
带开口销连接链节　connecting link with cottered pin
单排链　single strand chain
单排链轮　single chain wheel
动载荷　dynamic load
短节距滚子链　short pitch roller chain
多排链　multiple (triplex) strand chain

多排链轮　multiple chain wheel
额定功率曲线　ratings curve
滚子链　roller chain
过渡链节　cranked links; offset link
连接链板　detachable plate
连接链节　connecting links
链　chain
链传动　chain drives
链传动装置　chain gearing
链节距　chain pitch
链节数　number of pitches; number of chain link

| | |
|---|---|
| 链轮　sprocket; sprocket-wheel; sprocket gear; chain wheel | 速度不均匀性　uneven velocity |
| 内链板　inner plate | 套筒链　bush chain |
| 内链节　inner link | 外链板　outer plate |
| 双排链　double strand chain | 外链节　outer link |
| 双排链轮　duplex chainwheel | 运动特性　kinematic characteristic |
| | 主动链轮　driving chain wheel |

# 第6章 齿轮传动

## 6.1 知识要点

### 6.1.1 齿轮传动概述

**(1) 齿轮传动的特点**

1) 优点：传动效率高（$\eta \approx 99\%$），结构紧凑，工作可靠，寿命长，传动比稳定。
2) 缺点：制造和安装精度要求高，成本较高，不宜用于传动距离过大的场合。

**(2) 齿轮传动的分类**

1) 按齿形不同，可分为渐开线、摆线和圆弧线等，其中以渐开线齿形应用最广。
2) 按轮齿的布置方式不同，可分为直齿、斜齿、人字齿和曲齿等。
3) 按传动轴相对位置不同，可分为平行轴齿轮传动、相交轴齿轮传动和交错轴齿轮传动。
4) 按工作条件不同，可分为开式、半开式及闭式。开式齿轮传动，齿轮完全外露，易落入灰尘，不能保证良好的润滑，故轮齿易磨损，多用于低速传动。半开式齿轮传动装有简单的防护装置，工作条件有一定的改善。闭式齿轮传动，齿轮完全封闭在箱体内，能保证良好的润滑和工作条件，多用于重要的场合。
5) 按齿面硬度不同，可分为硬齿面齿轮和软齿面齿轮。硬齿面齿轮，其齿轮工作面的硬度大于 350 HBS 或 38 HRC；软齿面齿轮，其齿轮工作面的硬度小于等于 350 HBS 或 38 HRC。

### 6.1.2 齿轮传动的失效及设计准则

**(1) 失效形式**　齿轮传动的失效发生在轮齿，常见的失效形式主要有轮齿折断、齿面磨损、齿面点蚀、齿面胶合和齿面塑性变形五种。在学习中要弄清失效首先发生的部位，产生失效的条件和原因，以及应当采取的相应措施。

1) 轮齿折断。它首先发生在轮齿受拉一侧的齿根部分，是开式齿轮和闭式齿轮均有可能发生的失效形式。齿宽较小的直齿一般发生整齿折断，齿宽较大的直齿或斜齿则发生局部折断。

产生轮齿折断的条件和原因：① 疲劳折断，根部受到交变的弯曲应力作用和应力集中的影响；② 过载折断，短时过载或受到冲击载荷的作用。

提高轮齿抗折断能力的措施：采用正变位齿轮；增大齿根过渡圆角以减小齿根应力集中；增大轴和支承的刚性；采用合适的热处理方法和表面强化处理方法等。

2) 齿面磨损。它是开式齿轮的主要失效形式。

产生齿面磨损的条件和原因：齿面摩擦或啮合齿面间落入磨料性物质。

提高抗磨损能力的措施：对于闭式齿轮传动，可提高齿面硬度，降低齿面粗糙度值，注意保持润滑油清洁等；对于开式齿轮传动，应注意环境清洁，以减少落到齿面的杂物。

3) 齿面点蚀。它首先发生在靠近节线的齿根面上，是闭式齿轮常见的失效形式。

产生齿面点蚀的条件和原因：① 轮齿节线处齿根面上，相对滑动速度低，不易形成润滑油膜；② 在轮齿的节线附近，单对齿啮合，接触应力较大。

提高抗疲劳点蚀能力的措施：增大齿面硬度；在啮合的轮齿间加注润滑油可以减小摩擦，延缓点蚀。一般对于速度不高的齿轮传动，选用较高黏度的润滑油；对速度较高的齿轮传动，宜选用黏度低的润滑油。

4) 齿面胶合。它首先发生在较软齿面相对滑动速度较大的齿顶和齿根部位，是高速重载传动的主要失效形式。

产生齿面胶合的条件和原因：① 热胶合，重载下齿面接触应力大，高速时相对滑动速度高，因而摩擦热大，瞬时温度高，油膜破裂，啮合齿面相互黏着；② 冷胶合，低速重载，由于齿面压力过高，导致油膜破裂而使啮合齿面相互黏着。

提高抗齿面胶合能力的措施：采用正变位齿轮；减小模数；降低齿高；提高齿面硬度；降低齿面粗糙度值；采用抗胶合能力强的齿轮材料；在润滑油中加入抗胶合能力强的极压添加剂等。

5) 塑性变形。它一般发生在较软齿面上，是低速重载软齿面齿轮传动的主要失效形式。

产生塑性变形的条件和原因：重载时，较软齿面可能在摩擦力作用下沿摩擦力方向产生局部塑性流动。

提高抗塑性变形能力的措施：提高轮齿齿面硬度，采用高黏度的或加有极压添加剂的润滑油等。

**(2) 设计准则** 齿轮传动的设计应以轮齿不失效作为准则。对闭式传动的齿轮，其主要失效形式是齿面接触疲劳点蚀、轮齿的弯曲疲劳折断和齿面胶合。闭式传动软齿面轮齿的齿面接触疲劳强度比轮齿的弯曲疲劳强度弱，对此，应先按齿面接触疲劳强度设计，再校核轮齿的弯曲疲劳强度。闭式传动硬齿面轮齿的弯曲疲劳强度比齿面接触疲劳强度弱。对此，应先按轮齿的弯曲疲劳强度设计，再校核齿面接触疲劳强度。对高速重载的齿轮还应进行齿面胶合计算。开式传动的齿轮主要失效形式为轮齿的弯曲疲劳折断和齿面磨粒磨损。磨损尚无妥善的计算方法，故目前只进行弯曲疲劳强度计算。考虑磨损对轮齿弯曲强度的影响，将求得的齿轮模数加大 10%～15%。

## 6.1.3 齿轮的材料及其选用原则

对齿轮材料的基本要求是：齿面要硬，齿心要韧，同时还应具有良好的机械加工和热处理工艺性、经济性等。

大、小齿轮材料通常选择不同。这是因为小齿轮基圆小，齿廓曲线弯曲大，齿根部薄，此外，小齿轮齿数少，转速高，受循环应力次数多于大齿轮。一对齿轮通常使其使用寿命相近，故选用小齿轮材料要比大齿轮好些。如大、小齿轮选用一样的材料，则应采用不同的热处理方法，使小齿轮的齿面硬度比大齿轮高 30～50 HBS。当大、小齿轮均为软齿面时，硬度差取大值；传动比越大，硬度差也相应越大。当大、小齿轮均为硬齿面时，硬度差宜小不宜大。而当小齿轮为硬齿面、大齿轮为软齿面时，其齿面硬度值可以相差非常大。

齿轮常用材料是锻钢，其次为铸钢、铸铁及非金属材料。

**(1) 锻钢** 对于一般工作要求和加工条件，可采用软齿面齿轮。通常由中碳钢（如 35、45、35SiMn、40Cr）制成毛坯经调质或正火达到硬度、强度要求。在工作要求较高、加工条件较好时，则采用硬齿面齿轮，这类齿轮毛坯经正火或调质处理后切齿，然后做表面硬化处理。常用的表面硬化处理方法有：中碳钢——整体淬火、表面淬火；低碳钢（如 20Cr、20CrMnTi）——渗碳淬火；此外还有氮化和碳氮共渗等。为了获得高的力学性能，硬齿面齿轮常采用合金结构钢来制作。

**(2) 铸钢**　常用于制造高强度的大型齿轮,如 ZG270 - 500,齿轮毛坯一般都应经退火或正火处理,其力学性能低于锻钢。

**(3) 铸铁**　用于制造齿轮的铸铁有灰铸铁 HT250 和球墨铸铁 QT500 - 5。灰铸铁力学性能较差,多用于低速、无冲击、小功率的开式齿轮传动;球墨铸铁的力学性能和抗冲击性能接近钢,有时可作为钢的代用材料使用。

**(4) 非金属材料**　用于制造齿轮的非金属材料主要指人工合成的有机材料,如夹布塑胶、尼龙等,这些材料制成的齿轮噪声低,重量轻,耐腐蚀,具有较好的自润滑性能。

### 6.1.4　齿轮传动的载荷

**(1) 齿轮传动的工作载荷**　齿轮的工作载荷即齿轮的名义载荷,是指作用于齿面接触线上的法向载荷 $F_n$,是通过理论力学公式计算所得的载荷。

**(2) 齿轮传动的计算载荷**　在设计齿轮传动时,要考虑到实际工况影响齿轮受载的各种因素,即按计算载荷 $F_{ca} = KF_n$ 进行计算。式中,$K$ 为载荷系数,$K = K_A K_v K_\alpha K_\beta$。

1) 使用系数 $K_A$。用以考虑齿轮系统外部原因引起的动载荷,它取决于原动机和工作机的性能。

2) 动载系数 $K_v$。用以考虑齿轮本身的啮合误差引起的内部动载荷,它取决于齿轮制造精度及圆周速度。

3) 齿间载荷分配系数 $K_\alpha$。用以考虑同时啮合的各对轮齿间载荷分配不均匀的影响,它与齿轮的啮合重合度、制造精度以及啮合刚度、载荷大小等多种因素有关。

4) 齿向载荷分布系数 $K_\beta$。用以考虑沿齿宽方向载荷分布不均匀对传动的影响,它与齿轮所在轴系的刚度、齿轮在轴上的位置、齿轮的宽度以及齿轮制造和安装误差等条件有关。

### 6.1.5　齿轮传动的受力分析

作用于轮齿间的法向压力可分解为与节圆相切的圆周力 $F_t$、半径方向的径向力 $F_r$ 和轴线方向的轴向力 $F_a$ 三个分力。轮齿的受力方向、主从动轮受力关系和力的计算公式见表 1 - 6 - 1。

表 1 - 6 - 1　齿轮传动的受力分析

| 传动形式 | 直齿圆柱齿轮传动 | 斜齿圆柱齿轮传动 | 直齿锥齿轮传动 |
| --- | --- | --- | --- |
| 受力图 | | | |

续 表

| 传动形式 | 直齿圆柱齿轮传动 | 斜齿圆柱齿轮传动 | 直齿锥齿轮传动 |
|---|---|---|---|
| 受力方向 | $F_{t1}$与主动轮的转向相反；$F_{t2}$与从动轮的转向相同；对于外齿轮，$F_{r1}$、$F_{r2}$分别指向各轮的轮心；对于内齿轮，$F_{r1}$、$F_{r2}$分别背离各轮的轮心 | $F_t$、$F_r$与直齿圆柱齿轮传动相同。$F_a$与轮齿的旋向和转向有关。$F_{a1}$可用左、右手法则确定，$F_{a2}$与$F_{a1}$方向相反 | $F_t$、$F_r$与直齿圆柱齿轮传动相同。$F_{a1}$、$F_{a2}$分别指向各轮的大端 |
| 计算公式 | $\left. \begin{array}{l} F_{t1}=\dfrac{2T_1}{d_1} \\ F_{r1}=F_{t1}\tan\alpha \end{array} \right\}$ (1-6-1) | $\left. \begin{array}{l} F_{t1}=\dfrac{2T_1}{d_1} \\ F_{r1}=\dfrac{F_{t1}\tan\alpha_n}{\cos\beta} \\ F_{a1}=F_{t1}\tan\beta \end{array} \right\}$ (1-6-2) | $\left. \begin{array}{l} F_{t1}=\dfrac{2T_1}{d_{m1}} \\ F_{r1}=F_{t1}\tan\alpha\cos\delta_1 \\ F_{a1}=F_{t1}\tan\alpha\sin\delta_1 \end{array} \right\}$ (1-6-3) |
| 受力关系 | $F_{t1}=-F_{t2}$<br>$F_{r1}=-F_{r2}$ | $F_{t1}=-F_{t2}$<br>$F_{r1}=-F_{r2}$<br>$F_{a1}=-F_{a2}$ | $F_{t1}=-F_{t2}$<br>$F_{r1}=-F_{a2}$<br>$F_{a1}=-F_{r2}$ |

式中 $T_1$——小齿轮传递的名义转矩（N·mm），$T_1=9.55\times10^6 P_1/n_1$；

$d_1$——圆柱小齿轮分度圆直径（mm）；

$d_{m1}$——小锥齿轮平均分度圆直径（mm），$d_{m1}=d_1(1-0.5\phi_R)$，齿宽系数$\phi_R=b/R$，锥距$R=\sqrt{(d_1/2)^2+(d_2/2)^2}$；

$\alpha$、$\alpha_n$——分度圆压力角，均为$20°$；

$\beta$——分度圆柱螺旋角，$\beta$角太小，显示不出斜齿轮传动的优势，$\beta$角越大，轴向力越大，对传动不利，一般选$\beta=8°\sim20°$；

$\delta_1$——小锥齿轮分锥角，$\delta_1=\arctan\dfrac{1}{u}$，齿数比$u=\dfrac{z_2}{z_1}$

## 6.1.6 齿轮传动的强度计算

齿轮传动的强度计算包括齿面接触疲劳强度计算和轮齿弯曲疲劳强度计算，以保证齿面不发生接触疲劳点蚀和轮齿疲劳折断。齿轮的两种强度计算公式见表1-6-2。

直齿圆柱齿轮的弯曲疲劳强度与接触疲劳强度计算公式是根据材料力学的弯曲应力计算公式、弹性力学的赫兹公式推导出来的。对于斜齿圆柱齿轮与直齿锥齿轮的强度计算公式，首先是将斜齿圆柱齿轮和直齿锥齿轮转化为当量直齿圆柱齿轮，然后将两者当量齿轮的有关参数代入直齿圆柱齿轮强度计算式，并考虑斜齿与锥齿的特点推导而得。因此，斜齿圆柱齿轮与直齿锥齿轮强度计算公式中的某些系数要根据当量齿数选取，如齿形系数、齿根应力修正系数等。

在进行齿面接触疲劳强度计算时，需要注意以下基本概念：

1) 受载时，主、从动轮接触面积相等，接触力是大小相等、方向相反的作用力与反作用力，故$\sigma_{H1}=\sigma_{H2}$。配对的大、小齿轮由于其材料与热处理不同，而且寿命系数不一定相同，故$[\sigma_{H1}]\neq[\sigma_{H2}]$。

2) 当载荷、材料和齿数比一定时，接触强度主要与分度圆直径$d$（或中心距$a$）与齿宽$b$有

表 1-6-2 齿轮传动的强度计算公式

| 传动形式 | | 直齿圆柱齿轮传动 | 斜齿圆柱齿轮传动 | 直齿锥齿轮传动 |
|---|---|---|---|---|
| 接触疲劳强度 | 校核公式 | $\sigma_H = Z_H Z_E Z_\epsilon \sqrt{\dfrac{2K_H T_1}{\phi_d d_1^3} \dfrac{u \pm 1}{u}} \leq [\sigma_H]$ (1-6-4) | $\sigma_H = Z_H Z_E Z_\epsilon Z_\beta \sqrt{\dfrac{2K_H T_1}{\phi_d d_1^3} \dfrac{u \pm 1}{u}} \leq [\sigma_H]$ (1-6-8) | $\sigma_H = Z_H Z_E \sqrt{\dfrac{4K_H T_1}{\phi_R(1-0.5\phi_R)^2 d_1^3 u}} \leq [\sigma_H]$ (1-6-12) |
| | 设计公式 | $d_1 \geq \sqrt[3]{\dfrac{2K_H T_1}{\phi_d} \dfrac{u \pm 1}{u} \left(\dfrac{Z_H Z_E Z_\epsilon}{[\sigma_H]}\right)^2}$ (1-6-5) | $d_1 \geq \sqrt[3]{\dfrac{2K_H T_1}{\phi_d} \dfrac{u \pm 1}{u} \left(\dfrac{Z_H Z_E Z_\epsilon Z_\beta}{[\sigma_H]}\right)^2}$ (1-6-9) | $d_1 \geq \sqrt[3]{\dfrac{4K_H T_1}{\phi_R(1-0.5\phi_R)^2 u} \left(\dfrac{Z_H Z_E}{[\sigma_H]}\right)^2}$ (1-6-13) |
| 弯曲疲劳强度 | 校核公式 | $\sigma_F = \dfrac{2K_F T_1 Y_\epsilon}{\phi_d m^3 z_1^2} Y_{Fa} Y_{Sa} Y_\epsilon \leq [\sigma_F]$ (1-6-6) | $\sigma_F = \dfrac{2K_F T_1 \cos^2\beta}{\phi_d m_n^3 z_1^2} Y_{Fa} Y_{Sa} Y_\epsilon Y_\beta \leq [\sigma_F]$ (1-6-10) | $\sigma_F = \dfrac{K_F T_1 Y_{Fa} Y_{Sa}}{\phi_R(1-0.5\phi_R)^2 m^3 z_1^2 \sqrt{u^2+1}} \leq [\sigma_F]$ (1-6-14) |
| | 设计公式 | $m \geq \sqrt[3]{\dfrac{2K_F T_1 Y_\epsilon}{\phi_d z_1^2} \left(\dfrac{Y_{Fa} Y_{Sa}}{[\sigma_F]}\right)}$ (1-6-7) | $m_n \geq \sqrt[3]{\dfrac{2K_F T_1 Y_\epsilon Y_\beta \cos^2\beta}{\phi_d z_1^2} \left(\dfrac{Y_{Fa} Y_{Sa}}{[\sigma_F]}\right)}$ (1-6-11) | $m \geq \sqrt[3]{\dfrac{K_F T_1}{\phi_R(1-0.5\phi_R)^2 z_1^2 \sqrt{u^2+1}} \left(\dfrac{Y_{Fa} Y_{Sa}}{[\sigma_F]}\right)}$ (1-6-15) |
| 许用应力 | | $[\sigma_H] = \dfrac{K_{HN} \sigma_{Hlim}}{S_H}$ 可取 $S_H = 1$ | | $[\sigma_F] = \dfrac{K_{FN} \sigma_{Flim}}{S_F}$ 圆柱齿轮可取 $S_F = 1.25 \sim 1.5$；直齿锥齿轮可取 $S_F \geq 1.5$ |

续 表

| 传动形式 | 直齿圆柱齿轮传动 | 斜齿圆柱齿轮传动 | 直齿锥齿轮传动 |
|---|---|---|---|

式中 
$Z_E$ ——弹性系数,考虑了齿轮材料性能对接触应力的影响,与材料的弹性模量 $E$ 和泊松比 $\mu$ 有关;
$Z_H$ ——节点区域系数,考虑了节点齿廓形状对接触应力的影响,与压力角 $\alpha$、啮合角 $\alpha'$ 和螺旋角 $\beta$ 有关;
$Z_\varepsilon$ ——重合度系数,考虑了重合度对接触应力的影响,与端面重合度 $\varepsilon_\alpha$ 和轴向重合度 $\varepsilon_\beta$ 有关;
$Z_\beta$ ——接触疲劳强度计算螺旋角的载荷系数,考虑了螺旋角的大小使接触线发生变化而引起的对接触应力的影响,$Z_\beta = \sqrt{\cos\beta}$;
$K_H$ ——接触疲劳强度计算的载荷系数,$K_H = K_A K_V K_{H\alpha} K_{H\beta}$;
$K_F$ ——弯曲疲劳强度计算的载荷系数,$K_F = K_A K_V K_{F\alpha} K_{F\beta}$;
$Y_{Fa}$ ——齿形系数,考虑了轮齿几何形状对齿根弯曲应力的影响,与齿轮形状参数 $z$、$x$、$h_a^*$ 等有关,而与模数 $m$ 无关;
$Y_{Sa}$ ——应力修正系数,考虑了齿根的应力集中作用系数,考虑了齿根载荷作用位置不同在轮齿位置中对齿根弯曲应力的影响,与齿数 $z$ 或当量齿数 $z_v$ 有关;
$Y_\varepsilon$ ——重合度系数,考虑了全部载荷作用系数,考虑了螺旋角 $\beta$ 和轴向重合度 $\varepsilon_\beta$ 有关;
$Y_\beta$ ——弯曲疲劳强度计算螺旋角系数,考虑了螺旋角 $\beta$ 的影响,与螺旋角 $\beta$ 和重合度 $\varepsilon_\beta$ 有关;
$\phi_d$ ——圆柱齿轮齿宽系数,$\phi_d = b/d_1$,$b$ 为齿宽系数;
$\phi_R$ ——锥齿轮齿宽系数,$\phi_R = b/R$;
$m$ ——直齿圆柱齿轮模数、直齿锥齿轮大端模数;
$m_n$ ——斜齿圆柱齿轮法面模数;
$[\sigma_H]$ ——齿轮材料的许用接触疲劳应力,按接触疲劳强度计算时,直齿 $[\sigma_H] = \min([\sigma_H]_1, [\sigma_H]_2)$,斜齿 $[\sigma_H] = \min\{([\sigma_H]_1 + [\sigma_H]_2)/2, 1.23[\sigma_H]_2\}$;
$[\sigma_F]$ ——齿轮材料的许用弯曲疲劳应力,按弯曲疲劳强度计算时,$\dfrac{Y_{Fa}Y_{Sa}}{[\sigma_F]} = \max\left\{\dfrac{Y_{Fa1}Y_{Sa1}}{[\sigma_F]_1}, \dfrac{Y_{Fa2}Y_{Sa2}}{[\sigma_F]_2}\right\}$;

$K_{HN}$、$K_{FN}$ ——接触疲劳寿命系数和弯曲疲劳寿命系数;
$\sigma_{Hlim}$、$K_{Flim}$ ——接触疲劳极限和弯曲疲劳极限;
$S_H$、$S_F$ ——接触疲劳强度安全系数和弯曲疲劳强度安全系数;
"+"、"-" ——分别用于外啮合与内啮合

关,而与模数 $m$ 无关。

3) 为了提高齿面接触疲劳强度,可以采取的措施有:① 增大齿轮的分度圆直径 $d$,使齿面接触应力 $\sigma_H$ 减小;② 适当增大齿宽 $b$,也能使齿面接触应力 $\sigma_H$ 减小,但齿宽 $b$ 不宜过大,否则会引起偏载,增加齿向载荷分布系数 $K_\beta$ 的值;③ 选用 $[\sigma_H]$ 较高的材料,或采用表面强化处理的方法提高齿面硬度;④ 在保证齿根弯曲疲劳强度的前提下,选取较小的模数 $m$,增加齿数 $z$,以增大重合度 $\varepsilon_\alpha$,从而降低 $\sigma_H$ 等。

在进行齿根弯曲疲劳强度计算时,需要说明的是:

1) 一对齿轮啮合,其大、小齿轮由于齿数(或变位系数)不同,它们的齿形系数和应力修正系数也不同,故 $\sigma_{F1} \neq \sigma_{F2}$。当 $z_1 < z_2$ 时,$Y_{Fa1}Y_{Sa1} > Y_{Fa2}Y_{Sa2}$,即有 $\sigma_{F1} > \sigma_{F2}$。配对的大、小齿轮由于其材料与热处理不同,而且寿命系数也可能不同,故 $[\sigma_{F1}] \neq [\sigma_{F2}]$,但往往 $[\sigma_{F1}] > [\sigma_{F2}]$。

2) 在进行齿根弯曲疲劳强度校核时,要分别对大、小齿轮进行校核,两者有如下关系

$$\frac{\sigma_{F1}}{\sigma_{F2}} = \frac{Y_{Fa1}Y_{Sa1}}{Y_{Fa2}Y_{Sa2}}$$

3) 在其他参数相同的条件下,弯曲强度主要与模数 $m$ 与齿宽 $b$ 有关。

4) 为了提高齿根弯曲疲劳强度,可以采取的措施有:① 增大模数 $m$,使齿根弯曲应力 $\sigma_F$ 减小;② 适当增大齿宽 $b$,也能使齿根弯曲应力 $\sigma_F$ 减小,但齿宽 $b$ 不宜过大,否则会引起偏载;③ 通过增加齿数 $z$、增大变位系数 $x$ 或分度圆压力角 $\alpha$,从而减小齿形系数 $Y_{Fa}$ 值,使齿根弯曲应力 $\sigma_F$ 减小;④ 选用 $[\sigma_F]$ 较高的材料,采用适当的热处理方法或提高齿轮加工精度;⑤ 对齿轮采用正变位可以增大齿厚,进而使 $Y_{Fa}$ 减小,从而使齿根弯曲应力 $\sigma_F$ 减小等。

### 6.1.7 齿轮传动主要设计参数的选择

**(1) 压力角 $\alpha$** 压力角 $\alpha$ 增大,因为齿根厚度增大,所以提高了齿根弯曲强度;同时因为曲率半径增大,齿面接触强度也得到提高。但是,齿轮所受的径向力变大,从而增加了轴承的载荷。一般用途的齿轮传动,通常取标准值 $\alpha = 20°$;航空齿轮传动规定标准值 $\alpha = 25°$。

**(2) 齿数 $z$** 为避免加工齿轮时发生根切,齿轮齿数应大于最少齿数。对于闭式软齿面齿轮,由于传动尺寸主要取决于接触疲劳强度,所以在一定传动尺寸并满足弯曲疲劳强度前提下,齿数应取得多一些,通常取 $z_1 = 18 \sim 30$。因为当中心距不变时,齿数取得多,可增大重合度,使传动平稳;同时增加齿数,可以减小模数,降低齿高,减少金属切削量,降低制造成本,还可以减小磨损及产生胶合的可能性。但是,齿数增加的同时使得模数减小,齿厚减小,降低了轮齿的弯曲强度。因此在满足齿根弯曲疲劳强度的条件下,齿数宜取多一些。对于闭式硬齿面齿轮和开式齿轮传动,通常取 $z_1 = 17 \sim 20$,因为其主要失效形式是齿面磨损,为使轮齿不致过小,齿数不宜取得过多。

为了使轮齿磨损均匀,一般取 $z_1$ 和 $z_2$ 互为质数。

**(3) 齿宽系数 $\phi_d$** 齿宽系数 $\phi_d$ 决定齿宽的大小,加大齿宽,可提高齿轮传动的承载能力;但齿宽越大,载荷沿齿宽分布越不均匀。一般来说,支承对称布置且精度高时,$\phi_d$ 可取得大一些;支承悬臂布置且精度低时,$\phi_d$ 可取小些。

需要注意的是:由强度计算得出的齿宽 $b$ 应等于大齿轮齿宽,即 $b = b_2$,而小齿轮齿宽 $b_1 = b_2 + (5 \sim 10)\text{mm}$,以考虑齿轮装配时轴向窜动的影响。

**(4) 模数 $m$** 模数 $m$ 越大,齿根厚度越大,弯曲疲劳强度越高。模数是标准值,对于一般

动力传动，$m \geqslant 2$，并符合标准模数系列。

**(5) 齿数比 $u$**  在减速传动中，齿数比等于传动比；在增速传动中，齿数比与传动比互为倒数。齿数比选择是否合理，不仅影响传动的总体尺寸的大小，而且影响两齿轮是否容易设计成近似等强度。因此，一般取单级齿数比 $u \leqslant 7$。

**(6) 螺旋角 $\beta$**  斜齿圆柱齿轮的螺旋角 $\beta$ 增大，齿轮传动的轴向重合度增大，同时啮合齿的对数增多，提高了传动的平稳性和承载能力，但齿轮的轴向力增大。螺旋角 $\beta$ 减小，轴向力减小，但螺旋角 $\beta$ 过小时斜齿轮传动的优点又不明显，故螺旋角 $\beta$ 通常控制在 $8°\sim20°$。对于人字齿轮，由于轴向力可相互抵消，$\beta$ 控制在 $15°\sim40°$。

## 6.1.8  齿轮及其传动的几何参数的圆整

在齿轮及其传动的几何参数中，有些尺寸往往需要圆整，例如圆柱齿轮的宽度 $b$、齿数 $z$、轮毂及腹板结构尺寸等。但对于一些必须严格保证几何关系的尺寸和参数不得任意圆整，例如分度圆直径 $d$、中心距 $a$ [若 $a$ 要圆整，则必须保证各参数与它的几何关系，即 $a = m_n(z_1 + z_2)/(2\cos\beta)$]、螺旋角 $\beta$、齿顶圆 $d_a$、齿根圆 $d_f$、锥距 $R$、分度圆锥角 $\delta$、齿顶角 $\theta_a$、齿根角 $\theta_f$、顶锥角 $\delta_a$、根锥角 $\delta_f$、齿高 $h$、基圆齿距 $p_b$、分度圆齿距 $p$ 等。有些参数必须取为标准值，例如模数 $m$、分度圆上法向压力角 $\alpha_n$、齿顶高系数 $h_a^*$、顶隙系数 $c^*$ 等。

## 6.1.9  齿轮的结构和润滑设计

常用齿轮结构形式有齿轮轴式、实心式、腹板式、轮辐式和组合式等。选择齿轮结构形式取决于齿轮的几何尺寸、毛坯材料、加工工艺、生产批量等因素。通常按齿轮的直径大小初选结构，齿轮和轴的连接采用单键连接。

润滑方式主要有三种：人工定期润滑、浸油润滑和喷油润滑。齿轮传动的润滑方式主要取决于齿轮的圆周速度。开式齿轮速度较低，常用定期人工加油或脂润滑；一般闭式齿轮则常采用浸油润滑；当速度很高（$v > 12$ m/s）时，应采用喷油润滑。

# 6.2  复习思考题

**6-1**  与带传动、链传动相比，齿轮传动的主要优缺点是什么？

答：与带传动、链传动相比，齿轮传动的主要优点是工作可靠、使用寿命长、传动比（包括瞬时传动比与平均传动比）为常数、传动效率高、结构紧凑、传递功率与速度范围广；缺点是齿轮加工需要专用机床，成本较高，精度低时工作中的振动与噪声较大，中心距较大时齿轮传动比较笨重。

**6-2**  按齿廓曲线区分，齿轮可分为哪几类？一般机械传动中常用的是哪一类？为什么？

答：按齿廓曲线区分，齿轮可分为渐开线齿轮、摆线齿轮和圆弧线齿轮三类。一般机械传动中常用的是渐开线齿轮，主要原因是：与其他两类齿轮相比，渐开线齿轮的加工比较容易，对安装精度要求较低。

**6-3**  轮齿的折断发生在齿的什么部位？如何提高轮齿抗弯曲疲劳折断的能力？

答：对于齿宽较小的齿轮，折断发生在齿的整个根部，即发生整齿折断；对于齿宽较大的齿轮，由于载荷集中，折断往往发生在齿的一端（从齿根到齿顶的一个角上），即发生局部折断。为提高轮齿抗弯曲疲劳折断的能力，可采用正变位齿轮；增大齿根过渡圆角以减轻齿根应力集中;增大轴和支承的刚性;采用合适的热处理方法和表面强化处理方法等。

**6-4** 在什么工况下工作的齿轮易出现胶合破坏?胶合破坏通常出现在齿轮的什么部位?如何提高齿面的抗胶合能力?

答:高速重载齿轮传动易出现热胶合,有些低速重载的齿轮传动会发生冷胶合。胶合破坏通常发生在轮齿相对滑动速度大的齿顶和齿根部位。

为提高抗齿面胶合能力,可以采用正变位齿轮;减小模数;降低齿高;提高齿面硬度;降低齿面粗糙度值;采用抗胶合能力强的齿轮材料;在润滑油中加入抗胶合能力强的极压添加剂等。

**6-5** 为什么说齿面磨粒磨损是不可避免的?如何提高齿面抗磨损能力?

答:齿轮加工后,其齿面总是存在一定的粗糙度。而齿轮工作时,齿面间又存在相对滑动,因此齿面磨粒磨损是不可避免的。

为了提高抗磨损能力,对于闭式齿轮传动,可提高齿面硬度,降低齿面粗糙度值,注意保持润滑油清洁等;对于开式齿轮传动,应注意环境清洁,以减少落到齿面的杂物。

**6-6** 通常所谓软齿面与硬齿面的硬度界限是如何划分的?软齿面齿轮和硬齿面齿轮在加工方法上有何区别?为什么?

答:齿面硬度小于等于 350 HBS 或 38 HRC 称为软齿面,齿面硬度大于 350 HBS 或 38 HRC 称为硬齿面。

软齿面由于齿面硬度不高,加工时可将齿轮毛坯先进行正火或调质热处理后再切齿,对于普通要求的齿轮可不磨齿,因此其加工方便,经济性好。硬齿面齿轮的齿面硬度高,不能采用常规刀具切削加工,通常是先对正火或退火状态的毛坯进行切齿粗加工(留有一定的磨削余量),然后对齿面进行硬化处理(采用淬火或渗碳淬火等方法),最后进行磨齿精加工,因此加工工序多,费用高,适合于高速、重载以及精密机器的齿轮传动。

**6-7** 一对软齿面齿轮的大、小齿轮材料应如何选取?齿面硬度如何搭配?为什么?

答:一对软齿面齿轮的大、小齿轮材料应该是:小齿轮材料比大齿轮材料要好一些,强度要高一些。其原因是:大、小齿轮材料不同时,可降低发生胶合的危险;小齿轮转速高,受力次数多;小齿轮齿根厚度小于大齿轮齿根厚度,弯曲强度低。

小齿轮齿面硬度要比大齿轮齿面硬度高出 30~50 HBS。因为较硬的小齿轮齿面对较软的大齿轮齿面会起较显著的冷作硬化的效应,从而提高了大齿轮齿面的疲劳极限。

**6-8** 导致载荷沿轮齿接触线分布不均的原因有哪些?如何减轻载荷分布不均的程度?

答:导致载荷沿轮齿接触线分布不均的原因有轴的弯曲变形,轴的扭转变形,轴承、支座的变形以及制造、装配的误差等;另外,轴承相对于齿轮不对称布置,也会加大载荷在接触线上分布不均的程度。

为了改善载荷沿轮齿接触线分布不均的程度,可以采取增大轴、轴承及支座的刚度;对称布置轴承;适当地限制轮齿的宽度;尽量避免将轮齿悬臂布置,把一个齿轮的轮齿做成鼓形;提高轮齿的制造和安装精度等。

**6-9** 在进行齿轮强度计算时,为什么要引入载荷系数 $K$?载荷系数 $K$ 由哪几部分组成?各考虑了什么因素的影响?

答:齿轮上的名义载荷 $F_n$ 是在平稳和理想条件下得出的,而在实际工作中,还应当考虑原动机及工作机的不平稳对齿轮传动的影响,以及齿轮制造和安装误差等造成的影响,故引入了载荷系数 $K$。

载荷系数 $K$ 由使用系数 $K_A$、动载系数 $K_v$、齿间载荷分配系数 $K_\alpha$ 及齿向载荷分布系数 $K_\beta$ 四部分组成。

$K_A$：主要考虑了原动机和工作机对齿轮传动引起的附加动载荷。$K_v$：主要考虑了齿轮的精度和速度等引起的动载荷。$K_\alpha$：主要考虑了同时啮合的各对轮齿间载荷分配不均匀的情况。$K_\beta$：主要考虑了载荷沿轮齿接触线长度方向上分布不均的影响。

**6-10** 在圆柱齿轮传动设计中,为什么小齿轮的齿宽 $b_1$ 要大于大齿轮的齿宽 $b_2$？在强度计算时,齿宽系数 $\phi_d$ 是按 $b_1$ 计算还是按 $b_2$ 计算的？为什么？

答：由于齿轮及整个支承装置存在加工误差,所以齿轮安装之后,大、小齿轮要发生轴向错位,使齿轮的实际接触宽度减小,强度降低。为此,要进行轴向位置调整。如果小齿轮宽度 $b_1$ 大于大齿轮齿宽 $b_2$,则齿轮安装之后,加工误差所造成的齿轮轴向错位量不会大于两轮齿宽的差值(即 $b_1-b_2$),还能保证齿轮的接触宽度,无须进行轴向位置调整。

在强度计算时,齿宽系数 $\phi_d$ 应按大齿轮齿宽 $b_2$ 计算。因为大、小齿轮之间的实际接触宽度是 $b_2$,而不是 $b_1$。

**6-11** 直齿锥齿轮传动的齿宽系数 $\phi_R$ 通常取多少？

答：直齿锥齿轮传动的齿宽系数 $\phi_R$ 是齿宽 $b$ 与锥距 $R$ 的比值。齿宽系数 $\phi_R$ 通常取 $0.25\sim0.35$。当轮齿用铸造方法获得时,因精度低,取较小值,即 $\phi_R=0.25$；当用机加工方法加工轮齿时,精度较高,取较大值,即 $\phi_R=0.35$。

**6-12** 锥齿轮传动是否要设计成小齿轮齿宽 $b_1$ 大于大齿轮齿宽 $b_2$？为什么？

答：锥齿轮传动要设计成大、小锥齿轮的齿宽相等,即 $b_1=b_2$。原因是一对锥齿轮要能正确啮合,要求大、小齿轮的节锥顶重合,这只有在安装时通过调整才能实现,因此设计成 $b_1>b_2$,毫无意义。

**6-13** 什么是齿形系数 $Y_{Fa}$？它与哪些参数有关？齿数相同的标准直齿圆柱齿轮、标准斜齿圆柱齿轮和标准直齿锥齿轮的齿形系数是否相同？

答：齿形系数是表征轮齿几何形状对轮齿抗弯曲能力的影响系数。齿形系数与齿数和变位系数有关,与齿轮的模数无关。齿数相同的标准直齿圆柱齿轮、标准斜齿圆柱齿轮和标准直齿锥齿轮的齿形系数是不同的,原因是后两种齿轮按当量齿数确定齿形系数。

**6-14** 在斜齿圆柱齿轮传动的强度计算公式中,为什么要引入螺旋角系数 $Z_\beta$ 与 $Y_\beta$？

答：斜齿圆柱齿轮传动的强度计算公式是将斜齿圆柱齿轮转化为当量直齿圆柱齿轮,再把当量齿轮参数转换成斜齿圆柱齿轮参数推导出来的。考虑到斜齿圆柱齿轮轮齿是倾斜的,传动平稳,有利于提高表面接触疲劳强度,所以在接触强度计算公式中引入螺旋角系数 $Z_\beta$。另外,因轮齿倾斜,在接触线上合力到齿根距离与力作用在齿顶相比减小了,即力臂小了,齿根弯曲应力小了,即提高了弯曲强度,故在弯曲强度计算公式中引入螺旋角系数 $Y_\beta$。

**6-15** 要求设计一标准直齿圆柱齿轮传动与斜齿圆柱齿轮传动,若根据模数与齿数按几何关系算出的传动中心距 $a$ 为非整数,试问能否圆整？为什么？

答：直齿圆柱齿轮传动中心距 $a=\dfrac{m(z_1+z_2)}{2}$,若计算结果带有小数,中心距 $a$ 不能圆整,否则齿轮将无法安装(如果中心距 $a$ 向小圆整)或齿侧间隙会过大(如果中心距 $a$ 向大圆整)。斜齿圆柱齿轮传动中心距 $a$ 可以圆整,因为 $a=\dfrac{m_n(z_1+z_2)}{2\cos\beta}$,通过调整轮齿螺旋角 $\beta$ 可凑中心距 $a$ 为某一整数,但必须满足 $\beta$ 在 $8°\sim20°$。

**6-16** 一圆柱齿轮传动,大、小齿轮齿根弯曲应力是否相等？满足什么条件时,大、小齿轮齿根弯曲强度相等？

答：由圆柱齿轮弯曲应力计算公式可知,大、小齿轮因齿数不同,两轮的齿形系数 $Y_{Fa}$ 与齿根应力修正系数 $Y_{Sa}$ 也不同,故齿根弯曲应力是不相等的。只有满足 $\dfrac{Y_{Fa1}Y_{Sa1}}{[\sigma_F]_1} = \dfrac{Y_{Fa2}Y_{Sa2}}{[\sigma_F]_2}$ 时,大、小齿轮齿根弯曲强度才相等。

**6-17** 一对圆柱齿轮传动,大、小齿轮的接触应力是否相等？如大、小齿轮的材料及热处理情况相同,则其许用接触应力是否相等？

答：一对圆柱齿轮传动在任何情况下,大、小齿轮的接触应力均相等。若大、小齿轮的材料及热处理情况相同,许用接触应力不一定相等,这取决于两齿轮的接触疲劳寿命系数 $K_{HN}$ 是否相等,如果 $K_{HN1} = K_{HN2}$,则两者的许用接触应力相等,反之则不相等。

**6-18** 直齿圆柱齿轮传动与斜齿圆柱齿轮传动在确定许用接触应力 $[\sigma_H]$ 时,有何区别？

答：设在一对齿轮传动中,大、小齿轮的许用接触应力分别为 $[\sigma_H]_1$ 和 $[\sigma_H]_2$,则在直齿圆柱齿轮传动中,用于设计公式中的许用接触应力为

$$[\sigma_H] = \min\{[\sigma_H]_1, [\sigma_H]_2\}$$

在斜齿圆柱齿轮传动中,用于设计公式中的许用接触应力为

$$[\sigma_H] = \min\left\{\dfrac{[\sigma_H]_1 + [\sigma_H]_2}{2}, 1.23[\sigma_H]_2\right\}$$

**6-19** 如图 1-6-1 所示的定轴轮系中,已知齿数 $z_1 = z_3 = 25$,$z_2 = 20$,齿轮 1 转速 $n_1 = 450$ r/min,工作寿命 $L_h = 2\,000$ h。若齿轮 1 为主动且转向不变,试问：

1) 齿轮 2 在工作过程中轮齿的接触应力和弯曲应力的应力比 $r$ 各为多少？

2) 齿轮 2 的接触应力和弯曲应力的循环次数 $N_2$ 各为多少？

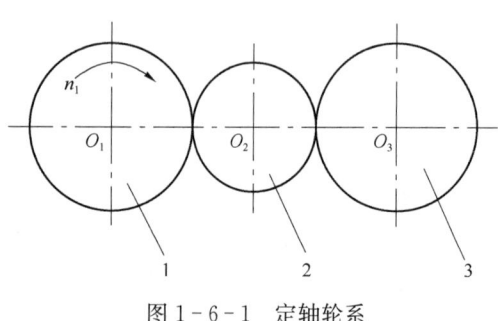

图 1-6-1 定轴轮系

答：1) 设齿轮 2 轮齿的两个工作面分别称为 A 面和 B 面。齿轮 1 为主动轮,若齿轮 1 推动 A 面使齿轮 2 转动,则齿轮 2 靠 B 面推动齿轮 3 转动。因此,轮齿的弯曲应力为对称循环,$r = -1$;齿面接触应力总是脉动循环,$r = 0$。

2) 在齿轮 2 上,轮齿的 A 面和 B 面接触应力具有相同的循环次数,即

$$N_{H2} = 60n_2 j L_h = 60 n_1 j L_h \dfrac{z_1}{z_2} = 60 \times 450 \times 1 \times 2\,000 \times \dfrac{25}{20} = 6.75 \times 10^7$$

齿轮 2 转动一圈,轮齿的 A 面受力一次,B 面受力一次,弯曲应力为一次对称循环。因此,弯曲应力的循环次数为

$$N_{F2} = N_{H2} = 6.75 \times 10^7$$

**6-20** 对齿轮进行正、负变位修正,轮齿的抗弯能力有何变化？

答：对齿轮进行正变位修正,轮齿的抗弯能力有所提高;对齿轮进行负变位修正,轮齿的

抗弯能力有所降低。

**6-21** 一闭式软齿面直齿轮传动,其齿数与模数有两种方案,方案 A: $m = 4$ mm, $z_1 = 20$, $z_2 = 60$;方案 B: $m = 2$ mm, $z_1 = 40$, $z_2 = 120$。其他参数均相同,试问:

1) 两种方案的接触强度和弯曲强度是否相同?

2) 若两种方案的弯曲强度都能满足,则哪种方案较好?

答:1) 因两种方案的中心距相同,故其接触强度相同,但因模数不同,故其弯曲强度不同。

2) 若两种方案的弯曲强度都能满足,则方案 B 更好一些。对闭式齿轮传动,模数取小,齿数增多可使重合度增加,改善传动的平稳性和载荷分配情况;并且模数取小,相对滑动速度小,降低了齿面间的磨损和胶合的可能性,同时也节约了材料。

**6-22** 在圆柱齿轮传动中,若其他条件不变,当齿轮的宽度 $b$、模数 $m$ 或齿轮 $z_1$ 分别提高一倍时,对齿根弯曲应力 $\sigma_F$ 有何影响?

答:由圆柱齿轮的弯曲疲劳强度计算公式 $\sigma_F = \dfrac{2K_F T_1}{\phi_d m^3 z_1^2} Y_{Fa} Y_{Sa} Y_\varepsilon = \dfrac{2K_F T_1}{bm^2 z_1} Y_{Fa} Y_{Sa} Y_\varepsilon \leqslant [\sigma_F]$ 可知:

当 $b' = 2b$ 时, $\sigma'_F = \sigma_F/2$,故齿宽 $b$ 增大一倍,弯曲应力减小为原来的 1/2。

当 $m' = 2m$ 时, $\sigma'_F = \sigma_F/4$,故模数 $m$ 增大一倍,弯曲应力减小为原来的 1/4。

当 $z'_1 = 2z_1$ 时,由于 $Y_{Fa}$ 稍微减小, $Y_{Sa}$ 稍微增大,从而使 $\sigma'_F$ 减小。故齿数 $z_1$ 增大一倍,弯曲应力约减小为原来的 1/2。

**6-23** 在二级圆柱齿轮传动中,若一级为斜齿圆柱齿轮传动,另一级为直齿圆柱齿轮传动,则斜齿圆柱齿轮传动一般是安排在高速级还是低速级?为什么?

答:二级圆柱齿轮传动中,若有一级为斜齿、另一级为直齿,则斜齿圆柱齿轮应置于高速级。因为高速级的转速高,用斜齿圆柱齿轮传动工作平稳,在精度等级相同时,允许传递的圆周速度较高,在忽略摩擦阻力影响时,高速级小齿轮的转矩是低速级转矩的 $1/i$ ($i$ 是高速级的传动比),其轴向力小。

**6-24** 在布置锥齿轮-圆柱齿轮减速器方案时,锥齿轮传动是布置在高速级还是低速级?为什么?

答:在布置锥齿轮-圆柱齿轮减速器方案时,锥齿轮传动应布置在高速级。因为高速级的转速高,齿轮的转矩小,设计出的锥齿轮尺寸小,齿轮模数也小,这可避免因尺寸过大而难以加工。

## 6.3 自测题

**1. 是非题**

(1) 渐开线圆柱齿轮传动的精度按国家标准规定可分为 13 个等级,其中 0 级最低,12 级最高,常用的精度等级为 6、7、8、9。 ( )

(2) 一对标准圆柱齿轮传动,已知 $z_1 = 20$, $z_2 = 50$,它们的齿形系数是 $Y_{Fa1} < Y_{Fa2}$。 ( )

(3) 对于软齿面闭式传动,为了提高齿轮传动的接触强度,可考虑保持 $d_1$ 和 $b$ 不变,采取减小齿数、增大模数的方法。 ( )

(4) 若齿轮在轴上的布置方式和位置相同,则齿宽系数 $\phi_d$ 越大,齿向载荷分布系数 $K_\beta$

越大。( )
(5) 钢制齿轮多用锻钢制造,只有在齿轮直径很大和形状复杂时才用铸钢制造。( )
(6) 内啮合圆柱齿轮传动中,其大、小齿轮的径向力都指向各自的轮心。( )
(7) 低速重载齿轮不会产生胶合,只有高速重载齿轮才会产生胶合。( )
(8) 闭式传动润滑良好的齿轮主要失效形式是磨损,而开式传动的齿轮主要失效形式为齿面点蚀。( )
(9) 所有齿轮传动中,若不计齿面摩擦力,齿轮的轴向力都是一对大小相等、方向相反的作用力和反作用力。( )
(10) 轮齿齿面的相对滑动所产生的摩擦力,对从动轮其摩擦力是背离节线,因此塑性变形后出现节线处下凹。( )
(11) 影响齿轮弯曲疲劳强度的主要参数是模数 $m$。( )
(12) 动载系数 $K_v$ 是考虑主、从动齿轮啮合振动产生的内部附加动载荷对齿轮载荷的影响系数。为了减小内部附加动载荷,可将轮齿进行齿顶修缘。( )
(13) 齿轮传动中,经过热处理的齿面称为硬齿面,而未经热处理的齿面称为软齿面。( )
(14) 为了减小齿轮传动的动载荷,可以把其中一个齿轮的轮齿做成鼓形齿。( )
(15) 硬齿面齿轮只能产生轮齿折断,不会产生齿面点蚀。( )
(16) 直齿锥齿轮的强度计算是在轮齿的小端进行的。( )
(17) 在选择传动方案时,一般情况下应尽量选用圆柱齿轮,而只有在为了满足传动布置或其他要求的情况下,才选用锥齿轮传动。( )
(18) 锥齿轮的当量齿数一定小于实际齿数。( )
(19) 当按照齿面接触疲劳强度设计齿轮传动时,如果两齿轮的许用接触应力 $[\sigma_H]_1 \neq [\sigma_H]_2$,则在计算公式中应代入较大者进行计算。( )
(20) 钢制圆柱齿轮,若齿轮的键槽底部到齿根圆的距离 $e > 2m_t$ ($m_t$ 为端面模数),应做成齿轮轴的结构。( )

**2. 单项选择题**

(1) 齿轮传动中,轮齿的齿面疲劳点蚀损坏一般首先发生在_____。
  A. 齿根圆角处          B. 接近节线的齿根处
  C. 接近节线的齿顶处    D. 接近齿顶处

(2) 高速重载齿轮传动中,在润滑不良或散热条件较差时,最容易发生的失效形式是_____。
  A. 疲劳点蚀    B. 齿面塑性变形    C. 齿面胶合    D. 轮齿弯曲疲劳折断

(3) 对于开式齿轮传动的承载能力计算,目前采取的方法是_____。
  A. 按齿面接触疲劳强度计算,然后将计算结果增加 3%~8%
  B. 按每小时齿面磨损量计算齿厚
  C. 按闭式齿轮传动设计
  D. 按轮齿弯曲疲劳强度计算,然后将所得模数加大 10%~15%

(4) 在计算齿轮的弯曲强度时,把轮齿看作一个悬臂梁,并假定全部载荷都作用于齿轮的_____。

A. 齿根处　　　　B. 分度圆处　　　　C. 节圆处　　　　D. 齿顶处

(5) 在下面各方法中，_____不能增加齿轮轮齿的弯曲强度。

A. $d$ 不变，模数 $m$ 增大　　　　B. 由调质改为淬火

C. 齿轮负变位　　　　　　　　D. 适当增加齿宽

(6) 设计一对减速软齿面齿轮时，从等强度要求出发，大、小齿轮的硬度选择时，应使_____。

A. 两者硬度相等　　　　　　　B. 小齿轮硬度高一些

C. 大齿轮硬度高一些　　　　　D. 小齿轮采用硬齿面，大齿轮采用软齿面

(7) 在齿轮传动中，为了减小动载系数，可采取的措施有_____。

A. 减小齿轮的平均单位载荷　　B. 提高齿轮的制造精度

C. 减小外加载荷的变化幅度　　D. 提高齿轮的圆周速度

(8) 选择齿轮传动的平稳性精度等级时，主要依据_____。

A. 承受的转矩　　B. 转速　　C. 传递的功率　　D. 圆周速度

(9) 软齿面与硬齿面硬度值的分界是 350 HBS，它大致相当于_____ HRC。

A. 22　　　　B. 28　　　　C. 38　　　　D. 42

(10) 下列齿轮常用材料中，适用于渗碳淬火热处理的是_____。

A. 40Cr　　B. 20CrMnTiA　　C. HT250　　D. 38CrMoAlA

(11) 一对斜齿圆柱齿轮传动，小齿轮齿数 $z_1 = 23$，法向模数 $m_n = 2.5$ mm，螺旋角 $\beta = 12°50'18''$，小齿轮宽度 $b_1 = 40$ mm，大齿轮齿宽 $b_2 = 35$ mm，则此齿轮传动的齿宽系数 $\phi_d$ 为_____。

A. 0.594　　B. 0.678　　C. 0.654　　D. 1.692

(12) 直齿圆柱齿轮传动将轮齿做鼓形修正可以_____。

A. 减轻载荷沿齿宽分布的不均匀　　B. 减小动载荷

C. 减小胶合　　　　　　　　　　　D. 减轻各齿之间载荷分配的不均匀

(13) 直齿锥齿轮传动两轴交角 $\Sigma = 90°$，$z_1 = 20$，$z_2 = 40$，则两齿轮的分度圆锥角为_____。

A. $\delta_1 = 30°$，$\delta_2 = 60°$　　　　　　B. $\delta_1 = 60°$，$\delta_2 = 30°$

C. $\delta_1 = 26°33'54''$，$\delta_2 = 63°26'6''$　　D. $\delta_1 = 63°26'6''$，$\delta_2 = 26°33'54''$

(14) 直齿锥齿轮传动强度计算中，是以_____为计算依据的。

A. 大端当量直齿圆柱齿轮　　　　B. 大端分度圆柱齿轮

C. 平均分度圆处的当量直齿圆柱齿轮　　D. 平均分度圆柱齿轮

(15) 斜齿圆柱齿轮的螺旋角取得越大，则传动平稳性将_____。

A. 越低　　　B. 越高　　　C. 没有影响　　　D. 没有确定的变化趋势

(16) 齿轮传动的精度等级由三个公差组组成，其中第Ⅱ公差组对性能的主要影响是_____。

A. 齿轮副侧隙的大小　　　　B. 运动平稳性

C. 运行准确性　　　　　　　D. 载荷分布均匀性

(17) 设计直齿或斜齿圆柱齿轮传动时，常使小齿轮宽度略大于大齿轮宽度，其目的是_____。

A. 便于安装，保证接触线的长度

B. 提高小齿轮的齿面接触强度和齿根弯曲强度

C. 使传动平稳,提高传动精度

D. 使润滑良好,提高传动效率

(18) 一圆柱齿轮传动,若其他参数和条件均保持不变,而在允许的范围内将齿宽增加一倍,即 $b' = 2b$,则齿面的接触应力 $\sigma'_H$ 与原来的 $\sigma_H$ 比较,有_____的关系。

A. $\sigma'_H \approx 0.5\sigma_H$    B. $\sigma'_H \approx 0.7\sigma_H$    C. $\sigma'_H \approx \sigma_H$    D. $\sigma'_H \approx 2\sigma_H$

(19) 渗碳淬火的 7 级精度的钢质齿轮,其制造工艺过程为_____。

A. 加工齿坯→滚齿→渗碳→磨齿→淬火

B. 加工齿坯→滚齿→渗碳→淬火→磨齿

C. 加工齿坯→滚齿→淬火→渗碳→磨齿

D. 加工齿坯→渗碳→淬火→磨齿→滚齿

(20) 一对圆柱齿轮传动,当其他条件不变时,仅将齿轮传动所受的载荷增至原载荷的 4 倍,其齿面接触应力将_____,弯曲应力将_____。

A. 不变                              B. 增为原应力的 2 倍

C. 增为原应力的 4 倍                 D. 增为原应力的 8 倍

### 3. 分析、计算题

(1) 一传动装置,输入转矩为 $T_1$,输出转矩为 $T_2$,传动比为 $i$,总效率为 $\eta$,试证明 $T_2 = T_1 i \eta$。

(2) 某单级圆柱齿轮减速器采用一对软齿面标准直齿圆柱齿轮进行传动。其中齿轮的参数为 $z_1 = 24$,$z_2 = 56$,$m = 4$ mm。由于在加工减速器箱体时出现失误,从而导致实际的孔中心距 $a' = 162$ mm。假设齿轮尚未加工,请说出两种补救措施,并分别分析采用补救措施后的齿轮的强度能否满足要求。

(3) 已知一对标准直齿圆柱齿轮的参数分别为:应力修正系数 $Y_{Sa1} = 1.56$,$Y_{Sa2} = 1.76$;齿形系数 $Y_{Fa1} = 2.8$,$Y_{Fa2} = 2.28$;许用应力 $[\sigma_{H1}] = 600$ MPa,$[\sigma_{H2}] = 500$ MPa,$[\sigma_{F1}] = 314$ MPa,$[\sigma_{F2}] = 286$ MPa。经计算得知,小齿轮的齿根弯曲应力 $\sigma_{F1} = 300$ MPa。试分析:

1) 哪个齿轮的齿面接触强度较低?

2) 哪个齿轮的齿根弯曲疲劳强度较高?

3) 两个齿轮的齿根弯曲疲劳强度是否满足要求?

(4) 有一直齿圆柱齿轮传动,允许传递功率为 $P$,若通过热处理方法提高材料的力学性能,使大、小齿轮的许用接触应力 $[\sigma_{H1}]$、$[\sigma_{H2}]$ 各提高 30%。试问此传动在不改变工作条件及其他设计参数的情况下,抗疲劳点蚀允许传递的转矩和允许传递的功率可提高百分之几?

(5) 如图 1-6-2 所示为平行轴斜齿圆柱齿轮传动,齿数 $z_1 = 17$,$z_2 = 32$,$z_3 = 66$,法向模数 $m_n = 4$ mm,中心距 $a_1 = 100$ mm,$a_2 = 200$ mm。齿轮 1 为主动轮,所受转矩 $T_1 = 42$ kN·mm。试求:

1) 三个齿轮螺旋角的大小。

2) 中间齿轮 2 的受力大小(用分力表示)及方向。

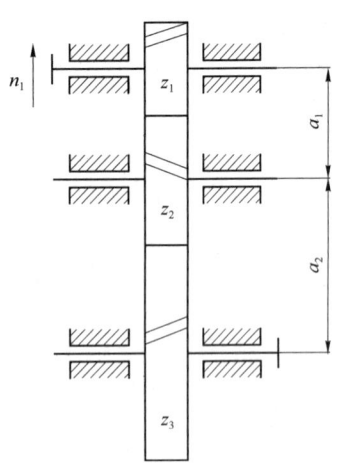

图 1-6-2 平行轴斜齿圆柱齿轮传动

(6) 图 1-6-3 所示为二级展开式圆柱齿轮减速器,高速级和低速级均为标准斜齿圆柱齿轮传动。已知电动机的功率 $P = 9.8$ kW,转速 $n_1 = 1\,450$ r/min,转向如图所示。高速级齿轮的 $m_{n1} = 2.5$ mm,$z_1 = 21$,$z_2 = 54$,$\beta_1 = 12°20'30''$,齿轮1为右旋;低速级齿轮的 $m_{n3} = 4$ mm,$z_3 = 27$,$z_4 = 60$。齿轮的啮合效率 $\eta_1 = 0.98$,滚动轴承效率 $\eta_2 = 0.99$。试:

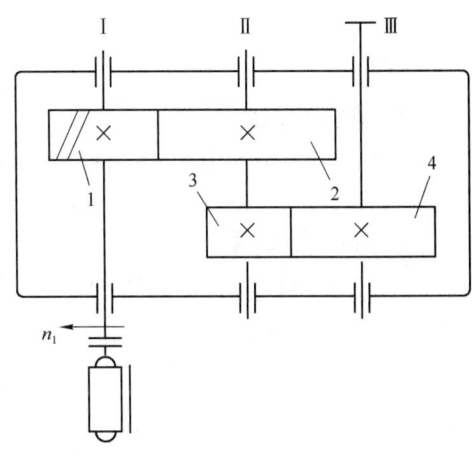

图 1-6-3 二级展开式圆柱齿轮减速器

1) 为使Ⅱ轴上的轴承所受轴向力较小,确定齿轮2、3 和 4 的螺旋角的旋向。

2) 当齿轮 3 的分度圆螺旋角 $\beta_3$ 为多大时,才能使Ⅱ轴上的齿轮 2 与齿轮 3 所受的轴向力完全抵消。

3) 在图中标出各轴的转向,并计算各轴所受的转矩。

4) 确定齿轮 3、4 所受各分力的大小及方向。

(7) 有一直齿圆锥-斜齿圆柱齿轮减速器如图 1-6-4 所示。已知输入功率 $P_1 = 17$ kW,$n_1 = 720$ r/min。圆锥齿轮的主要参数为:$m = 5$ mm,$z_1 = 25$,$z_2 = 60$,齿宽 $b = 60$ mm。斜齿圆柱齿轮的主要参数为:$m_n = 6$ mm,$z_3 = 21$,$z_4 = 84$。Ⅰ轴转向如图所示,单向转动。试:

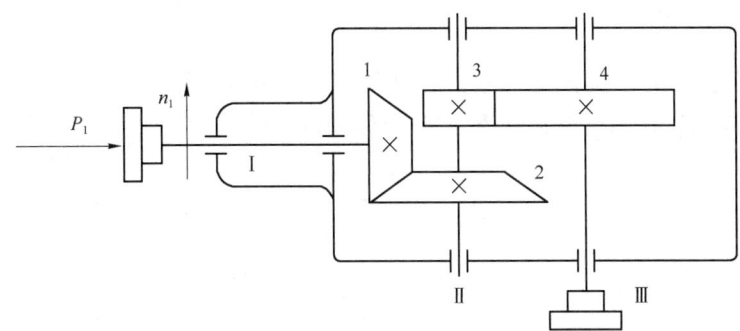

图 1-6-4 直齿圆锥-斜齿圆柱齿轮减速器

1) 在图中标出各轴的转向。

2) 计算各轴的转矩(齿轮和轴承的摩擦损失忽略不计)。

3) 当斜齿圆柱齿轮 $z_3$ 的分度圆螺旋角 $\beta_3$ 为何旋向、何值时,方能使大圆锥齿轮和小斜齿圆柱齿轮的轴向力完全抵消。

4) 标出齿轮 2 和齿轮 4 啮合点作用力的方向(各用三个分力表示)。

附公式:$d_m = d(1 - 0.5\phi_R)$,$\phi_R = \dfrac{b}{R} = \dfrac{b}{\dfrac{m}{2}\sqrt{z_1^2 + z_2^2}}$。

## 6.4 自测题参考答案

**1. 是非题**

(1) ×  (2) ×  (3) ×  (4) √  (5) √  (6) ×  (7) ×  (8) ×  (9) ×  (10) ×

(11) √  (12) √  (13) ×  (14) ×  (15) √  (16) ×  (17) √  (18) ×  (19) ×  (20) ×

**2. 单项选择题**

(1) B  (2) C  (3) D  (4) D  (5) C  (6) B  (7) B  (8) D  (9) C  (10) B  (11) A  (12) A  (13) C  (14) C  (15) B  (16) B  (17) A  (18) B  (19) B  (20) B、C

**3. 分析、计算题**

(1) 解：设输入功率为 $P_1$、输入轴转速为 $n_1$、输出功率为 $P_2$、输出轴转速为 $n_2$。

由 $T = 9.55 \times 10^6 \dfrac{P}{n}$ 可得

$$P_1 = \frac{T_1 n_1}{9.55 \times 10^6}, \quad P_2 = \frac{T_2 n_2}{9.55 \times 10^6}$$

就有

$$\eta = \frac{P_2}{P_1} = \frac{T_2 n_2/(9.55 \times 10^6)}{T_1 n_1/(9.55 \times 10^6)} = \frac{T_2 n_2}{T_1 n_1} = \frac{T_2}{T_1 i}$$

即

$$T_2 = T_1 i \eta$$

(2) 解：标准直齿圆柱齿轮传动的标准中心距为

$$a = \frac{m(z_1 + z_2)}{2} = \frac{4 \times (24 + 56)}{2} = 160 \text{(mm)}$$

由于中心距发生变化较小，故可以进行补救。可采用以下补救措施：

1) 将直齿圆柱齿轮用斜齿圆柱齿轮来替换，使斜齿轮的标准中心距等于 $a'$，即

$$a' = \frac{m_n(z_1 + z_2)}{2\cos\beta} = \frac{4 \times (24 + 56)}{2\cos\beta} = 162 \text{(mm)}$$

故

$$\beta = \arccos \frac{m_n(z_1 + z_2)}{2a'} = \arccos \frac{4 \times (24 + 56)}{2 \times 162} = 9°0'45''$$

由此得出：通过调整斜齿轮的螺旋角 $\beta$，可以使斜齿轮的标准中心距等于实际中心距。而且这种方法不仅使得齿面接触疲劳强度和齿根弯曲疲劳强度有所提高，也改善了齿轮的传动性能。

2) 将直齿轮用正角度变位的直齿轮来替换，可满足 $a' > a$ 的条件，通过选用合适的变位系数 $x_1$ 和 $x_2$ 值，同样可以使变位齿轮的中心距等于 162 mm。而且这种方法下的轮齿齿根厚度增大，齿根弯曲疲劳强度有所提高；齿廓曲率半径增大，接触应力有所减小，因而可使齿面接触疲劳强度也有所提高。

(3) 解：1) 因为相互啮合的一对齿轮，其接触应力相等，而题中的大齿轮许用接触应力较小，故大齿轮的齿面接触强度较低。

2) 由于齿根弯曲强度的大小主要取决于比值 $\dfrac{[\sigma_F]}{Y_{Fa} Y_{Sa}}$ 的大小，该值越大，弯曲强度越大。

由于有

$$\frac{[\sigma_{F1}]}{Y_{Fa1} Y_{Sa1}} = \frac{314}{2.8 \times 1.56} = 71.886 \text{(MPa)}$$

$$\frac{[\sigma_{F2}]}{Y_{Fa2}Y_{Sa2}} = \frac{286}{2.28 \times 1.76} = 71.272(\text{MPa})$$

故小齿轮的齿根弯曲疲劳强度较高。

3) 根据已知条件，$\sigma_{F1} = 300 \text{ MPa} \leqslant [\sigma_{F1}] = 314 \text{ MPa}$，故小齿轮的弯曲疲劳强度满足要求。对于大齿轮，由

$$\sigma_{F2} = \frac{Y_{Fa2}Y_{Sa2}}{Y_{Fa1}Y_{Sa1}}\sigma_{F1} = \frac{2.28 \times 1.76}{2.8 \times 1.56} \times 300 = 275.60(\text{MPa}) < [\sigma_{F2}] = 286 \text{ MPa}$$

故大齿轮也满足齿根弯曲疲劳强度的要求。

(4) 解：由公式 $\sigma_H = Z_H Z_E Z_\varepsilon \sqrt{\dfrac{2K_H T_1}{\phi_d d_1^3} \dfrac{u \pm 1}{u}} \leqslant [\sigma_H]$ 可知，抗疲劳点蚀允许的最大转矩有如下关系

$$\sigma_H = Z_H Z_E Z_\varepsilon \sqrt{\frac{2K_H T_1}{\phi_d d_1^3} \frac{u \pm 1}{u}} = [\sigma_H]$$

设提高后的转矩和许用应力分别为 $T_1'$、$[\sigma_H']$，则有

$$\frac{\sqrt{T_1'}}{\sqrt{T_1}} = \frac{[\sigma_H']}{[\sigma_H]} = 1.3, \ T_1' = 1.69 T_1$$

故在不改变工作条件及其他设计参数的情况下，抗疲劳点蚀允许传递的转矩和允许传递的功率可提高 69%。

(5) 解：1) 三个齿轮的螺旋角为

$$\beta_1 = \beta_2 = \arccos \frac{m_n(z_1 + z_2)}{2a_1} = \frac{4 \times (17 + 32)}{2 \times 100} = 11°28'42'' = \beta_3$$

2) 齿轮1的分度圆直径为

$$d_1 = \frac{m_n}{\cos \beta_1} z_1 = \frac{4 \times 17}{\cos 11°28'42''} = 68.388(\text{mm})$$

中间齿轮2的各分力的大小为

$$F_{t1} = F_{t2} = F'_{t2} = \frac{2T_1}{d_1} = \frac{2 \times 42 \times 10^3}{68.388} = 1\,228.29(\text{N})$$

$$F_{r2} = F'_{r2} = F_{t2} \tan \alpha_n \cos \beta_2 = 1\,228.29 \times \tan 20° \times \cos 11°28'42''$$
$$= 438.12(\text{N})$$

$$F_{a2} = F'_{a2} = F_{t2} \tan \beta_2 = 1\,228.29 \times \tan 11°28'42'' = 249.41(\text{N})$$

各分力的方向如图 1-6-5 所示。

(6) 解：1) 根据斜齿轮正确啮合条件可得：齿轮1为右旋，则齿轮2应为左旋。若使齿轮2与齿轮3所受的轴向力能互相抵消一部分，即要求齿轮2、3所受的轴向力方向相反，则根据齿轮的转

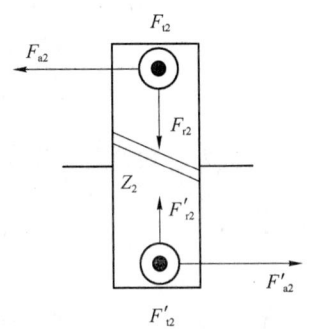

图 1-6-5 齿轮2的受力分析

向和轴向力方向相反两个条件,即可判断出齿轮 3 为左旋,齿轮 4 为右旋,如图 1-6-6 所示。

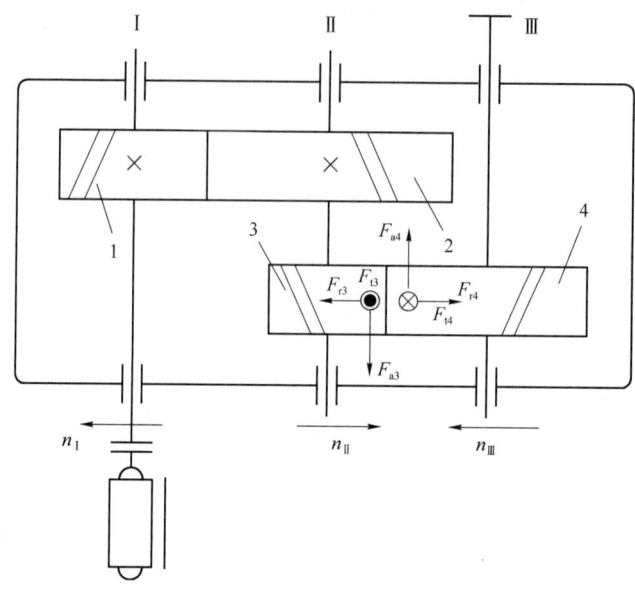

图 1-6-6 圆柱齿轮减速器齿轮旋向及受力分析

2) 齿轮 2 所受的轴向力大小为

$$F_{a2} = F_{a1} = F_{t1}\tan\beta_1 = F_{t2}\tan\beta_2$$

齿轮 3 所受的轴向力大小为

$$F_{a3} = F_{t3}\tan\beta_3$$

若要使 II 轴上的齿轮 2 与齿轮 3 所受的轴向力完全抵消,则必须满足 $F_{a2} = F_{a3}$,即

$$F_{t1}\tan\beta_1 = F_{t3}\tan\beta_3$$

即有

$$\frac{2T_1\eta_2}{d_1}\tan\beta_1 = \frac{2[(T_1\eta_2)i_{12}\eta_1]\eta_2}{d_3}\tan\beta_3 = \frac{2T_1 i_{12}\eta_1\eta_2^2}{d_3}\tan\beta_3$$

将 $d = \dfrac{m_n z}{\cos\beta}$ 代入上式,并整理有

$$\sin\beta_3 = \frac{m_{n3} z_3}{m_{n1} z_2 \eta_1 \eta_2}\sin\beta_1$$

代入已知参数,即可得到齿轮 3 的螺旋角 $\beta_3$ 的大小,即

$$\begin{aligned}\beta_3 &= \arcsin\left(\frac{m_{n3} z_3}{m_{n1} z_2 \eta_1 \eta_2}\sin\beta_1\right)\\ &= \arcsin\left(\frac{4\times 27}{2.5\times 54\times 0.98\times 0.99}\times \sin 12°20'30''\right) = 10°9'4''\end{aligned}$$

3) 各轴的转向已在图 1-6-6 中标出,各轴的转矩为

$$T_\mathrm{I} = 9.55 \times 10^6 \frac{P_\mathrm{I}}{n_\mathrm{I}} = 9.55 \times 10^6 \times \frac{9.8}{1\,450} = 6.45 \times 10^4 (\mathrm{N \cdot mm})$$

$$T_\mathrm{II} = (T_\mathrm{I} \eta_2) i_{12} \eta_1 = (6.45 \times 10^4 \times 0.99) \times \frac{54}{21} \times 0.98 = 1.609 \times 10^5 (\mathrm{N \cdot mm})$$

$$T_\mathrm{III} = (T_\mathrm{II} \eta_2) i_{34} \eta_1 = (1.609 \times 10^5 \times 0.99) \times \frac{60}{27} \times 0.98 = 3.469 \times 10^5 (\mathrm{N \cdot mm})$$

4) 低速级齿轮 3、4 在啮合点处所受圆周力、径向力和轴向力的方向图 1-6-6 所示，各力的大小为

$$F_{t3} = F_{t4} = \frac{2T_\mathrm{III}}{d_3} = \frac{2T_\mathrm{II} \eta_2}{m_{n3} z_3} \cos\beta_3 = \frac{2 \times 1.609 \times 10^5 \times 0.99}{4 \times 27} \times \cos 10°9'4''$$
$$= 2\,903.7(\mathrm{N})$$

$$F_{a3} = F_{a4} = F_{t3} \tan\beta_3 = 2\,903.7 \times \tan 10°9'4'' = 519.9(\mathrm{N})$$

$$F_{r3} = F_{r4} = F_{t3} \frac{\tan\alpha_n}{\cos\beta_3} = 2\,903.7 \times \frac{\tan 20°}{\cos 10°9'4''} = 1\,073.67(\mathrm{N})$$

（7）解：1) 各轴的转向如图 1-6-7 所示。

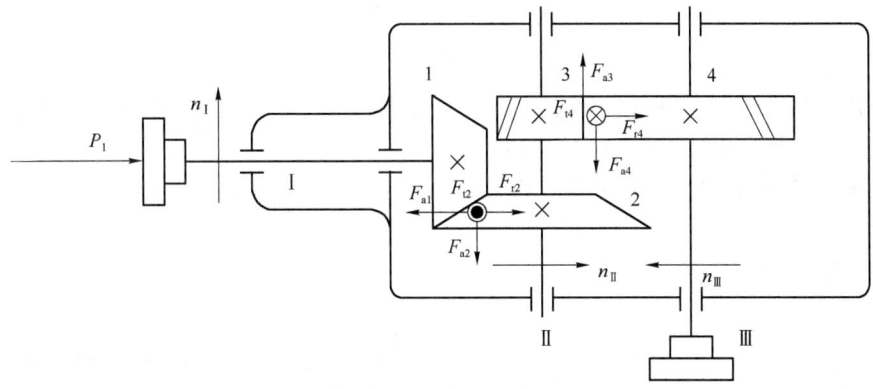

图 1-6-7 直齿圆锥-斜齿圆柱齿轮转向及受力分析

2) 各轴的转矩为

$$T_\mathrm{I} = 9.55 \times 10^6 \frac{P_\mathrm{I}}{n_\mathrm{I}} = 9.55 \times 10^6 \times \frac{17}{720} = 225\,486.11(\mathrm{N \cdot mm})$$

$$T_\mathrm{II} = T_\mathrm{I} i_{12} = T_\mathrm{I} \frac{z_2}{z_1} = 225\,486.11 \times \frac{60}{25} = 541\,166.67(\mathrm{N \cdot mm})$$

$$T_\mathrm{III} = T_\mathrm{II} i_{34} = T_\mathrm{II} \frac{z_4}{z_3} = 541\,166.67 \times \frac{84}{21} = 2\,164\,666.67(\mathrm{N \cdot mm})$$

3) 圆锥齿轮的分锥角为

$$\delta_1 = \arctan\left(\frac{z_1}{z_2}\right) = \arctan\left(\frac{25}{60}\right) = 22°37'12'', \quad \delta_2 = 90° - \delta_1 = 67°22'48''$$

圆锥齿轮的齿宽系数及齿宽中点处的分度圆直径分别为

$$\phi_R = \frac{b}{\frac{m}{2}\sqrt{z_1^2+z_2^2}} = \frac{60}{\frac{5}{2}\sqrt{25^2+60^2}} = 0.3692$$

$$d_{m2} = (1-0.5\phi_R)d_2 = (1-0.5\times0.3692)\times5\times60 = 244.62(\text{mm})$$

齿轮 2 和齿轮 3 的轴向力分别为

$$F_{a2} = F_{t2}\tan\alpha\sin\delta_2 = \frac{2T_{\text{II}}}{d_{m2}}\tan\alpha\sin\delta_2 = \frac{2\times541\,166.67}{244.62}\times\tan20°\times\sin67°22'48''$$
$$= 1\,486.53(\text{N})$$

$$F_{a3} = F_{t3}\tan\beta_3 = \frac{2T_{\text{III}}}{d_3}\tan\beta_3 = \frac{2T_{\text{III}}}{m_{n3}z_3}\tan\beta_3\cos\beta_3 = \frac{2T_{\text{II}}}{m_{n3}z_3}\sin\beta_3$$
$$= \frac{2\times541\,166.67}{6\times21}\sin\beta_3$$

为使大圆锥齿轮和小斜齿圆柱齿轮的轴向力完全抵消，则须 $F_{a2} = F_{a3}$，即有

$$\frac{2\times541\,166.67}{6\times21}\sin\beta_3 = 1\,486.53$$

故
$$\beta_3 = 9°57'56''$$

当斜齿圆柱齿轮 $z_3$ 的分度圆螺旋角 $\beta_3$ 为右旋并等于 $9°57'56''$ 时，方能使大圆锥齿轮和小斜齿圆柱齿轮的轴向力完全抵消。

4）齿轮 2 和齿轮 4 啮合点作用力的方向如图 1-6-7 所示。

## 6.5　中英双语名词术语

HB　Brinell hardness
HRC　Rockwell hardness (C scale)
HV　Vickers hardness
摆线齿轮　cycloidal gear
摆线齿形　cycloidal tooth profile
摆线针轮　cycloidal-pin wheel
摆线针轮行星传动　cycloidal pin gear epicyclic transmission
半开式传动　half enclosed drive
背锥　back cone; normal cone
背锥角　back angle
背锥距　back cone distance
闭式传动　enclosed drive
变速齿轮　change gear; change wheel

变位齿轮　profile shifted gear; modified gear
变位系数　modification coefficient
标准齿轮　standard gear
标准直齿轮　standard spur gear
剥落　spalling
不完全齿轮机构　intermittent gearing
不锈钢　stainless steel
插削　slotting
差动轮系　differential gear train
差速器　speed changing devices
铲削　relieving; backing-off
车削　turning
齿槽　tooth space
齿槽宽　space width

齿侧间隙　backlash
齿顶高　addendum
齿顶圆　addendum circle
齿根高　dedendum
齿根弯曲疲劳强度　tooth root flexural fatigue strength; tooth root fatigue strength for bending
齿根圆　dedendum circle
齿厚　tooth thickness; width of gear
齿间载荷分配系数　transverse load factor
齿距　circular pitch
齿宽　face width
齿廓　tooth profile
齿廓曲线　tooth curve
齿轮　gear
齿轮变速箱　speed-changing gear boxes
齿轮插刀　pinion cutter; pinion-shaped cutter
齿轮齿条　pinion and rack
齿轮传动　gear transmission
齿轮传动系　pinion unit
齿轮滚刀　gear cutter hob
齿轮轮坯　blank
齿面接触疲劳强度　contact fatigue strength of tooth face
齿面疲劳　surface fatigue
齿全高　whole depth
齿数　tooth number
齿数比　gear ratio
齿体塑变　tooth plastic flow
齿条　rack
齿条插刀　rack cutter; rack-shaped cutter
齿条传动　rack gear
齿向载荷分布系数　face load factor
齿形系数　form factor
垂直载荷、法向载荷　normal load
从动齿轮　driven gear
淬火　quenching
淬火裂纹　quenching cracks
淬透性　hardenability
淬硬层　quench hardened case; quenched case

淬硬性　hardening capacity
大齿轮　gear wheel
氮化钢　nitriding steel
氮碳共渗　nitrocarburizing
当量齿轮　equivalent spur gear; virtual gear
当量齿数　equivalent teeth number; virtual number of teeth
低合金钢　low alloy steel
低碳钢　low carbon steel
低温回火　low temperature tempering; first stage tempering
顶隙　bottom clearance
动载荷　dynamic load
动载系数　dynamic factor
端面　transverse plane
端面参数　transverse parameters
端面齿距　transverse circular pitch
端面齿廓　transverse tooth profile
端面模数　transverse module
端面压力角　transverse pressure angle
端面重合度　transverse contact ratio
锻钢　forged steel
锻件　forged piece
锻件、锻造　forging
惰轮　idle gear
二次硬化　secondary hardening
法面　normal plane
法向参数　normal parameters
法向齿距　normal pitch
法向齿廓　normal tooth profile
法向力　normal force
法向模数　normal module
法向压力角　normal pressure angle
法向应力　normal stress
法向载荷　normal load
非标准齿轮　nonstandard gear
非合金钢　unalloyed steel
非金属材料　nonmetallic material; nonmetal material
非调质钢　engineering steel for precipitation

hot-working temperature
非圆齿轮　non-circular gear
沸腾钢　rimmed steel
分度线　reference line; standard pitch line
分度圆　reference circle; standard (cutting) pitch circle
分度圆锥　reference cone; standard pitch cone
分析法　analytical method
感应淬火　induction hardening
钢　steel
高合金钢　high alloy steel
高碳钢　high carbon steel
高温回火　high temperature tempering
根切　undercut; undercutting
工件　workpiece
工具钢　tool steel
工作齿高　working depth
公法线　common normal line
公制齿轮　metric gears
功　work
功率　power
刮削　scraping
滚刀　hob
过载折断　overload breakage
行星齿轮装置　planetary transmission
行星轮　planet gear
行星轮变速装置　planetary speed changing devices
行星轮系　planetary gear train
合金钢　alloy steel
合金结构钢　alloy structural steel; structural alloy steel; alloy constructional steel; alloy structure steel
珩磨　honing
互换性齿轮　interchangeable gears
化学热处理　thermo-chemical treatment
灰铸铁　grey cast iron
回火　tempering
混合轮系　compound gear train
锪削　spotting; spot facing; counterboring

火焰淬火　flame hardening; torch hardening
基圆　base circle
基圆半径　radius of base circle
基圆齿距　base pitch
基圆压力角　pressure angle of base circle
基圆锥　base cone
计算力矩　factored moment; calculation moment
计算弯矩　calculated bending moment
计算载荷　calculating load
计算转矩　calculating torque
计算准则　calculation criterion
减速齿轮、减速装置　reduction gear
减速器　speed reducer; reductor
减速装置　reduction gear
渐开线齿廓　involute profile
渐开线齿轮　involute gear
渐开线蜗杆　involute helicoid worm
渐开线压力角　pressure angle of involute
交错轴斜齿轮传动　cross helical gears
胶合　scoring
接触疲劳强度　contact fatigue strength
接触强度寿命系数　life factor for contact stress
节点　pitch point
节点区域系数　zone factor
节距　pitch width; circular pitch; pitch of teeth
节面　pitch zone
节线　pitch line
节圆　pitch circle
节圆齿厚　thickness on pitch circle
节圆直径　pitch diameter; effective diameter
节圆锥　pitch cone
节圆锥角　pitch cone angle
径节　diametral pitch
局部热处理　local heat treatment; partial heat treatment
开式传动　open drive
抗压强度　compression strength

|  |  |
|---|---|
| 空转 | idle |
| 轮齿折断 | breakage |
| 轮坯 | blank |
| 轮坯缺陷 | blank deficiencies |
| 轮系 | gear train |
| 轮缘损伤 | rim failure |
| 螺旋锥齿轮 | helical bevel gear |
| 毛坯 | blank |
| 锰铁 | ferromanganese |
| 模数 | module |
| 磨粒磨损 | abrasive wear |
| 磨损 | abrasion; wear; scratching |
| 磨削 | grinding |
| 内齿轮 | internal gear |
| 内齿圈 | ring gear |
| 逆时针 | counterclockwise (or anticlockwise) |
| 啮出 | engaging-out |
| 啮合 | engagement; mesh; gearing |
| 啮合点 | contact points |
| 啮合角 | working pressure angle |
| 啮合线 | line of action |
| 啮合线长度 | length of line of action |
| 啮入 | engaging-in |
| 喷丸 | shot peening; sand blast |
| 疲劳点蚀 | pitting |
| 疲劳裂纹 | fatigue cracking |
| 疲劳折断 | fatigue breakage |
| 破坏性点蚀 | destructive pitting |
| 破坏性胶合 | destructive scoring |
| 普通碳素结构钢 | ordinary carbon structure steel |
| 普通质量钢 | base steel |
| 起动阶段 | starting period |
| 起始啮合点 | initial contact; beginning of contact |
| 切齿深度 | depth of cut |
| 切削加工 | cutting |
| 轻微胶合 | slight scoring |
| 轻微磨损 | polishing |
| 球面副 | spherical pair |
| 球面渐开线 | spherical involute |
| 球墨铸铁 | nodular cast iron; ductile iron |
| 曲齿锥齿轮 | spiral bevel gear |
| 曲率 | curvature |
| 曲率半径 | radius of curvature |
| 全齿高 | whole depth |
| 热处理 | heat treatment |
| 人字齿轮 | herringbone gear; double helical gear |
| 软齿面齿轮传动 | gear transmission with soft tooth surface; soft gear |
| 少齿差行星传动 | planetary drive with small teeth difference |
| 渗氮钢 | nitriding steel |
| 渗碳钢 | carburizing steel |
| 双曲面齿轮 | hyperboloid gear |
| 塑料 | plastics |
| 塑性变形 | plastic deformation |
| 随机折断 | random fracture |
| 太阳轮 | sun gear |
| 弹性变形 | elastic deformation |
| 碳氮共渗 | carbonitriding |
| 碳素钢 | carbon steel |
| 碳素结构钢 | carbon structure steel |
| 镗削 | boring |
| 调速 | speed governing |
| 调速电动机 | adjustable speed motors |
| 调质处理 | quenching and tempering |
| 调质钢 | quenched and tempered steel |
| 退火 | annealing |
| 外齿轮 | external gear |
| 无级变速装置 | stepless speed changes devices |
| 铣削 | milling |
| 橡胶 | rub |
| 小齿轮 | pinion |
| 斜齿轮的当量直齿轮 | equivalent spur gear of the helical gear |
| 斜齿圆柱齿轮 | helical gear |
| 悬臂结构 | cantilever structure |
| 悬臂梁 | cantilever beam |

硬齿面齿轮传动　gear transmission with hard tooth surface; hardened gears; surface-hardened gears; case-hardened gears
优质钢　quality steel
优质碳素结构钢　high quality carbon structural steel
圆弧齿厚　circular thickness
圆形齿轮　circular gear
圆锥齿轮机构　bevel gears
圆锥角　cone angle
载荷谱　load spectrum
载荷系数　load factor
载荷中心　load center
早期点蚀　initial pitting
整体热处理　bulk heat treatment
正火　normalizing
直齿圆柱齿轮　spur gear; spur wheel
直齿圆柱齿轮传动　spur gears
直齿锥齿轮　straight bevel gear
直齿锥齿轮传动　straight bevel gears
中碳钢　medium carbon steel
中温回火　medium temperature tempering
中心距　center distance
中心距变动　center distance change
中心轮　central gear
终止啮合点　final contact; end of contact
重合度　contact ratio
重合度系数　contact ratio factor
周节　pitch
周转轮系　epicyclic gear train
主动齿轮　driving gear
铸钢　cast steel
铸件　casting
铸铝　cast aluminum
铸铁　cast iron
铸造　foundry; cast
转速　rotating speed; swiveling speed
锥齿轮　bevel gear; bevel wheel
锥齿轮传动　bevel gears
锥齿轮的当量直齿轮　equivalent spur gear of the bevel gear
锥顶　common apex of cone
锥距　cone distance
锥轮　bevel pulley; bevel wheel
准双曲面齿轮　hypoid gear
总重合度　total contact ratio
纵向重合度　overlap contact ratio
最少齿数　minimum teeth number

# 第 7 章 蜗 杆 传 动

## 7.1 知识要点

### 7.1.1 蜗杆传动概述

蜗杆传动由蜗杆、蜗轮和机架所组成,用来传递空间交错轴之间的运动和动力,两轴线交错角通常为 90°。蜗杆传动的特点是:① 能实现大的传动比,结构紧凑;② 冲击载荷小,传动稳定,噪声低;③ 当蜗杆的螺旋线升角小于啮合面的当量摩擦角时,蜗杆传动具有自锁性;④ 摩擦损失较大,效率低。

蜗杆传动的分类如下:

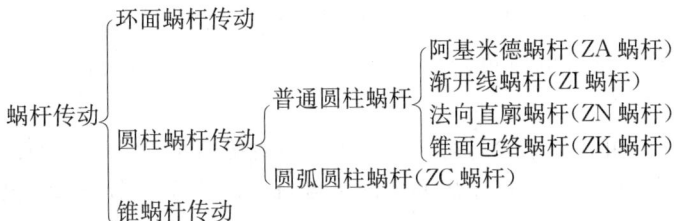

当传动要求重载高速、高效率、高精度时,可选用圆弧圆柱蜗杆传动或环面蜗杆传动;当传动要求效率高、蜗杆不需磨削的大功率传动时,可选用环面蜗杆传动;当传动要求速度高、较精密、蜗杆头数较多且加工工艺简单时,可选用渐开线蜗杆传动、锥面包络蜗杆传动或法向直廓蜗杆传动;当传动要求载荷较小、速度较低、精度不高或不太重要的场合,蜗杆加工简单时,可选用阿基米德蜗杆传动。

### 7.1.2 普通圆柱蜗杆传动的主要参数及几何尺寸计算

蜗杆传动的主要参数有模数 $m$、压力角 $\alpha$、蜗杆直径系数 $q$、蜗杆分度圆直径 $d_1$、蜗杆分度圆导程角 $\gamma$、蜗杆头数 $z_1$ 及蜗轮齿数 $z_2$。下列公式为普通圆柱蜗杆传动主要参数的基本公式。

分度圆直径 $$d_1 = mq, \quad d_2 = mz_2 \tag{1-7-1}$$

传动中心距 $$a = \frac{m}{2}(q + z_2) \tag{1-7-2}$$

分度圆导程角 $$\gamma = \arctan \frac{z_1}{q} \tag{1-7-3}$$

导程和轴向齿距 $$p_z = z_1 p_a, \quad p_a = \pi m \tag{1-7-4}$$

在几何尺寸计算中需要注意以下几点：

1) 蜗杆传动的标准模数和压力角定义于中间平面，即通过蜗杆轴线并垂直于蜗轮轴线的平面，蜗杆传动在中间平面上相当于齿轮齿条传动。

2) 蜗杆传动的正确啮合条件是：中间平面上蜗杆的轴面模数与蜗轮的端面模数相等，蜗杆的轴面压力角与蜗轮的端面压力角相等，蜗杆的导程角等于蜗轮的螺旋角，两者旋向相同，即

$$\left.\begin{aligned} m_{a1} &= m_{t2} = m \\ \alpha_{a1} &= \alpha_{t2} = \alpha \\ \gamma &= \beta \end{aligned}\right\} \quad (1-7-5)$$

3) 在蜗杆传动中，$d_1 = mq \neq mz_1$，而 $d_2 = mz_2$，故传动比 $i = \dfrac{n_1}{n_2} = \dfrac{z_2}{z_1} \neq \dfrac{d_2}{d_1}$，中心距 $a = \dfrac{m}{2}(q + z_2) \neq \dfrac{m}{2}(z_1 + z_2)$。

4) 蜗杆头数 $z_1$ 可根据传动比和效率确定。蜗杆头数越少，传动比越大；蜗杆头数越多，效率越高，但加工越困难。通常取 $z_1 = 1、2、4、6$。

5) 由式(1-7-3)可知，导程角 $\gamma$ 越大，蜗杆传动的效率就越高。

6) 蜗杆直径系数 $q$ 的引入是为了限制加工蜗轮滚刀的数目，使蜗杆分度圆直径标准化。$m$ 一定时，$q$ 增大，则蜗杆轴的刚度及强度相应增大；$z_1$ 一定时，$q$ 越小，则 $\gamma$ 越大，传动效率越高。

7) 根据 $z_2 = iz_1$ 可确定蜗轮的齿数。但为了避免啮合区过小，影响传动平稳性，通常取 $z_2 \geqslant 28$，对于动力传动，为了保证轮齿的弯曲强度(即 $m$ 不致过小)和蜗杆的弯曲刚度，一般规定 $z_2 \leqslant 80$。

## 7.1.3 蜗杆传动的失效形式、设计准则及常用材料

**(1) 蜗杆传动的失效形式** 蜗杆传动的失效形式有齿面点蚀、齿根折断、齿面胶合及过度磨损等。由于蜗杆传动轮齿间的相对滑动速度大，轮齿更容易产生齿面胶合与过度磨损。

**(2) 蜗杆传动的设计准则** 由于材料和结构的原因，失效常发生在蜗轮轮齿上，因此，一般只对蜗轮轮齿进行承载能力的计算。在进行刚度计算时，由于蜗杆轴较细，且支承间距较长，故应以蜗杆轴为主。

开式蜗杆传动的主要失效形式为齿面磨损和轮齿折断，因此应按齿根弯曲疲劳强度设计。闭式蜗杆传动的主要失效形式为齿面胶合和齿面点蚀，因此应按齿面接触疲劳强度设计，按齿根弯曲疲劳强度校核，并进行热平衡验算。

**(3) 蜗杆传动的常用材料** 蜗杆传动材料的选用原则是：蜗杆、蜗轮的材料不仅要求具有足够的强度，更重要的是要具有良好的磨合和耐磨性能。

蜗杆材料主要选取碳钢和合金钢，蜗轮材料选用铸锡青铜(用于 $v_s \geqslant 3\,\text{m/s}$ 的传动)、铸铝铁青铜(用于 $v_s \leqslant 4\,\text{m/s}$ 的传动)和灰铸铁(用于 $v_s < 2\,\text{m/s}$ 的传动)等。

## 7.1.4 蜗杆传动的受力分析

蜗杆传动的受力情况和斜齿轮相似，齿面上的法向力 $F_n$ 可以分解为三个相互垂直的分

力,即圆周力 $F_t$、轴向力 $F_a$ 和径向力 $F_r$,其计算公式见表 1-7-1。

**表 1-7-1 蜗杆传动受力分析**

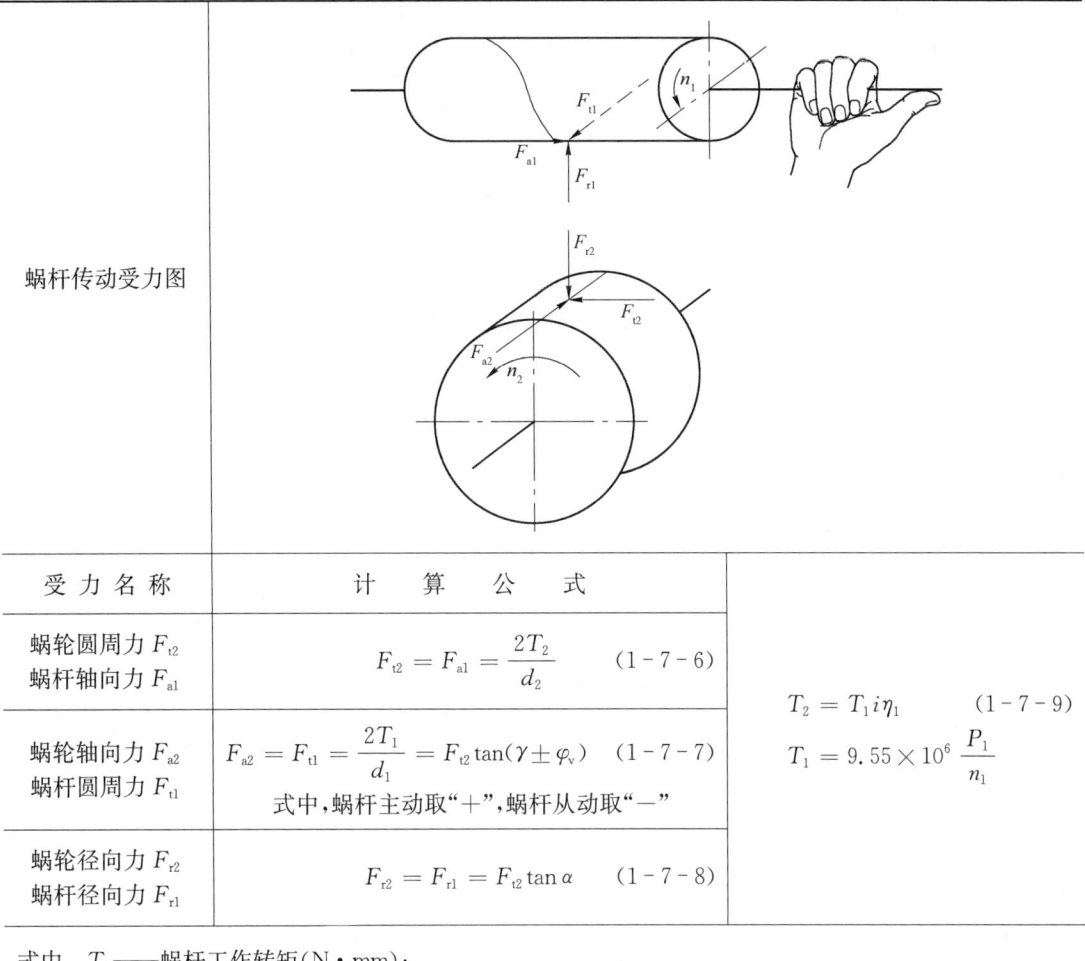

| 受力名称 | 计算公式 | |
|---|---|---|
| 蜗轮圆周力 $F_{t2}$<br>蜗杆轴向力 $F_{a1}$ | $F_{t2} = F_{a1} = \dfrac{2T_2}{d_2}$ (1-7-6) | $T_2 = T_1 i \eta_1$ (1-7-9)<br>$T_1 = 9.55 \times 10^6 \dfrac{P_1}{n_1}$ |
| 蜗轮轴向力 $F_{a2}$<br>蜗杆圆周力 $F_{t1}$ | $F_{a2} = F_{t1} = \dfrac{2T_1}{d_1} = F_{t2} \tan(\gamma \pm \varphi_v)$ (1-7-7)<br>式中,蜗杆主动取"+",蜗杆从动取"-" | |
| 蜗轮径向力 $F_{r2}$<br>蜗杆径向力 $F_{r1}$ | $F_{r2} = F_{r1} = F_{t2} \tan \alpha$ (1-7-8) | |

式中　$T_1$——蜗杆工作转矩(N·mm);
　　　$d_1$——蜗杆分度圆直径(mm);
　　　$T_2$——蜗轮工作转矩(N·mm);
　　　$d_2$——蜗轮分度圆直径(mm);
　　　$\alpha$——压力角,$\alpha = 20°$;
　　　$i$——蜗杆传动的传动比;
　　　$\eta_1$——蜗杆传动的啮合效率,计算式见表 1-7-2;
　　　$P_1$——蜗杆输入功率(kW);
　　　$n_1$——蜗杆转速(r/min);
　　　$\gamma$——普通圆柱蜗杆分度圆柱上的导程角;
　　　$\varphi_v$——当量摩擦角,$\varphi_v = \arctan f_v$,$f_v$ 为当量摩擦系数

一般情况下,蜗杆是主动件,故圆周力 $F_{t1}$ 的方向与蜗杆转向相反,径向力 $F_{r1}$ 的方向总是指向轴心,轴向力 $F_{a1}$ 的方向可根据蜗杆的螺旋线旋向和蜗杆转向,用左、右手法则确定,即用左(右)手握拳时,以四指所示的方向表示蜗杆的回转方向,拇指伸直的指向为 $F_{a1}$ 的方向。由于蜗杆轴线与蜗轮轴线在空间垂直交错 90°,故作用于蜗杆和蜗轮上的分力 $F_{t1}$ 与 $F_{a2}$、$F_{r1}$ 与 $F_{r2}$、$F_{a1}$ 与 $F_{t2}$ 互为作用力与反作用力。

## 7.1.5 蜗杆传动的强度计算与热平衡计算

在普通圆柱蜗杆传动的强度计算中,蜗轮看成一个斜齿圆柱齿轮,其强度计算是仿照斜齿圆柱齿轮的计算方法。普通圆柱蜗杆传动的两种强度计算公式见表 1-7-2。

表 1-7-2 普通圆柱蜗杆传动设计计算公式

| | | 蜗轮齿面接触疲劳强度 | | 蜗轮齿根弯曲疲劳强度 |
|---|---|---|---|---|
| 强度计算 | 校核公式 | $\sigma_H = 480\sqrt{\dfrac{KT_2}{d_1 m^2 z_2^2}} \leqslant [\sigma_H]$ (1-7-10) | 校核公式 | $\sigma_F = \dfrac{1.53KT_2}{d_1 d_2 m} Y_{Fa2} Y_\beta \leqslant [\sigma_F]$ (1-7-12) |
| | 设计公式 | $m^2 d_1 \geqslant KT_2 \left(\dfrac{480}{z_2[\sigma_H]}\right)^2$ (1-7-11) | 设计公式 | $m^2 d_1 \geqslant \dfrac{1.53KT_2}{z_2[\sigma_F]} Y_{Fa2} Y_\beta$ (1-7-13) |
| 热平衡计算 | | 散热面积 $S = \dfrac{1\,000P(1-\eta)}{\alpha_d(t_o - t_a)}$ (1-7-14) | | 油的温升 $\Delta t = t_o - t_a$ (1-7-15) |

| | 计算公式 | 估算值 |
|---|---|---|
| 传动效率 | $\eta = \eta_1 \eta_2 \eta_3$ (1-7-16)<br>$\eta_1 = \dfrac{\tan\gamma}{\tan(\gamma + \varphi_v)}$ (1-7-17)<br>$\eta_2 \eta_3 \approx 0.95 \sim 0.96$ (1-7-18) | $z_1$: 1, 2, 4, 6 <br> $\eta$: 0.7, 0.8, 0.9, 0.95 <br> 自锁蜗杆传动:$\eta < 0.5$ |

式中  $K$——载荷系数,$K = K_A K_\beta K_v$,$K_A$、$K_\beta$、$K_v$ 分别为使用系数、齿向载荷分布系数、动载系数;
$T_2$——蜗轮工作转矩(N·mm);
$d_1$、$d_2$——蜗杆和蜗轮分度圆直径(mm);
$z_1$、$z_2$——蜗杆头数和蜗轮齿数;
$[\sigma_H]$、$[\sigma_F]$——蜗轮许用接触应力和许用弯曲应力(MPa);
$Y_{Fa2}$——蜗轮齿形系数,按当量齿数 $z_{v2} = \dfrac{z_2}{\cos^3\gamma}$ 及蜗轮变位系数 $x_2$ 选取,$\gamma$ 为蜗杆分度圆导程角;
$Y_\beta$——螺旋角影响系数,$Y_\beta = 1 - \dfrac{\gamma}{140°}$;
$P$——蜗杆传递的功率(kW);
$\alpha_d$——箱体表面传热系数,可取 $\alpha_d = (8.15 \sim 17.45)\text{W}/(\text{m}^2 \cdot ℃)$;
$t_o$、$t_a$——油的工作温度与周围空气的温度,$t_o \leqslant 80℃$,$t_a = 20℃$;
$\varphi_v$——当量摩擦角;
$\eta_1$、$\eta_2$、$\eta_3$——啮合摩擦损耗、轴承摩擦损耗和溅油损耗效率

蜗轮的失效形式因其材料的强度和性能的不同而不同,故许用接触应力的确定方法也不同。当蜗轮材料为铸锡青铜($\sigma_B < 300$ MPa)时,因其良好的抗胶合性能,故传动的承载能力取决于蜗轮的接触疲劳强度,许用接触应力 $[\sigma_H]$ 与应力循环次数 $N$ 有关。当蜗轮材料为铸铝铁青铜或灰铸铁($\sigma_B \geqslant 300$ MPa)时,因其抗点蚀能力强,蜗轮的承载能力取决于抗胶合能力,许用接触应力 $[\sigma_H]$ 与滑动速度 $v_s$ 有关,而与应力循环次数 $N$ 无关。

对于闭式蜗杆传动应进行热平衡计算。因为闭式蜗杆传动工作时产生大量的摩擦热,如果不及时散热,将导致润滑油温度过高,黏度下降,破坏传动的润滑条件,引起剧烈磨损,严重时发生胶合失效。因此,热平衡计算的目的就是控制油温在规定的范围之内,其计算

公式见表 1-7-2。若计算结果油温 $t_o > 80℃$ 或有效的散热面积 $S$ 不足时,则必须采取措施,以提高散热能力。通常采取以下措施:① 在箱体外加散热片以增大散热面积;② 在蜗杆轴端加装风扇以加速空气的流通;③ 在传动箱内装蛇形循环冷却水管或改用压力喷油循环润滑等。

### 7.1.6 蜗杆传动的润滑

当润滑不当时,蜗杆传动的效率会显著降低,并使轮齿发生胶合或磨损,因此,蜗杆传动的润滑十分重要。蜗杆传动的润滑油黏度及给油方式,一般取决于相对滑动速度 $v_s$ 及载荷类型。与齿轮传动用油相比,蜗杆传动用油黏度较大,有时为了提高油膜的刚性还加入一些油性添加剂以提高抗胶合能力。

当蜗杆传动采用喷油润滑时,喷油嘴要对准蜗杆的啮入端;如果蜗杆正反转时,两边都要装有喷油嘴,并且要控制油压。当蜗杆传动采用油池润滑时,对于蜗杆下置式或蜗杆侧置式的传动,浸油深度应为蜗杆的一个齿高;对于蜗杆上置式的传动,浸油深度约为蜗轮外径的 1/3。

### 7.1.7 圆柱蜗杆和蜗轮的结构设计

当蜗杆螺旋部分的直径不大时,蜗杆和轴常做成一个整体。按蜗杆螺旋部分的加工方法不同可分为车制蜗杆和铣制蜗杆,铣制蜗杆的刚度优于车制蜗杆,但车制蜗杆的工艺简单,应用更为普遍。当蜗杆螺旋部分的直径较大时,蜗杆可与轴分开制作。

蜗轮可制成整体式或装配式,为节约有色金属,多数蜗轮采用装配式。常用的蜗轮结构形式如图 1-7-1 所示。

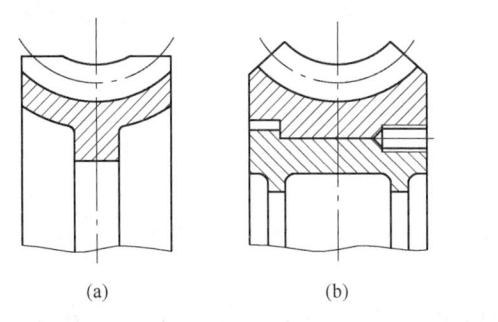
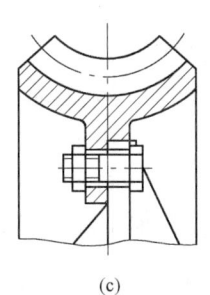
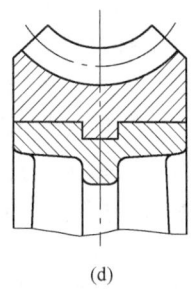

图 1-7-1 蜗轮的结构形式
(a) 整体浇铸式;(b) 齿圈压配式;(c) 螺栓连接式;(d) 拼铸式

**(1) 整体浇铸式(图 1-7-1a)** 这种结构主要用于铸铁蜗轮或尺寸很小的青铜蜗轮。

**(2) 齿圈压配式(图 1-7-1b)** 这种结构由青铜齿圈和铸铁轮心所组成,齿圈与轮心常采用过盈配合加热齿圈或加压装配,多用于中等尺寸或工作温度变化较小的蜗轮,以免因热胀冷缩影响过盈配合。

**(3) 螺栓连接式(图 1-7-1c)** 这种结构由青铜齿圈与铸铁轮心采用过渡配合或间隙配合,用普通螺栓或铰制孔用螺栓连接。这种连接形式工作可靠,拆卸方便,多用于大尺寸或易于磨损的蜗轮。

**(4) 拼铸式(图 1-7-1d)** 这种结构将青铜齿圈铸在铸铁轮心上,然后切齿,只用于成批制造的蜗轮。

## 7.2 复习思考题

**7-1** 蜗杆传动有何特点？适用于何种场合？

答：蜗杆传动用来传递空间垂直交错轴的运动。它具有传动尺寸小、传动比大、工作平稳、噪声低、能自锁等优点，但传动的效率低，发热量大。根据传动的特点，蜗杆传动适用于要求尺寸小、传动比大、传动功率不大的间歇工作场合或要求自锁的场合。

**7-2** 阿基米德蜗杆、渐开线蜗杆和法向直廓蜗杆的齿形有何不同？

答：阿基米德蜗杆在轴向剖面是直廓齿形，垂直于蜗杆轴线剖面齿形是阿基米德螺旋线。渐开线蜗杆在轴向剖面是凸廓齿形，垂直于蜗杆轴线剖面齿形是渐开线。法向直廓蜗杆在法向剖面齿槽两侧是直廓齿形，垂直于蜗杆轴线剖面齿形是延伸渐开线。

**7-3** 在普通圆柱蜗杆传动中，为什么将蜗杆分度圆直径规定为标准值？设计时应如何选取标准值？

答：为保证加工出的蜗轮能与蜗杆正确啮合，要求加工蜗轮滚刀的直径和齿形参数与蜗杆相同（实际上为了加工出径向间隙，滚刀顶圆直径应比蜗杆顶圆直径大两倍径向间隙）。从减少滚刀的数目和便于滚刀标准化考虑，对每一个模数 $m$ 都规定了有限几个蜗杆分度圆直径，即为标准直径。在设计时，蜗杆分度圆直径必须符合 $m$ 与 $d_1$ 的对应关系，否则就没有标准刀具。

**7-4** 选择蜗杆、蜗轮材料的原则是什么？蜗杆和蜗轮通常选用什么材料？

答：选择蜗杆、蜗轮材料的原则是：蜗杆、蜗轮的材料不仅要求具有足够的强度，更重要的是要具有良好的磨合和耐磨性能。蜗杆一般选用碳钢或合金钢制成，常用的蜗轮材料可选为铸锡青铜、铸铝铁青铜以及灰铸铁。

**7-5** 为什么对蜗杆头数 $z_1$ 和蜗轮齿数 $z_2$ 有限制？

答：蜗杆头数少，能得到大的传动比，但导程角小、效率低、发热量大，故载荷大且连续工作的场合不宜采用单头蜗杆。当要求传动自锁时，则应采用单头蜗杆。蜗杆头数多，效率高，但头数过多，导程角很大，使蜗杆加工困难，故限制蜗杆头数不宜过多，常用头数 $z_1 = 1、2、4、6$。

从传动的平稳性考虑，蜗轮齿数少，同时啮合齿的对数少，传动的平稳性差。齿数越多，蜗轮直径越大，蜗杆越长，蜗杆刚度越小，故对蜗轮齿数要有限制。对于动力传动，$z_2$ 通常控制在 $28\sim80$。

**7-6** 蜗杆传动比 $i$ 为什么不等于蜗轮分度圆直径 $d_2$ 和蜗杆分度圆直径 $d_1$ 的比值？

答：在工作时，蜗杆螺旋线轴向移动速度等于蜗轮的圆周速度，即 $v_{a1} = v_2$，因

$$v_{a1} = \frac{p_z n_1}{60 \times 1\,000} = \frac{z_1 p_a n_1}{60 \times 1\,000} = \frac{z_1 \pi m n_1}{60 \times 1\,000} = \frac{\pi d_1 n_1 \tan \gamma}{60 \times 1\,000}, \quad v_2 = \frac{\pi d_2 n_2}{60 \times 1\,000}$$

则有

$$\frac{\pi d_1 n_1 \tan \gamma}{60 \times 1\,000} = \frac{\pi d_2 n_2}{60 \times 1\,000}$$

传动比

$$i = \frac{n_1}{n_2} = \frac{d_2}{d_1 \tan \gamma} \neq \frac{d_2}{d_1}$$

**7-7** 采用变位蜗杆传动的目的是什么？变位蜗杆传动与变位齿轮传动相比有何特点？

答：采用变位蜗杆传动的目的是配凑中心距或提高蜗杆传动的承载能力及传动效率。

在变位蜗杆传动中，蜗杆的尺寸不进行变位修正（否则需要制作变位蜗轮滚刀），只对蜗轮的尺寸进行变位修正。对蜗轮变位修正有两种方法：① 变位前后蜗轮齿数不变，蜗杆传动中心距发生改变；② 变位前后蜗杆传动的中心距不变，蜗轮齿数发生变化。

**7-8** 影响蜗杆传动效率的主要因素有哪些？为什么传递大功率时很少用普通圆柱蜗杆传动？

答：影响蜗杆传动效率的主要因素有蜗杆的导程角 $\gamma$ 和当量摩擦角 $\varphi_v$。由于普通圆柱蜗杆传动的效率比较低，故通常不用于传递大功率。

**7-9** 自锁蜗杆传动效率 $\eta$ 为什么小于 0.5？

答：蜗杆传动效率 $\eta = \eta_1 \eta_2 \eta_3$。因轴承的摩擦损耗和传动搅油损耗很小，其相应的效率很高，故传动效率主要取决于啮合效率，即 $\eta_1 = \dfrac{\tan\gamma}{\tan(\gamma+\varphi_v)}$。

传动获得自锁的条件是 $\gamma \leqslant \varphi_v$，现以 $\gamma = \varphi_v$ 代入传动啮合效率计算公式，则有

$$\eta_1 = \frac{\tan\gamma}{\tan 2\gamma} = \frac{\tan\lambda}{\dfrac{2\tan\gamma}{1-\tan^2\gamma}} = \frac{1-\tan^2\gamma}{2} = \frac{1}{2} - \frac{\tan^2\gamma}{2}$$

因 $\dfrac{\tan^2\gamma}{2}$ 是大于零的数，故 $\eta_1 = \dfrac{1}{2} - \dfrac{\tan^2\gamma}{2} < 0.5$。

**7-10** 为什么铸锡青铜蜗轮材料的许用接触应力与应力循环次数有关？而铸铝铁青铜蜗轮材料的许用接触应力与滑动速度有关？

答：铸锡青铜蜗轮材料的抗拉强度较低（$\sigma_B < 300 \text{ MPa}$），而抗胶合能力强，故传动的承载能力取决于蜗轮材料的接触疲劳强度。接触疲劳强度的高低与应力循环次数有关，故许用接触应力与应力循环次数有关。铸铝铁青铜蜗轮材料的抗拉强度较高（$\sigma_B > 300 \text{ MPa}$），而抗胶合能力弱，故传动的承载能力取决于蜗轮材料的抗胶合能力。由于目前还缺乏可靠的抗胶合能力计算方法与数据，但胶合的产生与接触应力大小有关，故仍采用接触强度的计算公式，其中的许用接触应力是根据抗胶合条件决定的。该条件包括滑动速度 $v_s$ 而不包括应力循环次数，故许用接触应力与滑动速度有关。

**7-11** 为什么在蜗杆传动中只计算蜗轮的强度，而不计算蜗杆的强度？

答：① 蜗杆材料通常用钢，蜗轮材料采用青铜，钢的强度与硬度远高于青铜；② 蜗杆齿形是连续轮齿，齿形是齿条齿形，齿根厚度大，齿根弯曲强度也比蜗轮的高。由于上述两原因，传动失效都出现在蜗轮上，故只对蜗轮进行强度计算。

**7-12** 蜗杆传动中为何常以蜗杆为主动件？蜗轮能否作为主动件？为什么？

答：在机械系统中，原动件的转速通常比较高，因此齿轮传动和蜗杆传动常用于减速传动，故常以蜗杆为主动件。在蜗杆传动中，蜗杆头数少时通常反行程具有自锁性，这时蜗轮不能作为主动件；当蜗杆头数多时效率提高，反行程传动不自锁，蜗轮可以作为主动件，但这种增速传动与齿轮传动相比，齿面滑动速度大，对材料要求高，易发生磨损和胶合破坏，故很少应用。

**7-13** 图 1-7-2a 所示为简单手动起重装置。若按图示方向转动蜗杆提升重物 $G$，试

确定：
1) 蜗杆和蜗轮齿的旋向。
2) 蜗轮所受作用力的方向。
3) 当提升重物或降下重物时，蜗轮轮齿是单侧受载还是双侧受载？
答：1) 蜗杆和蜗轮均为右旋。
2) 蜗轮轮齿的受力方向如图 1-7-2b 所示。

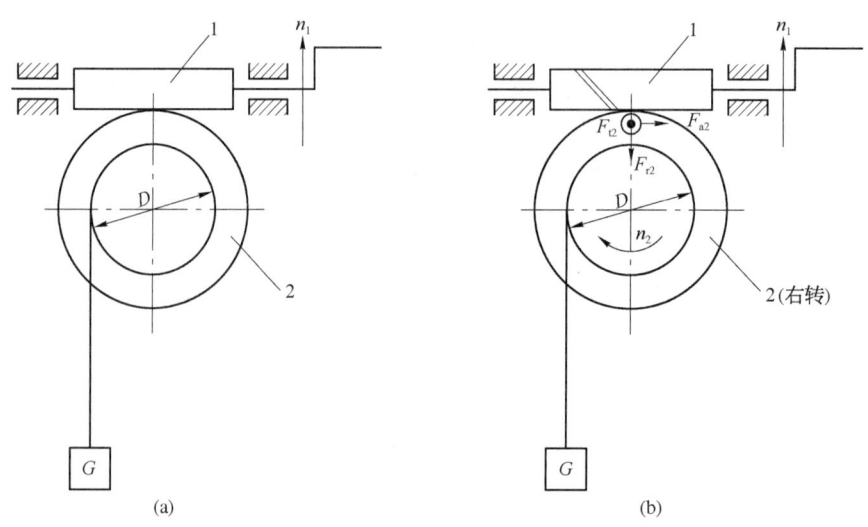

图 1-7-2 简单手动起重装置
(a) 简单手动起重装置；(b) 蜗轮轮齿的受力分析

3) 反向手柄使重物下降时，重力为蜗杆传动的驱动力，蜗轮和蜗杆的工作齿面没有改变，与提升重物时的工作齿面相同，故蜗轮轮齿是单侧受载。

**7-14** 为什么闭式蜗杆传动必须进行热平衡计算？可采取哪些措施来提高散热能力？若设置散热片，散热片应如何布置？

答：蜗杆传动效率较低，摩擦损耗大，发热量大，而且闭式蜗杆传动散热困难。若产生的热量不能及时散发出去，将使油温升高导致润滑失效和齿面胶合，故闭式蜗杆传动，特别是连续工作的闭式蜗杆传动，必须进行热平衡计算以控制油的工作温度。

若散热条件不足，可在箱体外加装散热片，在蜗杆轴端加装风扇，在传动箱内装蛇形循环冷却水管或采用压力喷油循环润滑等以提高散热能力，降低油温。

若在箱体外加装散热片，散热片的方向应布置成顺着空气的流动方向，以提高散热能力。

## 7.3 自测题

**1. 是非题**

(1) 在蜗杆传动中，如果模数和蜗杆头数一定，增加蜗杆的分度圆直径，将会增加蜗杆的刚度，但也会使传动效率降低。( )

(2) "蜗杆的导程角和蜗轮的螺旋角大小相等、方向相反"是蜗杆传动的正确啮合条件之一。( )

(3) 标准蜗杆传动的中心距 $a = \dfrac{m}{2}(z_1 + z_2)$。 (  )

(4) 蜗杆传动中,蜗杆头数越少,传动效率越低。 (  )

(5) 采用铸铝铁青铜 ZCuAl10Fe3 作为蜗轮材料时,其主要失效形式是胶合。 (  )

(6) 在蜗杆传动中,由于蜗轮的工作次数比较少,因此采用强度较低的有色金属。 (  )

(7) 为提高蜗杆的刚度,应增大蜗杆的直径系数 $q$。 (  )

(8) 设计蜗杆传动时,需要进行蜗杆和蜗轮轮齿的强度计算。 (  )

(9) 在蜗杆传动中,其他条件相同,若增加蜗杆的头数,则齿面的滑动速度提高。 (  )

(10) 在蜗杆传动中,进行齿面接触疲劳强度和齿根弯曲疲劳强度计算是以蜗轮为主,而进行刚度计算则是以蜗杆轴为主。 (  )

(11) 蜗杆传动由于在啮合传动过程中有相当大的滑动,因而更容易产生齿面点蚀和塑性变形。 (  )

(12) 当进行蜗杆刚度计算时,可以忽略蜗杆所受的轴向力,而只考虑蜗杆所受圆周力和径向力的影响。 (  )

(13) 在选择蜗轮材料时,主要是要求其具有足够的强度和表面硬度,以提高其寿命。 (  )

(14) 蜗杆传动的正确啮合条件之一是蜗杆的端面模数与蜗轮的端面模数相等。 (  )

(15) 减速蜗杆传动不会发生自锁。 (  )

(16) 蜗杆传动中,当蜗杆的导程角 $\gamma = 45° - \dfrac{\varphi_v}{2}$ 时效率最高,因此设计时应选取该导程角值。 (  )

(17) 为使蜗杆传动中的蜗轮转速降至一半,可以不用另换蜗轮,而只需用一个双头蜗杆代替原来的单头蜗杆。 (  )

**2. 单项选择题**

(1) 与齿轮传动相比,_____不能作为蜗杆传动的优点。
  A. 传动平稳、噪声低  B. 传动比可以较大
  C. 可产生自锁  D. 传动效率高

(2) 阿基米德蜗杆和蜗轮在中间平面上相当于齿条与_____齿轮的啮合。
  A. 摆线  B. 渐开线  C. 圆弧曲线  D. 变态摆线

(3) 多头、大升角的蜗杆,通常应用在_____的蜗杆传动装置中。
  A. 手动起重设备  B. 传递动力的设备
  C. 传递运动的设备  D. 需要自锁的设备

(4) 蜗杆分度圆直径 $d_1$ 标准化的目的是_____。
  A. 保证蜗杆有足够的强度  B. 保证蜗杆有足够的刚度
  C. 保证蜗杆传动不会自锁  D. 减少加工标准蜗轮滚刀的数目

(5) 蜗轮的常用材料是_____。
  A. 45钢  B. ZCuSn10P1  C. HT350  D. GCr15

(6) 蜗杆传动的齿面相对滑动速度增加时,当量摩擦系数 $f_v$ 减小,这是因为_____。
  A. 润滑油黏度增加  B. 润滑油黏度减小

C. 改善了润滑　　　　　　　　　　D. 油温升高

(7) 下面四个蜗杆分度圆直径的计算公式：① $d_1 = mq$，② $d_1 = mz_1$，③ $d_1 = d_2/i$，④ $d_1 = 2a/(i+1)$，其中有_____公式是错误的。

A. 1个　　　　B. 2个　　　　C. 3个　　　　D. 4个

(8) 对蜗杆进行现场测绘时，其模数应通过测量_____尺寸来确定。

A. 蜗杆顶圆直径　　　　　　　　B. 蜗杆轴向齿距
C. 蜗杆根圆直径　　　　　　　　D. 蜗杆分度圆直径

(9) 具有自锁性能的蜗杆传动，其最大效率 $\eta_{max}$ 低于_____。

A. 0.20　　　　B. 0.50　　　　C. 0.70　　　　D. 0.99

(10) 一标准蜗杆传动的中心距 $a = 300$ mm，蜗轮齿数 $z_2 = 48$，蜗杆头数 $z_1 = 2$，蜗杆直径系数 $q = 12$，则蜗杆模数 $m$ 是_____。

A. 5 mm　　　　B. 6 mm　　　　C. 10 mm　　　　D. 12 mm

(11) 蜗轮材料为 HT200 的开式蜗杆传动，其主要失效形式是_____。

A. 齿面点蚀　　　　　　　　　　B. 齿面磨损
C. 齿面胶合　　　　　　　　　　D. 蜗轮轮齿折断

(12) 蜗杆传动的失效形式，与下列因素中的_____关系不大。

A. 蜗杆、蜗轮的材料　　　　　　B. 载荷性质
C. 滑动速度　　　　　　　　　　D. 蜗杆、蜗轮的加工方法

(13) 对于一般传递动力的闭式蜗杆传动，其选择蜗轮材料的主要依据是_____。

A. 齿面滑动速度　　　　　　　　B. 蜗杆传动效率
C. 配对蜗杆的齿面硬度　　　　　D. 蜗杆传动的载荷大小

(14) 对闭式蜗杆传动进行热平衡计算，其主要目的是_____。

A. 防止润滑油受热后外溢，造成环境污染
B. 防止润滑油温过高使润滑条件恶化
C. 防止蜗轮材料在高温下力学性能下降
D. 防止蜗杆蜗轮发生热变形后正确啮合受到破坏

(15) 蜗杆传动的传动比采用的范围是_____。

A. $i < 1$　　　B. $i \geqslant 1$　　　C. $i = 1 \sim 5$　　　D. $i = 5 \sim 82$

(16) 尺寸较大的青铜蜗轮，常采用铸铁轮心并套上青铜轮缘，这主要是为了_____。

A. 使蜗轮的导热性能提高　　　　B. 切齿方便
C. 节约青铜　　　　　　　　　　D. 使其热膨胀变小

(17) 在蜗杆传动中，当其他条件相同时，增大蜗杆直径系数 $q$，将使传动效率_____。

A. 提高　　　　　　　　　　　　B. 降低
C. 不变　　　　　　　　　　　　D. 提高，也可能降低

(18) 某蜗杆传动，已知蜗杆头数 $z_1 = 1$，模数 $m = 8$ mm，蜗杆直径系数 $q = 10$，蜗轮齿数 $z_2 = 40$，转速 $n_2 = 30$ r/min，则蜗杆传动工作齿面间的滑动速度 $v_s$ 等于_____。

A. 1.37 m/s　　　B. 5.02 m/s　　　C. 5.05 m/s　　　D. 5.35 m/s

(19) 高速重载的蜗杆需经渗碳淬火和磨削，故蜗杆应选用_____材料来制造。

A. 40Cr 或 35SiMn　　　　　　　B. 45 钢或 40 钢
C. 20Cr 或 20CrMnTi　　　　　　D. ZCuAl10Fe3

(20) 计算闭式蜗杆传动单位时间内散热量的依据是_____。
A. 箱体的散热面积和散热系数及周围空气的温度
B. 箱体的散热面积和散热系数及润滑油的温度
C. 箱体的散热面积和散热系数及润滑油温度与周围空气温度之差
D. 箱体材料的比热和润滑油温度与周围空气温度之差

**3. 分析、计算题**

(1) 图 1-7-3 所示为某起重设备的减速装置。已知各轮齿数 $z_1 = z_2 = 20$，$z_3 = 60$，$z_4 = 2$，$z_5 = 40$，轮 1 转向如图所示，卷筒直径 $D = 136\,\text{mm}$。试求：

1) 此时重物是上升还是下降？
2) 设系统效率 $\eta = 0.68$，为使重物上升，施加在轮 1 上的驱动力矩 $T_1 = 10\,\text{N·m}$，问重物的重量是多少？

(2) 图 1-7-4 所示为一手动滑车的蜗杆传动。已知单头蜗杆的模数 $m = 5\,\text{mm}$，蜗杆分度圆直径

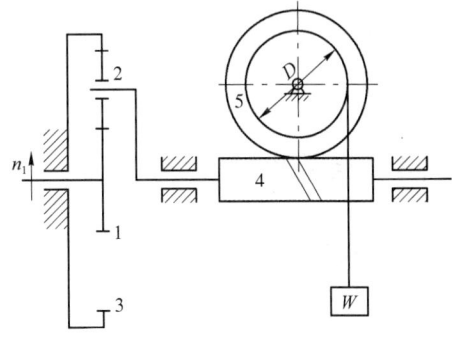

图 1-7-3 起重设备的减速装置

$d_1 = 90\,\text{mm}$，传动比 $i = 50$，起重链轮分度圆直径 $d_3 = 200\,\text{mm}$，驱动链轮分度圆直径 $d_4 = 300\,\text{mm}$，试判断传动能否自锁。并求驱动力 $F = 150\,\text{N}$ 时的起重量 $Q$。（蜗杆传动当量摩擦系数 $f_v = 0.10$，忽略链与轴承的摩擦损耗）

(3) 如图 1-7-5 所示的下置式蜗杆减速器，已知输入转矩 $T_1 = 1.1 \times 10^5\,\text{N·mm}$，转速 $n_1 = 1460\,\text{r/min}$，蜗杆头数 $z_1 = 2$，蜗轮齿数 $z_2 = 40$，模数 $m = 6.3\,\text{mm}$，蜗杆直径 $d_1 = 63\,\text{mm}$，蜗杆材料为 45 钢，表面淬火，硬度 45 HRC。蜗轮用 ZCuAl10Fe3 砂型铸造。轴承摩擦效率取 $\eta_2 = 0.99$，溅油损耗效率取 $\eta_3 = 0.95$。普通圆柱蜗杆传动 $v_s$、$f_v$、$\varphi_v$ 值见表 1-7-3，试求：

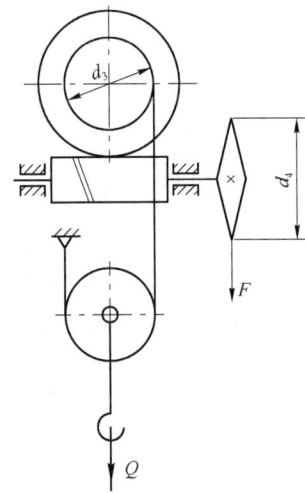

图 1-7-4 手动滑车的蜗杆传动

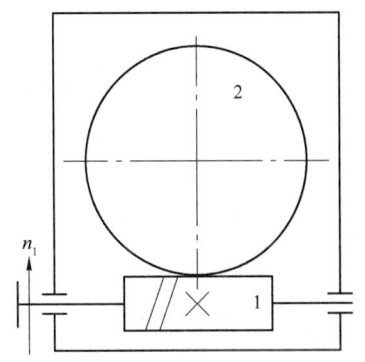

图 1-7-5 下置式蜗杆减速器

1) 啮合效率与传动效率。
2) 蜗轮所受各力的大小和方向。
3) 摩擦功耗。

表 1-7-3　普通圆柱蜗杆传动 $v_s$、$f_v$、$\varphi_v$ 值

| 蜗轮齿圈材料 | 锡 青 铜 | | | | 无 锡 青 铜 | | | |
| --- | --- | --- | --- | --- | --- | --- | --- | --- |
| 蜗杆齿面硬度 | ≥45HRC | | | | ≥45HRC | | | |
| 滑动速度 $v_s$ | 2.5 | 3.0 | 4 | 5 | 2.5 | 3.0 | 4 | 5 |
| 当量摩擦系数 $f_v$ | 0.030 | 0.028 | 0.024 | 0.022 | 0.050 | 0.045 | 0.040 | 0.035 |
| 当量摩擦角 $\varphi_v$ | 1°43′ | 1°36′ | 1°22′ | 1°16′ | 2°52′ | 2°35′ | 2°17′ | 2°00′ |

## 7.4　自测题参考答案

**1. 是非题**

(1) √　(2) ×　(3) ×　(4) √　(5) √　(6) ×　(7) √　(8) ×　(9) √　(10) √　(11) ×　(12) √　(13) ×　(14) ×　(15) ×　(16) ×　(17) ×

**2. 单项选择题**

(1) D　(2) B　(3) B　(4) D　(5) B　(6) C　(7) C(②、③、④)　(8) B　(9) B　(10) C　(11) B　(12) D　(13) A　(14) B　(15) D　(16) C　(17) B　(18) C　(19) C　(20) C

**3. 分析、计算题**

(1) 解：1) 轮系的传动比为

$$i_{13}^H = \frac{n_1 - n_H}{n_3 - n_H} = \frac{n_1 - n_H}{0 - n_H} = -\frac{z_2 z_3}{z_1 z_2} = -\frac{60}{20} = -3$$

$$-\frac{n_1}{n_H} + 1 = -3, \quad \frac{n_1}{n_H} = 4$$

即 $i_{1H} = i_{14} = 4$（因为系杆 H 与蜗杆轴同轴，故 $n_H = n_4$）

$$i_{45} = \frac{z_5}{z_4} = \frac{40}{2} = 20, \quad i_{15} = i_{14} i_{45} = 4 \times 20 = 80$$

因为蜗杆的转向与轮 1 相同，所以蜗轮是逆时针转动，如图 1-7-6 所示，故此时重物上升。

2) 由 $T_5 = T_1 i_{15} \eta$ 得

$$W \frac{D}{2} = T_1 i_{15} \eta$$

即 $W = T_1 i_{15} \eta \frac{2}{D} = 10 \times 80 \times 0.68 \times \frac{2}{0.136}$

$= 8\,000(\text{N})$

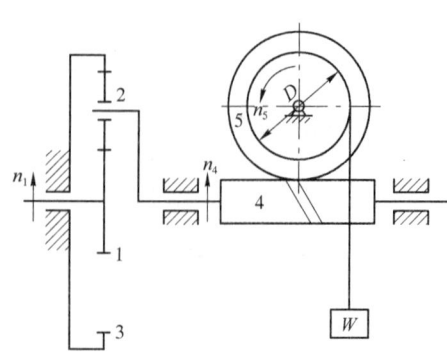

图 1-7-6　起重设备减速装置的运动分析

(2) 解：1) 自锁验算。蜗杆分度圆导程角

$$\gamma = \arctan\frac{z_1}{q} = \arctan\frac{z_1 m}{d_1} = \arctan\frac{1\times 5}{90} = 3.18°$$

当量摩擦角　　　$\varphi_v = \arctan f_v = \arctan 0.10 = 5.71°$

满足 $\gamma < \varphi_v$ 的自锁条件，故蜗杆传动能自锁。

2) 起重量计算。

蜗轮轴上阻力矩　　　$T_2 = \dfrac{Q}{2}\dfrac{d_3}{2} = \dfrac{Q}{4}\times 200 = 50Q$

蜗杆轴上驱动转矩　　　$T_1 = \dfrac{Fd_4}{2} = \dfrac{150\times 300}{2} = 2.25\times 10^4 (\text{N}\cdot\text{mm})$

蜗杆传动啮合效率　　　$\eta_1 = \dfrac{\tan\gamma}{\tan(\gamma+\varphi_v)} = \dfrac{\tan 3.18°}{\tan(3.18°+5.71°)} = 0.3552 = 35.52\%$

由 $T_2 = T_1 i\eta_1$ 可得

$$50Q = 2.25\times 10^4 \times 50 \times 0.3552$$

则　　　$$Q = \dfrac{2.25\times 10^4 \times 50 \times 0.3552}{50} = 7\,992(\text{N})$$

(3) 解：1) 啮合效率与传动效率计算。

蜗杆圆周速度　　　$v_1 = \dfrac{\pi d_1 n_1}{60\times 1\,000} = \dfrac{\pi\times 63\times 1\,460}{60\times 1\,000} = 4.82(\text{m/s})$

蜗杆分度圆导程角　　　$\gamma = \arctan\dfrac{z_1}{q} = \arctan\dfrac{z_1 m}{d_1} = \arctan\dfrac{2\times 6.3}{63} = 11°18'36''$

滑动速度　　　$v_s = \dfrac{v_1}{\cos\gamma} = \dfrac{4.82}{\cos 11°18'36''} = 4.92(\text{m/s})$

查表 1-7-3 可得：当量摩擦角 $\varphi_v = 2°$。蜗杆传动的啮合效率

$$\eta_1 = \dfrac{\tan\gamma}{\tan(\gamma+\varphi_v)} = \dfrac{\tan 11°18'36''}{\tan(11°18'36''+2°)} = 0.8454 = 84.54\%$$

传动效率　　$\eta = \eta_1\eta_2\eta_3 = 0.8454\times 0.99\times 0.95 = 0.7951 = 79.51\%$

2) 确定蜗轮所受各力的大小和方向。

蜗轮分度圆直径　　　$d_2 = mz_2 = 6.3\times 40 = 252(\text{mm})$

蜗轮转矩　　$T_2 = T_1 i\eta_1 = T_1\dfrac{z_2}{z_1}\eta_1 = 1.1\times 10^5 \times\dfrac{40}{2}\times 0.8454 = 1.86\times 10^6(\text{N}\cdot\text{mm})$

蜗轮圆周力　　　$F_{t2} = \dfrac{2T_2}{d_2} = \dfrac{2\times 1.86\times 10^6}{252} = 14\,761.91(\text{N})$

蜗轮的轴向力　　$F_{a2} = F_{t2}\tan(\gamma+\varphi_v) = 14\,761.91\times\tan(11°18'36''+2°) = 3\,492.29(\text{N})$

蜗轮的径向力 $F_{r2} = F_{t2}\tan\alpha = 14\,761.91 \times \tan 20° = 5\,372.90(\text{N})$

受力方向如图 1-7-7 所示。

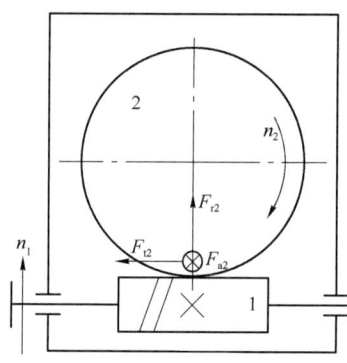

图 1-7-7 蜗轮受力分析

3) 计算摩擦功耗。由 $T_1 = 9.55 \times 10^6 \dfrac{P_1}{n_1}$ 得，蜗杆减速器的输入功率为

$$P_1 = \frac{T_1 n_1}{9.55 \times 10^6} = \frac{1.1 \times 10^5 \times 1\,460}{9.55 \times 10^6} = 16.82(\text{kW})$$

摩擦功耗 $P_f = P_1(1-\eta) = 16.82 \times (1-0.795\,1) = 3.45(\text{kW})$

## 7.5 中英双语名词术语

阿基米德螺线　Archimedes spiral
阿基米德蜗杆　Archimedes worm; straight sided axial worm
变位圆柱蜗杆传动　profile shifted for cylindrical worm gears
标准圆柱蜗杆传动　standard gears for cylindrical worm gears
表面传热系数　surface coefficient of heat transfer
导程　lead
导热性　conduction of heat
端面齿廓　transverse tooth profile
法向齿廓　normal tooth profile
法向直廓蜗杆　straight sided normal worm
分度圆柱　reference cylinder
分度圆柱导程角　lead angle at reference cylinder
分度圆柱螺旋角　helix angle at reference cylinder
环面蜗杆　hourglass worm; toroid helicoid worm
环面蜗杆传动　hourglass worm gearing
基圆柱　base cylinder
渐开线蜗杆　involute helicoid worm
连心线　line of centers
铝　aluminium
铝青铜　copper-aluminium alloys
摩擦　friction
摩擦系数　coefficient of friction
磨损　wear; abrasion; scratching
平面二次包络环面蜗杆传动　planar double-enveloping worm gearing
青铜　copper-tin alloys
热平衡　heat balance; thermal equilibrium
润滑　lubrication
散热量　heat emission

散热面积　radiation area
散热器　radiator
蜗杆　worm
蜗杆传动　worm gearing; worm drive; toroidal drive
蜗杆副　worm pair
蜗杆头数　number of threads of worm
蜗杆蜗轮机构　worm and worm gear
蜗杆旋向　hands of worm
蜗杆直径系数　diameter quotient of worm
蜗杆轴　worm axis
蜗轮　worm gear; worm wheel
锡青铜　tin bronze
效率　efficiency
有色金属合金　nonferrous alloy; nonferrous allowance
圆弧圆柱蜗杆　hollow flank worm
圆柱蜗杆　cylindrical worm
直廓环面蜗杆　hindley worm
直廓环面蜗杆传动　double-enveloping worm gearing with straight side profile
中间平面　mid-plane
中径　mean diameter
轴交角　shaft angle
轴向　axial direction
轴向齿廓　axial tooth profile
锥面包络圆柱蜗杆　milled helicoid worm
锥蜗杆　spiroid
锥蜗杆传动　spiroid gearing

# 第8章 滑动轴承

## 8.1 知识要点

### 8.1.1 摩擦、磨损和润滑的基本知识

**(1) 摩擦状态** 根据摩擦面间存在润滑剂的情况,摩擦可分为干摩擦、边界摩擦、液体摩擦及混合摩擦。

1) 干摩擦:两摩擦表面间不加任何润滑剂而直接接触时的摩擦。其摩擦过程取决于接触表面的形貌及材料的力学性能,磨损严重,容易引起发热甚至烧毁轴瓦。

2) 边界摩擦:两摩擦表面被吸附在表面的边界油膜隔开,两表面微观高峰部分之间的相互搓削引起的摩擦。其摩擦性质主要取决于润滑剂油性和材料表面的物理化学性质,不能避免两表面之间的直接接触,仍有磨损。

3) 液体摩擦(流体摩擦):两摩擦表面被一层液体完全隔开的摩擦。其摩擦性质取决于流体内部分子间黏性阻力,能显著减少摩擦和磨损。

4) 混合摩擦(非液体摩擦):两摩擦表面处于干摩擦、边界摩擦、液体摩擦的混合状态。其摩擦特性既与润滑剂的油性和黏度有关,同时也取决于摩擦表面的形貌和材料性质。

机械运动副中,最理想的情况是液体摩擦,边界摩擦和混合摩擦为最低要求,应当避免的是干摩擦。

**(2) 磨损** 零件的一般磨损过程可分为磨合、稳定磨损和剧烈磨损三个阶段。运转初期的磨损称为磨合;零件经磨合可很快进入正常工作时期,这个阶段磨损缓慢稳定,称为稳定磨损阶段;剧烈磨损阶段应尽力避免,一旦发生则使零件很快报废。磨损一般有以下三类:

1) 黏附磨损:由干摩擦理论可知,摩擦副表面形成的黏结点在表面相对滑动时被剪切而脱离,这将使材料从一个表面向另一个表面发生转移,形成黏附磨损。程度严重的黏附磨损就是胶合。

2) 磨粒磨损:由硬物体或硬质颗粒的切削或刮擦作用引起的机械磨损,这是最常见的磨损现象,通常即称为磨损。

3) 疲劳磨损:由摩擦表面材料微体积在重复变形时疲劳破坏而引起的机械磨损,即疲劳点蚀,发生于齿轮、滚动轴承等高副接触表面。

**(3) 润滑和润滑剂** 润滑的作用是减轻零件表面的摩擦和磨损,常用的润滑剂是润滑油和润滑脂,而润滑油的主要性质是黏性和油性。

1) 黏度的概念。黏度是流体抵抗剪切变形的能力,它标志着流体内摩擦阻力的大小,与多数流体一样,润滑油也服从牛顿黏性定律 $\tau=-\eta\dfrac{\partial u}{\partial y}$,式中的比例常数 $\eta$ 即为润滑油的黏度(动力黏度)。

2) 黏度的度量。黏度的度量方法有动力黏度、运动黏度和条件黏度。动力黏度 $\eta$ 一般用于流体动力学的计算,它的国际单位是 Pa·s。运动黏度 $\nu$ 则是工业上使用的黏度,它是动力黏度 $\eta$ 与相同温度下流体密度 $\rho$ 的比值,其国际单位是 $m^2/s$,而工程上常用单位为 cSt。因此在润滑计算中,如果已知某种牌号润滑油的黏度 cSt 的值,则必须首先把它化为国际单位 $m^2/s$ ( 1 cSt = $10^{-6}$ $m^2/s$ ),然后按油的密度将其换算为动力黏度 Pa·s($\eta = \nu\rho$)。条件黏度是指在一定条件下,利用某种规格的黏度计,通过测定润滑油穿过规定孔道的时间来进行计量的黏度。我国常用恩氏黏度($°E_t$)作为条件黏度的单位。恩氏黏度与运动黏度有一定的换算关系。

3) 黏温关系和黏压关系。温度对黏度的影响很大,润滑油的黏度随温度的升高而降低,所以在液体润滑滑动轴承的设计中,必须进行热平衡计算,以考虑温度对黏度的影响。润滑油的黏度随压力升高而增大,但当压力小于 5 MPa 时,黏度随压力变化很小,可忽略不计。所以在一般参数的滑动轴承设计中,通常不考虑黏度随压力的变化。

## 8.1.2 滑动轴承的类型、特点及应用

**(1) 滑动轴承的类型**

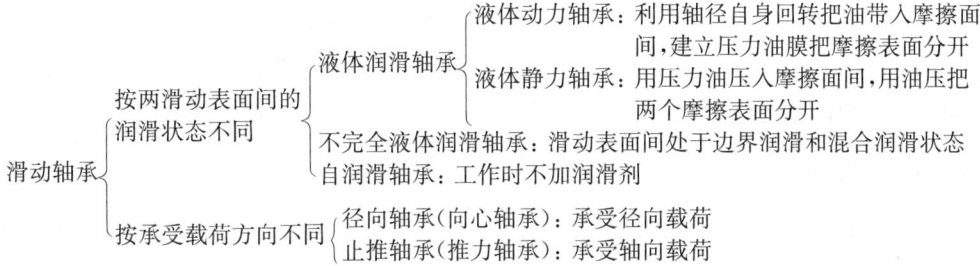

**(2) 滑动轴承的特点** 滑动轴承的主要优点是:① 面接触,因而承载能力强;② 轴承工作面上的油膜有减振、缓冲和降噪的作用,因而工作平稳,噪声低;③ 处于液体摩擦状态的轴承摩擦系数小,磨损轻微,寿命长;④ 影响精度的零件数较少,故可达到很高的回转精度;⑤ 结构简单,径向尺寸小;⑥ 能在特殊工作条件下工作,如在水下、腐蚀介质或无润滑介质等条件中;⑦ 可做成剖分式,便于安装。

滑动轴承的主要缺点是:启动阻力大,润滑、维护较滚动轴承复杂。

**(3) 滑动轴承的应用** 滑动轴承适用的场合是:① 工作转速特高,如应用于汽轮发电机;② 要求对轴的支承位置特别精确,如应用于精密磨床;③ 承受巨大的冲击与振动载荷,如应用于轧钢机;④ 特重型的载荷,如应用于水轮发电机;⑤ 根据装配要求必须制成剖分式,如应用于曲轴的轴承;⑥ 在特殊条件下工作,如应用于军舰推进器的轴承;⑦ 径向尺寸受限制,如应用于多辊轧钢机等。

## 8.1.3 滑动轴承的主要结构形式

**(1) 径向滑动轴承** 径向滑动轴承主要用于低速、轻载或间歇性工作的机器中,主要有整体式和对开式两种形式。

1) 整体式:结构简单,成本低廉,但无法调整轴承间隙,也不便于安装。
2) 对开式:装拆方便,可以调整轴承间隙,但结构较复杂,因此使用较广。

**(2) 止推滑动轴承** 止推滑动轴承主要有空心式、单环式和多环式三种形式。

1) 空心式：轴颈接触面上压力分布较均匀，润滑条件较实心式有所改善。

2) 单环式：利用轴颈的环形端面止推，结构简单，润滑方便，广泛用于低速、轻载的场合。

3) 多环式：不仅能承受较大的轴向载荷，有时还可以承受双向轴向载荷。由于各环间载荷分布不均，其单位面积的承载能力比单环式低50%。

## 8.1.4 滑动轴承的失效形式及常用材料

**(1) 滑动轴承的失效形式** 滑动轴承的失效形式主要有磨粒磨损、刮伤、咬黏(胶合)、疲劳剥落和腐蚀等。

**(2) 滑动轴承材料的选用原则** 轴瓦和轴承衬的材料统称为轴承的材料。滑动轴承材料的性能应满足：① 良好的减摩性、耐磨性和抗咬黏性；② 良好的摩擦顺应性、嵌入性和磨合性；③ 足够的强度和抗腐蚀能力；④ 良好的导热性、工艺性及经济性等。但现有的轴承材料难以同时满足上述全部的性能要求，故只能按轴承的使用条件及经济性原则综合考虑，或者制成双金属、三金属轴瓦。

**(3) 滑动轴承的常用材料** 滑动轴承材料可分为金属材料、多孔质金属(粉末冶金)材料和非金属材料三类。常用的材料有轴承合金、铜合金、铸铁和粉末冶金。轴承合金用于重载、中高速轴承的轴承衬；铜合金用于低速、重载，能承受变载或冲击载荷的轴瓦；铸铁用于低速轻载、不受冲击载荷的轴瓦；粉末冶金用于轻载、无冲击且不便于加润滑油的轴瓦。

## 8.1.5 轴瓦结构

轴瓦是滑动轴承中直接与轴颈接触的部分。在轴承体上采用轴瓦是为了节约贵重的轴承材料和便于维修。

**(1) 常用结构** 根据滑动轴承的结构形式，轴瓦也分成整体式和对开式两种。整体式轴瓦通常称为轴套。对开式轴瓦由上、下两半轴瓦组成，有厚壁轴瓦和薄壁轴瓦之分。

**(2) 轴瓦定位** 轴瓦的轴向和周向固定可采用凸缘、紧定螺钉和销钉，或在轴瓦的剖分面上冲出定位唇(凸耳)以供定位用。

**(3) 油孔和油槽** 油孔用来供应润滑油，油槽用来输送和分布润滑油。开设的原则是：油孔和油槽应开在非承载区，以免破坏承载区润滑油膜的连续性，降低轴承的承载能力；油槽的轴向长度应比轴瓦短，不能开通到轴瓦的端面，以免润滑油大量泄漏。对于液体动力径向轴承，有轴向油槽和周向油槽两种形式。单轴向油槽应开在最大油膜厚度处，双轴向油槽应开在轴承剖分面上。

## 8.1.6 滑动轴承润滑剂的选用

**(1) 润滑脂** 常用于要求不高、难以经常供油，或者低速重载以及做摆动运动的轴承。选择润滑脂品种的一般原则是：

1) 当压力高和滑动速度低时，选择针入度小一些的品种；反之，选择针入度大一些的品种。

2) 所用润滑脂的滴点，一般应较轴承的工作温度高 20~30℃，以免工作时润滑脂过多流失。

3) 在有水淋或潮湿的环境下,应选择防水性强的钙基或铝基润滑脂;在温度较高处应选用钠基或复合钙基润滑脂。

**(2) 润滑油** 在滑动轴承中应用最广。选用的原则是:当转速高、压力小时,应选黏度较低的油;反之,当转速低、压力大时,应选用黏度较高的油。

**(3) 固体润滑剂** 通常只用于一些有特殊要求的场合。

## 8.1.7 不完全液体润滑滑动轴承设计计算

不完全液体润滑滑动轴承工作时,因其摩擦表面不能被润滑油完全隔开,只能形成边界油膜,存在局部金属表面的直接接触。因此轴承工作表面的磨损和因边界油膜的破裂导致工作表面的胶合是其主要的失效形式。

不完全液体润滑滑动轴承的设计计算准则是:保证边界润滑膜不破坏,尽量减少轴承材料的磨损。但是,影响边界润滑膜强度的因素很复杂,目前主要采用的是简化的条件性计算:① 限制轴承的平均压强 $p \leqslant [p]$,以免润滑油被过大的压力挤出,防止轴承发生过度磨损;② 限制轴承的平均压强和轴颈线速度的乘积 $pv \leqslant [pv]$,以防止轴承温度过高而发生胶合;③ 限制轴承的滑动速度 $v \leqslant [v]$,以防止由于轴承速度过快而加速磨损。条件性计算的公式见表 1-8-1。

条件性计算适合于一般对工作可靠性要求不高的低速、重载或间歇工作的不完全液体润滑的滑动轴承。对于液体动力润滑的滑动轴承,由于在启动或停机两个阶段轴承处于混合润滑状态,因而也要按此法进行校核计算。

表 1-8-1 滑动轴承设计计算公式

| | | 相 对 间 歇 | 最 小 油 膜 厚 度 | | |
|---|---|---|---|---|---|
| 几何计算 | | $\psi = \dfrac{\Delta}{d} = \dfrac{\delta}{r}$ (1-8-1) <br> $\Delta = D - d$ (1-8-2) <br> $\delta = R - r$ (1-8-3) | $h_{\min} = r\psi(1-\chi)$ (1-8-4) <br> $\chi = \dfrac{e}{\delta}$ (1-8-5) | | |
| 条件性计算 | 径向轴承 | $p = \dfrac{F}{dB} \leqslant [p]$ (1-8-6) | $pv = \dfrac{Fn}{19\,100B} \leqslant [pv]$ (1-8-7) | $v = \dfrac{\pi d n}{60 \times 1\,000} \leqslant [v]$ (1-8-8) | |
| | 止推轴承 | $p = \dfrac{F_a}{z \dfrac{\pi}{4}(d_2^2 - d_1^2)} \leqslant [p]$ (1-8-9) | $pv = \dfrac{nF_a}{30\,000z(d_2 - d_1)} \leqslant [pv]$ (1-8-10) | | |
| | | 承载量系数 | 润滑油流量系数 | 润滑油温升 | |
| 轴承特性计算 | | $C_p = \dfrac{F\psi^2}{2\eta v B}$ (1-8-11) | $C_q = \dfrac{q}{\psi v B d}$ (1-8-12) | $\Delta t = t_o - t_i$ <br> $= \dfrac{\left(\dfrac{f}{\psi}\right)p}{c\rho\left(\dfrac{q}{\psi v B d}\right) + \dfrac{\pi \alpha_s}{\psi v}}$ (1-8-13) | |
| 液体动力润滑条件计算 | | $h_{\min} \geqslant [h], [h] = 4S(R_{a1} + R_{a2}), S \geqslant 2$ (1-8-14) | | | |

式中　$R$、$r$——轴承孔与轴颈半径,直径以 $D$ 和 $d$ 表示(mm);
　　　$\Delta$、$\delta$、$e$、$\chi$——轴承直径间隙、半径间隙、偏心距和偏心率;
　　　$B$——轴承宽度(mm);
　　　$F$、$F_a$——轴承承受的径向载荷和轴向载荷(N);
　　　$n$——轴颈转速(r/min);
　　　$d_1$、$d_2$——轴承孔直径和轴环直径(mm);
　　　$z$——环的数目;
　　　$\eta$——润滑油的动力黏度(Pa·s);
　　　$q$——润滑油的流量($m^3/s$);
　　　$c$——润滑油的比热容,为 675～2 090[J/(kg·℃)];
　　　$\rho$——润滑油的密度,为 850～900(kg/$m^3$);
　　　$\alpha_s$——轴承表面传热系数,按轴承结构、尺寸及通风条件可取 50、80 和 140(W/$m^2$·℃);
　　　$f$——轴承摩擦系数;
　　　$R_{a1}$、$R_{a2}$——轴颈和轴承孔表面粗糙度;
　　　$S$——安全系数

## 8.1.8　液体动力润滑径向滑动轴承设计计算

液体动力润滑的基本方程由水力学家雷诺于 1886 年首先导出,故又称雷诺方程。它的一维常用形式是

$$\frac{\partial p}{\partial x} = \frac{6\eta v}{h^3}(h - h_0) \tag{1-8-15}$$

式中,$\eta$ 为润滑油黏度;$v$ 为平板移动速度;$h$ 为油膜厚度,与 $x$ 有关;$h_0$ 为 $p = p_{\max}$ 处的油膜厚度。利用这一方程可积分一次求得油膜压力函数 $p(x)$,再次积分就可求得油膜的承载能力 $F$。

在图 1-8-1 中,利用雷诺方程分析可以得到:当 $h > h_0$ 时,$\dfrac{\partial p}{\partial x} > 0$,表明压力沿 $x$ 方

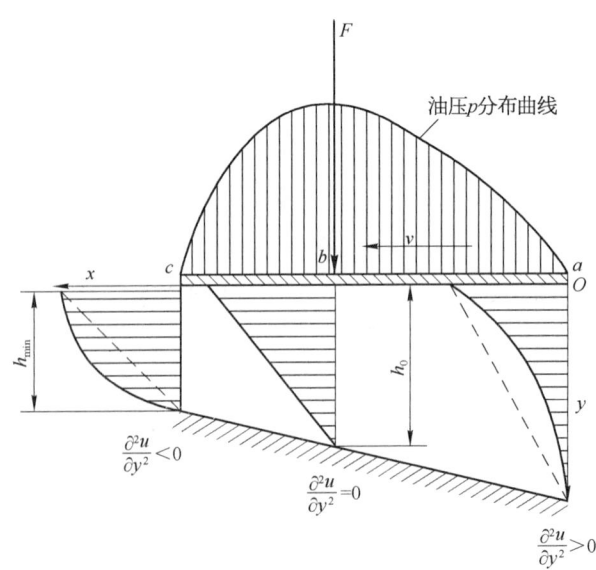

图 1-8-1　两相对运动平板间油层中的压力分布和速度分布

向逐渐增大;当 $h<h_0$ 时,$\frac{\partial p}{\partial x}<0$,表明压力沿 $x$ 方向逐渐降低;而当 $h=h_0$ 时,$\frac{\partial p}{\partial x}=0$,此时压力 $p$ 达到最大值。由于油膜沿 $x$ 方向各处的油压都大于入口和出口的油压,因而能承受一定的外载荷,即压力分布线是一条上凸的曲线。此外,还可通过 $\frac{\partial^2 u}{\partial y^2}=\frac{1}{\eta}\frac{\partial p}{\partial x}$ 分析得到:当 $h>h_0$ 时,$\frac{\partial p}{\partial x}>0$,则 $\frac{\partial^2 u}{\partial y^2}>0$,说明流速分布曲线内凹;当 $h<h_0$ 时,$\frac{\partial p}{\partial x}<0$,则 $\frac{\partial^2 u}{\partial y^2}<0$,说明流速分布曲线外凸;而当 $h=h_0$ 时,$\frac{\partial p}{\partial x}=0$,则 $\frac{\partial^2 u}{\partial y^2}=0$,说明流速呈线性分布。因此,在两板之间形成油压后,在大口端流进液体受到阻力,形成凹曲线;在小口端液体流出受到内部压力的作用,液体加速流出,所以形成凸曲线;在 $h=h_0$ 处,没有压力变化,所以流速呈线性分布。

由式(1-8-15)可知,形成液体动力润滑的必要条件是:
1) 相对滑动的两表面间必须形成收敛的楔形间隙。
2) 被油膜分开的两表面必须有足够的相对滑动速度,其运动方向必须使润滑油从大口流进,从小口流出。
3) 润滑油必须有一定的黏度,供油要充分。

### 8.1.9 液体动力润滑径向滑动轴承承载能力计算及主要参数选择

液体动力润滑径向滑动轴承承载能力计算公式见表 1-8-1 中的式(1-8-11)。根据承载能力计算公式,可以给出轴承主要参数的选择方法。

1) 宽径比 $B/d$:宽径比常用范围是 0.3～1.5。宽径比选得小,可以提高高速轴承的运转平稳性,同时还可以增大端泄流量,降低温升。但随着宽径比的减小,轴承的承载能力也会减弱。

2) 相对间隙 $\psi$:一般情况下,相对间隙主要依据载荷和速度选取。速度高,相对间隙应取大值,以减少轴承的发热;载荷大,相对间隙取小值,以提高承载能力。

3) 动力黏度 $\eta$:提高动力黏度可以提高轴承的承载能力,但同时也增大了摩擦阻力和轴承温升;由于黏度随温度的升高而下降,因此承载能力反而会减弱。所以高速轻载时,动力黏度一般取小值;而低速重载时,动力黏度一般取大值。

### 8.1.10 液体动力润滑径向滑动轴承的热平衡计算

滑动轴承热平衡计算的目的:① 控制轴承的工作温度;② 依据热平衡温度来检查承载能力计算中所取润滑油黏度是否符合工作温度下的黏度值。

热平衡计算通常是根据给定的平均温度 $t_m$,按表 1-8-1 中式(1-8-13)求出的温升 $\Delta t$ 来校核油的入口温度 $t_i$,即

$$t_i = t_m - \frac{\Delta t}{2} = 35 \sim 40 ℃ \qquad (1-8-16)$$

若 $t_i > 35\sim40℃$,则表示轴承热平衡易于建立,轴承的承载能力尚未用尽。若 $t_i<35\sim40℃$,则表示轴承不易达到热平衡状态,此时需加大间隙,并适当降低轴瓦及轴颈表面粗糙

度,再进行计算。

## 8.2 复习思考题

**8-1** 与滚动轴承相比较,滑动轴承有何特点?适用于何种场合?

答:与滚动轴承相比较,滑动轴承具有径向尺寸小、承载能力强、耐冲击性能好、形成液体润滑后工作平稳、摩擦系数小、精度高等特点。

滑动轴承适用于高速或低速、高精度、重载或冲击载荷的场合。

**8-2** 试分别从摩擦状态、油膜形成的原理以及润滑介质几方面对滑动轴承进行分类。

答:滑动轴承根据摩擦状态不同可分为液体润滑轴承、不完全液体润滑轴承;根据油膜形成的原理不同可分为液体动力润滑轴承和液体静力润滑轴承;根据润滑介质不同可分为油润滑轴承、脂润滑轴承和固体介质润滑轴承。

**8-3** 滑动轴承中为什么要设置轴瓦?轴承合金能否直接制成轴瓦?有时为什么又在轴瓦上敷上一层轴承衬?

答:滑动轴承装设轴瓦的原因是:要求轴瓦常用材料(铜合金)与轴配合时减摩性好、摩擦系数小,轴瓦材料硬度低于轴径硬度,使磨损主要发生在轴瓦上。因此当轴瓦磨损报废后,更换轴瓦比更换轴的成本低,而轴承座仍可继续使用。

轴承合金包括锡锑和铅锑轴承合金。这类材料的机械强度低,不能直接制成轴瓦,只能作为轴承衬使用。

在轴瓦上敷上一层轴承衬主要是为了节约贵重金属,并使轴承具有良好的摩擦顺应性和抗胶合能力。

**8-4** 滑动轴承中的油孔和油槽有何作用?在液体润滑滑动轴承上开设油孔和油槽应注意哪些问题?

答:在滑动轴承中开设油孔是为了往轴承内注油。油槽的作用是把从油孔注入的润滑油输送和均匀分布到整个轴承摩擦表面上。

油沟和油槽应开在油膜的非承载区,以保证承载区域内油膜的连续性,有大的承载能力。轴向油槽在轴承宽度方向上不能开通,以免漏油。剖分式轴承的油槽通常开在轴瓦的剖分面处,当载荷方向变动范围超过180°时,应采用环形油槽,且布置在轴承宽度中部。

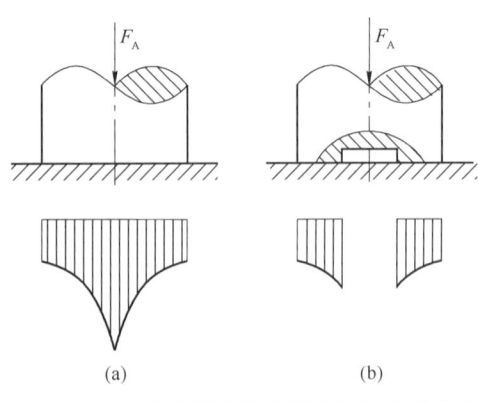

图1-8-2 推力滑动轴承轴颈端面上压力分布
(a) 实心式轴颈;(b) 空心式轴颈

**8-5** 推力轴承为什么不宜采用端面实心式轴颈,而采用空心端面或环状端面轴颈?

答:端面实心式轴颈工作时,在不同半径处的滑动速度不同,造成磨损不同。边缘处半径最大,磨损最快,中心处理论上不磨损,形成压力分布不均匀,如图1-8-2a所示。空心端面或环状端面轴颈可克服端面实心式轴颈的缺点,环面的磨损较均匀,压力分布也比较均匀,如图1-8-2b所示。所以推力轴承不宜采用端面实心式,而采用空心端面或环状端面轴颈。

**8-6** 说明在不完全液体润滑滑动轴承设计计算中限制 $p$、$v$ 和 $pv$ 的主要原因。

答：限制 $p$ 是防止润滑油被完全挤出，使轴承不发生过度磨损。限制 $v$ 也是防止轴承发生过快磨损而报废。限制 $pv$ 是限制摩擦功耗和发热量，防止轴承的温升过高而发生胶合。

**8-7** 验算滑动轴承的 $p$、$v$ 和 $pv$ 是不完全液体润滑滑动轴承设计中的内容，对液体动力润滑滑动轴承是否需要进行此项验算？为什么？

答：液体动力润滑滑动轴承在启动和停车过程中，轴的转速较低，使轴承处于不完全润滑状态。因此，为防止轴承发生过快磨损和温升过高，仍应进行 $p$、$v$ 和 $pv$ 的验算。

**8-8** 提高液体动力润滑径向滑动轴承的运动稳定性和油膜刚度是设计时应考虑的重要问题，其具体措施有哪些？

答：可采用多油楔滑动轴承。多油楔滑动轴承工作时，各油楔同时产生油膜压力，使轴的运动稳定性提高。当载荷增大，轴心下移时，下部油楔的油膜压力增大，上部油楔的油膜压力减小，在此差动力的作用下，轴心的移动量减少，故油膜刚度提高。适当减小轴承的直径间隙，适当增大油的黏度，也可以提高滑动轴承的运动稳定性和油膜刚度。

**8-9** 试写出流体动力润滑一维雷诺方程，并说明方程中各种参数的意义。

答：流体动力润滑一维雷诺方程为 $\dfrac{\partial p}{\partial x}=\dfrac{6\eta v}{h^3}(h-h_0)$。式中，$\dfrac{\partial p}{\partial x}$ 为压力油膜 $p$ 沿 $x$ 方向的分布；$\eta$ 为润滑油的动力黏度；$v$ 为两板间的相对运动；$h$ 为两板间任意一处的间隙；$h_0$ 为两板间油压最大处的间隙。

**8-10** 对已设计好的液体动力润滑径向滑动轴承，试分析在仅改动下列参数之一时，将如何影响该轴承的承载能力。① 转速由 $n=500\,\text{r/min}$ 改为 $n=700\,\text{r/min}$；② 宽径比 $B/d$ 由 1.0 改为 0.8；③ 润滑油由采用 46 号全损耗系统用油改为 68 号全损耗系统用油；④ 轴承孔表面粗糙度由 $Ra=1.6\,\mu\text{m}$ 改为 $Ra=0.8\,\mu\text{m}$。

答：① 由 $F=\dfrac{\eta d B\omega}{\psi^2}C_p$ 可知，转速 $n$ 增大，则轴承的承载能力 $F$ 提高；② 宽径比 $B/d$ 减小，则轴承承载能力 $F$ 降低；③ 润滑油的黏度 $\eta$ 提高，则轴承承载能力 $F$ 提高；④ 表面粗糙度降低，则允许的最小油膜厚度减小，偏心率 $\chi$ 增大，因此轴承承载能力提高。

**8-11** 在设计液体润滑轴承时，当出现下列情况之一后，可考虑采用什么措施（对每种情况至少提出两种改进措施）。① 当 $h_{\min}<[h]$ 时；② 当条件 $p\leqslant[p]$、$v\leqslant[v]$、$pv\leqslant[pv]$ 不满足时；③ 当计算入口温度 $t_i$ 偏低时。

答：① 当最小油膜厚度 $h_{\min}$ 的计算值小于允许的油膜厚度 $[h]$ 时，说明轴承的承载能力不够，可考虑采用增大轴颈直径 $d$、轴承宽度 $B$、宽径比 $B/d$、动力黏度 $\eta$ 或减小相对间隙 $\psi$ 等来改进；② 可考虑改选轴承材料、增大轴承宽度 $B$ 等来提高承载能力；③ 当入口温度 $t_i$ 计算值偏低时，说明轴承的温升过高，承载量过大，可考虑增大轴颈 $d$、轴承宽度 $B$ 等来提高承载能力。

**8-12** 滑动轴承润滑的目的是什么？（分别从液体润滑和不完全液体润滑两类轴承分析）

答：液体润滑轴承的润滑油除了起润滑作用外，还起到带走摩擦面间热量的作用；不完全液体润滑轴承的润滑油主要起润滑作用。

**8-13** 液体动力润滑轴承在热平衡计算时为何要限制润滑油的入口温度？

答：主要是因为润滑油都要循环使用。如果要求润滑油的入口温度过低，必须加大存油容积，以保证能有较长时间使回油油温降低到所要求的入口温度。如果油的入口温度过高，油在循环时带走的热量就少，则散热效果就会降低。

**8-14** 试比较图 1-8-3 所示的三种情况,哪一种的润滑条件最好,其中 $F_1 > F_2 > F_3$, $v_1 < v_2 < v_3$,并简述其理由。

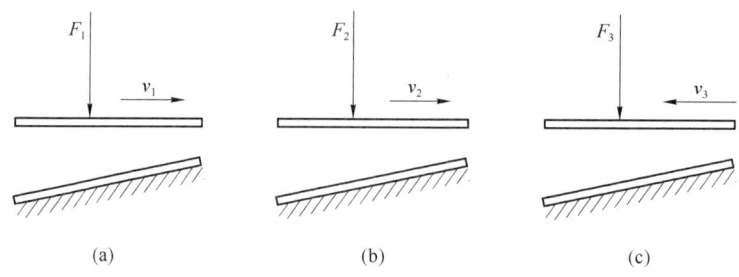

图 1-8-3 三种润滑情况的比较

答:第二种情况润滑条件最好。由雷诺方程 $\dfrac{\partial p}{\partial x} = 6\eta v \dfrac{h - h_0}{h^3}$ 可得:在构成收敛楔形间隙的情况下,$v$ 越大,油膜承载能力越强,越易形成流体润滑。由于第一种情况外载荷 $F_1$ 最大,而相对速度 $v_1$ 较小,故润滑条件较第二种情况要差;而第三种情况则形成发散楔形间隙,故无法形成流体动力润滑状态。

**8-15** 如图 1-8-4 所示的两个尺寸相同的液体摩擦滑动轴承,其工作条件和结构参数(相对间隙 $\psi$、动力黏度 $\eta$、速度 $v$、轴径直径 $d$、轴承宽度 $B$)完全相同。当间隙 $a_1 b_1 < a_2 b_2$ 时,试问:

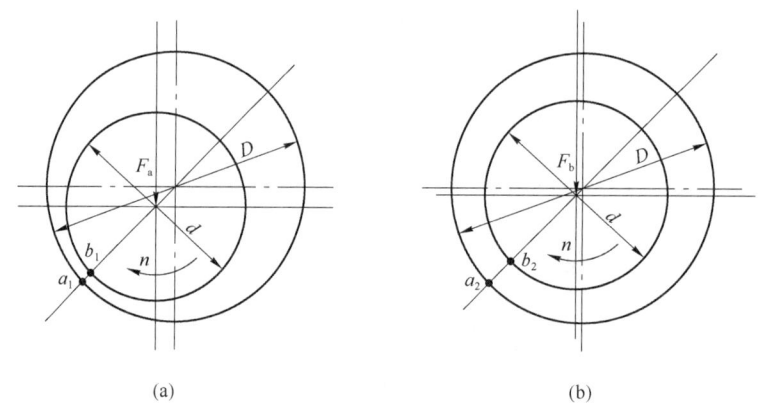

图 1-8-4 液体摩擦滑动轴承性能的比较

1) 哪个轴承的相对偏心率 $\chi$ 较大?为什么?
2) 哪个轴承承受径向载荷 $F$ 较大?为什么?
3) 哪个轴承的耗油量 $q$ 较大?为什么?
4) 哪个轴承发热量较大?为什么?

答:1) 图 1-8-4a 的相对偏心率 $\chi$ 大。因为 $h_{\min} = r\psi(1-\chi)$,即 $h_{\min}$ 越小,$\chi$ 越大;现 $h_{a\min} < h_{b\min}$,所以 $\chi_a > \chi_b$。

2) $h_{\min}$ 越小,则 $\chi$ 越大,$C_p$ 越大,$F = \dfrac{2\eta v B}{\psi^2} C_p$ 也越大。所以 $F_a > F_b$,即图 1-8-4a 承受的径向载荷大。

3) 由耗油量 $q = C_q \psi v B d$ 得,相对偏心率 $\chi$ 越大,则耗油量系数 $C_q$ 越大,所以 $q_a > q_b$,即图 1-8-4a 的耗油量大。

4) 因相对偏心率 $\chi$ 越大,耗油量 $q$ 大,故图 1-8-4b 的发热量较大。

**8-16** 如图 1-8-5 所示为液体动力润滑向心滑动轴承在稳定运转时的轴颈中心的轨迹。图中 $F$ 为载荷,$O$ 点为轴承中心,$e$ 为偏心距,$\delta$ 为半径间隙。试问:

1) 当轴颈中心与轴承中心 $O$ 重叠时,油膜能承受的载荷 $F$ 有多大?此时最小油膜厚度 $h_{min}$ 是多少?

2) 当 $h_{min} > [h_{min}]$ 时,轴颈中心处于 $O$、$O_1$、$O_2$ 三点中的哪一点时油膜承载能力最强?

答:1) 当轴颈中心和轴承中心 $O$ 重叠时,由于两者之间形成的间隙各处均等,不是楔形油隙,不符合形成动力润滑的条件,故不能承受载荷,即承载 $F = 0$,最小油膜厚度 $h_{min} = 0$。

2) 因为 $C_p \propto (\chi, B/d)$,在轴承包角 $\alpha$ 给定的条件下,这里 $B/d$ 相同,所以 $C_p \propto \chi$,又因为 $\chi = e/\delta$,所以 $C_p \propto e$。而 $C_p = \dfrac{F\psi^2}{2\eta v B}$,当其他条件相同时,$F \propto e$。偏心距越大,承载载荷就越大,故轴颈中心处于 $O_2$ 点的承载能力最强。

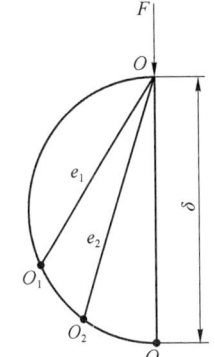

图 1-8-5 液体动力润滑向心滑动轴承轴颈中心轨迹

## 8.3 自测题

**1. 是非题**

(1) 在液体动力润滑滑动轴承中,轴的转速越高,则油膜的承载能力就越强。( )

(2) 在液体动力润滑滑动轴承中,宽径比 $B/d$ 增大,其承载能力增强,温升也增大。( )

(3) 非液体摩擦滑动轴承的主要失效形式是疲劳剥落。( )

(4) 液体动力润滑径向滑动轴承,若径向外载荷不变,减小相对间隙 $\psi$,则承载能力增强,而发热也增大。( )

(5) 非液体摩擦滑动轴承设计中,验算轴承的平均压力 $p$ 的目的是限制轴承的温升。( )

(6) 滑动轴承轴瓦上的油孔和油沟应开在油膜非承载区内。( )

(7) 因为温度对润滑油黏度的影响很大,因此通常只考虑润滑油的黏度和温度的关系。在 5 MPa 下压力对黏度的影响很小,所以一般不予考虑。( )

(8) 轴承合金包括锡基和铅基轴承合金,这类材料的机械强度低,不能直接制成轴瓦。( )

(9) 承受载荷 $F$ 的径向滑动轴承在稳定运转时,轴颈中心与轴承孔中心并不重合,轴颈转速越高,则偏心距越小,但偏心距永远不能减小到零。( )

(10) 与滚动轴承相比,滑动轴承具有径向尺寸大,承载能力也强的特点。( )

(11) 液体静压轴承是利用油泵将具有一定压力的润滑油通过一套供油系统将润滑油输入两滑动表面间,使两表面分离形成油膜并承载。( )

(12) 含油轴承是采用粉末冶金制成的。( )

(13) 一定相对速度运动的两平行板间的液体不能形成承载油膜,但只要两板构成了楔形间隙,即可形成承载油膜。（　）

(14) 轴承合金(巴氏合金)材料主要用于制作轴承衬。（　）

(15) 在滑动轴承设计中,如果轴承宽度较大,宜采用调心式结构。（　）

(16) 液体动力润滑滑动轴承的承载力与轴孔直径间隙的平方成反比。（　）

(17) 滑动轴承润滑油的油性与黏度虽然都是油的重要性能指标,但两者基本上无关,黏度大的油,其油性不一定好。（　）

(18) 滑动轴承的载荷较小、速度较高时,其相对间隙应取得小一些。（　）

**2. 单项选择题**

(1) 润滑油在温升时,内摩擦力是＿＿＿＿的。
A. 增加　　　　　　　　　　B. 始终不变
C. 减小　　　　　　　　　　D. 随压力增加而减小

(2) 为了减轻磨损,应该加入的添加剂是＿＿＿＿。
A. 极压添加剂　　　　　　　B. 降凝添加剂
C. 油性添加剂　　　　　　　D. 抗氧化添加剂

(3) 非液体摩擦滑动轴承的主要失效形式是＿＿＿＿。
A. 工作表面塑性变形　　　　B. 工作表面磨损与胶合
C. 轴承衬合金开裂　　　　　D. 工作表面挤压

(4) 通过直接求解雷诺方程,可以求出轴承间隙中润滑油的＿＿＿＿。
A. 流量分布　　　　　　　　B. 流速分布
C. 温度分布　　　　　　　　D. 压力分布

(5) 径向滑动轴承的偏心率应当是偏心距 $e$ 与＿＿＿＿之比。
A. 轴承半径间隙　　　　　　B. 轴承相对间隙
C. 轴承半径　　　　　　　　D. 轴颈半径

(6) 液体摩擦动力润滑径向滑动轴承中,承载量系数 $C_p$ 是＿＿＿＿函数。
A. 偏心率 $\chi$ 与相对间隙 $\psi$
B. 相对间隙 $\psi$ 与宽径比 $B/d$
C. 宽径比 $B/d$ 与偏心率 $\chi$
D. 润滑油黏度 $\eta$、轴颈直径 $d$ 与偏心率 $\chi$

(7) 计算滑动轴承的最小油膜厚度 $h_{min}$ 的目的是＿＿＿＿。
A. 验算轴承是否获得液体摩擦　　B. 计算轴承的内部摩擦力
C. 计算轴承的耗油量　　　　　　D. 计算轴承的发热量

(8) 设计动力润滑径向滑动轴承时,若通过热平衡计算发现轴承温升过高,在下列改进措施中,有效的是＿＿＿＿。
A. 增大轴承的宽径比 $B/d$　　　B. 减少供油量
C. 增大相对间隙 $\psi$　　　　　D. 换用黏度较高的油

(9) 一滑动轴承的轴颈直径 $d=80$ mm,相对间隙 $\psi=0.001$,已知该轴承在液体摩擦状态下工作,偏心率 $\chi=0.48$,则最小油膜厚度 $h_{min} \approx$ ＿＿＿＿。
A. 42 $\mu$m　　　B. 38 $\mu$m　　　C. 20 $\mu$m　　　D. 19 $\mu$m

(10) 巴氏合金用来制作_____。
A. 单层金属轴瓦  B. 双层或多层金属轴瓦
C. 含油轴承轴瓦  D. 非金属轴瓦

(11) 下列各种机械设备中,_____只宜采用滑动轴承。
A. 中、小型减速器齿轮轴  B. 电动机转子
C. 铁道机车车辆轴  D. 大型水轮机主轴

(12) 与滚动轴承相比较,下述各点中,_____不是滑动轴承的优点。
A. 径向尺寸小  B. 启动容易
C. 运转平稳,噪声低  D. 可用于高速情况下

(13) 径向滑动轴承的直径增大1倍,宽径比不变,载荷不变,则轴承的 $pv$ 值为原来的_____倍。
A. 2  B. 1/2  C. 4  D. 1/4

(14) 滑动轴承材料应有良好的嵌入性是指_____。
A. 摩擦系数小  B. 抗黏着磨损
C. 容纳硬污粒以防磨粒磨损  D. 顺应对中误差

(15) 在进行非液体摩擦径向滑动轴承的校核计算时,如校核结果不满足要求,可以采用_____这一简便合理的措施以确保轴承安全可靠地工作。
A. 使用黏度小的润滑油
B. 改变润滑方式
C. 调节和控制轴承的温升
D. 改变轴瓦材料或适当增大轴承宽度

(16) 如果轴和支架的刚性较差,要求轴承能自动适应其变形,应选用_____。
A. 整体式滑动轴承  B. 剖分式滑动轴承
C. 调心式滑动轴承  D. 推力滑动轴承

(17) 图1-8-6所示的四种剖分式滑动轴承结构中,_____轴承结构是正确的。

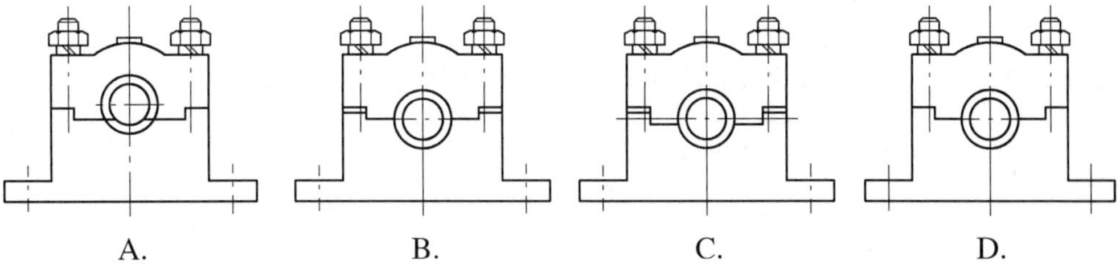

图1-8-6 剖分式滑动轴承结构

(18) 图1-8-7所示的四种滑动轴承轴瓦结构中,_____轴瓦结构是正确的。

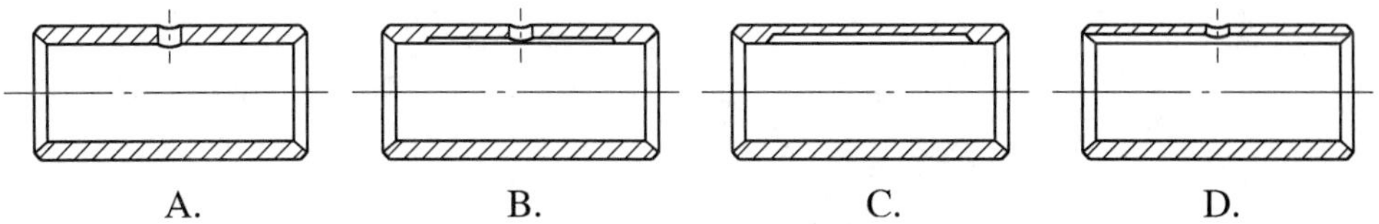

图1-8-7 滑动轴承轴瓦结构

(19) 图1-8-8所示的四种推力滑动轴承结构中，_____结构合理。

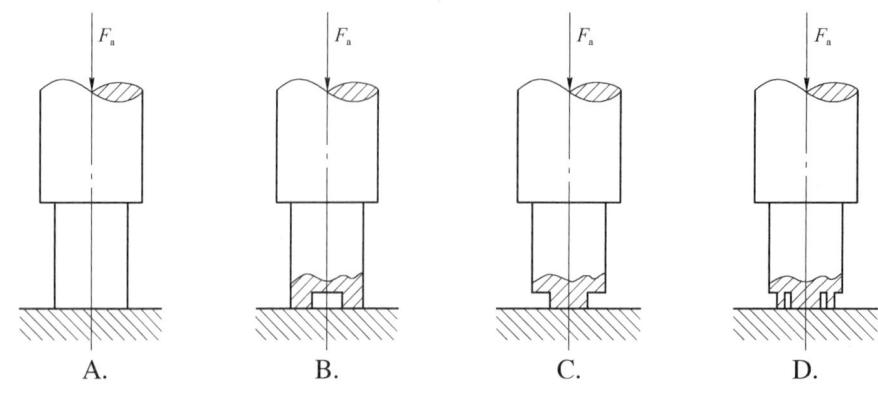

图1-8-8 推力滑动轴承结构

(20) 设计动力润滑径向滑动轴承时，若轴承宽径比 $B/d$ 取得较大，则_____。
A. 端泄流量大，承载能力低，温升高　　B. 端泄流量大，承载能力低，温升低
C. 端泄流量小，承载能力高，温升低　　D. 端泄流量小，承载能力高，温升高

(21) 下列材料中，可作为滑动轴承轴衬使用的是_____。
A. ZSnSb11Cu6　　B. 38SiMnMo　　C. GCr15SiMn　　D. 20CrMnTi

(22) 滑动轴承能建立液体动力润滑的条件中，不必要的条件是_____。
A. 轴颈与轴瓦之间构成楔形间隙
B. 润滑油温度不超过50℃
C. 充分供应润滑油
D. 轴颈与轴瓦表面之间有相对滑动，使润滑油从大口流向小口

### 3. 分析、计算题

(1) 图1-8-9所示为一液体摩擦径向滑动轴承，试在图中标明或画出：① 轴的转向；② 偏心距 $e$；③ 最小油膜厚度 $h_{\min}$；④ 若油膜起始于 $\phi_1$，终止于 $\phi_2$，定性地画出油膜压力分布图，并标上 $\phi_1$ 和 $\phi_2$。

(2) 在图1-8-10所示的被润滑油隔开的两平板中，试按液体动力润滑的一维雷诺方程式 $\dfrac{\partial p}{\partial x} = \dfrac{6\eta v}{h^3}(h - h_0)$ 回答下列问题：

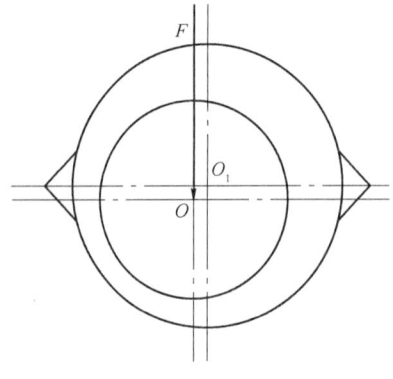

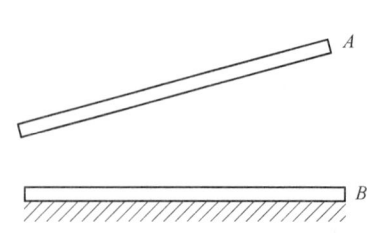

图1-8-9 液体摩擦径向滑动轴承　　图1-8-10 被润滑油隔开的两平板

1)形成液体动力润滑的必要条件是什么?

2)若两板间能形成液体动力润滑,试画出 $A$ 板的运动方向。

3)定性画出油膜压力在 $A$ 板上的分布图。

(3)如图1-8-11所示的高速旋转的滚筒支承在一固定的轴上,滚筒与固定轴之间形成液体动力润滑,试画出油膜压力分布图和转动方向。

(4)起重机卷筒轴采用两个不完全液体润滑径向滑动轴承支承,已知每个轴承上的径向载荷 $F=100\text{ kN}$,轴颈直径 $d=90\text{ mm}$,转速 $n=90\text{ r/min}$。拟采用整体式轴瓦,试设计此轴承,并选择润滑剂牌号。

(5)有一不完全液体润滑的径向滑动轴承,宽径比 $B/d$ 最大许用值为1.5,轴颈 $d=100\text{ mm}$。已知轴承材料的最大许用值 $[p]=5\text{ MPa}$,$[v]=3\text{ m/s}$,$[pv]=10\text{ MPa}\cdot\text{m/s}$,试求轴的转速分别为:① $n_1=250\text{ r/min}$;② $n_2=500\text{ r/min}$;③ $n_3=1\,000\text{ r/min}$ 时,轴承的最大允许载荷。

(6)图1-8-12所示为一推力滑动轴承,钢制轴颈在HT300耐磨铸铁轴承中工作。已知耐磨铸铁材料的最大许用值 $[p]=4\text{ MPa}$,$[v]=2\text{ m/s}$,$[pv]=3\text{ MPa}\cdot\text{m/s}$,轴向载荷 $F_a=30\text{ kN}$,轴的转速 $n=100\text{ r/min}$,试求按不完全液体润滑条件设计的空心端面的内径 $d_1$ 与外径 $d_2$。

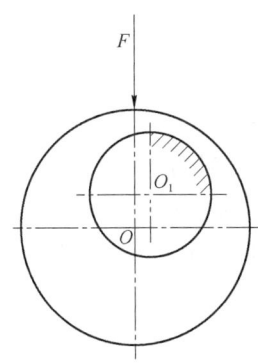
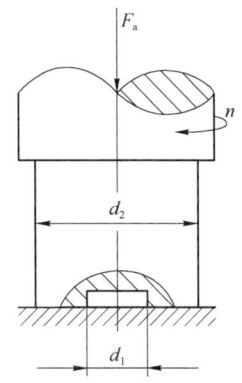

图1-8-11 旋转滚筒与固定轴　　图1-8-12 推力滑动轴承的内径 $d_1$ 与外径 $d_2$

(7)有一液体动力润滑径向滑动轴承,其包角 $\alpha=180°$,轴颈直径 $d=100\text{ mm}$,轴承宽度 $B=80\text{ mm}$,径向载荷 $F=2\,500\text{ N}$,轴的转速 $n=1\,200\text{ r/min}$,采用L-AN32全损耗系统用油润滑,轴承的工作温度 $t_m=50℃$,动力黏度 $\eta_{50℃}=0.018\text{ Pa}\cdot\text{s}$。根据轴承孔加工情况,确定能形成液体动力润滑所许用的油膜厚度 $[h]=4S(R_{a1}+R_{a2})=15\text{ }\mu\text{m}$。有限宽轴承的承载量系数 $C_p$ 可查表1-8-2。

1)当直径间隙 $\Delta=0.17\text{ mm}$ 时,试问该轴承能否形成液体动力润滑?

2)现选择孔的尺寸为 $\phi100^{+0.035}_{0}$,轴的尺寸为 $\phi100^{-0.120}_{-0.175}$,试定性分析轴孔在最大间隙配合时,能否形成液体动力润滑?此配合是否可行?

表1-8-2 有限宽轴承的承载量系数 $C_p$（$B/d=0.80$ 时）

| 偏心率 $\chi$ | 0.30 | 0.40 | 0.50 | 0.60 | 0.70 | 0.80 | 0.85 | 0.90 | 0.95 |
|---|---|---|---|---|---|---|---|---|---|
| 承载量系数 $C_p$ | 0.287 | 0.439 | 0.647 | 0.972 | 1.538 | 2.754 | 4.053 | 6.721 | 15.37 |

(8) 有一液体动力润滑径向滑动轴承,宽径比 $B/d = 1$,其有限宽轴承的承载量系数 $C_p$ 可查表 1-8-3,轴颈直径 $d = 80$ mm,轴承的相对间隙 $\psi = 0.0015$,动力润滑时允许的最小油膜厚度 $[h] = 6$ μm,设计所得的最小厚度 $h_{\min} = 12$ μm。若其他条件不变,试:

1) 求轴颈速度提高到 $v' = 1.7v$ 时的油膜厚度。
2) 当轴颈速度提高到 $v'' = 0.7v$ 时,能否达到流体动力润滑?

表 1-8-3 有限宽轴承的承载量系数 $C_p$ ($B/d = 1.0$ 时)

| 偏心率 $\chi$ | 0.60 | 0.65 | 0.70 | 0.75 | 0.80 | 0.85 | 0.90 | 0.95 |
| --- | --- | --- | --- | --- | --- | --- | --- | --- |
| 承载量系数 $C_p$ | 1.253 | 1.528 | 1.929 | 2.469 | 3.372 | 4.808 | 7.772 | 11.38 |

## 8.4 自测题参考答案

**1. 是非题**

(1) √ (2) √ (3) × (4) √ (5) × (6) √ (7) √ (8) √ (9) √ (10) ×
(11) √ (12) √ (13) × (14) √ (15) √ (16) √ (17) × (18) ×

**2. 单项选择题**

(1) C (2) A (3) B (4) D (5) A (6) C (7) A (8) C (9) C (10) B
(11) D (12) B (13) B (14) C (15) D (16) C (17) B (18) B (19) B (20) D
(21) A (22) B

**3. 分析、计算题**

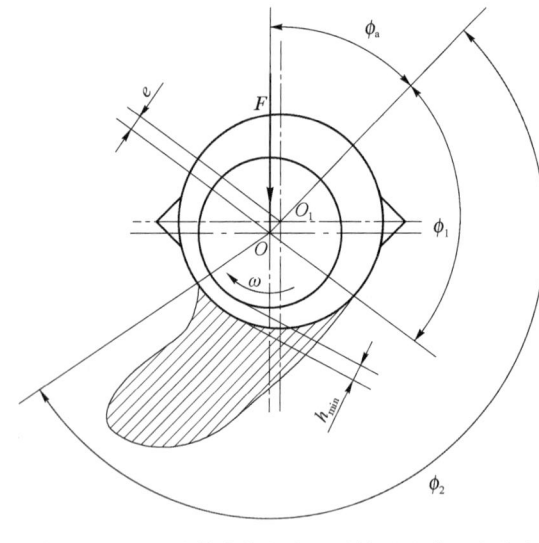

图 1-8-13 液体摩擦径向滑动轴承油膜压力分布

(1) 解:① 当轴颈达到稳定运转时,其中心 $O$ 偏于轴承孔中心 $O_1$ 左侧,则其转动方向一定是顺时针方向;② 偏心距 $e$ 即为轴颈在稳定运转时,轴颈中心 $O$ 与轴承孔中心 $O_1$ 之间的距离;③ 最小油膜厚度 $h_{\min}$ 如图 1-8-13 所示;④ 在图 1-8-13 中,取轴颈中心 $O$ 为极点,连心线 $OO_1$ 为极轴,由 $OO_1$ 算起到油膜起始处之间的夹角即为 $\phi_1$;由 $OO_1$ 算起到油膜终止处之间的夹角即为 $\phi_2$。

(2) 解:1) 形成液体动力润滑的必要条件是:① 相对滑动的两表面间必须形成收敛的楔形间隙;② 被油膜分开的两表面必须有足够的相对滑动速度,其运动方向必须使润滑油从大口流进,从小口流出;③ 润滑油必须有一定的黏度,供油要充分。

2) 若两板间能形成液体动力润滑,则 $A$ 板的运动方向必须使润滑油从大口流进,从小口流出,方向如图 1-8-14 所示。

3) 在 $A$ 板上的油膜压力分布如图 1-8-14 所示。

(3) 解:油膜压力分布和转动方向如图 1-8-15 所示。

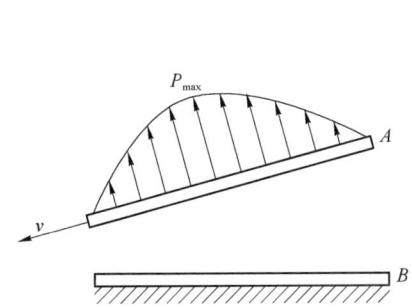 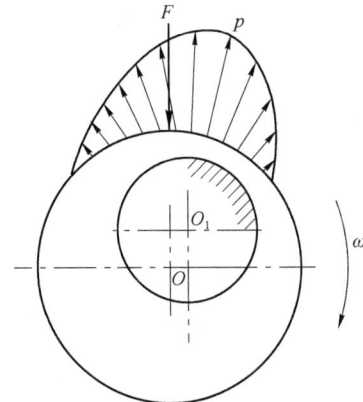

图 1-8-14 被润滑油隔开的两平板油膜压力分布　　图 1-8-15 轴套油膜压力分布和转动方向

（4）解：根据题意，本轴承采用整体式结构，查《机械设计手册》可选用 HZ090 号径向滑动轴承，取轴承宽度 $B = 120$ mm。

1）选用轴瓦材料。轴承压力 $p$、速度 $v$ 以及 $pv$ 分别为

$$p = \frac{F}{dB} = \frac{100 \times 10^3}{90 \times 120} = 9.26 (\text{MPa})$$

$$v = \frac{\pi d n}{60 \times 1\,000} = \frac{\pi \times 90 \times 90}{60 \times 1\,000} = 0.42 (\text{m/s})$$

$$pv = 9.26 \times 0.42 = 3.89 (\text{MPa} \cdot \text{m/s})$$

查《机械设计手册》：轴瓦材料采用锡青铜 ZCuSn10P1，其材料的性能：$[p] = 15$ MPa，$[v] = 10$ m/s，$[pv] = 15$ MPa·m/s，符合要求。

2）选择配合。参考同类机械的使用经验可选取 $\dfrac{H9}{d9}$。

3）选用润滑剂。根据 $v = 0.42$ m/s，$p = 9.26$ MPa，查《机械设计手册》可选 3 号钙基脂或 1 号钙钠基脂。

（5）解：① 当 $n_1 = 250$ r/min 时

$$v = \frac{\pi d n}{60 \times 1\,000} = \frac{\pi \times 100 \times 250}{60 \times 1\,000} = 1.31 (\text{m/s}) < [v]$$

由宽径比 $B/d = 1.5$ 可得：$B = 1.5d$。由 $[p] = \dfrac{F}{Bd}$ 可得

$$F = [p]Bd = 5 \times 1.5d \times d = 7.5 \times 100^2 = 7.5 \times 10^4 (\text{N})$$

由 $[pv] = \dfrac{F}{Bd} \dfrac{\pi d n}{60 \times 1\,000}$ 得

$$F = \frac{60 \times 1\,000 Bd[pv]}{\pi d n} = \frac{60 \times 1\,000 \times 1.5 \times 100^2 \times 10}{\pi \times 100 \times 250} = 1.15 \times 10^5 (\text{N})$$

故轴承的最大允许载荷为 $7.5 \times 10^4$ N。

② 当 $n_2 = 500$ r/min 时

$$v = \frac{\pi d n}{60 \times 1\,000} = \frac{\pi \times 100 \times 500}{60 \times 1\,000} = 2.62(\text{m/s}) < [v]$$

同理可得

$$F = [p]Bd = 5 \times 1.5d \times d = 7.5 \times 100^2 = 7.5 \times 10^4(\text{N})$$

$$F = \frac{60 \times 1\,000 Bd[pv]}{\pi d n} = \frac{60 \times 1\,000 \times 1.5 \times 100^2 \times 10}{\pi \times 100 \times 500} = 5.73 \times 10^4(\text{N})$$

故轴承的最大允许载荷为 $5.73 \times 10^4$ N。

③ 当 $n_3 = 1\,000$ r/min 时

$$v = \frac{\pi d n}{60 \times 1\,000} = \frac{\pi \times 100 \times 1\,000}{60 \times 1\,000} = 5.24(\text{m/s}) > [v]$$

滑动轴承因圆周速度超过速度许用值而不能正常工作,故应更换材料。

(6) 解：由 $p = \dfrac{F_a}{z \dfrac{\pi}{4}(d_2^2 - d_1^2)} \leqslant [p]$ 得

$$d_2^2 - d_1^2 = \frac{F_a}{z\dfrac{\pi}{4}[p]} = \frac{30 \times 10^3}{1 \times \dfrac{\pi}{4} \times 4} = 9\,549$$

即

$$(d_2 + d_1)(d_2 - d_1) = 9\,549 \qquad ①$$

由 $pv = \dfrac{F_a}{z \dfrac{\pi}{4}(d_2^2 - d_1^2)} \dfrac{\pi n(d_2 + d_1)}{60 \times 1\,000 \times 2} \leqslant [pv]$ 得

$$d_2 - d_1 = \frac{F_a}{z\dfrac{\pi}{4}[pv]} \times \frac{\pi n}{60 \times 1\,000 \times 2} = \frac{30 \times 10^3 \times 100 \times 4}{1 \times 3 \times 60 \times 1\,000 \times 2} = 33 \qquad ②$$

将式②代入式①,得

$$d_2 + d_1 = \frac{9\,549}{33} = 289 \qquad ③$$

由式②+式③得

$$d_2 = \frac{289 + 33}{2} = 161(\text{mm})$$

将 $d_2$ 代入式③,得

$$d_1 = 289 - d_2 = 289 - 161 = 128(\text{mm})$$

(7) 解：1) 相对间隙 $\psi = \dfrac{\Delta}{d} = \dfrac{0.17}{100} = 0.001\,7$,轴颈角速度 $\omega = \dfrac{2\pi n}{60} = \dfrac{2\pi \times 1\,200}{60} = 125.66(\text{rad/s})$,故轴承承载量系数为

$$C_p = \frac{F\psi^2}{\eta\omega dB} = \frac{2\,500 \times 0.001\,7^2}{0.018 \times 125.66 \times 0.1 \times 0.08} = 0.399$$

按 $B/d = 0.8$ 及 $C_p = 0.399$ 查表 1-8-2,可得 $\chi = 0.439$,故

$$h_{min} = \delta(1-\chi) = \frac{\Delta}{2}(1-\chi) = \frac{0.17}{2} \times (1-0.439) = 0.047\,7(mm) = 47.7(\mu m)$$

因为 $h_{min} > [h] = 15\,\mu m$,所以可以形成液体动力润滑。

2) 直径间隙 $\Delta_{max} = 0.035 - (-0.175) = 0.21(mm)$,相对间隙 $\psi = \frac{\Delta_{max}}{d} = \frac{0.21}{100} = 0.002\,1$,故轴承承载量系数为

$$C_p = \frac{F\psi^2}{\eta\omega dB} = \frac{2\,500 \times 0.002\,1^2}{0.018 \times 125.66 \times 0.1 \times 0.08} = 0.609$$

按 $B/d = 0.8$ 及 $C_p = 0.609$ 查表 1-8-2 并插值计算,可得 $\chi = 0.482$,故

$$h_{min} = \delta(1-\chi) = \frac{\Delta_{max}}{2}(1-\chi) = \frac{0.21}{2} \times (1-0.482) = 0.054\,4(mm) = 54.4(\mu m)$$

因为 $h_{min} > [h] = 15\,\mu m$,所以最大间隙时能够形成液体动力润滑,此配合可行。

(8) 解:1) 轴承的半径间隙 $\delta = \frac{\Delta}{2} = \frac{d\psi}{2} = \frac{80 \times 0.001\,5}{2} = 0.06(mm)$,偏心率

$$\chi = 1 - \frac{h_{min}}{\delta} = 1 - \frac{0.012}{0.06} = 0.8$$

按 $B/d = 1.0$ 及 $\chi = 0.8$ 查表 1-8-3,可得 $\chi = 3.372$。由 $C_p = \frac{F\psi^2}{2\eta v B}$ 可知,当 $F$ 一定时,所需用的承载量系数 $C_p$ 与 $v$ 成反比,故当轴颈速度为设计速度的 1.7 倍时,所需 $C_p$ 应为设计速度的 $1/1.7$,即当 $v' = 1.7v$ 时,所需的承载量系数 $C_p = 3.372/1.7 = 1.984$。查表 1-8-3 并插值计算,可得对应的 $\chi = 0.705$。故当轴颈速度提高到 $v' = 1.7v$ 时,最小油膜厚度为

$$h_{min} = \delta(1-\chi) = 0.06 \times (1-0.705) = 0.017\,7(mm)$$

2) 当轴颈速度提高到 $v'' = 0.7v$ 时,所需的承载量系数 $C_p = 3.372/0.7 = 4.817$。查表 1-8-3 并插值计算,可得对应的 $\chi = 0.85$,最小油膜厚度为

$$h_{min} = \delta(1-\chi) = 0.06 \times (1-0.85) = 0.009(mm) = 9(\mu m) > [h] = 6\,\mu m$$

故能达到动力润滑。

## 8.5 中英双语名词术语

比热容　specific heat capacity
表面传热系数　surface coefficient of heat transfer
承载量系数　bearing capacity factor; load-bearing capacity coefficient
承载能力　bearing capacity

弹性流体动力润滑　elastohydrodynamic lubrication
电蚀　electric current damage
动力润滑　dynamic lubrication
动力黏度　dynamic viscosity
非金属材料　non metallic material
粉末冶金　powder metallurgy
腐蚀　corrosion
腐蚀磨损　corrosive wear
干摩擦　dry friction
固体润滑剂　solid lubricant
过度磨损　excessive wear
含油轴承　oil bearing
耗油量　oil consumption
耗油量系数　oil consumption factor
滑动轴承　sliding bearing
黄铜　brass
混合润滑　mixed lubrication
减摩性　anti-friction quality
金属材料　metallic material
静压轴承　hydrostatic bearing
雷诺方程　Reynolds's equation
密度　density
耐腐蚀性　corrosion resistance
耐磨性　wear resistance
凝固点　freezing point; solidifying point
偏心载荷　eccentric load
偏转角　deflection angle
气体轴承　gas bearing
青铜合金　bronze alloy
燃点　spontaneous ignition
润滑　lubrication
润滑剂　lubricant
润滑油膜厚度　lubricant film thickness
润滑装置　lubrication device
铜　copper
铜合金　copper alloys
铜-铝合金　copper-aluminium alloys
铜-锡合金　copper-tin alloys
铜-锌合金　copper-zinc alloys
相对间隙　relative gap
相对运动　relative motion
液体动力润滑　hydrodynamic lubrication
液体静力润滑　hydrostatic lubrication
油杯　oil bottle
油壶　oil can
油楔承载机理　load-carrying mechanism with oil-film wedge
有色金属　nonferrous metal
运动黏度　kinematic viscosity
黏度　viscosity
轴承衬　bearing bush; bearing liner
轴承合金　bearing metal
轴颈　journal
轴瓦　bearing bush; bearing shell
轴线　axis
最小油膜厚度　minimum oil film thickness

# 第 9 章 滚 动 轴 承

## 9.1 知识要点

### 9.1.1 滚动轴承概述

**(1) 滚动轴承的结构** 滚动轴承一般由内圈、外圈、滚动体和保持架四个部分组成。但有时根据结构的需要,可以制成没有内圈、外圈或保持架的轴承。通常,内圈装在轴径上与轴一起转动,外圈装在轴承座内固定不动。保持架的作用是均匀地隔开滚动体,以减小滚动体的摩擦和磨损。

**(2) 滚动轴承的材料** 轴承的内圈、外圈和滚动体的材料一般采用高碳铬轴承钢(如GCr15)或渗碳轴承钢(如 G20Cr2Ni4A),热处理后硬度不低于 60 HRC。冲压保持架一般用低碳钢冲压制成,它与滚动体间有较大的间隙。实体保持架常用铜合金、铝合金或塑料制造,有较好的定心作用。

**(3) 滚动轴承的特点** 滚动轴承的优点有:摩擦阻力小、启动灵活、效率高、润滑简便和易于互换等。缺点有:抗冲击能力差,高速时有噪声,工作寿命不及液体摩擦滑动轴承。

### 9.1.2 滚动轴承的主要类型及其代号

**(1) 两个基本概念**

1) 接触角 $\alpha$:滚动轴承中,滚动体与外圈滚道接触点处的法线与轴承径向平面之间的夹角称为轴承的接触角。接触角 $\alpha$ 的大小主要取决于轴承的结构,其值在 $0 \sim 90°$。接触角 $\alpha$ 的值越大,则承受轴向载荷的能力越强。

2) 载荷角 $\beta$:滚动轴承所受的径向载荷 $F_r$ 与轴向载荷 $F_a$ 的合力与轴承径向平面之间的夹角称为轴承的载荷角。由定义可知,载荷角是滚动轴承的载荷参数,它反映了轴承轴向载荷相对于径向载荷的大小。因此,载荷角与接触角不同,它主要取决于轴承的外载荷。

**(2) 滚动轴承的分类** 按国家标准,滚动轴承共有十多种基本类型,每种类型的轴承都各自有不同的结构特点和性能。

滚动轴承 
- 按承受载荷的方向分
  - 向心轴承:主要承受径向力,接触角 $\alpha = 0$
  - 推力轴承:主要承受轴向力,接触角 $\alpha = 90°$
  - 向心推力轴承:既承受径向力,也承受轴向力,接触角 $0 < \alpha < 90°$
- 按滚动体的形状分
  - 球轴承:点接触,承载能力和抗冲击能力弱,旋转精度和极限转速高,成本低
  - 滚子轴承:线接触,承载能力和抗冲击能力强,旋转精度和极限转速低,成本高
  - 滚针轴承:径向尺寸小,抗冲击能力较好,承载能力较强,但不能承受轴向载荷

**(3) 滚动轴承的分类** 滚动轴承代号由前置代号、基本代号和后置代号三部分组成。基本代号是轴承代号的核心。前置代号和后置代号都是轴承代号的补充,只有在对轴承结构、形

状、材料、公差等级、技术要求等有特殊要求时才使用,一般情况下可部分或全部省略。

1) 基本代号由类型代号、尺寸系列代号和内径代号组成。

类型代号:用右起第五位数字或字母表示。滚动轴承的类型代号见表1-9-1。

表1-9-1 滚动轴承的类型代号

| 类 型 名 称 | 类 型 代 号 | 类 型 名 称 | 类 型 代 号 |
|---|---|---|---|
| 双列角接触球轴承 | 0 | 角接触球轴承 | 7 |
| 调心球轴承 | 1 | 推力圆柱滚子轴承 | 8 |
| 调心滚子轴承<br>推力滚子轴承 | 2 | 圆柱滚子轴承 | N |
| 圆锥滚子轴承 | 3 | 内圈无挡边圆柱滚子轴承 | NU |
| 双列深沟球轴承 | 4 | 内圈有挡边圆柱滚子轴承 | NJ |
| 推力球轴承 | 5 | 滚针轴承 | NA |
| 深沟球轴承 | 6 | 带顶丝外球面球轴承 | UC |

尺寸系列代号:用右起第三、四位数字表示。右起第三位数字代表轴承的直径系列,右起第四位数字代表轴承的宽度系列(向心轴承)或高度系列(推力轴承)。尺寸系列表示相同内径的轴承可以有不同的外径,相同直径的轴承也可以有不同的宽度或高度。直径系列代号有数字7、8、9、0、1、2、3、4和5,对应外径逐步增加;宽度系列代号有数字8、0、1、2、3、4、5和6,宽度依次增大;多数轴承可不写数字"0",但调心滚子轴承和圆锥滚子轴承必须写上。

内径代号:用右起第一、二位数字表示。对于内径代号大于或等于04时,内径尺寸等于代号乘以5。

2) 前置代号用字母表示,用于表示轴承的分部件。如用L表示可分离轴承的可分离套圈,K表示轴承的滚动体与保持架组件等。

3) 后置代号用字母和数字等表示轴承的结构、公差及材料的特殊要求等。常见的后置代号有:用字母C、AC和B表示角接触球轴承的接触角为15°、25°和40°;用公差等级代号/P2、/P4、/P5、/P6(P6x)和/P0表示由高到低轴承的2级、4级、5级、6(6x)级和0级公差;用游隙组别代号/C1、/C2、/C0、/C3、/C4和C5表示由小到大轴承的1组、2组、0组、3组、4组和5组的径向游隙,其中的0级公差和0组游隙在代号中省略不标。

## 9.1.3 滚动轴承类型的选择

正确选择滚动轴承类型时应考虑的主要因素有:

**(1) 轴承所受载荷的大小** 轻、中载荷选用球轴承,重载荷选用滚子轴承。

**(2) 轴承所受载荷的方向** 当承受纯径向载荷时,选用向心轴承;当承受纯轴向载荷时,选用推力轴承;当承受径向载荷时,还承受不大的轴向载荷,可选用深沟球轴承或接触角不大的角接触球轴承或圆锥滚子轴承;当承受径向载荷时,还承受较大的轴向载荷,可选用接触角较大的角接触球轴承或圆锥滚子轴承,或者选用向心轴承和推力轴承组合在一起的结构。

**(3) 轴承工作的转速** 转速较高、载荷较小、要求旋转精度高时宜选用球轴承;转速较低、载荷较大或有冲击载荷时则选用滚子轴承。各类推力轴承的许用转速均低于径向轴承。

**(4) 轴承的调心性能** 当轴系刚度较差,两轴孔同轴度较差或多支点支承时宜选用调心轴承。当要求支承刚度高时,宜选用角接触轴承,滚子轴承对轴线的偏斜最为敏感,应避免在轴线有偏斜的场合使用。

**(5) 轴承的安装与拆卸** 安装与拆卸较为频繁或为了调整轴承游隙,可选用内、外圈可分离的轴承,如圆锥滚子轴承、圆柱滚子轴承、滚针轴承和推力轴承等。

**(6) 轴承的经济性** 公差等级越高的轴承,价格越高;公差等级相同时,球轴承比滚子轴承便宜。因此在满足使用要求的情况下,应优先选用价格低的球轴承。

### 9.1.4 滚动轴承的受力分析、失效形式和计算准则

**(1) 滚动轴承的受力分析** 滚动轴承工作时,并非所有的滚动体都同时受载。滚动体同时受载的程度与轴承所受的径向力和轴向力的大小有关,一般以控制约半圈滚动体同时受载为宜。

滚动轴承在通过中心的轴向载荷作用下,各滚动体所承受的载荷是相等的。在径向载荷作用下,向心轴承的滚动体和转动的套圈承受的是变化的脉动循环接触应力,固定不动的套圈承受的是稳定的脉动循环接触应力,如图 1-9-1 所示。

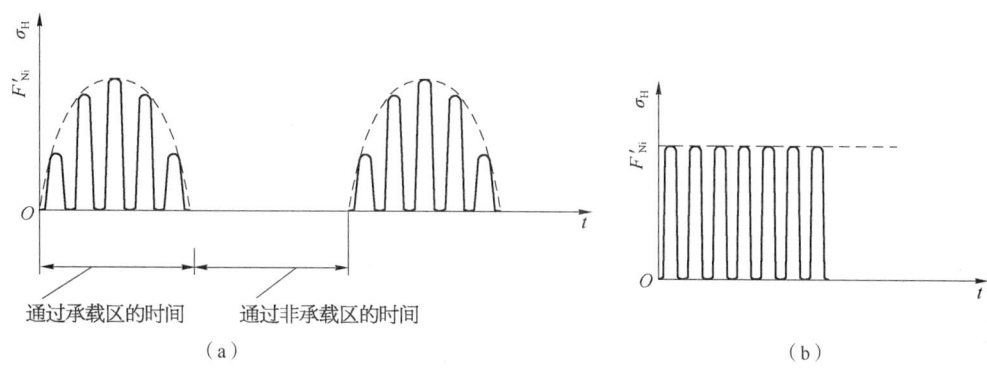

图 1-9-1 轴承元件上的载荷及接触应力变化
(a) 滚动体和转动的套圈承受的接触应力;(b) 固定不动的套圈承受的接触应力

**(2) 滚动轴承的失效形式** 对于转动的滚动轴承,其内、外圈滚道和滚动体承受变化的接触应力,所以其主要的失效形式是疲劳点蚀;对于不转动、低速或摆动的轴承,其主要的失效形式是局部的塑性变形;对于高速轴承,其主要的失效形式是胶合。

**(3) 滚动轴承的计算准则** 确定滚动轴承的使用寿命时,主要进行接触疲劳寿命计算和静强度计算。对于不转动、低速或摆动的轴承只需进行静强度计算。高速轴承由于发热易造成磨损和烧伤,所以要校核极限转速。

### 9.1.5 滚动轴承的寿命计算

**(1) 关于寿命计算的基本概念**

1) 寿命:滚动轴承在开始出现疲劳点蚀之前的运转次数(或工作小时数)称为轴承的寿命。一批相同型号的轴承,在同样条件下工作,各个轴承的寿命是不一致的,可能相差很大。

2)基本额定寿命($L_{10}$或$L_{10h}$):按一组轴承中10%的轴承发生点蚀破坏,其余90%还未发生点蚀破坏时的轴承转数(或工作小时数)作为轴承的寿命称为基本额定寿命。$L_{10}$的单位为"$10^6$ r",$L_{10h}$的单位为"h"。

3)基本额定动载荷$C$:滚动轴承的基本额定寿命为$10^6$ r时,轴承所能承受的载荷称为基本额定动载荷。

4)当量动载荷$P$:滚动轴承的基本额定动载荷是在一定的实验条件下确定的。如对于向心轴承指的是纯径向载荷,对于推力轴承指的是纯轴向载荷,对于向心推力轴承指的是使套圈间产生纯径向位移的载荷的径向分量。因此,在轴承寿命计算中必须对轴承的实际载荷进行换算。由此可知,将实际载荷换算成与实验条件相同的载荷,这个换算的假想载荷就称为当量动载荷。

**(2)滚动轴承的寿命计算** 滚动轴承的寿命计算公式见表1-9-2。

表1-9-2 滚动轴承选择计算公式

| 派生轴向力$F_d$ | 轴 承 类 型 | | | 圆锥滚子轴承 |
|---|---|---|---|---|
| | 角 接 触 球 轴 承 | | | |
| | 70000C($\alpha=15°$) | 70000AC($\alpha=25°$) | 70000B($\alpha=40°$) | |
| | $eF_r$ | $0.68F_r$ | $1.14F_r$ | $\dfrac{F_r}{2Y}$ |
| 可靠度为90%的寿命计算 | $L_{10h}=\dfrac{10^6}{60n}\left(\dfrac{C}{P}\right)^\varepsilon$, $P=f_d(XF_r+YF_a)$ (1-9-1) | | | |
| 不同可靠度的寿命计算 | $L_n=\alpha_1 L_{10h}$ (1-9-2) | | | |
| 静强度计算 | $C_0 \geqslant S_0 P_0$, $P_0=X_0 F_r+Y_0 F_a$ (1-9-3) | | | |
| 极限转速计算 | $n_{max} \leqslant f_1 f_2 n_{lim}$ (1-9-4) | | | |

式中 $e$——轴向载荷影响系数,若轴承的$e$值较大,则承受轴向载荷的能力较强;

$F_r$——轴承的径向载荷;

$F_a$——轴承的轴向载荷;

$C$、$C_0$——轴承的基本额定动载荷和基本额定静载荷;

$\varepsilon$——寿命指数(球轴承$\varepsilon=3$,滚子轴承$\varepsilon=10/3$);

$X$、$Y$——径向动载荷系数和轴向动载荷系数,若$X$、$Y$都较小,则轴承具有相对较强的承载能力;

$X_0$、$Y_0$——径向静载荷系数和轴向静载荷系数;

$f_d$——载荷系数;

$L_n$——可靠度$R=(100-n)\%$时的寿命;

$\alpha_1$——可靠度$R\neq 90\%$时的寿命修正系数;

$P_0$——当量静载荷,是一个与实际载荷等价的假想载荷,在它作用下轴承的塑性变形量与在实际载荷作用下的变形量相同;

$S_0$——静强度安全系数;

$f_1$——载荷系数,考虑重载时接触应力增大的影响;

$f_2$——载荷分布系数,考虑随轴向载荷增大,受载滚动体数目增加,轴承摩擦力增大的影响;

$n_{lim}$、$n_{max}$——轴承的极限转速和最大工作转速

**(3) 角接触轴承的轴向载荷 $F_a$ 的计算**　当角接触球轴承和圆锥滚子轴承承受径向载荷时，要产生派生轴向力（也称内部轴向力或附加轴向力），为了保证这类轴承正常工作，通常是成对使用的。此时，求轴承所承受的轴向载荷的步骤是：

1）确定派生轴向力 $F_{d1}$、$F_{d2}$ 的作用方向和大小。派生轴向力方向指向窄边，大小按表 1-9-2 中公式计算。

2）按外加轴向载荷 $F_{ae}$ 和派生轴向力 $F_{d1}$、$F_{d2}$ 的作用方向和大小，判断哪个轴承"压紧"，哪个轴承"放松"。

3）"压紧"轴承的轴向力等于外加轴向载荷 $F_{ae}$ 与另一轴承派生轴向力之代数和。

4）"放松"轴承的轴向力就等于其本身派生轴向力。

5）若 $F_{d1} + F_{ae} = F_{d2}$ 或 $F_{d2} + F_{ae} = F_{d1}$，则 $F_{a1} = F_{d1}$，$F_{a2} = F_{d2}$。

## 9.1.6　滚动轴承的静载荷计算

对于转速极低或摆动的轴承，它们主要的失效形式是塑性变形，所以应根据静强度计算确定轴承的尺寸。

滚动轴承静强度的计算标准是基本额定静载荷。国家标准规定，使受载最大的滚动体与滚道接触中心处引起的接触应力达到一定值的载荷称为基本额定静载荷 $C_0$，它表示滚动轴承抵抗塑性变形的最大承载能力。按基本额定静载荷选择滚动轴承的计算公式见表 1-9-2。

## 9.1.7　滚动轴承的极限转速

对于高速轴承，除了按基本额定动载荷进行寿命计算外，还必须校核其最大转速是否超出了轴承的极限转速。

滚动轴承的极限转速 $n_{lim}$ 在《机械设计手册》上可以查到，但手册中的数值是有一定条件的，当轴承的当量动载荷 $P$ 超过 $0.1C$ 或向心轴承还承受轴向载荷时，应对 $n_{lim}$ 进行修正，修正公式见表 1-9-2。

提高轴承精度，选用较大的游隙，改用青铜等减摩材料做保持架，改善润滑和冷却条件等措施均能使轴承的极限转速提高。

## 9.1.8　滚动轴承装置的设计

**(1) 滚动轴承的轴向固定**　轴承的轴向固定方式主要有以下三种：

1）双支点各单向固定（简称两端固定）。它适用于工作温度变化不大的短轴（支点间距 $l \leqslant 400 \text{ mm}$）。为了补偿轴因受热而伸长，在安装时，对于深沟球轴承，在轴承外圈与轴承盖之间留有 $C = 0.25 \sim 0.35 \text{ mm}$ 的间隙；对于角接触轴承，则要调整其内圈、外圈的相对轴向位置，使其留有足够的轴向间隙。

2）一支点双向固定、另一支点游动（简称一端固定、一端游动）。它适用于工作温度变化较大、支点间距较大的长轴。当游动支点采用不可分的深沟球轴承时，轴承内圈两端分别用轴肩和弹簧挡圈固定在轴上，轴承外圈与轴承座孔间为间隙配合，并在外圈与端盖之间留有 $2 \sim 3 \text{ mm}$ 的间隙，其轴上游动在轴承外圈与轴承座孔之间进行。当游动支点采用内、外圈可分离的圆柱滚子轴承时，轴承的内圈固定在轴上，外圈固定在轴承座上，轴向游动在滚动体与外圈之间进行。

3）两端游动支承（简称两端游动）。它适用于人字齿轮传动的游动齿轮轴。对于人字齿轮传动,通常大齿轮轴承采用两端固定支承,小齿轮轴承采用两端游动支承,以便于小齿轮轴承沿轴向游动,以防齿轮卡死或两侧轮齿受力不均。

**(2) 滚动轴承的调整** 滚动轴承的调整包括轴承间隙调整,以获得一定热膨胀间隙;轴的轴向位置调整,以保证传动零件(如圆锥齿轮、蜗轮)有准确的工作位置。调整的方法有:① 加减轴承盖与轴承座之间垫片的厚度;② 用螺钉调整轴承外圈压盖推动外圈;③ 修配轴承端盖伸入轴承座孔部分的长度尺寸。

**(3) 滚动轴承的配合** 滚动轴承是标准件,配合应以它作为基准件。轴承外圈与轴承座配合应采用基轴制,轴承内圈与轴颈配合应采用基孔制。

转动套圈的配合应比不动套圈配合紧一些。配合的松紧程度应考虑载荷大小、性质、转速高低和使用要求。如转速高、载荷大、冲击振动比较严重时应选用较紧的配合,旋转精度高的配合也要紧一些,游动支承内圈配合应选用间隙配合等。

**(4) 滚动轴承的预紧** 滚动轴承在工作之前,适当加上少许轴向预紧力,可以消除或减少游隙,提高运转精度,提高支承刚度,减小振动和噪声,可以增加载荷区,提高承载能力。但预紧力不宜过大,否则将使摩擦力增大,温度升高,寿命下降。

**(5) 轴承的装拆** 在设计轴承部件时,应考虑轴承的装拆,以免在装拆轴承过程中损坏轴承和其他零件。

在安装轴承时,可用热油预热轴承来增大内孔直径,以便安装;也可以用压力机通过套管压装套圈。

拆卸轴承时应使用拆卸工具。为了便于拆卸轴承内圈,固定轴承的轴肩高度不得大于轴承内圈高度的3/4,以便放置拆卸工具的钩头。为了便于拆卸外圈,对于通孔,轴承座孔凸肩高度不得大于外圈厚度的3/4,即留出拆卸高度h;对于盲孔,可在端部开设专用拆卸螺孔。

**(6) 轴承的润滑** 润滑的目的是减少摩擦和磨损,还可以起到散热、减小接触应力、吸收振动、防止锈蚀等作用。

滚动轴承的常用润滑方式有油润滑和脂润滑两类。一般当内径与转速的乘积 $dn \leqslant 3 \times 10^5$ mm·r/min 时用脂润滑,当 $dn > 3 \times 10^5$ mm·r/min 时用油润滑。浸油润滑时,油面不要超过最低滚动体中心。润滑脂润滑时,润滑脂的装填量不要超过轴承空间的 $1/3 \sim 1/2$。

**(7) 轴承的密封** 密封的目的是防止灰尘、水分等杂物进入轴承,阻止润滑剂的流失。密封按其原理的不同,可分为接触式密封(如毡圈密封)和非接触密封(如迷宫密封)两大类。接触式密封一般用于速度不高的场合,非接触密封可用于速度较高的场合。

## 9.2 复习思考题

**9-1** 在机械设备中为何广泛采用滚动轴承?

答:因为滚动轴承是标准件,具有互换性好、结构简单、使用维护方便、摩擦系数小、容易启动、效率高等特点,所以在机械设备中被广泛采用。

**9-2** 滚动轴承由哪些元件组成?各元件一般采用什么材料及热处理方式?

答:滚动轴承由内圈、外圈、滚动体和保持架四个部分组成。轴承的内圈、外圈和滚动体的材料一般为高碳铬轴承钢或渗碳轴承钢,采用淬火、渗碳淬火,并低温回火。保持架的材料一般为低碳钢、铜合金、铝合金或塑料等。

**9-3** 为什么30000型和70000型轴承常成对使用?成对使用时,什么是正装及反装?

什么是"面对面"及"背靠背"安装？试比较正装与反装的特点。

答：因为 30000 型和 70000 型轴承只能承受单方向的轴向载荷，成对安装时才能承受双向轴向载荷。

正装和反装是对轴的两个支点而言的，两支承点上的轴承外圈窄边相对称为正装，外圈宽边相对称为反装。"面对面"和"背靠背"安装是对轴的一个支承点而言的，一个支承点上的两个轴承外圈窄边相对称为"面对面"安装，外圈宽边相对称为"背靠背"安装。

正装使得轴的支承跨距减小，适合于载荷作用于支承跨距之间的简支梁；反装使得轴的支承跨距增大，适合于载荷作用于支承跨距之外的悬臂梁。

**9-4** 滚动轴承基本额定动载荷 $C$ 的含义是什么？当滚动轴承上作用的当量动载荷不超过 $C$ 值时，滚动轴承是否就不发生点蚀破坏？为什么？

答：所谓滚动轴承的基本额定动载荷 $C$ 就是使轴承的基本额定寿命恰好为 $10^6$ 转时，轴承所能承受的载荷。当 $P \leqslant C$ 时，轴承是否出现点蚀可用概率来表示，即当所要求的工作寿命等于 $(C/P)^\varepsilon$ 时，出现点蚀的概率为 10%；大于 $(C/P)^\varepsilon$ 时，出现点蚀的概率大于 10%；小于 $(C/P)^\varepsilon$ 时，出现点蚀的概率小于 10%。点蚀总有出现的可能性，仅概率不同。

**9-5** 推力球轴承为什么不宜用于高速？

答：高速时离心力大，使滚动体与保持架压力加大，致使磨损大、发热高，轴承寿命降低。因此，推力球轴承不宜用于高速。

**9-6** 滚动轴承为什么要进行寿命计算、静强度计算和极限转速计算？计算的条件是什么？

答：滚动轴承进行寿命计算是防止轴承在预定时间内发生疲劳点蚀。计算的条件是

$$L_{10h} = \frac{10^6}{60n} \left(\frac{C}{P}\right)^\varepsilon \geqslant 滚动轴承预期的工作时间$$

静强度计算是避免轴承产生过大的塑性变形。计算的条件是

$$C_0 \geqslant S_0 P_0$$

极限转速计算是限制滚动轴承的最高转速，以保证轴承的使用寿命。计算的条件是

$$n_{\max} \leqslant f_1 f_2 n_{\lim}$$

**9-7** 你学过的滚动轴承中，哪几类滚动轴承是内、外圈可分离的？

答：29000、30000、N0000、NU0000、NJ0000、NA0000 型轴承的内、外圈是可分离的。推力轴承 51000 和 52000 型轴承的轴圈和座圈是可分离的。

**9-8** 什么类型的滚动轴承在安装时要调整轴承游隙？常用哪些方法调整轴承游隙？

答：29000、30000、70000、51000、52000 型轴承的游隙大小是可变的，安装时应根据使用要求进行调整。其他滚动轴承都有规定的游隙系列，使用时通常不调整游隙。游隙的大小可通过加减轴承盖与轴承座之间垫片的厚度；用螺钉调整轴承外圈压盖推动外圈；修配轴承端盖伸入轴承座孔部分的长度尺寸等方法进行调整。

**9-9** 什么是当量动载荷？为什么要引入当量动载荷？

答：当量动载荷为与试验条件相同的假想载荷，在该载荷作用下，轴承具有与实际载荷作用下相同的寿命。

基本额定动载荷是在纯径向和轴向载荷下确定的，而实际载荷通常是既有径向载荷又有

轴向载荷,因此,只有将实际载荷换算成与试验条件相同的载荷后,才能与基本额定动载荷进行比较。

**9-10** 滚动轴承的回转套圈和不回转套圈与轴或机座装配时所取的配合性质有何不同?其配合的松紧程度与圆柱公差标准中相同配合有何不同?

答:当滚动轴承上的工作载荷方向不变时,回转套圈应比不回转套圈有更紧的配合。这是因为回转套圈承受旋转的载荷,而不回转套圈承受局部载荷。轴承外圈和座孔的配合与圆柱公差标准中相同配合的松紧程度一样;轴承内圈和轴的配合与圆柱公差标准中相同配合的松紧程度不一样,轴承内圈和轴的配合要紧一些,这是因为轴承内圈基准孔的公差带在零线以下。

**9-11** 在锥齿轮传动中,小锥齿轮的轴常支承在套杯中,采用这种结构形式有何优点?

答:小锥齿轮轴通常采用悬臂支承方式,将轴和轴承支承在套杯内,这种结构可以通过两组调整垫片方便地调整小锥齿轮的轴向位置以及轴承游隙的大小。

**9-12** 滚动轴承常用的润滑方式有哪些?具体选用时应如何考虑?

答:滚动轴承的常用润滑方式有油润滑和脂润滑两种。采用何种润滑方式一般由轴承的 $dn$ 值确定,$dn$ 值小时采用脂润滑,$dn$ 值大时采用油润滑。

**9-13** 为什么滚动轴承采用脂润滑时,润滑脂不能充满整个滚动轴承空间?为什么采用润滑油浸油润滑时,油面不能超过最低滚动体的中心?

答:滚动轴承采用脂润滑时,若润滑脂充满整个滚动轴承的空间,轴承工作阻力过大,容易发热,故润滑脂的填充量只能控制在 $1/3 \sim 1/2$ 的轴承空间。油润滑时,浸油的油面过高,滚动体的搅油损失大,轴承也容易过热。

**9-14** 接触式密封有哪几种常用的结构形式?分别适用于什么速度范围?

答:接触式密封可分为毡圈油封、唇形密封圈和密封环。毡圈油封用于 $v<4\sim5$ m/s 或 $v<7\sim8$ m/s(轴表面抛光)的场合;唇形密封圈用于 $v<10$ m/s 或 $v<15$ m/s(轴颈抛光)的场合;密封环用于 $v<100$ m/s 的场合。

**9-15** 在唇形密封圈密封结构中,密封唇的方向与密封要求有何关系?

答:唇形密封圈的密封唇方向与密封要求有关,如果主要是为了防止润滑剂外泄,密封唇应向里对着轴承;如果主要是为了防止外物进入轴承室,则密封唇应向外背对着轴承。

**9-16** 分别说明滚动轴承代号为 51316、N316/P6、30306、6306/P5、30206、7206AC 所表示轴承的类型、内径、尺寸系列、公差等级和结构特点,并指出:

(1) 径向承载能力最高和最低的轴承分别是哪两个?
(2) 轴向承载能力最高和最低的轴承分别是哪两个?
(3) 极限转速最高和最低的轴承分别是哪两个?
(4) 公差等级最高的轴承是哪个?
(5) 承受轴向径向联合载荷的能力最高的轴承是哪个?

答:51316——内径为 80 mm 的推力球轴承,尺寸系列 13,0 级公差,正常结构。
N316/P6——内径为 80 mm 的圆柱滚子轴承,尺寸系列 03,6 级公差,正常结构。
30306——内径为 30 mm 的圆锥滚子轴承,尺寸系列 03,0 级公差,正常结构。
6306/P5——内径为 30 mm 的深沟球轴承,尺寸系列 03,5 级公差,正常结构。
30206——内径为 30 mm 的圆锥滚子轴承,尺寸系列 02,0 级公差,正常结构。
7206AC——内径为 30 mm 的角接触球轴承,尺寸系列 02,0 级公差,接触角为 20°。

(1) 径向承载能力最高的轴承是 N316/P6,径向承载能力最低的轴承是 51316。

(2) 轴向承载能力最高的轴承是 51316,轴向承载能力最低的轴承是 N316/P6。
(3) 极限转速最高的轴承是 7206AC,极限转速最低的轴承是 51316。
(4) 公差等级最高的轴承是 6306/P5。
(5) 承受轴向径向联合载荷的能力最高的轴承是 30306。

## 9.3 自测题

**1. 是非题**

(1) 滚动轴承的公差等级分为 5 个级别,其中公差等级最低的代号是"/P6"。　　(　)
(2) 滚动轴承径向游隙共有 6 个组别,其中最小的径向游隙组别代号是"/C1"。　(　)
(3) 若一滚动轴承的基本额定寿命为 53 000 转,则该轴承所受的当量动载荷小于基本额定动载荷。　　(　)
(4) 为了保证轴承内圈与轴肩端面的良好接触,轴承的圆角半径 $r$ 与轴肩处的圆角半径 $r_1$ 应满足 $r < r_1$。　　(　)
(5) 毡圈密封是滚动轴承采用接触式密封的形式之一。　　(　)
(6) 角接触球轴承所能承受轴向载荷的能力取决于轴承的滚动体数目。　　(　)
(7) 滚动轴承与轴承座的配合应采用基轴制。　　(　)
(8) 转速较高时,宜选用滚子轴承,而不宜选用球轴承。　　(　)
(9) 滚动轴承一般由内圈、外圈、滚动体和保持架四部分组成,缺一不可。　　(　)
(10) 三点支承的传动轴应选用调心轴承。　　(　)
(11) 深沟球轴承的接触角 $\alpha = 0°$,所以只能承受纯径向载荷。　　(　)
(12) 只要强度满足,用轴肩或轴环对轴承做轴向定位,其直径的大小没有什么限制。
　　(　)
(13) 当轴承采用脂润滑时,为了使其工作时间较长,应将润滑脂充满整个轴承的空间。
　　(　)
(14) 轴承加装封油环的目的是防止齿轮箱体内的润滑油冲稀轴承中的润滑脂。　(　)
(15) 角接触轴承可以单独使用,也可以成对使用。　　(　)
(16) 圆柱滚子轴承只能承受径向力而不能承受轴向力。　　(　)
(17) 轴的两端由一对角接触球轴承 7006C 支承,在轴的中间仅有径向载荷,则这两个轴承将受到大小相同的轴向力。　　(　)
(18) 在滚动轴承的配置中,一端固定、一端游动方式中的固定支点只能承受单向轴向载荷。　　(　)
(19) 受纯径向载荷作用的深沟球轴承,其半圈滚动体不承载,而另半圈的各滚动体承受不同的载荷。　　(　)
(20) 轴承的寿命曲线表示轴承的可靠性与基本额定寿命 $L_{10}$ 之间的关系。　　(　)

**2. 单项选择题**

(1) 调心滚子轴承外圈滚道为_____。
A. 球面　　　　　B. 圆柱面　　　　C. 锥面　　　　　D. 有沟槽表面
(2) 调心滚子轴承的滚动体形状为_____。

A. 球形  B. 圆柱形
C. 鼓形(球面滚子)  D. 圆锥形

(3) 以下材料中,不宜制作保持架的是_____。
A. 软钢  B. 淬火钢  C. 铜合金  D. 塑料

(4) 以下材料中,最常用的滚动轴承材料是_____。
A. GCr15  B. Q235  C. T10A  D. 65Mn

(5) 以下几种滚动轴承中,_____允许轴承内外圈轴线倾斜最小,_____允许轴承内外圈轴线倾斜最大。
A. 深沟球轴承  B. 圆柱滚子轴承  C. 调心滚子轴承  D. 圆锥滚子轴承

(6) 滚动轴承的基本额定寿命是指同一批轴承,在同样条件下,其中_____的轴承产生疲劳点蚀破坏时轴承所转的总圈数。
A. 90%  B. 10%  C. 85%  D. 15%

(7) 滚动轴承的基本额定静载荷是按_____条件求得的。
A. 受载最大的滚动体与滚道接触中心处的塑性变形达到一定值
B. 受载最大的滚动体与滚道接触中心处的弹性变形达到一定值
C. 受载最大的滚动体与滚道接触中心处的接触应力达到一定值
D. 受载最大的滚动体的载荷超过一定值

(8) 当转速较低,只承受较小径向载荷,要求径向尺寸紧凑时,宜选用_____。
A. 深沟球轴承  B. 调心球轴承
C. 圆柱滚子轴承  D. 滚针轴承

(9) 当转速较高,径向载荷和轴向载荷都较大时,宜选用_____。
A. 圆锥滚子轴承  B. 角接触球轴承
C. 深沟球轴承  D. 推力球轴承

(10) 采用滚动轴承轴向预紧措施的主要目的是_____。
A. 提高轴承的旋转精度  B. 提高轴承的承载能力
C. 降低轴承的运转噪声  D. 提高轴承的使用寿命

(11) 在正常工作条件下,滚动轴承的主要失效形式是_____。
A. 滚动体破裂  B. 滚动体与外圈间产生胶合
C. 滚道磨损  D. 滚动体与滚道工作表面上产生疲劳点蚀

(12) 各类滚动轴承的润滑方式,通常可根据轴承的_____来选择。
A. 转速 $n$  B. 当量动载荷 $P$
C. 轴径圆周速度 $v$  D. 内径与转速的乘积 $dn$

(13) 轴承转动时,滚动体和滚道受_____。
A. 按对称循环变化的接触应力  B. 按脉动循环变化的接触应力
C. 按对称循环变化的弯曲应力  D. 按脉动循环变化的弯曲应力

(14) _____可以提高滚动轴承的极限转速。
A. 减小轴承间隙  B. 用滚子轴承取代球轴承
C. 改善润滑及冷却条件  D. 降低轴承精度

(15) 在进行滚动轴承的配置时,对支承跨距很长、工作温度变化很大的轴,为适应轴有较大的伸缩变化,应考虑_____。

A. 将一端轴承设计成游动的  B. 采用内部间隙可调整的轴承
C. 采用内部间隙不可调整的轴承  D. 轴颈与轴承内圈采用很松的配合

(16) 载荷一定的角接触轴承,当工作转速由 850 r/min 下降为 425 r/min 时,其寿命变化为_____。

A. $L_{10}$ 下降为 $L_{10}/2(10^6 \text{ r})$  B. $L_{10h}$ 下降为 $L_{10h}/2(\text{h})$
C. $L_{10}$ 增大为 $2L_{10}(10^6 \text{ r})$  D. $L_{10h}$ 增大为 $2L_{10h}(\text{h})$

(17) 滚动轴承在安装过程中应留有一定的轴向间隙,目的是_____。

A. 装配方便  B. 拆卸方便
C. 散热  D. 受热后轴可以自由伸长

(18) 直齿轮轴系由一对圆锥滚子轴承支承,轴承径向反力 $F_{r2} > F_{r1}$,则轴承的轴向力_____。

A. $F_{a2} > F_{a1}$  B. $F_{a2} < F_{a1}$
C. $F_{a2} = F_{a1} = 0$  D. $F_{a2} = F_{a1} \neq 0$

(19) 6206 滚动轴承内圈与轴的配合,正确标注是_____。

A. $\phi 30 \dfrac{\text{H8}}{\text{k7}}$  B. $\phi 30 \text{k7}$

C. $\phi 30 \dfrac{\text{k7}}{\text{H8}}$  D. $\phi 30 \text{H8}$

(20) 同一根轴的两端支承,虽然承受载荷不等,但常采用一对相同型号的滚动轴承,这是因为除_____以外的下述三点理由。

A. 采用同型号的一对轴承,采购方便
B. 安装轴承的两轴承孔直径相同,加工方便
C. 安装轴承的两轴颈直径相同,加工方便
D. 一次镗孔能保证两轴承中心线的同轴度,有利于轴承正常工作

**3. 分析、计算题**

(1) 一批型号相同的滚动轴承接受寿命试验,试验载荷为轴承的基本额定动载荷,主轴转速 $n = 960$ r/min,工作平稳,三班制连续工作,试验从早班开始。试问 10% 的轴承发生点蚀破坏时出现在哪一班,什么时间?

(2) 分析某一球轴承和滚子轴承,当轴承的载荷增大一倍时,其他条件不变,轴承寿命是否降低一半?

(3) 有一角接触球轴承,当量动载荷 $P = 4000$ N 时,其寿命 $L_h = 4000$ h。若轴承转速降低一半,当量动载荷增大一倍,求轴承的寿命 $L'_h$。

(4) 如图 1-9-2 所示,轴上装有一对 6208 深沟球轴承,轴的转速 $n = 980$ r/min,轴上作用的轴向外载荷 $F_{ae} = 380$ N,两轴承的径向力分别为 $F_{r1} = 2200$ N,$F_{r2} = 1800$ N,载荷系数 $f_d = 1.5$,温度系数 $f_t = 1.0$。6208 型轴承的相关数据见表 1-9-3,试计算轴承的基本额定寿命 $L_h$。

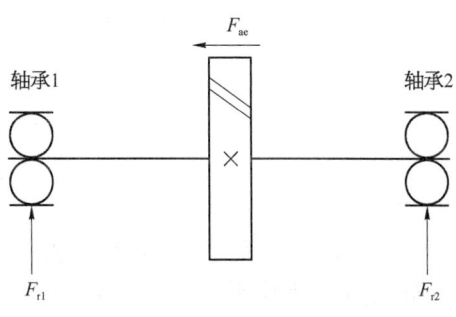

图 1-9-2 斜齿圆柱齿轮轴系

表 1-9-3  6208 型轴承的相关数据

| $C$(N) | $C_0$(N) | 相对轴向载荷 $\dfrac{F_a}{C_0}$ | 判断系数 $e$ | $\dfrac{F_a}{F_r} \leqslant e$ | | $\dfrac{F_a}{F_r} > e$ | |
|---|---|---|---|---|---|---|---|
| | | | | $X$ | $Y$ | $X$ | $Y$ |
| 29 500 | 18 000 | 0.014 | 0.19 | 1 | 0 | 0.56 | 2.30 |
| | | 0.028 | 0.22 | | | | 1.99 |
| | | 0.056 | 0.26 | | | | 1.71 |
| | | 0.084 | 0.28 | | | | 1.55 |
| | | 0.11 | 0.30 | | | | 1.45 |
| | | 0.17 | 0.34 | | | | 1.31 |

(5) 试计算图 1-9-3 所示的深沟球轴承 6205 的寿命 $L_{10h}$。已知直齿圆柱齿轮的齿数 $z = 35$,模数 $m = 4$ mm,传递功率 $P = 12$ kW,转速 $n = 800$ r/min,轴承的基本额定动载荷 $C = 11$ kN,工作时有轻微的冲击($f_d = 1.2$),齿轮相对轴承对称布置。

(6) 如图 1-9-4 所示,轴的两端正装两个角接触球轴承,已知轴的转速 $n = 750$ r/min,轴上的径向力 $F_{re} = 2\,300$ N,轴向力 $F_{ae} = 600$ N。试计算该对轴承的寿命 $L_h$。(已知:$C = 22\,500$ N,$e = 0.68$,$F_d = 0.68 F_r$,$f_d = 1.5$,$f_t = 1.0$。当 $F_a/F_r \leqslant e$ 时,$X = 1$,$Y = 0$;当 $F_a/F_r > e$ 时,$X = 0.41$,$Y = 0.87$)

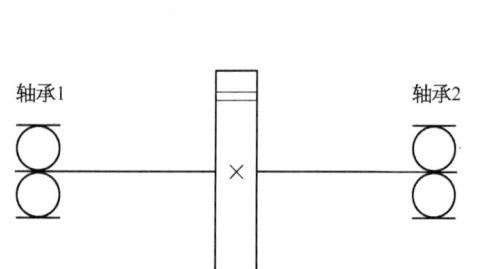

图 1-9-3  直齿圆柱齿轮轴系

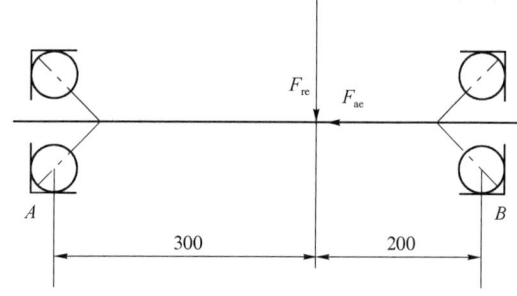

图 1-9-4  角接触球轴承支承轴系

(7) 试求 7308AC 角接触球轴承转速 $n = 960$ r/min,使用寿命 4 000 h,工作平稳($f_d = 1.0$)时,轴承所能承受的最大纯轴向载荷。7308AC 型轴承的相关数据见表 1-9-4。

表 1-9-4  7308AC 型轴承的相关数据

| $C$(N) | $C_0$(N) | 判断系数 $e$ | $\dfrac{F_a}{F_r} \leqslant e$ | | $\dfrac{F_a}{F_r} > e$ | |
|---|---|---|---|---|---|---|
| | | | $X$ | $Y$ | $X$ | $Y$ |
| 38 500 | 30 500 | 0.68 | 1 | 0 | 0.41 | 0.87 |

(8) 如图 1-9-5 所示,轴上装有一斜齿圆柱齿轮,轴支承在一对正装的 7209AC 轴承上。齿轮轮齿上受到圆周力 $F_{te} = 8\,100$ N,径向力 $F_{re} = 3\,052$ N,轴向力 $F_{ae} = 2\,170$ N,转速 $n = 300$ r/min,载荷系数 $f_d = 1.2$,试计算两个轴承的基本额定寿命。(已知:$C = 36\,800$ N,$e = $

0.68，$F_d = 0.68F_r$，$f_t = 1.0$。当 $F_a/F_r \leqslant e$ 时，$X = 1$，$Y = 0$；当 $F_a/F_r > e$ 时，$X = 0.41$，$Y = 0.87$）

(9) 某轴的一端支点上原采用 6308 轴承，其额定动载荷 $C = 40\ 800$ N，工作可靠度为 90%，现需要将该支点轴承在寿命不降低的条件下使工作可靠度提高到 99%，试确定可能用来替换的轴承型号。可靠度 $R \neq 90\%$ 时的寿命修正系数见表 1-9-5。

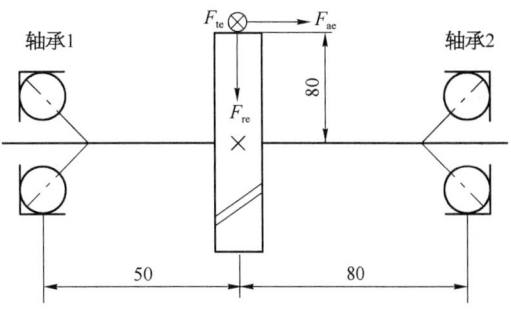

图 1-9-5　角接触球轴承支承轴系

表 1-9-5　可靠度 $R \neq 90\%$ 时的寿命修正系数 $a_1$（摘自 GB/T 6391—2010）

| 可靠度(%) | 90 | 95 | 96 | 97 | 98 | 99 |
|---|---|---|---|---|---|---|
| $a_1$ | 1 | 0.64 | 0.55 | 0.47 | 0.37 | 0.25 |

(10) 6215 型轴承受径向载荷 $F_r = 45.6$ kN，轴向载荷 $F_a = 6.3$ kN，载荷平稳，$f_p = 1$。试计算其当量动载荷 $P$。若在此当量动载荷作用下要求该轴承能正常旋转 $10^6$ r，其可靠度约为多少？

(11) 一根装有小锥齿轮的轴拟用图 1-9-6 所示的支承方案，两支点均选用圆锥滚子轴承。圆锥齿轮传递的功率 $P = 4.5$ kW（平稳），转速 $n = 500$ r/min，平均分度圆半径 $r_m = 100$ mm，锥角 $\delta = 16°$，要求轴颈直径 $d > 20$ mm。其他尺寸如图所示。若希望轴承的基本额定寿命能超过 60 000 h，试选择合适的轴承型号。

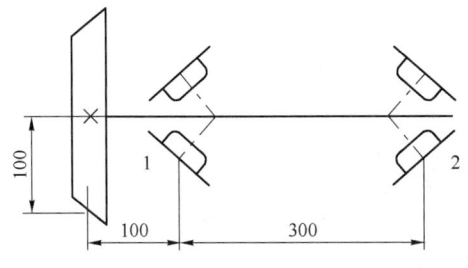

图 1-9-6　小锥齿轮的轴系支承方案

**4. 结构设计题**

(1) 如图 1-9-7 中所示的箭头为示意的载荷方向，按支承的形式试指出在三个支承处应安装的轴承类型，并在其上画出轴承的结构图。

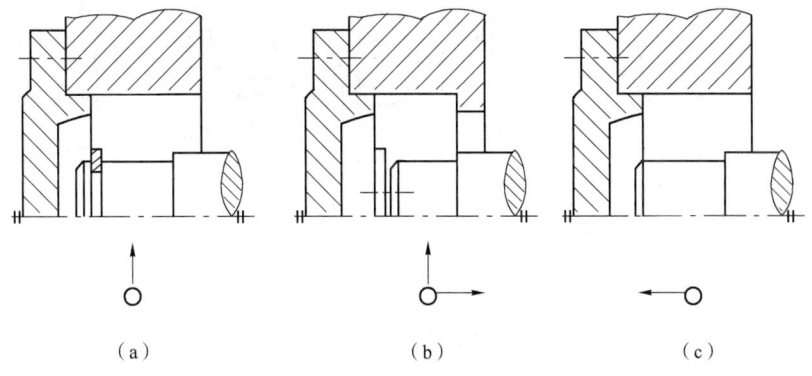

图 1-9-7　轴承类型填空

(a) 游动支承；(b) 单向固定支承；(c) 承受单向推力支承

(2) 如图 1-9-8 所示,已知圆锥滚子轴承安装在零件 1 的轴承座内。由于结构限制,设计时不能改变零件 1 的尺寸。试问:采用何种方法以便于轴承外圈拆卸?请在右侧图上画出零件 1 的设计结构。

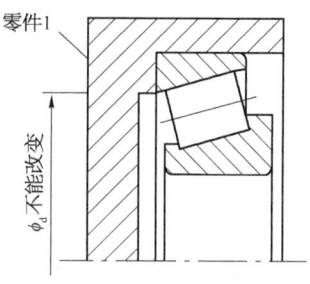

图 1-9-8 轴承座错误结构

(3) 如图 1-9-9 所示为锥齿轮轴系结构,已知轴承采用脂润滑,试指出图中标有序号处的错误及不合理的原因,并画出其正确的结构图。

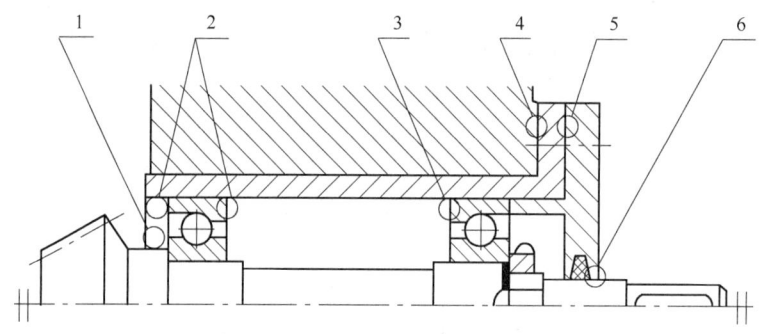

图 1-9-9 锥齿轮轴系错误结构

(4) 如图 1-9-10 所示为蜗杆减速器蜗轮轴系结构,已知轴承采用油润滑,试指出图中标有序号处的错误及不合理的原因,并画出其正确的结构图。

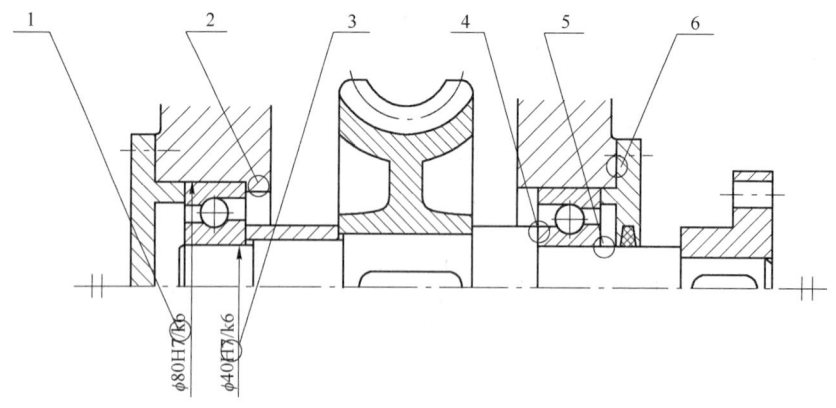

图 1-9-10 蜗杆减速器蜗轮轴系错误结构

(5) 如图 1-9-11 所示为下置蜗杆轴系的结构图,试从轴系的定位、调整、配合及润滑等方面对该结构进行说明。

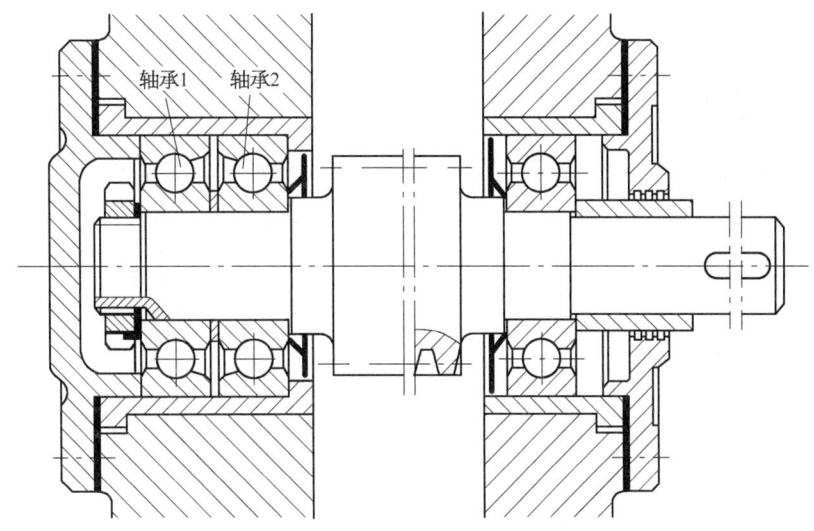

图 1-9-11 蜗杆减速器蜗杆轴系结构

## 9.4 自测题参考答案

**1. 是非题**

(1) ×　(2) √　(3) ×　(4) ×　(5) √　(6) ×　(7) √　(8) ×　(9) ×　(10) √　(11) ×　(12) ×　(13) ×　(14) √　(15) ×　(16) √　(17) √　(18) ×　(19) √　(20) ×

**2. 单项选择题**

(1) A　(2) C　(3) B　(4) A　(5) B,C　(6) B　(7) C　(8) D　(9) B　(10) A　(11) D　(12) D　(13) B　(14) C　(15) A　(16) D　(17) D　(18) D　(19) B　(20) C

**3. 分析、计算题**

(1) 解：10%的轴承发生破坏时，轴承工作总转数 $L = 10^6$ r。若工作时间以 $t$ 小时表示，则 $L = 60nt$，故

$$t = \frac{L}{60n} = \frac{10^6}{60 \times 960} = 17.36(\text{h})$$

8 h 为一班，当夜班工人上班 1.36 h（即上班后 1 h 21 min 36 s）时将有 10%的轴承发生点蚀破坏。

(2) 解：设载荷为 $P$ 时，轴承的寿命为 $L_h$；载荷为 $2P$ 时，轴承寿命为 $L'_h$，则根据题意有

$$L_{10h} = \frac{10^6}{60n}\left(\frac{f_t C}{P}\right)^\varepsilon, \quad L'_{10h} = \frac{10^6}{60n}\left(\frac{f_t C}{2P}\right)^\varepsilon$$

将以上两式等号左右两边相除，即有

$$\frac{L_{10h}}{L'_{10h}} = \frac{\dfrac{10^6}{60n}\left(\dfrac{f_t C}{P}\right)^\varepsilon}{\dfrac{10^6}{60n}\left(\dfrac{f_t C}{2P}\right)^\varepsilon} = 2^\varepsilon$$

故有 $$L'_{10h} = L_{10h}/2^\varepsilon$$

当为球轴承时,有 $L'_{10h} = L_{10h}/2^3 = L_{10h}/8$。当为滚子轴承时,有 $L'_{10h} = L_{10h}/2^{10/3} = L_{10h}/10$。

因而当轴承的载荷增大一倍,其他条件不变时,球轴承寿命降低 7/8,滚子轴承寿命降低 9/10。

(3) 解:根据题意有以下两式

$$4\,000 = \frac{10^6}{60n}\left(\frac{f_t C}{4\,000}\right)^3$$

$$L'_{10h} = \frac{10^6}{60 \times \frac{n}{2}}\left(\frac{f_t C}{2 \times 4\,000}\right)^3$$

将以上两式等号左右两边相除,即有

$$\frac{4\,000}{L'_{10h}} = \frac{\dfrac{10^6}{60n}\left(\dfrac{f_t C}{4\,000}\right)^3}{\dfrac{10^6}{60 \times \dfrac{n}{2}}\left(\dfrac{f_t C}{2 \times 4\,000}\right)^3} = 4$$

故有 $$L'_{10h} = 4\,000/4 = 1\,000\,(h)$$

(4) 解:由深沟球轴承支承结构可知:轴向外载荷 $F_{ae}$ 全部由轴承 1 承受,即 $F_{a1} = F_{ae} = 380\,\text{N}$,并且其径向力也比轴承 2 大,故轴承 1 是危险轴承。现只需计算轴承 1 的当量动载荷 $P_1$。

由 $\dfrac{F_{a1}}{C_0} = \dfrac{380}{18\,000} = 0.021$,查表 1-9-3 插值可得:$e = 0.205$。

因为 $\dfrac{F_{a1}}{F_{r1}} = \dfrac{380}{2\,200} = 0.173 < e = 0.205$,故查表 1-9-3 可得:$X_1 = 1, Y_1 = 0$。轴承 1 的当量动载荷为

$$P_1 = f_d(X_1 F_{r1} + Y_1 F_{a1}) = 1.5 \times (1 \times 2\,200 + 0) = 3\,300\,(\text{N})$$

轴承的基本额定寿命

$$L_{10h} = \frac{10^6}{60n}\left(\frac{f_t C}{P_1}\right)^\varepsilon = \frac{10^6}{60 \times 980} \times \left(\frac{1.0 \times 29\,500}{3\,300}\right)^3 = 12\,149.12\,(\text{h})$$

(5) 解:1) 计算齿轮受力。

齿轮承受的转矩  $T = 9.55 \times 10^6 \dfrac{P}{n} = 9.55 \times 10^6 \times \dfrac{12}{800} = 143\,250\,(\text{N}\cdot\text{mm})$

齿轮承受的圆周力  $F_t = \dfrac{2T}{d} = \dfrac{2T}{mz} = \dfrac{2 \times 143\,250}{4 \times 35} = 2\,046.43\,(\text{N})$

齿轮承受的径向力  $F_r = F_t \tan\alpha = 2\,046.43 \times \tan 20° = 744.84\,(\text{N})$

2) 计算轴承支反力。

$$F_{r1} = F_{r2} = \sqrt{\left(\frac{F_t}{2}\right)^2 + \left(\frac{F_r}{2}\right)^2} = \sqrt{\left(\frac{2\,046.43}{2}\right)^2 + \left(\frac{744.84}{2}\right)^2} = 1\,088.88(\text{N})$$

3) 计算轴承的寿命。因为轴承承受的轴向力 $F_a = 0$, 故 $X = 1$, $Y = 0$, 故当量动载荷为

$$P_1 = P_2 = f_d(X_1 F_{r1} + Y_1 F_{a1}) = 1.2 \times (1 \times 1\,088.88 + 0) = 1\,306.66(\text{N})$$

轴承的寿命为

$$L_{10h} = \frac{10^6}{60n}\left(\frac{f_t C}{P_1}\right)^\varepsilon = \frac{10^6}{60 \times 800}\left(\frac{1.0 \times 11 \times 10^3}{1\,306.66}\right)^3 = 12\,429.37(\text{h})$$

(6) 解: 1) 计算轴承的径向载荷。在图 1-9-12 中, 对 $B$ 点取矩可得

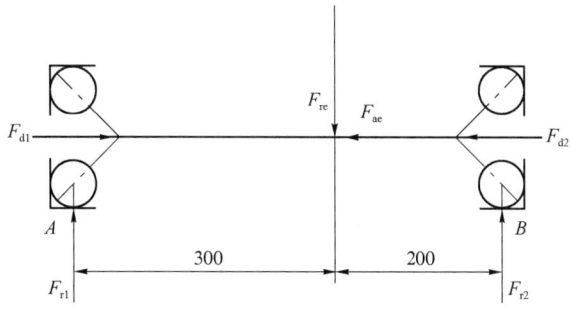

图 1-9-12 角接触球轴承支承轴系受力分析

$$F_{r1} = \frac{200}{500} F_{re} = \frac{200}{500} \times 2\,300 = 920(\text{N})$$

由 $Y$ 方向的力平衡得

$$F_{r2} = F_{re} - F_{r1} = 2\,300 - 920 = 1\,380(\text{N})$$

2) 计算轴承轴向载荷。两轴承派生轴向力分别为

$$F_{d1} = 0.68 F_{r1} = 0.68 \times 920 = 625.60(\text{N})$$
$$F_{d2} = 0.68 F_{r2} = 0.68 \times 1\,380 = 938.40(\text{N})$$

在图 1-9-12 中, 由于 $F_{d2} + F_{ae} = 938.40 + 600 = 1\,538.40(\text{N}) > F_{d1}$, 故轴承 1 被"压紧", 轴承 2 被"放松"。即两轴承所受的轴向力分别为

$$F_{a1} = F_{d2} + F_{ae} = 1\,538.40(\text{N})$$
$$F_{a2} = F_{d2} = 938.40 \text{ N}$$

3) 计算轴承的当量动载荷。

$$\frac{F_{a1}}{F_{r1}} = \frac{1\,538.40}{920} = 1.67 > e, 故 X_1 = 0.41, Y_1 = 0.87$$

$$\frac{F_{a2}}{F_{r2}} = \frac{938.40}{1\,380} = 0.68 = e, 故 X_2 = 1, Y_2 = 0$$

两轴承的当量动载荷分别为

$$P_1 = f_d(X_1 F_{r1} + Y_1 F_{a1}) = 1.5 \times (0.41 \times 920 + 0.87 \times 1\,538.40) = 2\,573.41(\text{N})$$

$$P_2 = f_d(X_2 F_{r2} + Y_2 F_{a2}) = 1.5 \times (1 \times 1\,380 + 0) = 2\,070(\text{N})$$

4) 计算轴承的寿命。

$$L_{h1} = \frac{10^6}{60n}\left(\frac{f_t C}{P_1}\right)^\varepsilon = \frac{10^6}{60 \times 750} \times \left(\frac{1 \times 22\,500}{2\,573.41}\right)^3 = 14\,852.79(\text{h})$$

$$L_{h2} = \frac{10^6}{60n}\left(\frac{f_t C}{P_2}\right)^\varepsilon = \frac{10^6}{60 \times 750} \times \left(\frac{1 \times 22\,500}{2\,070}\right)^3 = 28\,538.03(\text{h})$$

(7) 解：根据题意，轴承只承受轴向载荷，径向载荷 $F_r = 0$，故 $\dfrac{F_a}{F_r}$ 必大于 $e$，查表 1-9-4 得 $X = 0.41, Y = 0.87$。当量动载荷为

$$P = f_d(X F_r + Y F_a) = 1.0 \times (0 + 0.87 F_a) = 0.87 F_a$$

由轴承寿命公式可得

$$L_h = \frac{10^6}{60n}\left(\frac{f_t C}{P}\right)^\varepsilon = \frac{10^6}{60 \times 960} \times \left(\frac{1 \times 38\,500}{0.87 F_a}\right)^3$$
$$= 4\,000(\text{h})$$

轴承能承受的最大纯轴向载荷为

$$F_a = \sqrt[3]{\frac{10^6}{60 \times 960 \times 4\,000} \times \left(\frac{38\,500}{0.87}\right)^3}$$
$$= 7\,218.51(\text{N})$$

(8) 解：1) 计算两轴承承受的径向载荷。将轴系部件受到的空间力系分解为铅垂面（图 1-9-13b）和水平面（图 1-9-13c）两个平面力系。其中图 1-9-13c 中的 $F_{te}$ 为通过另加转矩而平移到指向轴线（转矩图中未画出）。由图 1-9-13b 力分析可知

$$F_{r1V} = \frac{F_{re} \times 80 - F_{ae} \times 80}{50 + 80} = \frac{3\,052 \times 80 - 2\,170 \times 80}{130}$$
$$= 542.77(\text{N})$$

$$F_{r2V} = F_{re} - F_{r1V} = 3\,052 - 542.77 = 2\,509.23(\text{N})$$

由图 1-9-13c 力分析可知

$$F_{r1H} = \frac{F_{te} \times 80}{50 + 80} = \frac{8\,100 \times 80}{130} = 4\,984.62(\text{N})$$

$$F_{r2H} = F_{te} - F_{r1H} = 8\,100 - 4\,984.62$$
$$= 3\,115.38(\text{N})$$

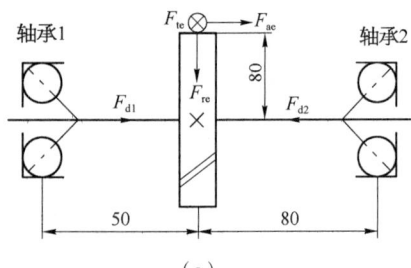

(a)

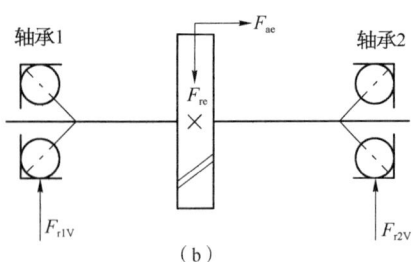

(b)

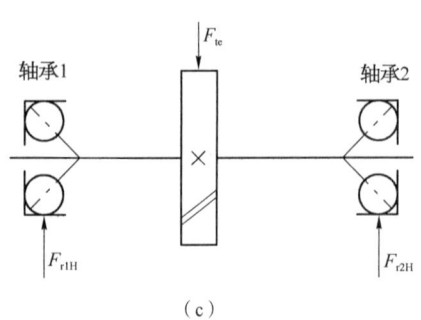

(c)

图 1-9-13　角接触球轴承支承轴系受力分析

$$F_{r1} = \sqrt{F_{r1V}^2 + F_{r1H}^2} = \sqrt{542.77^2 + 4\,984.62^2} = 5\,014.08(\text{N})$$

$$F_{r2} = \sqrt{F_{r2V}^2 + F_{r2H}^2} = \sqrt{2\,509.23^2 + 3\,115.38^2} = 4\,000.23(\text{N})$$

2) 计算轴承轴向载荷。

$$F_{d1} = 0.68 F_{r1} = 0.68 \times 5\,014.08 = 3\,409.57(\text{N})$$

$$F_{d2} = 0.68 F_{r2} = 0.68 \times 4\,000.23 = 2\,720.16(\text{N})$$

由于 $F_{d1} + F_{ae} = 3\,409.57 + 2\,170 = 5\,579.57(\text{N}) > F_{d2}$，故轴承2被"压紧"，轴承1被"放松"。即两轴承所受的轴向力分别为

$$F_{a2} = F_{d1} + F_{ae} = 5\,579.57(\text{N})$$

$$F_{a1} = F_{d1} = 3\,409.57\ \text{N}$$

3) 计算轴承当量动载荷。

$$\frac{F_{a1}}{F_{r1}} = \frac{3\,409.57}{5\,014.08} = 0.68 = e, 故 X_1 = 1, Y_1 = 0$$

$$\frac{F_{a2}}{F_{r2}} = \frac{5\,579.57}{4\,000.23} = 1.39 > e, 故 X_2 = 0.41, Y_2 = 0.87$$

两轴承的当量动载荷分别为

$$P_1 = f_d(X_1 F_{r1} + Y_1 F_{a1}) = 1.2 \times (1 \times 5\,014.08 + 0) = 6\,016.90(\text{N})$$

$$P_2 = f_d(X_2 F_{r2} + Y_2 F_{a2}) = 1.2 \times (0.41 \times 4\,000.23 + 0.87 \times 5\,579.57) = 7\,793.18(\text{N})$$

4) 计算轴承寿命。

$$L_{h1} = \frac{10^6}{60n}\left(\frac{f_t C}{P_1}\right)^\varepsilon = \frac{10^6}{60 \times 300} \times \left(\frac{1 \times 36\,800}{6\,016.90}\right)^3 = 12\,710.21(\text{h})$$

$$L_{h2} = \frac{10^6}{60n}\left(\frac{f_t C}{P_2}\right)^\varepsilon = \frac{10^6}{60 \times 300} \times \left(\frac{1 \times 36\,800}{7\,793.18}\right)^3 = 5\,849.61(\text{h})$$

(9) 解：由根据题意及 $L_n = \alpha_1 L_{10}$ 可得

$$\frac{10^6}{60n}\left(\frac{40\,800}{P}\right)^3 = \alpha_1 \frac{10^6}{60n}\left(\frac{C}{P}\right)^3$$

当可靠度为99%时，查表1-9-5可得 $\alpha_1 = 0.25$。由上式可得

$$C = 40\,800 \times \sqrt[3]{\frac{1}{\alpha_1}} = 40\,800 \times \sqrt[3]{\frac{1}{0.25}} = 64\,765.96(\text{N})$$

查《机械设计手册》可得：6408轴承的基本额定动载荷 $C = 65\,500\ \text{N}$，故可用来替换原轴承6308。

(10) 解：查手册得：6215型轴承 $C_r = 66\ \text{kN}$, $C_{0r} = 49.5\ \text{kN}$。故有 $\dfrac{F_a}{C_{0r}} = \dfrac{6.3}{49.5} = 0.127$。

查径向动载荷系数和轴向动载荷系数表,利用线性插值法可得

$$e = 0.27 + \frac{0.31 - 0.27}{0.13 - 0.07} \times (0.127 - 0.07) = 0.308$$

由于 $\dfrac{F_a}{F_r} = \dfrac{6.3}{45.6} = 0.138 < e$,所以有 $X = 1$,$Y = 0$。当量动载荷

$$P = f_p(XF_r + YF_a) = 1 \times (1 \times 45.6 + 0) = 45.6(\text{kN})$$

寿命修正系数

$$a_1 = \frac{L_n}{L_{10}} = L_n\left(\frac{P}{C}\right)^\varepsilon = 1 \times \left(\frac{45.6}{66}\right)^3 = 0.329$$

查表 1-9-5,$a_1 = 0.329$ 对应的可靠度

$$R = 0.98 + \frac{0.99 - 0.98}{0.37 - 0.25} \times (0.37 - 0.329) = 0.983$$

故其可靠度约为 98.3%。

(11) 解:1) 计算圆锥齿轮受力。在图 1-9-14a 中,齿轮所受的各分力为

齿轮承受的圆周力 $\quad F_{te} = \dfrac{2T}{d_m} = \dfrac{2 \times 9.55 \times 10^6 P}{d_m n} = \dfrac{2 \times 9.55 \times 10^6 \times 4.5}{2 \times 100 \times 500} = 859.50(\text{N})$

齿轮承受的径向力 $\quad F_{re} = F_{te} \tan\alpha \cos\delta = 859.50 \times \tan 20° \times \cos 16° = 300.71(\text{N})$

齿轮承受的轴向力 $\quad F_{ae} = F_{te} \tan\alpha \sin\delta = 859.50 \times \tan 20° \times \sin 16° = 86.23(\text{N})$

2) 计算轴承支反力。由图 1-9-14b 可得

$$-F_{r1H} \times 300 + F_{te} \times 400 = 0,\ F_{te} - F_{r1H} - F_{r2H} = 0$$

由以上两式解得

$$F_{r1H} = 1\,146\ \text{N},\ F_{r2H} = -286.5\ \text{N}$$

由图 1-9-14c 可得

$$-F_{r2V} \times 300 - F_{re} \times 100 + F_{ae} \times 100 = 0,\ F_{re} - F_{r1V} - F_{r2V} = 0$$

由以上两式解得

$$F_{r2V} = -71.49\ \text{N},\ F_{r1V} = 372.2\ \text{N}$$

故轴承的支反力为

$$F_{r1} = \sqrt{F_{r1H}^2 + F_{r1V}^2} = \sqrt{1\,146^2 + 372.2^2} = 1\,204.93(\text{N})$$

$$F_{r2} = \sqrt{F_{r2H}^2 + F_{r2V}^2} = \sqrt{286.5^2 + 71.49^2} = 295.28(\text{N})$$

3) 试选轴承型号,计算轴承轴向载荷。根据题目要求,试选轴承型号为 30205,查手册得其 $C_r = 32.2\ \text{kN}$,$C_{0r} = 337\ \text{kN}$,$Y = 1.6$,$e = 0.37$。

两轴承派生轴向力分别为

$$F_{d1} = \frac{F_{r1}}{2Y} = \frac{1\,204.93}{2 \times 1.6} = 376.54(\text{N})$$

$$F_{d2} = \frac{F_{r2}}{2Y} = \frac{295.28}{2 \times 1.6} = 92.28(\text{N})$$

在图 1-9-14a 中,由于 $F_{d1} + F_{ae} = 376.54 + 86.23 = 462.77(\text{N}) > F_{d1}$,故轴承 2 被"压紧",轴承 1 被"放松"。即两轴承所受的轴向力分别为

$$F_{a2} = F_{d1} + F_{ae} = 462.77(\text{N})$$
$$F_{a1} = F_{d1} = 376.54 \text{ N}$$

4) 计算轴承的当量动载荷。

$$\frac{F_{a1}}{F_{r1}} = \frac{376.54}{1\,204.93} = 0.312 < e$$

故 $X_1 = 1, Y_1 = 0$。

$$\frac{F_{a2}}{F_{r2}} = \frac{462.77}{295.28} = 1.567 > e$$

故 $X_2 = 0.40, Y_2 = 1.6$。

因为载荷稳定,故取 $f_d = 1$。两轴承的当量动载荷分别为

$$P_1 = f_d(X_1 F_{r1} + Y_1 F_{a1}) = 1.0 \times (1 \times 1\,204.93 + 0)$$
$$= 1\,204.93(\text{N})$$

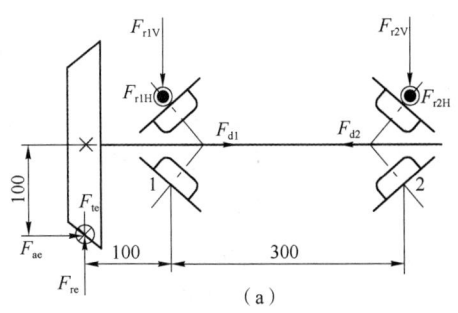
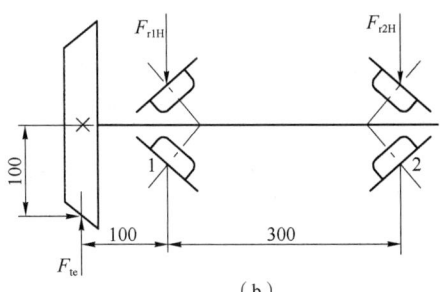
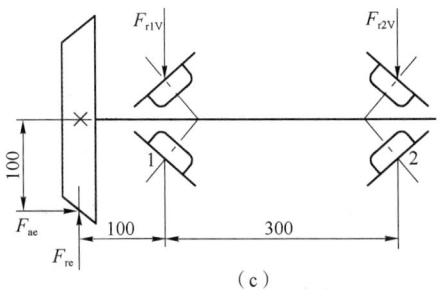

图 1-9-14 圆锥轴承支承轴系受力分析

$$P_2 = f_d(X_2 F_{r2} + Y_2 F_{a2}) = 1.0 \times (0.4 \times 295.28 + 1.6 \times 462.77) = 858.54(\text{N})$$

5) 计算轴承的寿命。因为 $P_1 > P_2$,故轴承的寿命为

$$L_h = \frac{10^6}{60n}\left(\frac{f_t C}{P_1}\right)^{\varepsilon} = \frac{10^6}{60 \times 500} \times \left(\frac{1 \times 32.2 \times 10^3}{1\,204.93}\right)^{\frac{10}{3}} = 1\,901\,920.1(\text{h}) > 60\,000 \text{ h}$$

故符合要求。

**4. 结构设计题**

(1) 解:如图 1-9-15 所示,图 a 应安装深沟球轴承(60000);图 b 应安装角接触球轴承(70000);图 c 应安装推力球轴承(51000)。

(2) 解:本题实际上是一个盲孔,可在零件 1 的圆周方向上等分圆周位置设计两三个拆卸用的螺纹孔,以便于轴承的拆卸,结构如图 1-9-16 所示。

(3) 解:该轴系存在以下几方面的错误:① 因为轴承脂润滑,故在悬臂处应加封油环,以便油脂分开;② 左轴承外圈轴向未固定;③ 右轴承外圈轴向未固定;④ 锥齿轮轴向位置无法调整,应在套杯和箱体之间加调整垫片;⑤ 轴承端盖与轴承套杯之间应加调整垫片,以便调整轴承的游隙;⑥ 右轴承透盖与轴直接接触,应稍加大透盖孔的直径。

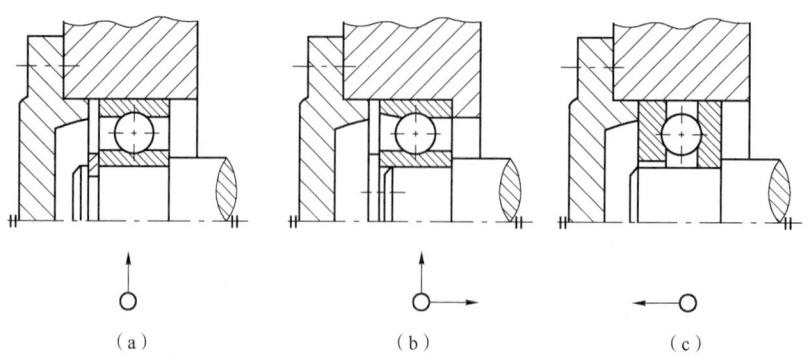

(a)　　　　　　　　(b)　　　　　　　　(c)

图 1-9-15　轴承支承结构图

(a) 游动支承；(b) 单向固定支承；(c) 承受单向推力支承

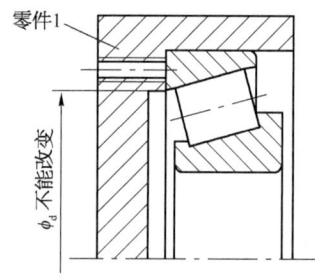

图 1-9-16　轴承座拆卸螺纹孔的设置

正确结构如图 1-9-17 所示。

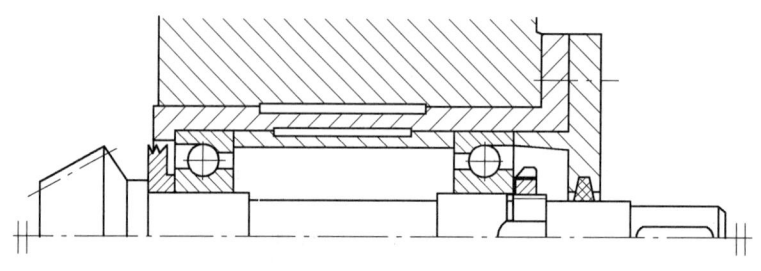

图 1-9-17　锥齿轮轴系正确结构

(4) 解：该轴系存在以下几方面的错误：① 外圈配合基准应是基轴制，配合标注方法不对；② 轴系应采用两端固定的方式，左轴承应定位；③ 配合标注方法不对；④ 右轴承左端轴肩过高，影响轴承拆卸；⑤ 精加工面太长，且右轴承装拆不便；⑥ 轴承间隙与蜗轮轴向位置不能调整，应加调整垫片。

正确结构如图 1-9-18 所示。

(5) 解：1) 该轴系左端为固定端，右端为游动端，这种结构适合于支承跨距较大、轴的工作温升较高的条件下使用。

2) 固定端为一对 70000 型轴承面对面安装，轴承外圈由套杯肩环和轴承端盖轴向固定，内圈一端由轴肩定位，另一端用圆螺母锁紧。当蜗杆工作时，力将由轴肩传给轴承 2 的内圈，然后传至轴承 1 的内圈、钢球、外圈，再由端盖、螺钉传到箱体。如果轴向力 $F_{ae}$ 反向，则力将由圆螺母传给轴承 1 的内圈，然后传至轴承 2 的内圈、钢球、外圈，再由套杯传到箱体上。因此，

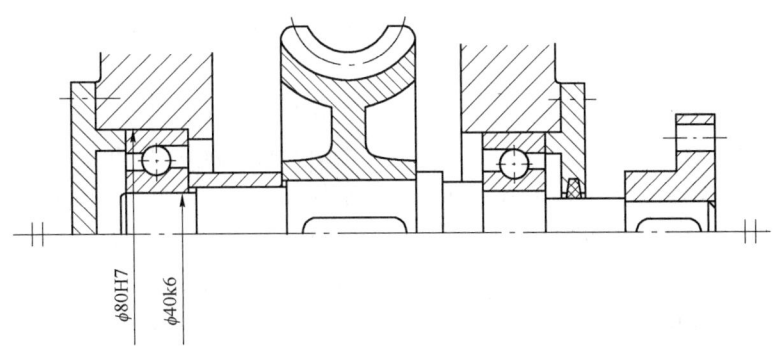

图 1-9-18 蜗杆减速器蜗轮轴轴系正确结构

固定端能承受两个方向的轴向载荷。

3）游动端为一个 60000 型的轴承，轴承内圈一端由轴肩定位，另一端用套筒固定，而外圈不固定，轴承外径和套杯内孔采用间隙配合，以便当轴受热伸长时，轴承能在孔中自由游动。

4）在固定端的轴承端盖内侧装有调整垫片，可用于调整轴承游隙或使轴承预紧，而游动端轴承不必调整。

5）箱体轴承座孔直径大于蜗杆直径，以便于装配。为使加工方便，取两端座孔直径相等，由于 70000 型轴承直径较大，故可按固定端套杯的尺寸来设计箱体座孔尺寸。

6）轴承采用油润滑，为防止下置蜗杆旋转时使润滑油冲向轴承，在轴承靠近箱体内侧装有挡油环。轴的伸出端采用隙缝密封。

## 9.5　中英双语名词术语

J 形橡胶密封圈　rubber J ring
O 形橡胶密封圈　rubber O ring
Y 形橡胶密封圈　rubber Y ring
保持架　cage; holding frame
背对背安装,反装　back-to-back arrangement
成对安装　paired mounting
尺寸系列　dimension series
冲压　stamping; pressing; sheet forming
冲压件　stamping
唇形橡胶密封　lip rubber seal
磁流体轴承　magnetic fluid bearing
单列(滚动)轴承　single row (rolling) bearing
单向推力轴承　single-direction thrust bearing
当量载荷　equivalent load
定向公差　orientation tolerance
端面密封　face seal
多列(滚动)轴承　multi-row (rolling) bearing
额定寿命　rating life

额定载荷　load rating
防尘盖　shield
非接触式密封　non-contact seal
刚性(滚动)轴承　rigid (rolling) bearing
高度系列　height series
公差　tolerance
公差值　tolerance value
公称接触角　nominal contact angle
滚道　raceway
滚动体　rolling element; rolling body
滚动轴承　rolling bearing
滚动轴承代号　rolling bearing identification code
滚压　rolling
滚针　needle roller
滚针轴承　needle roller bearing
滚子　roller
滚子半径　radius of roller

滚子轴承　roller bearing
机架　framework
机械密封　mechanical seal
机座　machine base
基本额定动载荷　basic dynamic load rating；elementary rated dynamic load
基本额定静载荷　basic static load rating；elementary rated static load
基本额定寿命　basic rating life；elementary rated life
角接触(滚动)轴承　angular contact (rolling) bearing
角接触球轴承、角接触推力轴承　angular contact ball bearing
角接触向心轴承　angular contact radial bearing
接触式密封　contact seal
接触应力　contact stress
径向　radial direction
径向当量动载荷　dynamic equivalent radial load
径向当量静载荷　static equivalent radial load
径向间隙　clearance
径向接触轴承　radial contact bearing
径向平面　radial plane
径向游隙　radial internal clearance
径向载荷　radial load
径向载荷系数　radial load factor
静密封　static seal
可分离(滚动)轴承　separable (rolling) bearing
宽度系列　width series
离心密封　centrifugal seal
螺旋密封　spiral seal
迷宫密封　labyrinth seal
密封　seal
密封唇　seal lip
密封带　seal belt
密封端盖　end cover

密封端面　seal face
密封环　seal ring
密封胶　seal gum
密封元件　potted component
密封装置　sealing arrangement
面对面安装、正装　face-to-face arrangement
内包骨架旋转轴唇形密封圈　rubber covered rotary shaft lip seal
内圈　inner ring
气体轴承　gas bearing
球　ball
球面滚子　convex roller
球轴承　ball bearing
深沟球轴承　deep groove ball bearing
寿命　life
寿命系数　life factor
寿命准则　life criterion
双列(滚动)轴承　double row (rolling) bearing
双列轴承　double row bearing
双向推力轴承　double-direction thrust bearing
陶瓷　ceramic
调心(滚动)轴承　self-aligning (rolling) bearing
调心滚子轴承　self-aligning roller bearing
调心球轴承　self-aligning ball bearing
调心轴承　self-aligning bearing
推力角接触轴承　angular contact thrust bearing
推力球轴承　thrust ball bearing
推力轴承　thrust bearing
外露骨架旋转轴唇形密封圈　metal cased rotary shaft lip seal
外圈　outer ring
外形尺寸　boundary dimension
系列化　serialization
向心角接触轴承　angular contact radial bearing
向心轴承　radial bearing
橡胶密封垫　rubber gasket
橡胶皮碗　rubber cap

泄漏　leakage
修正额定寿命　modified rating life
旋转轴唇形密封圈　rotary shaft lip seal
油沟密封　oily ditch seal
圆柱滚子　cylindrical roller
圆柱滚子轴承　cylindrical roller bearing
圆锥滚子　tapered roller
圆锥滚子轴承　tapered roller bearing
载荷中心　load center
毡圈密封　felt ring seal
直径　diameter
直径系列　diameter series
直径系数　diameter quotient
轴承盖　bearing cup
轴承钢　bearing steel
轴承高度　bearing height
轴承合金　bearing alloy
轴承宽度　bearing width
轴承内径　bearing bore diameter
轴承寿命　bearing life
轴承套圈　bearing ring
轴承外径　bearing outside diameter
轴承轴心线　bearing axis
轴承座　bearing block
轴端挡圈　shaft end ring
轴向当量动载荷　dynamic equivalent axial load
轴向当量静载荷　static equivalent axial load
轴向分力　axial thrust load
轴向基本额定动载荷　basic dynamic axial load rating
轴向基本额定静载荷　basic static axial load rating
轴向接触轴承　axial contact bearing
轴向平面　axial plane
轴向游隙　axial internal clearance
轴向载荷　axial load
轴向载荷系数　axial load factor

# 第 10 章 联轴器和离合器

## 10.1 知识要点

联轴器和离合器主要是用来连接两回转轴以传递运动和转矩的机械装置。不同之处在于,联轴器连接的两轴必须在停转并经过拆卸才能使它们分离;而离合器则可使两轴在工作时随时接合与分离。

### 10.1.1 联轴器

联轴器一般由两个半联轴器及连接件组成。半联轴器与主、从动轴通常采用键连接。

联轴器所连接的两轴,由于制造及安装误差、承载后的变形以及温度变化的影响等,往往不能保证严格对中,而是存在着某种程度的轴向位移 $x$、径向位移 $y$、角位移 $\alpha$ 以及由它们组成的综合位移。因此,为满足不同情况下的应用需要,联轴器设计成各种类型以供选择使用。

**(1) 联轴器的种类和特性** 根据对各种相对位移有无补偿能力,联轴器可分为无位移补偿能力的刚性联轴器和有位移补偿能力的挠性联轴器。根据是否具有弹性元件,挠性联轴器又可分为无弹性元件的挠性联轴器和有弹性元件的挠性联轴器。

刚性联轴器结构简单、成本低、可传递较大的转矩,但对相对位移没有补偿能力,不能缓冲减振;无弹性元件的挠性联轴器具有补偿相对位移的能力,但不能缓冲减振;有弹性元件的挠性联轴器具有补偿相对位移的能力,也能缓冲减振。表 1-10-1 列出了几种常用的联轴器特点及其使用场合。

表 1-10-1 常用的联轴器特点及其使用场合

| 类 别 | | 联轴器形式 | 特 点 | 使 用 场 合 |
| --- | --- | --- | --- | --- |
| 刚性联轴器 | | 凸缘联轴器 | 结构简单,成本低,能传递较大转矩。但对两轴间的相对位移缺乏补偿能力,对中性要求高 | 适用于低速、载荷平稳、轴的刚性大、对中性较好的场合 |
| 挠性联轴器 | 无弹性元件的挠性联轴器 | 十字滑块联轴器 | 径向尺寸小,寿命长,可补偿两轴间的相对位移。但制造复杂,需要定期润滑 | 适用于低速、轴的刚度较大且无剧烈冲击的场合 |
| | | 滑块联轴器 | 结构简单,尺寸紧凑,可补偿两轴间的相对位移,中间滑块可以自行润滑 | 适用于小功率、高转速而无剧烈冲击的场合 |
| | | 十字轴万向联轴器 | 结构紧凑,维护方便,能补偿较大的综合位移,传递转矩较大。但有速度波动,制造较复杂 | 广泛应用于汽车、多头钻床等机械传动系统中 |

续 表

| 类　别 | | 联轴器形式 | 特　　点 | 使　用　场　合 |
|---|---|---|---|---|
| 挠性联轴器 | 无弹性元件的挠性联轴器 | 齿式联轴器 | 承载能力大，工作可靠，能补偿较大的综合位移，安装精度要求不高。但质量较大，制造成本较高 | 常用于高速重载以及启动频繁、正反转变化多、大功率的场合 |
| | | 滚子链联轴器 | 结构简单，尺寸紧凑，质量小，装拆方便，维修容易，价格低廉，具有一定的位移补偿能力和缓冲性能 | 不宜用于逆向传动和启动频繁或立轴传动，也不宜用于高速传动 |
| | 有弹性元件的挠性联轴器 | 弹性套柱销联轴器 | 弹性较好，制造容易，装拆方便，成本较低。但弹性套易磨损，寿命较短，要限制使用温度 | 适用于连接载荷平稳、需正反转或启动频繁的传递中小转矩的轴 |
| | | 弹性柱销联轴器 | 结构简单，安装制造容易，寿命长，有一定的缓冲吸振能力和位移补偿能力。但要限制使用温度 | 适用于轴向窜动较大、正反转变化多、启动频繁的场合 |
| | | 梅花形弹性联轴器 | 具有缓冲减振的作用，但要限制使用温度 | 适用于正反转变化较多、启动频繁的场合 |
| | | 轮胎式联轴器 | 缓冲性能和轴向位移补偿能力较强，绝缘性能好，运转无噪声，无须润滑，但径向尺寸大 | 适用于潮湿、多尘、冲击大以及相对位移较大的场合 |
| | | 膜片联轴器 | 结构简单，弹性元件的连接无间隙，无须润滑，维护方便，平衡容易，质量小，对环境适应性强。但扭转弹性较低，缓冲减振性能差 | 适用于载荷比较平稳的高速传动 |

**(2) 联轴器的选择**　联轴器大多已标准化和系列化，在设计时的主要问题是选择其类型及具体型号。

类型的选择主要考虑被连接轴所传递转矩的大小、性质（冲击、振动情况，是否频繁启动，是否正反转动等）、转速高低、被连接两轴可能产生的相对位移程度、外形尺寸的大小等因素。

具体型号的选择主要根据被连接两轴的轴径 $d$ 查出确定的型号及其有关尺寸和许用转矩、许用转速等参数，然后验算联轴器的转矩及转速。在某些重要的场合，还需对主要零件进行工作能力的校核。

需要注意的是，联轴器所连接的两轴直径可以不同，但需与选定的联轴器孔径、长度及结构形式相一致。

## 10.1.2　离合器

**(1) 离合器的分类和基本工作要求**　离合器是在机器运转过程中可将被连接的两轴随时分离或接合的一种机械装置。离合器按其接合元件传动的工作原理可分为牙嵌式与摩擦式离合器；按实现离合动作的过程分为操纵式和自动式离合器；按离合器的操纵方式可分为机械式、电磁式、气动式和液压式等离合器。

对离合器的基本工作要求是：① 接合平稳，分离迅速而彻底；② 调节和修理方便；③ 外廓尺寸小，质量小；④ 耐磨性好，有足够的散热能力；⑤ 操纵方便、省力。

**(2) 常用离合器的工作原理和特点**

1) 牙嵌离合器。牙嵌离合器由两个端面上有牙的半离合器组成,其中一个半离合器固定在主动轴上,另一个半离合器用导向平键与从动轴相连,由操纵机构使其做轴向移动,借助牙的相互嵌合来传递运动和转矩。

牙嵌离合器常用的牙型有矩形、梯形、锯齿形和三角形四种。矩形牙传动时无轴向分力,不便于接合和分离,磨损后无法补偿,故使用较少;梯形牙强度较高,能传递较大转矩,能自动补偿牙的磨损与间隙,故应用较广;锯齿形牙强度高,但只能传递单向转矩,故只用于特定的工作场合;三角形牙仅用于传递小转矩的低速离合器。

牙嵌离合器结构简单、尺寸紧凑,一般用于转矩不大、低速接合的场合。

2) 圆盘摩擦离合器。摩擦离合器是在主动摩擦盘转动时,通过主、从动盘间产生的摩擦力矩来传递转矩。根据摩擦盘的数目不同,圆盘摩擦离合器有单盘式和多盘式两种;根据是否浸入润滑油,圆盘摩擦离合器又分为干式和油式两种。

摩擦离合器与牙嵌离合器相比,具有以下优点:① 两轴不论在何种速度时均可接合和分离;② 接合过程平稳;③ 可调节从动轴的加速时间和所传递的最大转矩;④ 过载时可发生打滑,以保护重要零件不致损坏。其缺点是:① 外廓尺寸较大;② 在接合、分离过程中会产生滑动摩擦,故发热量较大,磨损较大。

离合器大多已规格化,在设计中首先应根据机器的工作特点及要求,选择合适的类型,然后进行计算,确定结构参数,再进行某些主要零件强度及耐磨性验算。

### 10.1.3 安全联轴器及安全离合器

安全联轴器在额定功率下工作时,作用与普通联轴器相同。只有当工作转矩超过机器允许的极限转矩时,连接件将发生折断,从而使被连接的两轴脱离连接,以保护机器中的重要零部件不致发生破坏。常用的类型如剪切销安全联轴器,其结构简单,不宜用在经常出现过载的机器上。

安全离合器与安全联轴器的作用一样,主要区别在于,当机器所受载荷恢复正常后,前者自动接合,继续进行动力的传递,而后者则无法自动接合,须重新更换剪切销。常用的类型如滚珠安全离合器,一般只用于传递较小转矩的场合。

## 10.2 复习思考题

**10-1** 试述联轴器与离合器的主要功用及特点。

答:联轴器与离合器主要用于连接两轴一同回转并传递转矩。联轴器只能在机器停车并将连接拆开后才能将两轴分开,而离合器在机器运转过程中,可使两轴随时接合和分离。

**10-2** 联轴器有几大类型?各类型的特点是什么?

答:联轴器分有刚性联轴器与挠性联轴器两大类。刚性联轴器适用于两轴严格对中,并且在工作中两轴不发生相对位移的场合;挠性联轴器适用于两轴有偏斜或工作中两轴有相对位移的场合。

**10-3** 凸缘联轴器有哪几种对中方法?各种对中方法的特点是什么?

答:凸缘联轴器的对中方法有:① 利用一个半联轴器上的凸肩与另一个半联轴器上的凹槽相配合而对中。优点是制造容易、成本低;缺点是拆装时轴需要做轴向移动,靠摩擦传力,所需的螺栓直径相对较大。② 利用铰制孔用螺栓来实现对中。优点是当要求两轴分离时,只需拆卸螺栓,轴不需移动,所需螺栓的直径相对较小;缺点是螺栓孔加工精度要求较高,成本较高。

**10-4** 在联轴器和离合器设计计算中,引入工作情况系数 $K_A$ 是为了考虑哪些因素的影响?

答:引入工作情况系数 $K_A$ 是为了考虑工作机和原动机引起的动载荷影响。

**10-5** 选择联轴器类型时,应当考虑哪几方面的因素?

答:选择联轴器类型时,应考虑五个方面的因素:① 所需传递的转矩大小和性质以及对缓冲减振功能的要求;② 工作转速的高低和引起的离心力大小;③ 两轴相对位移的大小和方向;④ 可靠性和工作环境;⑤ 制造、安装、维护和成本。

**10-6** 试说明齿式联轴器为什么能补偿两轴间轴线的综合位移。

答:因为齿式联轴器中相啮合的齿间留有较大的齿侧间隙和齿顶间隙,并且将外齿圈上的齿顶制成椭球面及沿齿厚方向制成鼓形。因而这种联轴器在传动时具有较好的综合位移补偿能力。

**10-7** 牙嵌离合器和摩擦离合器各有何特点?各适用于什么场合?

答:牙嵌离合器尺寸小、结构紧凑,一般用于转矩不大、低速接合的场合。摩擦离合器外廓尺寸较大,接合过程有滑动摩擦,故发热量较大,磨损也较大。这种离合器可在各种速度差下接合和分离,能在过载时发生打滑,具有过载保护作用。

**10-8** 牙嵌离合器的牙型有哪几种?各有何特点?

答:牙嵌离合器的牙型有四种:三角形牙、矩形牙、梯形牙和锯齿形牙。三角形牙用于传递小转矩的低速离合器;矩形牙无轴向分力,不便于接合和分离,磨损后无法补偿,故使用较少;梯形牙强度高,能传递较大的转矩,能自动补偿牙的磨损和间隙,故应用广泛;锯齿形牙强度高,但只能传递单向转矩。

**10-9** 试说明多盘摩擦离合器为什么要限制摩擦盘的数目。

答:摩擦盘多可以提高承载能力,但摩擦盘太多会影响离合器分离动作的灵活性,所以要限制摩擦盘的数目。

## 10.3 自测题

**1. 是非题**

(1) 联轴器与离合器都是靠啮合来连接两轴,以传递运动与转矩。　　　　　　(　)

(2) 万向联轴器只要成对使用,就可以实现主、从动轴等角速度传动。　　　　(　)

(3) 联轴器连接的两轴直径必须相等,否则无法工作。　　　　　　　　　　　(　)

(4) 凸缘联轴器、链式联轴器和夹壳联轴器都属于刚性联轴器。　　　　　　　(　)

(5) 刚性联轴器在安装时要求两轴严格对中,而挠性联轴器在安装时则可不必考虑对中问题。　　　　　　　　　　　　　　　　　　　　　　　　　　　　　　　　(　)

(6) 套筒联轴器是靠键或销来传递转矩的。　　　　　　　　　　　　　　　　(　)

(7) 十字滑块联轴器只适用于转速较低的场合,这是因为其转速较高时会产生较大的离心力和磨损。　　　　　　　　　　　　　　　　　　　　　　　　　　　　　　(　)

(8) 在低速、重载和不易对中的场合最好使用弹性套柱销联轴器。　　　　　　(　)

(9) 联轴器和离合器均是用来连接两轴的装置。其区别是用离合器时要经拆卸才能把两轴分开,而用联轴器时则无须拆卸就能使两轴分离或接合。( )

(10) 滑块联轴器用于低速场合,而齿轮联轴器则可用于较高速度的场合。( )

(11) 挠性联轴器可分为无弹性元件、金属弹性元件、非金属弹性元件挠性联轴器三种。( )

(12) 多盘摩擦离合器的摩擦盘越多,接合越不可靠,因而传递的转矩也越小。( )

(13) 摩擦离合器实现两轴之间的分离和接合,都是在停止转动的条件下进行的。( )

(14) 摩擦离合器具有一定的安全保护作用。( )

(15) 安全离合器的作用是当工作转速超过其允许的转速时,连接件将发生打滑,从而保护机器中重要零件不致损坏。( )

**2. 单项选择题**

(1) 联轴器和离合器的主要作用是_____。
 A. 缓冲、减振　　　　　　　　B. 连接两轴,传递运动和转矩
 C. 防止机器发生过载　　　　　D. 补偿两轴的不同心

(2) 下列四种工作情况中,_____适于选用弹性联轴器。
 A. 工作平稳,两轴线严格对中　　B. 工作中有冲击、振动,两轴线不能严格对中
 C. 工作平稳,两轴线对中较差　　D. 单向工作,两轴线严格对中

(3) 安装凸缘联轴器时,对两轴的要求是_____。
 A. 两轴严格对中　　　　　　　B. 两轴可有径向位移
 C. 两轴可相对倾斜一角度　　　D. 两轴可有综合位移

(4) _____,所以齿式联轴器能实现两轴的相对位移补偿。
 A. 由于两个带内齿圈的外壳能相对偏移
 B. 由于两个带外齿的轴套能与轴做相对转动
 C. 由于两个带外齿的轴套能做径向移动
 D. 由于内、外齿啮合后具有适当的顶隙和侧隙,外齿顶部制成椭球面

(5) 汽车发动机变速器输出轴与汽车后轮轴间应选_____。
 A. 齿式联轴器　　　　　　　　B. 万向联轴器
 C. 弹性柱销联轴器　　　　　　D. 套筒联轴器

(6) 若两轴刚性较好,且安装时能精确对中,可选用_____。
 A. 凸缘联轴器　　　　　　　　B. 齿式联轴器
 C. 弹性套柱销联轴器　　　　　D. 轮胎式联轴器

(7) 凸缘联轴器的型号为 GY5,主动轴:Y 型轴孔,A 型键槽,轴孔直径 $d=30$ mm,轴孔长度 $L=82$ mm;从动轴:$J_1$型轴孔,B 型键槽,轴孔直径 $d=30$ mm,轴孔长度 $L=60$ mm,其标记应为_____。

 A. GY5 联轴器 $\dfrac{YA30\times 82}{J_1 B30\times 60}$ GB/T 5843—2003

 B. 联轴器 $\dfrac{Y30\times 82}{J_1 B30\times 60}$ GB/T 5843—2003

C. GY5 凸缘联轴器 $\dfrac{YA30\times 82}{J_1B30\times 60}$ GB/T 5843—2003

D. GY5 联轴器 $\dfrac{Y30\times 82}{J_1B30\times 60}$ GB/T 5843—2003

(8) 图 1-10-1 所示为_____联轴器。

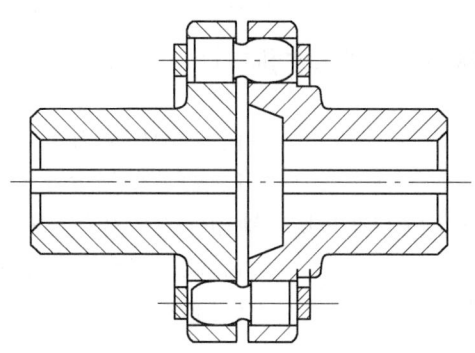

图 1-10-1 联轴器的识别

A. 齿式  B. 弹性套柱销
C. 凸缘  D. 弹性柱销

(9) 在图 1-10-2 中，_____是正确的凸缘联轴器结构形式。

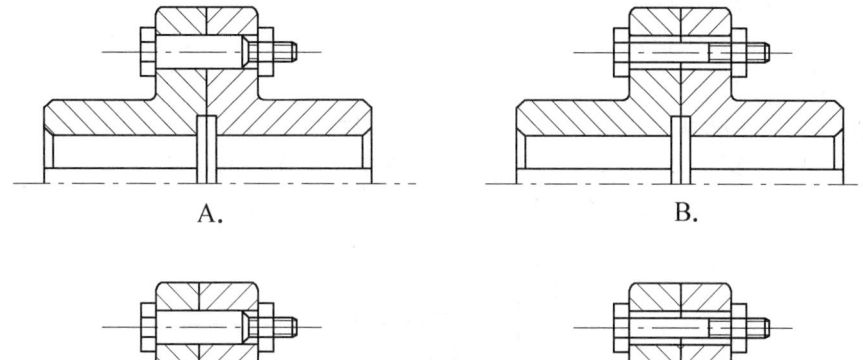

图 1-10-2 凸缘联轴器

(10) 牙嵌离合器中应用最广的牙型是_____。

A. 矩形牙  B. 梯形牙
C. 三角形牙  D. 锯齿形牙

(11) 牙嵌离合器中，矩形牙使用较少，主要原因是_____。

A. 传递转矩小  B. 牙齿强度不高
C. 不便接合与分离  D. 只能传递单向转矩

(12) 牙嵌离合器一般用于_____的场合。

A. 转矩较大,接合速度低　　　　　B. 转矩不大,接合速度较低
   C. 转矩较大,接合速度高　　　　　D. 转矩不大,接合速度较高

（13）在不增大径向尺寸的情况下,提高圆盘摩擦离合器承载能力的最有效措施是_____。
   A. 换用摩擦盘的材料　　　　　　　B. 增大压紧力
   C. 增加摩擦盘的数目　　　　　　　D. 使离合器在油中工作

（14）若单盘摩擦离合器的摩擦盘尺寸和材料一定,则离合器所能传递的转矩大小取决于_____。
   A. 运转速度　　　　　　　　　　　B. 盘间压紧力
   C. 接合的时间　　　　　　　　　　D. 盘放置的位置

（15）离合器的操纵环必须安装在与从动轴相连的半离合器上,这是为了_____。
   A. 缩短离合器接合时间　　　　　　B. 减轻操纵环与半离合器之间的磨损
   C. 安装和拆卸比较方便　　　　　　D. 操纵灵活

### 3. 分析、计算题

（1）有一链式输送机用联轴器与电动机相连。已知传递功率 $P = 15\,\text{kW}$,电动机转速 $n = 1\,460\,\text{r/min}$,电动机轴伸直径 $d = 42\,\text{mm}$。两轴同轴度好,输送机工作时启动频繁并有轻微冲击。试选择联轴器的类型和型号。

（2）一碎石机轴与齿轮减速器输出轴相连接。已知工作转矩 $T = 2.5\,\text{kN·m}$,减速器输出轴轴径 $d_1 = 90\,\text{mm}$;碎石机轴轴径 $d_2 = 100\,\text{mm}$,转速 $n = 800\,\text{r/min}$,试确定连接两轴的联轴器型号,并写出其标记。

（3）一剪切销安全联轴器如图 1-10-3 所示,传递转矩 $T_{\max} = 800\,\text{N·m}$,销轴直径 $d = 6\,\text{mm}$,销轴材料用 45 钢正火,取 $[\tau] = 400\,\text{MPa}$,销轴中心所在圆的直径 $D = 100\,\text{mm}$,销轴数 $z = 2$。试求此联轴器在载荷超过多大时方能起到安全保护作用。

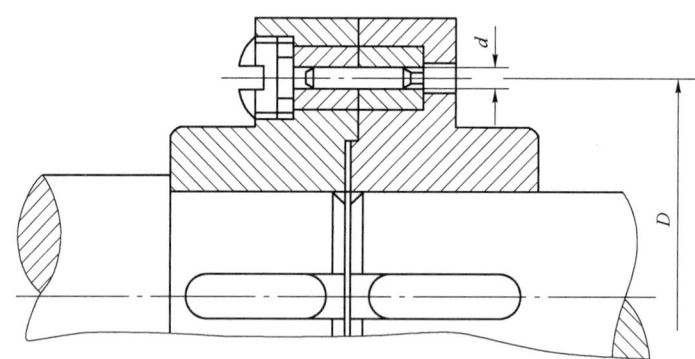

图 1-10-3　剪切销安全联轴器

（4）如图 1-10-4 所示的套筒式联轴器的轴直径 $D_2 = 50\,\text{mm}$,套筒的外径 $D_1 = 60\,\text{mm}$,销轴的直径 $d = 8\,\text{mm}$。已知套筒的许用挤压应力 $[\sigma_p] = 300\,\text{MPa}$,销轴的许用剪切应力 $[\tau] = 140\,\text{MPa}$,工作情况系数 $K_A = 1.5$。试计算该联轴器所能传递的计算转矩 $T_{ca}$ 和公称转矩 $T$。

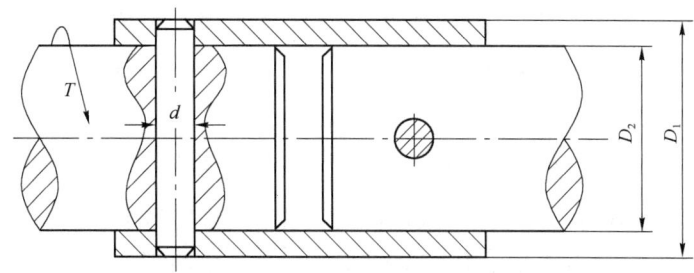

图 1-10-4 套筒式联轴器

(5) 如图 1-10-5 所示的单圆盘摩擦离合器,依靠主动盘和从动盘的接触面之间的压紧力 $F_Q$ 所产生的摩擦力来传递转矩。现已知 Ⅰ 轴为主动轴,Ⅱ 轴为从动轴。两圆盘接触面材料的许用压力 $[p] = 0.3 \text{ MPa}$,摩擦系数 $f = 0.32$,圆盘尺寸 $D_1 = 230 \text{ mm}$,$D_2 = 90 \text{ mm}$。试求该单圆盘摩擦离合器所能传递的最大转矩 $T_{\max}$。

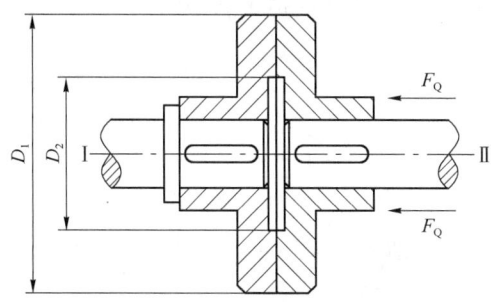

图 1-10-5 单圆盘摩擦离合器

## 10.4 自测题参考答案

**1. 是非题**

(1) × (2) × (3) × (4) × (5) × (6) √ (7) √ (8) √ (9) × (10) √ (11) × (12) × (13) × (14) √ (15) ×

**2. 单项选择题**

(1) B (2) B (3) A (4) D (5) B (6) A (7) D (8) D (9) A (10) B (11) C (12) B (13) C (14) B (15) B

**3. 分析、计算题**

(1) 解:根据题中使用工况,可以选择有弹性元件的挠性联轴器。由原动机为电动机,工作机为输送机,可取工作情况系数 $K_A = 1.5$,则计算转矩

$$T_{ca} = K_A T = K_A \frac{9\,550 P}{n} = 1.5 \times \frac{9\,550 \times 15}{1\,460} = 147.17 (\text{N} \cdot \text{m})$$

查《机械设计手册》,有弹性元件的挠性联轴器具体可以选:① LT6 型弹性套柱销联轴器,$[T] = 250 \text{ N} \cdot \text{m}$,$[n] = 3\,800 \text{ r/min}$,$32 \text{ mm} \leqslant d \leqslant 42 \text{ mm}$;② LX3 型弹性柱销联轴器,$[T] = 1\,250 \text{ N} \cdot \text{m}$,$[n] = 4\,750 \text{ r/min}$,$30 \text{ mm} \leqslant d \leqslant 48 \text{ mm}$;③ LM5 梅花形弹性联轴器,$[T] = 350 \text{ N} \cdot \text{m}$,$[n] = 7\,300 \text{ r/min}$,$25 \text{ mm} \leqslant d \leqslant 45 \text{ mm}$。

(2) 解：由于联轴器用于低速轴，传递转矩较大，为使结构紧凑，故选用齿式联轴器。根据使用工况，由原动机一般为电动机，工作机为碎石机，取工作情况系数 $K_A = 2.3$，则计算转矩为

$$T_{ca} = K_A T = 2.3 \times 2.5 = 5.75 (\text{kN} \cdot \text{m})$$

从《机械设计手册》查得：GICL7 型鼓形齿式联轴器的许用转矩 $[T] = 10\,000\,\text{N} \cdot \text{m}$，许用最大转速 $[n] = 2\,680\,\text{r/min}$，轴径范围 $60\,\text{mm} \leqslant d \leqslant 100\,\text{mm}$，故合用。

减速器轴端半联轴器用 Y 型轴孔，轴孔直径 $d_1 = 90\,\text{mm}$，轴孔长度 $L_1 = 172\,\text{mm}$；碎石机轴端半联轴器用 $J_1$ 型轴孔，轴孔直径 $d_2 = 100\,\text{mm}$，轴孔长度 $L_2 = 167\,\text{mm}$，所以联轴器的标记为

$$\text{GICL7 联轴器} \frac{Y90 \times 172}{J_1 100 \times 167} \text{ JB/T 8854.3—2001}$$

(3) 解：剪切销安全联轴器所能传递的最大转矩为

$$T = \frac{\pi d^2 D z [\tau]}{8} = \frac{\pi \times 6^2 \times 100 \times 2 \times 400}{8} = 1\,130\,973.4 (\text{N} \cdot \text{mm})$$

$$\Delta T = \frac{T - T_{\max}}{T_{\max}} \times 100\% = \frac{1\,130\,973.4 - 800\,000}{800\,000} \times 100\% = 41.37\%$$

当载荷超过 41.37% 时，剪切销安全联轴器才起到安全保护作用。

(4) 解：销轴每一截面所承受的横向力为

$$F \leqslant \frac{\pi d^2}{4} [\tau]$$

则该联轴器通过抗剪强度计算得到的计算转矩为

$$T_{ca1} = F D_2 = \frac{\pi d^2}{4} [\tau] D_2 = \frac{\pi \times 8^2}{4} \times 140 \times 50 = 351\,858.38 (\text{N} \cdot \text{mm})$$

套筒的挤压强度计算公式为

$$\sigma_p = \frac{F}{d \left( \dfrac{D_1 - D_2}{2} \right)} \leqslant [\sigma_p]$$

可得相应的横向力为

$$F \leqslant [\sigma_p] d \left( \frac{D_1 - D_2}{2} \right)$$

则该联轴器通过挤压强度计算得到的计算转矩为

$$T_{ca2} = F D_2 = [\sigma_p] d \left( \frac{D_1 - D_2}{2} \right) D_2 = 300 \times 8 \times \frac{60 - 50}{2} \times 50 = 600\,000 (\text{N} \cdot \text{mm})$$

该联轴器在工作时应同时满足销轴的抗剪强度和套筒的挤压强度条件，故该联轴器所能传递的计算转矩应为

$$T_{ca} = \min[T_{ca1}, T_{ca2}] = 351\,858.38 \text{ N·mm}$$

公称转矩为

$$T = \frac{T_{ca}}{K_A} = \frac{351\,858.38}{1.5} = 234\,572.25 (\text{N·mm})$$

(5) 解：按圆盘接触面的挤压强度计算公式

$$p = \frac{4F_Q}{\pi(D_1^2 - D_2^2)} \leqslant [p]$$

可得摩擦盘所能承受的最大压紧力为

$$F_{Qmax} = \frac{[p]\pi(D_1^2 - D_2^2)}{4} = \frac{0.3 \times \pi \times (230^2 - 90^2)}{4} = 10\,555.75(\text{N})$$

故该单圆盘摩擦离合器所能传递的最大转矩为

$$T_{max} = F_{Qmax} f \frac{D_1 + D_2}{4} = 10\,555.75 \times 0.32 \times \frac{230 + 90}{4} = 270\,227.2(\text{N·mm})$$

## 10.5　中英双语名词术语

安全离合器　safety clutch
安全联轴器　safety coupling; security coupling
安全制动器　safety brake
操纵离合器　controlled clutch
常合离合器　normally engaged clutch
常开离合器　normally disengaged clutch
超越离合器　overrunning clutch
齿式联轴器　gear coupling
齿形离合器　toothed clutch
磁粉离合器　magnetic particle clutch
单万向联轴节　single universal joint
单向离合器　one-way clutch
弹性离合器　flexible clutch
弹性联轴器　resilient coupling; elastic coupling; flexible coupling
弹性套柱销联轴器　pin coupling with sleeve elastomer; rubber-cushioned sleeve bearing coupling
弹性系数　elasticity factor
弹性元件　elastic component
弹性柱销齿式联轴器　gear coupling with pin elastomer
弹性柱销联轴器　elastic pin coupling
电磁离合器　electromagnetic clutch
非金属弹性元件弹性联轴器　resilient coupling with elastomer
干式离合器　dry clutch
刚性离合器　rigid clutch
刚性联轴器　rigid coupling
钢球离合器　steel ball clutch
滚柱离合器　roller clutch
滚柱式单向超越离合器　roller clutch
滚子链联轴器　double roller chain coupling
滑块联轴器　Oldham coupling; double slider coupling
簧片联轴器　flat spring coupling
机械离合器　mechanically controlled clutch
夹壳联轴器　split coupling
金属弹性元件弹性联轴器　resilient coupling with metallic elastic element
矩形牙嵌离合器　square-jaw positive-contact clutch

离合器　clutch
离心离合器　centrifugal clutch
联轴器　coupling；shaft coupling
轮胎式联轴器　resilient coupling with tyre elastomer
梅花形弹性联轴器　resilient coupling with elastic spider
摩擦片　friction plate
摩擦式离合器　friction clutch
摩擦系数　coefficient of friction
摩擦学设计　tribology design；TD
摩擦制动器　friction brake
挠性联轴器　flexible coupling
扭簧离合器　torsional spring clutch
气胎离合器　pneumatic tyre clutch
气压离合器　pneumatically controlled clutch
嵌合式离合器　positive clutch
蛇形弹簧联轴器　steelflex grid coupling
湿式离合器　wet clutch
十字滑块联轴器　double slider coupling；Oldham's coupling
十字轴式万向联轴器　universal coupling with spider
双万向联轴器　constant-velocity（or double）universal joint
双向离合器　two-directional clutch
套筒联轴器　sleeve coupling
万向联轴器　hooks coupling；universal coupling
无弹性元件挠性联轴器　flexible coupling without elastic resilient component
楔块离合器　sprag clutch
牙嵌离合器　jaw clutch
牙嵌式联轴器　jaw（teeth）positive-contact coupling
液压离合器　hydraulically controlled clutch
圆盘摩擦式离合器　disc friction clutch
圆锥离合器　cone clutch
闸块离合器　brake-shoe clutch

# 第 11 章 轴

## 11.1 知识要点

### 11.1.1 轴概述

**(1) 轴的用途及分类**　轴的主要功用是支承回转零件,如齿轮、蜗轮等,以实现运动和动力的传递。

1) 根据承受载荷的不同,轴可以分为以下三类:

① 转轴。工作中既承受弯矩又承受转矩的轴,如减速器中的轴。

② 心轴。只承受弯矩而不承受转矩的轴。当工作时,心轴随轴上回转零件一起转动的,称为转动心轴,如火车轮轴;若工作时,心轴固定不动的,称为固定心轴,如自行车前轮轴。

③ 传动轴。只承受转矩而不承受弯矩(或弯矩很小)的轴,如汽车的主传动轴。

轴的应力不仅取决于轴所承受的载荷,而且与轴的工作条件和运转情况有关,表 1-11-1 列出了轴在一般情况下的各种载荷和应力状态。转轴同时承受弯矩和转矩,受到复合应力的作用;而心轴和传动轴则都处于单向应力状态。对于单向转动的转轴,考虑到启动、停车因素,一般情况其扭转切应力可认为是脉动循环变化的,但如果在启动后长期连续工作,也可按静应力考虑,同样,对于固定心轴,所受载荷变化较大或频繁加载、卸载时,其弯曲应力也可认为是脉动循环变应力,若机器长期连续工作,则可考虑为静应力。

表 1-11-1　轴的载荷和应力

| 类　型 | 载　荷 | 运转情况 | 应　力　状　态 |
|---|---|---|---|
| 转　轴 | 同时承受弯矩和转矩 | 单向转动 | 对称循环弯曲应力和脉动循环扭转切应力 |
| | | 双向转动 | 对称循环弯曲应力和对称循环扭转切应力 |
| 心　轴 | 只承受弯矩 | 固定心轴 | 弯曲应力为静应力或脉动循环应力 |
| | | 转动心轴 | 对称循环弯曲应力 |
| 传动轴 | 只承受转矩 | 单向转动 | 脉动循环扭转切应力 |
| | | 双向转动 | 对称循环扭转切应力 |

2) 根据轴的刚性和轴线的形状不同,轴可以分为:

① 曲轴。轴的轴线不是直线。通过连杆,曲轴可以将旋转运动变为往复直线运动,或做相反的运动变换。

② 直轴。轴的轴线是直线。根据制造的不同,直轴可分为实心轴和空心轴。根据外形不

同,直轴还可以分为光轴和阶梯轴。其中,光轴形状简单,加工容易,应力集中源少,但轴上零件不易装配及定位;阶梯轴则正好与光轴相反。因此,光轴主要用于心轴和传动轴,阶梯轴则常用于转轴。

③ 钢丝软轴。细钢丝分层绕成的轴。它很容易弯曲,可以把回转运动灵活地传到不开阔的空间位置。

**(2) 轴的材料**　轴的主要材料是碳素钢和合金钢。碳素钢有一定的强度和耐磨性,对应力集中的敏感性小,也可通过热处理提高力学性能,故应用很广。常用的有 35、45、50 等优质中碳钢,其中 45 钢应用最广。合金钢具有更高的力学性能和更好的淬火性能,在对轴的性能要求高而尺寸又受到限制时可考虑使用合金钢。常用的有 20Cr、40Cr、40CrNi 等。在一般工作温度下,各种钢的弹性模量 $E$ 的数值相差不大,因此选用合金钢,采取热处理方法只能提高轴的疲劳强度,对刚度几乎没有影响。轴也可以采用高强度铸铁和球墨铸铁来制造。铸铁流动性好,易于成型且价格低廉,具有良好的吸振性和耐磨性以及对应力集中不敏感等优点,可用于制造外形复杂的轴。

## 11.1.2　轴的结构设计

轴由轴头、轴颈及轴身三部分组成。轴头是轴上安装轮毂的部分,轴颈是轴上被支承的部分,即安装轴承的轴段,轴身是连接轴头和轴颈的部分。轴的结构设计的目的就是确定轴的各段直径和长度,一般可分为两个阶段进行。

**(1) 轴的结构草图设计**　它主要包括以下内容:

1) 按扭转强度条件估算轴的最小处的直径,并根据轴在机器中的位置,估计轴的长度,在等径轴的基础上对轴进行初步设计。

2) 根据轴安装在其最小处直径的零件的长度确定轴头的长度,并根据其定位要求确定定位轴肩的高度及长度(注意外伸端要预留轴承盖的位置和轴承与联轴器所需的空间等)。

3) 确定轴承内径,选择轴承的类型,初定轴承的型号,查设计手册获得轴承的宽度,合理地布置轴承的位置,确定轴颈的长度以及轴承的定位轴肩高度和长度。

4) 根据轴在机器中的位置,合理地布置轴上零件;根据轴上零件的装拆等要求确定轴上零件的内径,并确定该轴段的长度。根据轴上零件的定位要求,确定定位轴肩(轴环)的高度与长度。轴上零件应双向固定。

5) 通过以上各部分的设计,合理地确定每一轴段的轴径和长度,初步绘制出轴的结构草图。然后确定轴的支座和受力点间的轴向尺寸,并进行轴的强度计算。经强度校核危险截面合格后,即可进行轴的零件工作图的设计。

**(2) 轴的零件工作图设计**　轴的结构草图需要细化,才能成为轴的零件工作图。细化的主要内容有:

1) 轴上零件的轴向固定形式的选择和计算。

2) 轴上零件周向定位选择和尺寸的确定。

3) 各轴肩的过渡圆角半径和各轴段轴端倒角的确定。

4) 加工工艺结构,如砂轮越程槽、螺纹退刀槽等的确定。

5) 尺寸、公差配合、形位公差和表面粗糙度的标注。

6) 技术条件(热处理、表面处理等要求)标注。

在轴的结构设计中,需要注意以下几个主要的问题:

**(1) 拟定轴上零件的装配方案**　装配方案就是预定出轴上主要零件的装配方向、顺序和相互关系。拟定零件的装配方案时,一般应多考虑几个方案进行分析比较与选择,因为装配方案决定了轴的基本形式。

**(2) 轴上零件的定位**

1) 零件的轴向定位。零件轴向固定方法主要有轴肩、轴环、套筒、轴端挡圈、圆螺母、弹性挡圈、紧定螺钉、锁紧挡圈、锥形轴端等。

① 轴肩或轴环:定位可靠,结构简单,可以承受较大的轴向力。定位轴肩的高度 $h = (0.07 \sim 0.1)d$, $d$ 为与零件相配处的轴径;非定位轴肩的高度无严格规定,一般取 $1 \sim 2$ mm。滚动轴承的定位轴肩高度必须低于轴承内圈端面的高度,以便拆卸轴承,其轴肩的高度可查《机械设计手册》中轴承的安装高度。为了使零件能靠紧轴肩而得到准确可靠的定位,轴肩处的过渡圆角半径 $r$ 必须小于与之相配的零件毂孔端部的圆角半径 $R$ 或倒角尺寸 $C$。

② 套筒:定位可靠,结构简单,轴上不需开槽、钻孔和切制螺纹,因而不影响轴的疲劳强度,一般用于轴上两个零件之间的定位。

③ 轴端挡圈:适用于固定轴端零件,可以承受较大的轴向力。

④ 弹性挡圈、紧定螺钉和锁紧挡圈:结构简单,仅适用于轴向力较小的情况。紧定螺钉和锁紧挡圈常用于光轴上零件的定位。

⑤ 圆螺母:可承受较大的轴向力,但螺纹可能削弱轴的疲劳强度,故常用于轴端的定位。

⑥ 锥形轴端:适用于承受冲击载荷和同心度要求较高的轴端零件。

2) 零件的周向定位。零件周向固定方法主要有键、花键、销、过盈配合和紧定螺钉等。

**(3) 轴的直径和长度**　为了轴上零件装拆方便,轴要设计成阶梯轴。首先,可按轴所受的转矩初步估算轴所需的直径,将初步求出的直径作为承受转矩的轴段的最小直径 $d_{\min}$,然后按轴上零件的装配方案和定位要求,从 $d_{\min}$ 处逐一放大确定各段轴的直径。有配合要求的轴段,应尽量采用标准直径。安装标准件(如滚动轴承、联轴器、密封圈等)部位的轴径,应取为相应的标准值及所选配合的公差。轴的各段长度主要根据各零件与轴配合部分的轴向尺寸和相邻零件间必要的空隙来确定。为了保证轴向定位可靠,与齿轮和联轴器等零件配合的轴段长度一般应比轮毂长度短 $2 \sim 3$ mm。

**(4) 提高轴的强度的常用措施**

1) 合理布置轴上零件以减小轴的载荷。如为了减小轴所承受的弯矩,传动件应尽量靠近轴承,并尽可能不采用悬臂的支承形式,力求缩短支承跨距及悬臂长度;当转矩由一个传动件输入,而由几个传动件输出时,为了减小轴的转矩,应将输入件放在中间,而不要置于一端等。

2) 改进轴上零件的结构以减小轴的载荷。如通过轴上零件的结构改进,使轴只受弯矩而不受转矩。

3) 改进轴的结构以减小应力集中的影响。如轴段直径变化不宜过大,尽量避免横孔、切槽;采用大的过渡圆角、过渡肩环或凹切圆角;在轴上或轮毂上开卸载槽等。

4) 改进轴的表面质量以提高轴的疲劳强度。如合理地减小轴的表面及圆角处的加工粗糙度值;采用表面强化处理的方法等。

**(5) 轴的结构工艺性**　轴的结构越简单,工艺性越好。因此在满足使用要求的前提下,轴的结构形式应尽量简化。如为了减少工件装夹的时间,同一轴上不同轴段的键槽应布置在轴的同一条母线上;为了减少加工刀具种类和提高劳动生产率,轴上直径相近处的圆角、倒角、键槽宽度、砂轮越程槽宽度和退刀槽宽度等应尽可能采用相同的尺寸。

### 11.1.3 轴的强度计算

轴的强度计算方法有四种：① 按扭转强度条件计算；② 按弯扭合成强度条件计算；③ 按疲劳强度条件进行精确校核；④ 按静强度条件进行校核。这四种方法的计算精度不同，分别适于不同的设计要求或在不同的设计阶段中使用。它们的计算特点和应用范围见表 1-11-2。

**表 1-11-2 轴的四种强度计算方法**

| 计算方法 | 计算特点 | | | 计算公式 | 已知计算条件 | 应用范围 |
|---|---|---|---|---|---|---|
| | 转矩弯矩 | 应力集中、尺寸系数、表面状态 | 应力变化情况 | | | |
| 按扭转强度条件计算 | 仅考虑转矩。当弯矩、转矩都有时，用降低许用扭转切应力来考虑弯矩的影响 | 不考虑 | 按静载荷计算扭转切应力 | $$\tau_T = \frac{T}{W_T} = \frac{9.55 \times 10^6 \frac{P}{n}}{0.2 d^3} \leqslant [\tau_T]$$ (1-11-1)<br>式中 $T$——转矩（N·mm）；<br>$W_T$——轴的抗扭截面系数（mm³）；<br>$P$——轴传递的功率（kW）；<br>$n$——轴的转速（r/min）；<br>$d$——轴的直径（mm）；<br>$[\tau_T]$——许用扭转切应力（MPa）。<br>$$d \geqslant \sqrt[3]{\frac{9.55 \times 10^6 P}{0.2 [\tau_T] n}} = A_0 \sqrt[3]{\frac{P}{n}}$$ (1-11-2)<br>式中 $A_0$——与轴的材料有关的系数 | (1) 轴的材料；<br>(2) 外加转矩 $T$（或 $P$、$n$） | (1) 仅传递转矩的传动轴；<br>(2) 初步估算转轴直径；<br>(3) 不重要的转轴 |
| 按弯扭合成强度条件计算 | 转矩和弯矩都考虑 | 用降低许用弯曲应力来考虑 | 按对称循环计算弯曲应力 | $$\sigma_{ca} = \frac{M_e}{W} = \frac{M_e}{0.1 d^3} \leqslant [\sigma_{-1}]$$ (1-11-3)<br>式中 $\sigma_{ca}$——轴的计算应力（MPa）；<br>$M_e$——当量弯矩，$M_e = \sqrt{M^2 + (\alpha T)^2}$ （N·mm），其中，$M$ 为合成弯矩，$\alpha$ 是根据转矩性质而定的应力折合系数；<br>$W$——轴的抗弯截面系数（mm³）；<br>$[\sigma_{-1}]$——对称循环变应力时轴的许用弯曲应力（MPa）。<br>$$d \geqslant \sqrt[3]{\frac{M_e}{0.1 [\sigma_{-1}]}}$$ (1-11-4) | (1) 轴上载荷的位置、大小；<br>(2) 传动件尺寸；<br>(3) 支点的跨距 | (1) 计算转轴的直径；<br>(2) 轴结构设计后的校核计算 |

续表

| 计算方法 | 计算特点 | | | 计算公式 | 已知计算条件 | 应用范围 |
|---|---|---|---|---|---|---|
| | 转矩弯矩 | 应力集中、尺寸系数、表面状态 | 应力变化情况 | | | |
| 按疲劳强度条件进行精确校核 | 转矩和弯矩都考虑 | 考虑 | 按实际情况计算，常用对称循环弯曲应力及脉动循环扭转切应力 | $S_{ca} = \dfrac{S_\sigma S_\tau}{\sqrt{S_\sigma^2 + S_\tau^2}} \geqslant S \quad (1-11-5)$ <br><br> $S_\sigma = \dfrac{\sigma_{-1}}{K_\sigma \sigma_a + \varphi_\sigma \sigma_m} \geqslant S \quad (1-11-6)$ <br><br> $S_\tau = \dfrac{\tau_{-1}}{K_\tau \tau_a + \varphi_\tau \tau_m} \geqslant S \quad (1-11-7)$ <br><br> 式中 $\sigma_{-1}$、$\tau_{-1}$——轴在弯曲和扭转状态下材料的对称循环疲劳极限 (MPa)；<br> $K_\sigma$、$K_\tau$——轴的弯曲和剪切疲劳极限的综合影响系数；<br> $\varphi_\sigma$、$\varphi_\tau$——轴受循环弯曲应力和剪切应力时的材料常数；<br> $S_\sigma$、$S_\tau$——轴上只承受法向应力和剪切应力时的计算安全系数；<br> $S_{ca}$、$S$——轴的计算安全系数和设计安全系数 | (1) 危险截面的应力数据；<br>(2) 轴的详细结构尺寸；<br>(3) 公差配合、表面粗糙度、过渡圆角等 | 要求做精确校核计算的转轴 |
| 按静强度条件进行校核 | 转矩和弯矩都考虑 | 不考虑 | 按静载荷计算最大扭转切应力、最大弯曲应力和最大的轴向应力 | $S_{S_{ca}} = \dfrac{S_{S_\sigma} S_{S_\tau}}{\sqrt{S_{S_\sigma}^2 + S_{S_\tau}^2}} \geqslant S_S \quad (1-11-8)$ <br><br> $S_{S_\sigma} = \dfrac{\sigma_s}{\dfrac{M_{max}}{W} + \dfrac{F_{amax}}{A}} \quad (1-11-9)$ <br><br> $S_{S_\tau} = \dfrac{\tau_s}{\dfrac{T_{max}}{W_T}} \quad (1-11-10)$ <br><br> 式中 $\sigma_s$、$\tau_s$——材料的抗弯和抗扭屈服强度 (MPa)；<br> $M_{max}$、$T_{max}$——轴的危险截面上所受的最大弯矩和最大扭矩 (N·mm)；<br> $F_{amax}$——轴的危险截面上所受的最大轴向力 (N)；<br> $A$——轴的危险截面的面积 (mm²)；<br> $W$、$W_T$——轴的危险截面的抗弯和抗扭截面系数 (mm³)；<br> $S_{S_{ca}}$——危险截面静强度的计算安全系数；<br> $S_{S_\sigma}$——只考虑弯矩和轴向力时的安全系数；<br> $S_{S_\tau}$——只考虑扭矩时的安全系数；<br> $S_S$——按屈服强度的设计安全系数 | 危险截面的应力数据 | (1) 瞬时过载的轴；<br>(2) 应力循环不对称较为严重的轴 |

第一种方法适用于传动轴的计算,也常用来初步估算转轴受扭轴段的最小直径,以便进行结构草图的设计,为进一步计算准备必要的尺寸数据。对于一般重要的轴,可以在此基础上用第二种方法完成轴的设计或校核计算。重要的轴则还必须进行轴的细部结构设计,用第三种方法求出各危险截面的应力和安全系数,对于安全系数不足的危险截面,可局部地修改结构重新计算,直到满足要求为止。此外,对于那些瞬时过载很大或应力循环的不对称较为严重的轴,还需用第四种方法进行校核,以评定轴对塑性变形的抵抗能力。

### 11.1.4 轴的刚度计算

如果轴的刚度不足,在工作中就会产生过度变形,使轴上零件失去正确位置而影响正常使用,甚至导致轴上零件或轴本身的破坏。轴的刚度计算就是计算轴受载荷时的变形量,并将它限制在一定的许用范围内。轴的刚度分为弯曲刚度和扭转刚度两种。前者以挠度或偏转角来衡量,后者以扭转角来度量。

**(1) 轴的弯曲刚度校核计算** 一般的轴大多可视为简支梁。若是光轴,可直接用材料力学的公式计算其挠度和偏转角;若是阶梯轴,如果对计算精度要求不高,则可用当量直径法做近似计算,即把阶梯轴看作当量直径为 $d_v$ 的光轴,然后再按材料力学中的公式计算。当量直径为

$$d_v = \sqrt[4]{\frac{L}{\sum_{i=1}^{z} \frac{l_i}{d_i^4}}} \qquad (1-11-11)$$

式中,$l_i$ 为阶梯轴第 $i$ 段的长度(mm);$d_i$ 为阶梯轴第 $i$ 段的直径(mm);$z$ 为阶梯轴计算长度内的轴段数;$L$ 为阶梯轴的计算长度(mm)。当载荷作用于两支承之间时,$L=l$,$l$ 为支承跨度;当载荷作用于悬臂端时,$L=l+k$,$k$ 为轴的悬臂长度。

轴的弯曲刚度条件为

挠度 $\qquad\qquad y \leqslant [y] \qquad\qquad (1-11-12)$

偏转角 $\qquad\qquad \theta \leqslant [\theta] \qquad\qquad (1-11-13)$

式中,$[y]$ 为轴的许用挠度(mm);$[\theta]$ 为轴的许用偏转角(rad)。

**(2) 轴的扭转刚度校核计算** 轴的扭转变形用每米的扭转角 $\varphi$ 来表示。圆轴扭转角 $\varphi$,单位为(°)/m,计算公式为

光轴 $\qquad\qquad \varphi = 5.73 \times 10^4 \dfrac{T}{GI_p} \qquad\qquad (1-11-14)$

阶梯轴 $\qquad\qquad \varphi = 5.73 \times 10^4 \dfrac{1}{LG} \sum_{i=1}^{z} \dfrac{T_i l_i}{I_{pi}} \qquad\qquad (1-11-15)$

式中,$T$ 为轴受的扭矩(N·mm);$G$ 为轴材料的剪切弹性模量(MPa);$I_p$ 为轴截面的极惯性矩(mm$^4$),对于圆轴,$I_p = \dfrac{\pi d^4}{32}$;$L$ 为阶梯轴受扭矩作用的长度(mm);$T_i$ 为阶梯轴第 $i$ 段上所受的扭矩(N·mm);$l_i$ 为阶梯轴第 $i$ 段的长度(mm);$I_{pi}$ 为阶梯轴第 $i$ 段的轴截面极惯性矩(mm$^4$);$z$ 为阶梯轴所受扭矩作用的轴段数。

轴的扭转刚度条件为

扭转角 $\qquad\qquad\qquad\varphi \leqslant [\varphi] \qquad\qquad\qquad$ (1-11-16)

式中,$[\varphi]$为轴每米长的许用扭转角$[(°)/m]$。

## 11.2 复习思考题

**11-1** 何为心轴、转轴和传动轴？车床主轴、自行车的前轮轴、后轮轴以及中轴各属何种轴？

答：工作中只承受弯矩而不承受转矩的轴为心轴；既承受弯矩又承受转矩的轴为转轴；只承受转矩而不承受弯矩(或弯矩很小)的轴为传动轴。车床主轴属转轴；自行车的前轮轴和后轮轴属固定心轴；自行车的中轴属转轴。

**11-2** 为何大多数轴呈阶梯形？

答：阶梯形轴主要为了便于零件在轴上的装拆和固定，同时也有利于节省材料、减轻重量、便于加工。

**11-3** 零件在轴上进行周向固定时，可采用哪些方法？

答：零件在轴上周向固定可采用键连接、花键连接、销连接和过盈连接等方法。

**11-4** 零件在轴上进行轴向固定时，可采用哪些方法？

答：零件在轴上轴向固定可采用轴肩、轴环、套筒、轴端挡圈、弹性挡圈、圆螺母和锥形轴端等方法。

**11-5** 如图1-11-1所示，设计轴肩尺寸$h$和$r$时，应注意什么问题？

答：为了使轴上零件与轴肩端面靠紧，应保证轴的圆角$r$、轴肩高度$h$与零件毂孔倒角高度$C$或圆角半径$R$之间满足关系：$r<C<h$ 或 $r<R<h$，如图1-11-2所示。与滚动轴承相配的轴肩尺寸应符合轴承的国家标准规定。

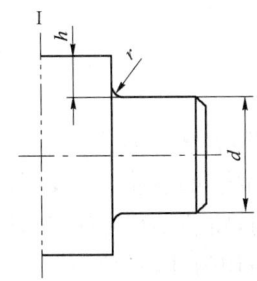

图1-11-1 轴肩尺寸$h$和$r$

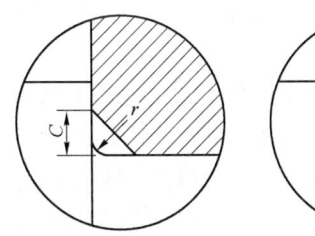

图1-11-2 轴肩圆角与相配零件的倒角(或圆角)

**11-6** 利用公式$d \geqslant A_0 \sqrt[3]{\dfrac{P}{n}}$估算转轴直径时，应如何选取$A_0$值？为什么？

答：由式$A_0 = \sqrt[3]{\dfrac{9.55 \times 10^6}{0.2[\tau_T]}}$可知，$A_0$与轴材料的许用切应力$[\tau_T]$有关。在估算转轴直径时，需降低$[\tau_T]$的方法考虑弯矩的影响。当轴上的弯矩相对转矩较小时，$[\tau_T]$应降低得少些，即$A_0$应取小值；反之，轴上弯矩相对转矩较大时，$[\tau_T]$应降低得多些，即$A_0$应取大值。

**11-7** 计算应力的计算公式为$\sigma_{ca} = \sqrt{\sigma^2 + 4(\alpha\tau)^2}$，其中系数$\alpha$的含义是什么？其大小

如何确定?

答:α 是应力折合系数。对于一般转轴,由弯矩产生的弯曲应力是对称循环应力,而由转矩产生的切应力,其循环特性则往往与弯曲应力不同,α 就是考虑两种应力循环特性不同的影响而引入的系数。

当扭转切应力为静应力时,取 $\alpha=0.3$;当扭转切应力为脉动循环变应力时,取 $\alpha=0.6$;当扭转切应力为对称循环变应力时,取 $\alpha=1$。

**11-8** 按弯扭合成强度和按疲劳强度校核轴时,危险截面应如何确定?确定危险截面时,考虑的因素有何区别?

答:按弯扭合成强度校核轴时,危险截面应选在弯曲应力和扭转切应力大的截面,考虑的因素主要是轴上的弯矩、转矩和轴径。

按疲劳强度校核轴时,危险截面应选在弯曲应力和扭转切应力较大且应力集中系数大的截面,考虑的因素除了轴上的弯矩、转矩和轴径外,还应考虑综合影响系数的影响。

**11-9** 为什么要进行轴的静强度校核计算?这时是否要考虑应力集中等因素的影响?

答:对于瞬时过载很大的轴,或应力循环不对称性较为严重的轴,会由于静强度不足而发生塑性变形,对于这种轴应进行静强度条件的校核计算。在静强度计算时,不需要考虑应力集中等因素的影响,因为应力集中不影响静应力大小,只影响应力幅的值。

**11-10** 经校核发现轴的疲劳强度不符合要求时,在不增大轴径的条件下,可采取哪些措施来提高轴的疲劳强度?

答:可采取的措施有:① 增大过渡圆角半径;② 对轴的表面进行热处理和表面硬化加工处理;③ 提高表面加工质量;④ 用开卸载槽等方法降低过盈配合处的应力集中程度;⑤ 改进轴的结构形状等。

**11-11** 在进行轴的疲劳强度计算时,如果同一截面上有几个应力集中源,应如何取定应力集中系数?

答:在进行轴的疲劳强度计算时,如果同一截面上有几个应力集中源,则应取该截面上各应力集中源有效应力集中系数中的最大值为该截面的有效应力集中系数。

**11-12** 轴受载以后,如果产生了过大的弯曲变形和扭转变形,对轴的正常工作有什么影响?试举例说明之。

答:轴受载以后,如果产生了过大的弯曲变形和扭转变形,将影响轴上零件的正常工作。如安装齿轮的轴发生过大的弯曲变形,则会使齿轮啮合产生偏载;如滚动轴承支承的轴发生过大的弯曲变形,则会使轴承内、外圈相互倾斜,当超过允许值时,将使轴承寿命显著降低。如果扭转变形过大,则将影响机器的精度及旋转零件上载荷的分布均匀性,对轴的振动也有一定的影响。

**11-13** 有一齿轮减速器的输出轴,单向运转,经常启动,则该轴承受的弯矩和转矩的循环特性有何区别?该轴上产生的弯曲应力和扭转切应力的循环特性有何区别?

答:因该轴单向运转,经常启动,故可认为该轴所承受的弯矩和转矩均为脉动循环;该轴上产生的弯曲应力为对称循环,而扭转切应力为脉动循环。

**11-14** 试分析图 1-11-3 所示的传动装置中各轴所受到的载荷,并注明各轴的类别。

答:传动装置中,0 轴仅受转矩,故为传动轴;Ⅰ轴受转矩和弯矩,故为转轴;Ⅱ轴仅受弯矩,故为转动心轴;Ⅲ轴受转矩和弯矩,故为转轴;Ⅳ轴受转矩和弯矩,故为转轴;Ⅴ轴仅受弯矩,故为转动心轴。

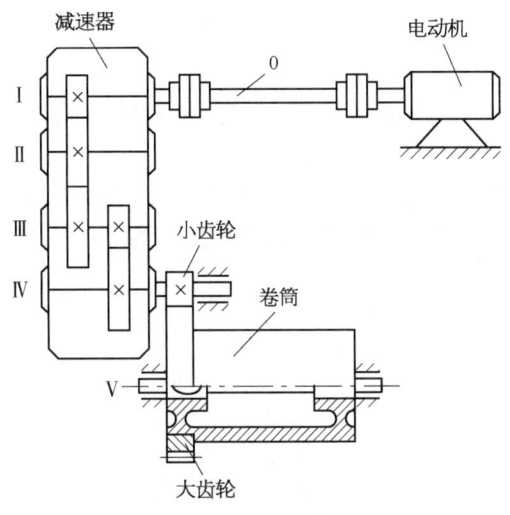

图 1-11-3 起重机卷筒的传动装置

**11-15** 图 1-11-4 所示为起重机卷筒轴的四种结构方案,图中 A 为固定件,试比较:

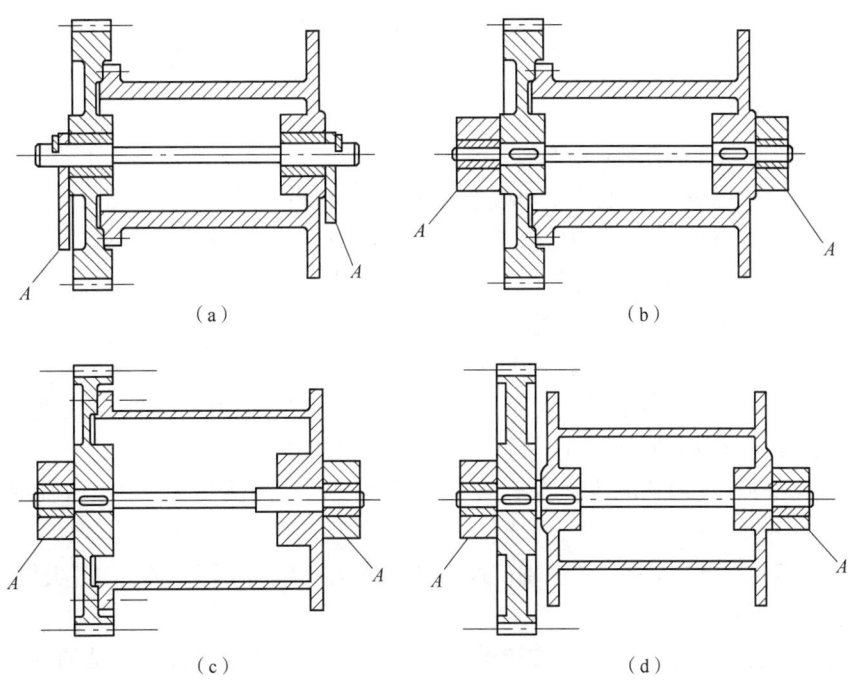

图 1-11-4 起重机卷筒轴的四种结构方案

(1) 按轴所受工作载荷不同,四种结构方案中的轴各属于哪种类型？哪个方案的轴较粗？哪个方案的轴较细？

(2) 从制造工艺看,哪个方案较好？

(3) 从安装维护方便看,哪个方案较好？

答:(1) 图 1-11-4a 为固定心轴；图 1-11-4b 为转动心轴；图 1-11-4c 为转动心轴；图 1-11-4d 为转轴。从轴的受载分析可得出:在相同的情况下,心轴比转轴细,固定心轴比转动心轴细,因此图 1-11-4a 方案中的轴最细,图 1-11-4d 方案中的轴最粗。

(2) 从制造工艺看,图 1-11-4a 方案中的轴阶梯最少,并且不需要加工键槽,同时固定件结构简单,因此,图 1-11-4a 方案中的轴工艺性较好。

(3) 由于图 1-11-4a 方案中的轴不需安装键,可方便地轴向装拆,故安装维护较方便。

**11-16** 提高轴的强度的常用措施有哪些?

答:提高轴的强度的常用措施有:① 合理布置轴上零件以减小轴的载荷;② 改进轴上零件的结构以减小轴的载荷;③ 改进轴的结构以减轻应力集中的影响;④ 改进轴的表面质量以提高轴的疲劳强度等。

## 11.3 自测题

**1. 是非题**

(1) 承受弯矩的转轴容易发生疲劳断裂,是由于其最大弯曲应力超过了材料的强度极限。
(　　)
(2) 实际的轴多做成阶梯形,主要是为了减轻轴的重量,降低制造费用。　(　　)
(3) 连接汽车前桥和后桥的那根转动着的轴是一根转轴。　(　　)
(4) 为了提高轴的刚度,一般采用的措施是用合金钢代替碳钢。　(　　)
(5) 轴的强度计算中,安全系数校核就是疲劳强度校核,即计入应力集中、表面状态和尺寸影响以后的精确校核。　(　　)
(6) 减速器输出轴的直径应大于输入轴的直径。　(　　)
(7) 按扭转强度条件计算轴的受扭段的最小直径时,没有考虑弯矩的影响。　(　　)
(8) 固定不转动的心轴所受的应力不一定是静应力。　(　　)
(9) 轴系结构中定位套筒与轴的配合应选得松一些。　(　　)
(10) 转动的心轴其所受的应力类型不一定是对称循环应力。　(　　)
(11) 实心圆轴的强度与直径的 4 次方成正比,刚度与直径的 3 次方成正比。(　　)
(12) 轴上需车制螺纹的轴段应设螺纹退刀槽,需要磨削的轴段应设砂轮越程槽。(　　)
(13) 轴的计算弯矩最大处可能是危险截面,必须进行强度校核。　(　　)
(14) 若阶梯轴过渡圆角的半径为 $r$,轴上与之相配零件的倒角为 $C\times 45°$,轴肩高为 $h$,则要求:$h>C>r$。　(　　)
(15) 轴的结构设计中,为了避免轴截面形状的突然变化,宜采用较大的过渡圆角,也可以改用内圆角或凹切圆角。　(　　)
(16) 按疲劳强度条件进行精确校核轴时,为使轴安全地工作,必须使轴的计算安全系数 $S_{ca}$ 小于设计安全系数 $S$,即 $S_{ca}<S$。　(　　)

**2. 单项选择题**

(1) 零件的功用有:① 连接;② 传递运动;③ 控制运动;④ 传递动力;⑤ 支承;⑥ 缓冲;⑦ 密封等。轴的功用占其中的_____。
　A. 2 条　　　　　B. 3 条　　　　　C. 4 条　　　　　D. 5 条
(2) 下列各轴中,_____是传动轴。
　A. 带轮轴　　　　　　　　　　　　B. 蜗杆轴
　C. 链轮轴　　　　　　　　　　　　D. 汽车下部变速器与后桥间的轴

(3) 汽轮发电机转子轴在高温、高速和重载条件下工作,采用_____材料为宜。
A. Q235A 钢  B. 45 钢
C. 38CrMoAlA  D. QT600-3

(4) 尺寸较大的轴及重要的轴,应采用_____毛坯。
A. 锻制  B. 轧制圆钢
C. 铸造件  D. 焊接件

(5) 轴上零件的轴向固定方法有：① 轴肩和轴环；② 圆螺母与止动垫圈；③ 套筒；④ 轴端挡圈和圆锥面；⑤ 弹性挡圈、紧定螺钉或销钉等。当受轴向力较大时,可采用_____方法。
A. 2 种  B. 3 种  C. 4 种  D. 5 种

(6) 轴上零件的周向固定方法有：① 键连接；② 花键连接；③ 过盈配合；④ 紧定螺钉或销连接等。当传递转矩较大时,可采用_____方法。
A. 1 种  B. 2 种  C. 3 种  D. 4 种

(7) 为了使套筒、圆螺母或轴端挡圈能紧靠零件轮毂的端面,起轴向固定作用,轴头长度 $l$ 与零件轮毂宽度 $B$ 之间的关系是_____。
A. $l$ 比 $B$ 稍长  B. $l = B$
C. $l$ 比 $B$ 稍短  D. $l$ 与 $B$ 无关

(8) 为了便于拆卸滚动轴承,轴肩处的直径(或轴环直径)$D$ 与滚动轴承内圈的外径 $D_1$ 应保持_____关系。
A. $D > D_1$  B. $D < D_1$  C. $D = D_1$  D. 两者无关

(9) 将轴的结构设计成阶梯轴的主要目的是_____。
A. 便于轴的加工  B. 装拆零件方便
C. 提高轴的刚度  D. 外形美观

(10) 某人总结出确定轴直径应遵循的四条原则：① 与滚动轴承配合的轴颈直径必须符合滚动轴承内径的标准系列；② 轴上车制螺纹部分的直径必须符合外螺纹大径的标准系列；③ 安装联轴器和离合器的轴头直径应与联轴器和离合器的孔径范围相适应；④ 与零件(如齿轮、带轮等)相配合的轴头直径可采用自由尺寸。其中_____有错误。
A. 第①条  B. 第②条  C. 第③条  D. 第④条

(11) 增大阶梯轴圆角半径的主要目的是_____。
A. 使零件的轴向定位可靠  B. 降低应力集中,提高轴的疲劳强度
C. 使轴的加工方便  D. 外形美观

(12) 在轴的初步计算中,轴的直径是按_____初步确定的。
A. 抗弯强度  B. 扭转强度
C. 复合强度  D. 轴段上零件的孔径

(13) 只承受弯矩的转动心轴,轴表面一固定点的弯曲应力是_____。
A. 静应力  B. 脉动循环变应力
C. 对称循环变应力  D. 非对称循环变应力

(14) 在齿轮减速器轴的设计中包括：① 强度校核；② 轴系结构设计；③ 初估轴径 $d_{min}$；④ 受力分析并确定危险截面；⑤ 刚度计算。正确的设计顺序是_____。
A. ①②③④⑤  B. ⑤④③②①

C. ③②④①⑤　　　　　　　　D. ③④①⑤②

(15) 在进行轴的疲劳强度计算时,对于一般单向转动的转轴,其扭转切应力应按_____考虑。
A. 静应力　　　　　　　　　B. 对称循环变应力
C. 脉动循环变应力　　　　　D. 非对称循环变应力

(16) 按疲劳强度条件进行精确校核轴的疲劳强度时,其危险截面的位置取决于_____。
A. 轴的弯矩图和转矩图　　　B. 轴的弯矩图和轴的结构
C. 轴的转矩图和轴的结构　　D. 轴的弯矩图、转矩图和轴的结构

(17) 已知某轴上的最大弯矩为 200 N·m,转矩为 150 N·m,该轴为单向运转,频繁启动,则计算弯矩(或当量弯矩) $M_{ca}$ 约为_____ N·m。
A. 350　　　B. 219　　　C. 250　　　D. 205

(18) 计算当量弯矩 $M_{ca} = \sqrt{M^2 + (\alpha T)^2}$ 时,若弯曲应力按对称循环变应力变化,转矩切应力按脉动循环变应力变化,则折合系数 $\alpha$ 应取_____。
A. 0.3　　　B. 0.6　　　C. 1　　　D. 1.4

(19) 一齿轮减速器的高速轴直径为 30 mm,减速器传动比为 9,传动装置效率为 0.9,则可以估算出低速轴直径约为_____ mm。
A. 60　　　B. 70　　　C. 80　　　D. 90

(20) 如图 1-11-5 所示的两轴,受相同的弯矩和转矩,则其疲劳强度_____。

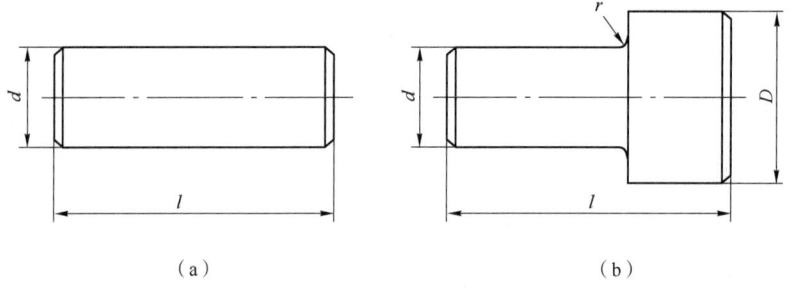

图 1-11-5　两轴疲劳强度比较
(a) 光轴；(b) 阶梯轴

A. a < b　　　　　　　　　B. a > b
C. a = b　　　　　　　　　D. 依 r/d 的大小而定

## 3. 分析、计算题

(1) 一单级齿轮减速器,传动比 $i = 8$,高速轴轴端直径 $d_1 = 20$ mm,低速轴轴端直径 $d_2 = 60$ mm,两轴材料相同,忽略摩擦,试分析按扭转强度条件计算时,哪一轴强度高,为什么?

(2) 已知一传动轴的材料为 40Cr 调质($A_0 = 97 \sim 112$),剪切弹性模量 $G = 8.1 \times 10^4$ MPa,传递功率 $P = 12$ kW,转速 $n = 80$ r/min。试求:
1) 按扭转强度计算轴的直径。
2) 按扭转刚度计算轴的直径,设轴的允许扭转角 $[\varphi] \leqslant 0.5(°)/$m。

(3) 直径 $d=75$ mm 的实心轴与外径 $d_0=85$ mm 的空心轴的扭转强度相等,设两轴的材料相同,试求该空心轴的内径 $d_1$ 和减轻重量的百分率。

(4) 某铁路货车车厢的轮轴结构及尺寸如图 1-11-6 所示。已知作用在轴上的载荷 $F=125$ kN, $l=1\,580$ mm, $a=267$ mm, $b=160$ mm, $d_1=130$ mm, $d_2=160$ mm,轴的材料抗拉强度极限 $\sigma_B=600$ MPa,$[\sigma_{-1}]_b=55$ MPa,试判断哪些截面是危险截面,并校核危险截面的强度。

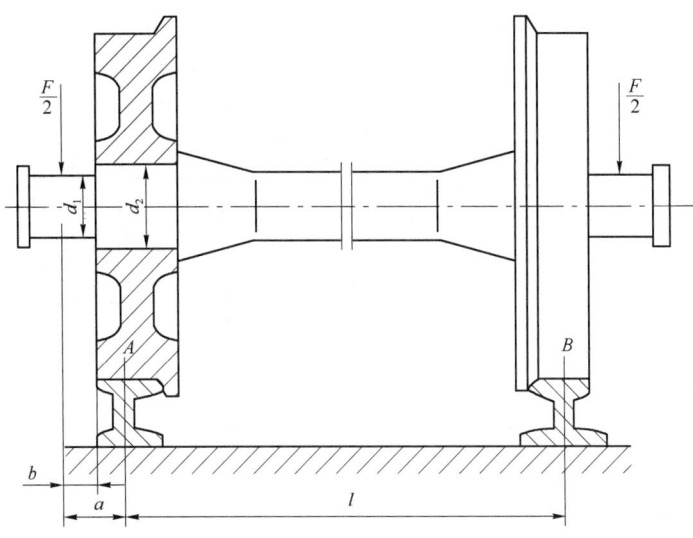

图 1-11-6 铁路货车车厢的轮轴结构

(5) 如图 1-11-7 所示的一挂轮在牵引力作用下转动以起吊重物 $W$,工作中经常启动、停车。已知 $F=800$ N,$W=800$ N,轮径 $D=200$ mm,轴材料为 45 钢,$\sigma_B=600$ MPa,许用应力 $[\sigma_{+1}]_b=200$ MPa,$[\sigma_0]_b=95$ MPa,$[\sigma_{-1}]_b=55$ MPa。试求:

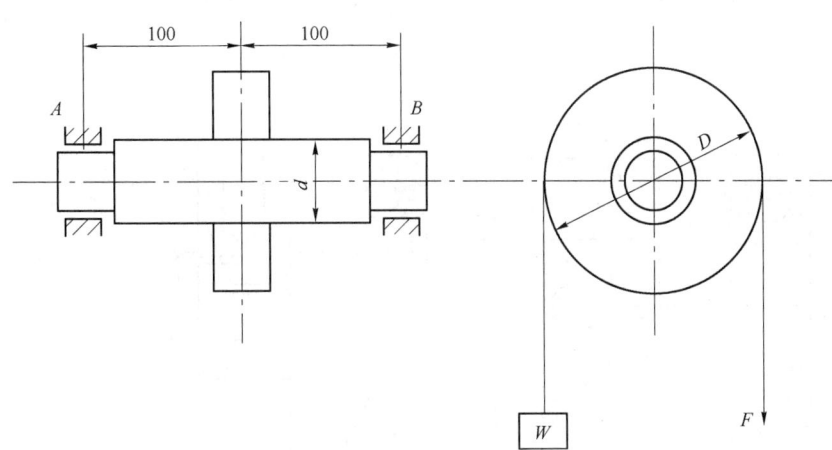

图 1-11-7 装有挂轮的轴系

1) 当挂轮与轴用键连接时,确定该轴的直径 $d$。

2) 当挂轮空套在轴上(即挂轮转时轴不转)时,确定该轴的直径 $d$。

(6) 一单级直齿圆柱齿轮减速器,其主动轴材料为 45 钢,调质处理,$\sigma_B=650$ MPa,$[\sigma_{-1}]_b=60$ MPa,$[\sigma_{+1}]_b=215$ MPa,$[\sigma_0]_b=102.5$ MPa,轴单向转动,工作平稳,传递转矩

$T = 1.75 \times 10^5$ N·mm。轴输入端与联轴器相连,两轴承间距为 160 mm。在两轴承之间安装一标准齿轮,其模数 $m = 4$ mm,齿数 $z_1 = 20$,齿宽 $b = 80$ mm。试确定与齿轮配合处的轴径。

(7) 图 1-11-8 所示为一台二级圆锥圆柱齿轮减速器简图,输入轴由左端看为逆时针转动。已知作用在圆锥齿轮 1 上的 $F_{t1} = 5\,000$ N、$F_{r1} = 1\,690$ N、$F_{a1} = 676$ N,平均分度圆直径 $d_{m1} = 120$ mm,$d_{m2} = 300$ mm,$F_{t3} = 10\,000$ N,$F_{r3} = 3\,751$ N,$F_{a3} = 2\,493$ N,$d_3 = 150$ mm,$L_1 = L_3 = 60$ mm,$L_2 = 120$ mm,$L_4 = L_5 = L_6 = 100$ mm。试:

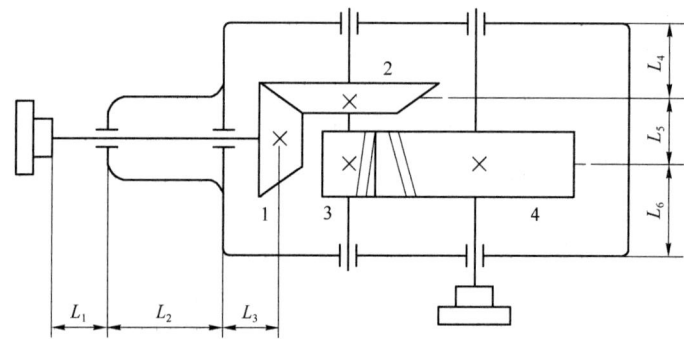

图 1-11-8 二级圆锥圆柱齿轮减速器简图

1) 画出中间轴的计算简图。
2) 计算轴的支承反力。
3) 画出轴的弯矩图和扭矩图,并将计算结果标在图中。

**4. 结构设计题**

(1) 在图 1-11-9 所示的齿轮轴系中,轴承外圈由轴承盖固定(图中未画),试指出图中标有序号处的轴结构设计的错误及不合理的原因,并画出改进后的结构图。

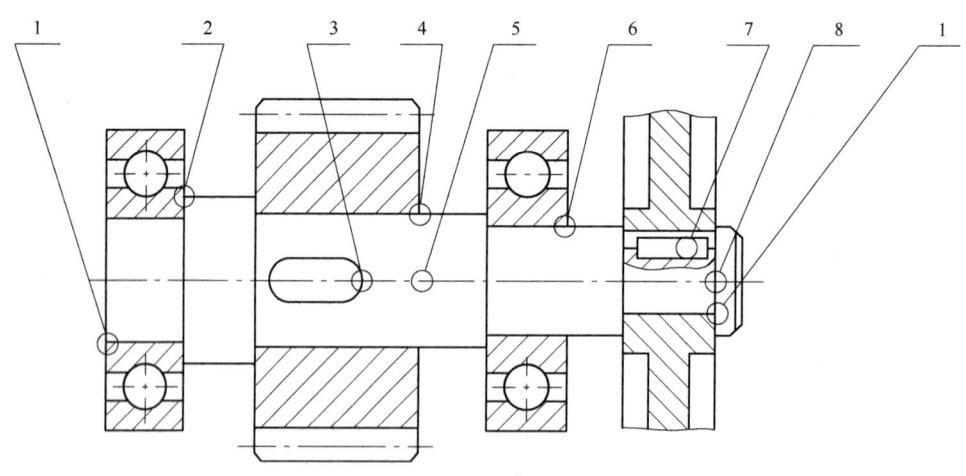

图 1-11-9 齿轮轴系设计的错误结构

(2) 如图 1-11-10 所示为蜗轮轴系的结构图。已知蜗轮轴上的轴承采用脂润滑,外伸端装有半联轴器,试指出图中标有序号处的错误及不合理的原因,并画出其正确的结构图。

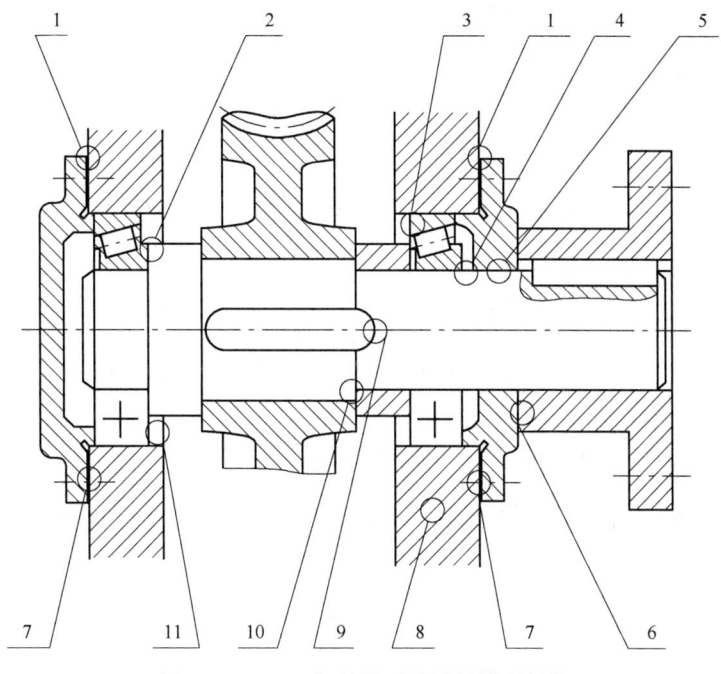

图 1-11-10 蜗轮轴系设计的错误结构

## 11.4 自测题参考答案

**1. 是非题**

(1) ×　(2) ×　(3) ×　(4) ×　(5) √　(6) √　(7) ×　(8) √　(9) ×　(10) √　(11) ×　(12) √　(13) √　(14) √　(15) √　(16) ×

**2. 单项选择题**

(1) B(②、④、⑤)　(2) D　(3) C　(4) A　(5) C(①、②、③、④)　(6) C(①、②、③)　(7) C　(8) B　(9) B　(10) D　(11) B　(12) B　(13) C　(14) C　(15) C　(16) D　(17) B　(18) B　(19) A　(20) B

**3. 分析、计算题**

(1) 解：由传动比 $i=8$ 得：$n_1 = 8n_2$；由忽略摩擦得：$P_1 = P_2$。按扭转强度条件计算有

$$d'_1 = A_0 \sqrt[3]{\frac{P_1}{n_1}} = A_0 \sqrt[3]{\frac{P_2}{8n_2}} = \frac{1}{2} A_0 \sqrt[3]{\frac{P_2}{n_2}} = \frac{1}{2} d'_2$$

现 $d_1 = 20 \text{ mm} < \frac{1}{2} d_2 = 30 \text{ mm}$，故低速轴强度高。

(2) 解：1) 轴的直径

$$d \geqslant A_0 \sqrt[3]{\frac{P}{n}} = (97 \sim 112) \times \sqrt[3]{\frac{12}{80}} = 51.54 \sim 59.51 \text{(mm)}$$

查标准取 $d = 63 \text{ mm}$。

2) 轴的扭转角

$$\varphi = 5.73 \times 10^4 \frac{T}{GI_p} = 5.73 \times 10^4 \times \frac{9.55 \times 10^6 P}{Gn\dfrac{\pi d^4}{32}}$$

$$= 5.73 \times 10^4 \times \frac{9.55 \times 10^6 \times 12 \times 32}{8.1 \times 10^4 \times 80 \times \pi \times d^4} = \frac{1.03 \times 10^7}{d^4} \leqslant [\varphi] = 0.5$$

故轴的直径为

$$d \geqslant \sqrt[4]{\frac{1.03 \times 10^7}{0.5}} = 67.37 (\text{mm})$$

参考轴的标准直径系列,取 $d = 71$ mm。

从计算结果可知,按扭转刚度条件计算出的轴径较大。

(3) 解:实心轴的抗扭截面系数 $W_{T1} = \dfrac{\pi d^3}{16}$,空心轴的抗扭截面系数 $W_{T2} = \dfrac{\pi d_0^3}{16}\left[1-\left(\dfrac{d_1}{d_0}\right)^4\right]$。因两轴的扭转强度相等,故有 $W_{T1} = W_{T2}$,即 $\dfrac{\pi d^3}{16} = \dfrac{\pi d_0^3}{16}\left[1-\left(\dfrac{d_1}{d_0}\right)^4\right]$,由此可解得

$$d_1 = d_0 \sqrt[4]{1-\left(\frac{d}{d_0}\right)^3} = 85 \times \sqrt[4]{1-\left(\frac{75}{85}\right)^3} = 63.58 (\text{mm})$$

$$\frac{d^2 - (d_0^2 - d_1^2)}{d^2} \times 100\% = \frac{75^2 - (85^2 - 63.58^2)}{75^2} \times 100\% = 43.42\%$$

即空心轴比实心轴减轻重量 43.42%。

(4) 解:1) 画铁路货车车厢的轮轴受力简图及弯矩图,如图 1-11-11 所示。

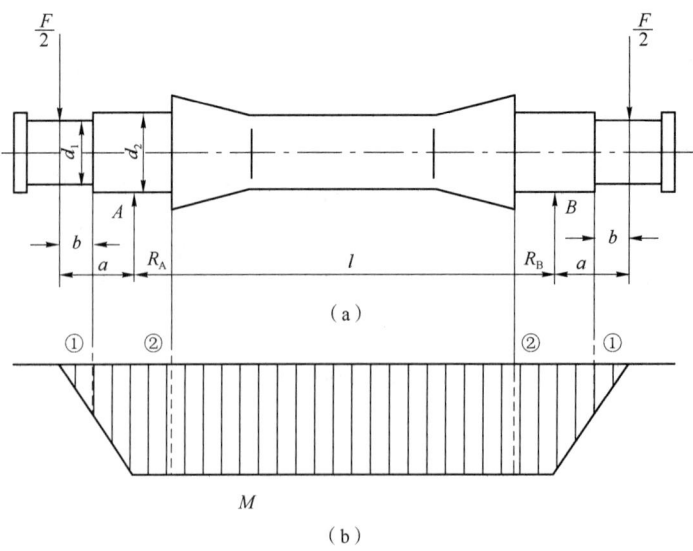

图 1-11-11 铁路货车车厢的轮轴受力简图及弯矩图
(a) 受力简图;(b) 弯矩图

由图 1-11-11a 受力简图可知，$AB$ 间弯矩最大，其值为

$$M_{\max} = \frac{F}{2}a = \frac{125 \times 10^3}{2} \times 267 = 16.69 \times 10^6 (\text{N} \cdot \text{mm})$$

由 1-11-11b 弯矩图可知，该轴危险截面有两处：① 轴端 $d_1$ 与 $d_2$ 的结合处；② 轴段 $d_2$ 的根部。

2) 校核危险截面①。该截面的弯矩

$$M_1 = \frac{F}{2}b = \frac{125 \times 10^3}{2} \times 160 = 1 \times 10^7 (\text{N} \cdot \text{mm})$$

该截面的弯矩应力

$$\sigma_{b1} = \frac{M_1}{W_1} = \frac{M_1}{0.1 d_1^3} = \frac{10^7}{0.1 \times 130^3} = 45.52 (\text{MPa}) < [\sigma_{-1}]_b = 55 \text{ MPa}$$

故截面①安全。

3) 校核危险截面②。该截面上弯矩 $M_2 = M_{\max} = 16.69 \times 10^6$ N·mm，故弯矩应力

$$\sigma_{b2} = \frac{M_2}{W_2} = \frac{M_2}{0.1 d_2^3} = \frac{16.69 \times 10^6}{0.1 \times 160^3} = 40.75 (\text{MPa}) < [\sigma_{-1}]_b = 55 \text{ MPa}$$

故截面②也安全。

（5）解：1) 当挂轮与轴用键连接时，此轴为转动心轴，此时的弯曲应力为对称循环性质。

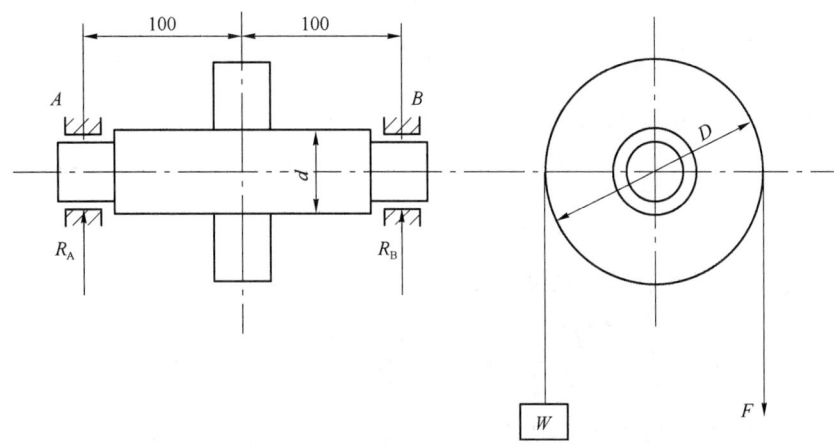

图 1-11-12 挂轮轴系的受力分析

由图 1-11-12 可得

$$R_A = R_B = \frac{1}{2}(W+F) = \frac{1}{2} \times (800+800) = 800(\text{N})$$

最大弯矩 $\quad M_{\max} = 100 R_A = 100 \times 800 = 8 \times 10^4 (\text{N} \cdot \text{mm})$

由 $\sigma_{ca} = \dfrac{M}{W} = \dfrac{M}{0.1 d^3} \leqslant [\sigma_{-1}]_b$ 得

$$d \geqslant \sqrt[3]{\frac{10M}{[\sigma_{-1}]_b}} = \sqrt[3]{\frac{10 \times 8 \times 10^4}{55}} = 24.4 (\text{mm})$$

考虑到安装键槽等削弱,将计算值增大 5%～7%,可取 $d \geqslant 24.4 \times (1.05 \sim 1.07) = 25.62 \sim 26.11(\text{mm})$,参考轴的标准直径系列,取 $d = 28$ mm。

2) 当挂轮与轴空套时,该轴为固定心轴,考虑到轴经常启动、停车,轴上的弯曲应力可视为脉动循环性质。

由 $\sigma_{ca} = \dfrac{M}{W} = \dfrac{M}{0.1d^3} \leqslant [\sigma_0]_b$ 得

$$d \geqslant \sqrt[3]{\dfrac{10M}{[\sigma_0]_b}} = \sqrt[3]{\dfrac{10 \times 8 \times 10^4}{95}} = 20.34(\text{mm})$$

参考轴的标准直径系列,取 $d = 22.4$ mm。

(6) 解:1) 求齿轮作用在轴上的力。

圆周力 $\quad F_{t1} = \dfrac{2T_1}{d_1} = \dfrac{2T_1}{mz_1} = \dfrac{2 \times 1.75 \times 10^5}{4 \times 20} = 4\,375(\text{N} \cdot \text{mm})$

径向力 $\quad F_{r1} = F_{t1} \tan \alpha = 4\,375 \times \tan 20° = 1\,592.37(\text{N})$

作用力合力 $F = \sqrt{F_{t1}^2 + F_{r1}^2} = \sqrt{4\,375^2 + 1\,592.37^2} = 4\,655.78(\text{N})$

2) 求计算弯矩。

支反力 $\quad R_A = R_B = \dfrac{F}{2} = \dfrac{1}{2} \times 4\,655.78 = 2\,327.89(\text{N})$

弯矩的最大值 $\quad M_{\max} = R_A \dfrac{l}{2} = 2\,327.89 \times 80 = 186\,231.2(\text{N} \cdot \text{mm})$

取折合系数 $\alpha = 0.6$,则计算弯矩

$$M_{ca} = \sqrt{M_{\max}^2 + (\alpha T)^2} = \sqrt{186\,231.2^2 + (0.6 \times 1.75 \times 10^5)^2}$$
$$= 2.14 \times 10^5(\text{N} \cdot \text{mm})$$

3) 求轴径。与齿轮配合处轴的最小直径为

$$d \geqslant \sqrt[3]{\dfrac{M_{ca}}{0.1[\sigma_{-1}]_b}} = \sqrt[3]{\dfrac{2.14 \times 10^5}{0.1 \times 60}} = 32.92(\text{mm})$$

考虑到键槽的影响,将计算值增大 5%～7%,即 $d \geqslant 32.92 \times (1.05 \sim 1.07) = 34.57 \sim 35.22(\text{mm})$,参考轴的标准直径系列,取 $d = 35.5$ mm。

(7) 解:1) 中间轴的计算简图如图 1-11-13a 所示。根据齿轮1与齿轮2的受力关系,应有 $F_{t1} = -F_{t2}$,$F_{r1} = -F_{a2}$,$F_{a1} = -F_{r2}$。

2) 将中间轴受到的空间力系分解为 H 平面和 V 平面两个平面力系。由 H 平面可得

$$300F_{HC} + 200F_{t2} + 100F_{t3} = 0$$
$$-300F_{HD} - 200F_{t3} - 100F_{t2} = 0$$

由以上两式解得:$F_{HC} = -6\,666.67$ N,$F_{HD} = -8\,333.33$ N。由 V 平面可得

$$M_{a2} = F_{a2} \dfrac{d_{m2}}{2} = F_{r1} \dfrac{d_{m2}}{2} = 1\,690 \times \dfrac{300}{2} = 253\,500(\text{N} \cdot \text{mm}) = 253.5(\text{N} \cdot \text{m})$$

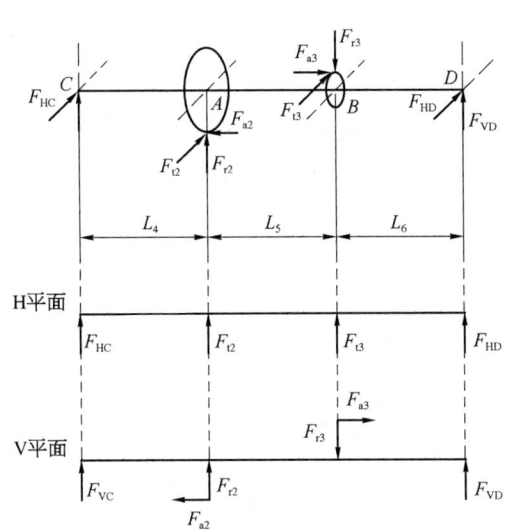 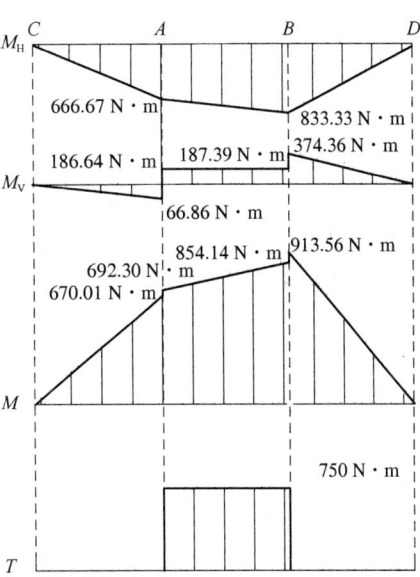

(a) (b)

图 1-11-13 中间轴的计算简图、弯矩图和扭矩图
(a) 中间轴的计算简图；(b) 中间轴的弯矩图和扭矩图

$$M_{a3} = F_{a3}\frac{d_3}{2} = 2\,493 \times \frac{150}{2} = 186\,975(\text{N}\cdot\text{mm}) = 186.98(\text{N}\cdot\text{m})$$

$$300F_{VC} + 200F_{r2} - 100F_{r3} + M_{a2} + M_{a3} = 0$$

$$300F_{VD} - 200F_{r3} + 100F_{r2} - M_{a2} - M_{a3} = 0$$

由以上两式解得：$F_{VC} = -668.60\text{ N}$，$F_{VD} = 3\,743.60\text{ N}$。

3) 中间轴的弯矩和扭矩分别为

$$M_{HA} = 100F_{HC} = 100 \times (-6\,666.67) = -666\,667(\text{N}\cdot\text{mm}) = -666.67(\text{N}\cdot\text{m})$$

$$M_{HB} = 100F_{HD} = 100 \times (-8\,333.33) = -833\,333(\text{N}\cdot\text{mm}) = -833.33(\text{N}\cdot\text{m})$$

$$M_{VA左} = 100F_{VC} = 100 \times (-668.60) = -66\,860(\text{N}\cdot\text{mm}) = -66.86(\text{N}\cdot\text{m})$$

$$M_{VA右} = M_{VA左} + M_{a2} = -66\,860 + 253\,500 = 186\,640(\text{N}\cdot\text{mm}) = 186.64(\text{N}\cdot\text{m})$$

$$M_{VB右} = 100F_{VD} = 100 \times 3\,743.6 = 374\,360(\text{N}\cdot\text{mm}) = 374.36(\text{N}\cdot\text{m})$$

$$M_{VB左} = M_{VB右} - M_{a3} = 374\,360 - 186\,975 = 187\,385(\text{N}\cdot\text{mm}) = 187.39(\text{N}\cdot\text{m})$$

$$M_{A左} = \sqrt{M_{HA}^2 + M_{VA左}^2} = \sqrt{666.67^2 + 66.86^2} = 670.01(\text{N}\cdot\text{m})$$

$$M_{A右} = \sqrt{M_{HA}^2 + M_{VA右}^2} = \sqrt{666.67^2 + 186.64^2} = 692.30(\text{N}\cdot\text{m})$$

$$M_{B左} = \sqrt{M_{HB}^2 + M_{VB左}^2} = \sqrt{833.33^2 + 187.39^2} = 854.14(\text{N}\cdot\text{m})$$

$$M_{B右} = \sqrt{M_{HB}^2 + M_{VB右}^2} = \sqrt{833.33^2 + 374.36^2} = 913.56(\text{N}\cdot\text{m})$$

$$T = F_{t2}\frac{d_{m2}}{2} = 5\,000 \times \frac{300}{2} = 750\,000(\text{N}\cdot\text{mm}) = 750(\text{N}\cdot\text{m})$$

中间轴的弯矩图和扭矩图如图 1-11-13b 所示。

**4. 结构设计题**

（1）解：该轴系存在以下几方面的错误：① 轴的两端均未倒角；② 左轴承右侧的定位轴肩太高，轴承无法拆卸；③ 齿轮处的平键键槽太短；④ 齿轮右侧未轴向固定；⑤ 齿轮装卸不便，应设置一轴肩；⑥ 右轴承装卸不便，也应设置一轴肩；⑦ 轴右端键槽应与齿轮处键槽设置在轴的同一母线上；⑧ 零件定位不可靠，轴端挡圈未直接压在轴端零件的轮毂上。

改进后的结构如图 1-11-14 所示。

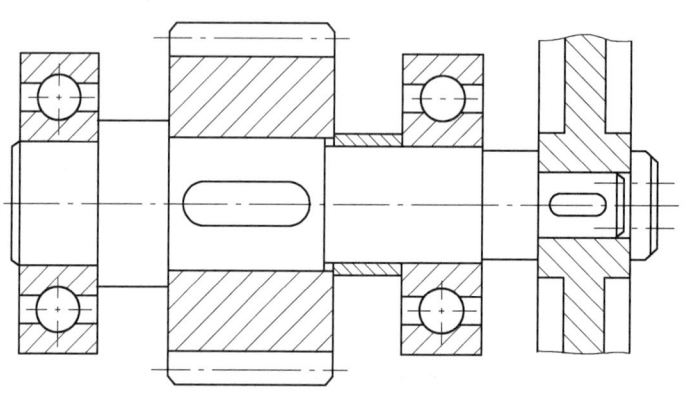

图 1-11-14 齿轮轴系设计的改进结构

（2）解：该轴系存在以下几方面的错误：① 箱体端面的加工面积过大，应在左、右轴承端盖与箱体接合处增加凸台；② 定位轴肩过高，影响左轴承的拆卸；③ 两轴承应该正装，故右轴承应改变安装方向；④ 精加工面太长，且轴承装拆不便，应在此设置一个台阶；⑤ 轴承透盖中无密封装置，且与轴直接接触，缺少间隙；⑥ 联轴器是转动部件，不能用端盖做轴向固定，应设置轴肩来轴向定位；⑦ 左、右轴承端盖与机体之间缺调整垫片，无法调整轴承的间隙；⑧ 整体式箱体不便轴系的装拆；⑨ 键太长，不能露在蜗轮外面；⑩ 蜗轮轴向定位不可靠，安装蜗轮的轴头应比蜗轮轮毂长度短 2~3 mm；⑪ 轴承与蜗轮的润滑剂不同，故应在轴承孔与箱体之间设置封油环。

正确结构如图 1-11-15 所示。

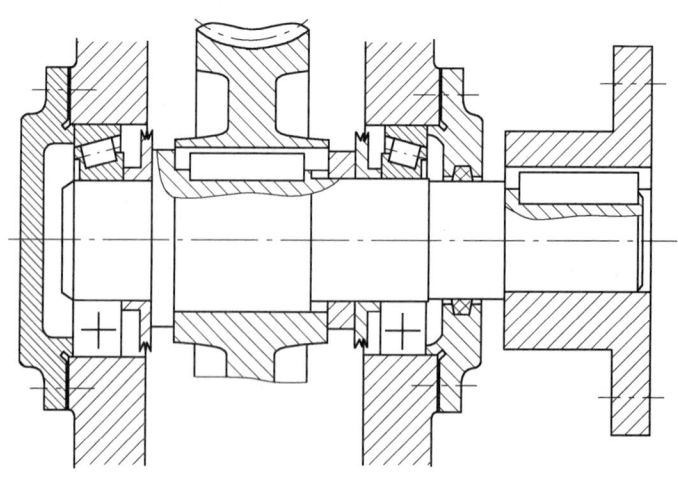

图 1-11-15 蜗轮轴系设计的改进结构

## 11.5 中英双语名词术语

表面粗糙度　surface roughness
表面热处理　surface heat treatment
传动轴　transmission shaft
挡圈　retaining ring
倒角　chamfer
复合应力　combined stress
刚度　stiffness
刚度系数　stiffness coefficient
刚度准则　stiffness criterion
钢丝软轴　wire soft shaft
过渡配合　transition fits
过量变形　excessive deformation
过盈连接　interference fit joint
过盈配合　interference fit
合成弯矩　resultant bending moment
合力　resultant force
合力矩　resultant moment of force
间隙　backlash
间隙配合　clearance fit
阶梯轴　multi-diameter shaft
结构　structure
结构设计　structural design
截面　section
力学模型　mechanical model

临界转速　critical speed
挠性转子　flexible rotor
扭转角　angle of torsion
强迫振动　forced vibration
曲轴　crank shaft
砂轮越程槽　grinding wheel groove
时效处理　aging treatment
输出轴　output shaft
套筒　sleeve; bush
退刀槽　tool withdrawal groove
心轴　spindle
圆角半径　fillet radius
振动　vibration
振动力矩　shaking couple
振动频率　frequency of vibration
振动稳定性准则　vibration stability criterion
振幅　amplitude of vibration
直轴　straight shaft
轴　shaft
轴环　shaft collar; axle ring
轴肩　shaft shoulder; shaft neck
轴颈　journal
轴套　shaft sleeve
转轴　revolving shaft

第 2 篇

# 机械设计试题

# 机械设计(一)试题 1

**1-1 是非题**(每小题 1 分,共 10 分)
1. 零件表面越粗糙其疲劳强度就越低。( )
2. 增大零件过渡曲线的圆角半径可以减少应力集中。( )
3. 减少螺栓和螺母的螺距变化差可以改善螺纹牙间的载荷分配不均的程度。( )
4. 被连接件是锻件或铸件时,可将安装螺栓处加工成小凸台或沉头座,其目的是易拧紧。( )
5. 与渐开线花键相比,矩形花键的强度低,且对中性差。( )
6. 切向键连接是靠工作面上的挤压力和轴与轮毂之间的摩擦力来传递转矩。( )
7. 为了使普通 V 带和带轮的工作槽面相互贴紧,应使带轮的轮槽角与带的楔角相等。( )
8. 带传动中打滑和弹性滑动都会引起带传动的失效,只要设计合理,都可以避免。( )
9. 齿轮传动中,经过热处理的齿面称为硬齿面,而未经热处理的齿面称为软齿面。( )
10. 受轴向变载荷的普通螺栓紧连接结构中,在两个被连接件之间加入橡胶垫片,可以提高螺栓的疲劳强度。( )

**1-2 单项选择题**(每小题 1 分,共 10 分)
1. 影响零件疲劳强度的综合影响系数 $K_\sigma$ 与_____等因素有关。
   A. 零件的应力集中、过载和高温
   B. 零件的应力循环特性、应力集中和加载状态
   C. 零件的表面状态、绝对尺寸和应力集中
   D. 零件的材料、热处理和绝对尺寸
2. 带传动中,主动轮圆周速度 $v_1$、从动轮圆周速度 $v_2$、带速 $v$ 之间存在的关系是_____。
   A. $v_1 = v_2 = v$
   B. $v_1 > v > v_2$
   C. $v_1 < v < v_2$
   D. $v > v_1 > v_2$
3. 采用两个普通平键连接时,为了使轴与轮毂对中良好,两键通常布置成_____。
   A. 相隔 180°
   B. 相隔 120°~180°
   C. 相隔 90°
   D. 在轴的同一母线上
4. _____是开式齿轮传动最容易出现的失效形式。
   A. 齿面点蚀
   B. 塑性变形
   C. 胶合
   D. 磨损
5. 在受预紧力的紧螺栓连接中,螺栓危险截面的应力状态为_____。
   A. 纯扭剪
   B. 简单拉伸
   C. 弯扭组合
   D. 拉扭组合

6. 传动比 $i$ 大于 1 的带传动中,带中产生的瞬时最大应力发生在_____处。
   A. 紧边开始进入小带轮　　　　　　B. 松边开始离开小带轮
   C. 紧边开始离开大带轮　　　　　　D. 松边开始进入大带轮
7. 齿轮的弯曲疲劳强度极限和接触疲劳强度极限是经持久疲劳试验并按失效概率_____来确定的。
   A. 10%　　　　B. 15%　　　　C. 1%　　　　D. 100%
8. 导向平键连接的主要失效形式是_____。
   A. 剪切破坏　　B. 挤压破坏　　C. 胶合破坏　　D. 过度磨损
9. 锥齿轮的接触疲劳强度按当量圆柱齿轮的公式进行计算,这个当量圆柱齿轮的齿数、模数是锥齿轮的_____。
   A. 实际齿数,大端模数　　　　　　B. 当量齿数,平均模数
   C. 当量齿数,大端模数　　　　　　D. 实际齿数,平均模数
10. 为连接承受横向工作载荷的两块薄钢板,一般采用_____。
    A. 螺栓连接　　　　　　　　　　　B. 双头螺柱连接
    C. 螺钉连接　　　　　　　　　　　D. 紧定螺钉连接

### 1-3　填空题(每空格 1 分,共 10 分)

1. 键的截面尺寸 $b \times h$ 按_____由标准确定;而键的长度 $L$ 一般按_____来选定。
2. 铰制孔用螺栓连接的失效形式为_____。
3. 带的型号由_____和_____根据普通 V 带选型图来确定。
4. 当一零件受脉动循环变应力时,其平均应力是其最大应力的_____。
5. 将轮齿进行齿顶修缘是为了_____。
6. 当齿轮的圆周速度 $v > 12$ m/s 时,应采用_____润滑方式。
7. 闭式软齿面齿轮传动在传动尺寸不变并满足弯曲疲劳强度的前提下,齿数宜适当取多些,其目的是_____。
8. 螺纹连接防松的根本问题在于_____。

### 1-4　简答题(共 31 分)

1. 紧螺栓连接受轴向变载荷在 $0 \sim F$ 间变化,当预紧力 $F_0$ 一定时,若减小螺栓刚度 $C_b$ 或增大被连接件刚度 $C_m$,对螺栓连接的疲劳强度和连接的紧密性有何影响?试作图分析说明之。(8 分)
2. 为什么齿面点蚀一般首先发生在节线附近的齿根面上?在开式齿轮传动中,为什么一般不出现点蚀破坏?如何提高齿面抗点蚀的能力?(6 分)
3. 带传动中的弹性滑动和打滑分别是如何发生的?两者有何区别?对带传动各产生什么影响?(6 分)
4. 弯曲疲劳极限的综合影响系数 $K_\sigma$ 的含义是什么?它对零件的疲劳强度和静强度各有何影响?(5 分)
5. 在图 2-1-1 中,图 a 为减速带传动,图 b 为增速带传动,中心距相同,设带轮直径 $d_1 = d_4$, $d_2 = d_3$,带轮 1 和带轮 3 为主动轮,它们的转速均为 $n$(r/min)。在其他条件相同的

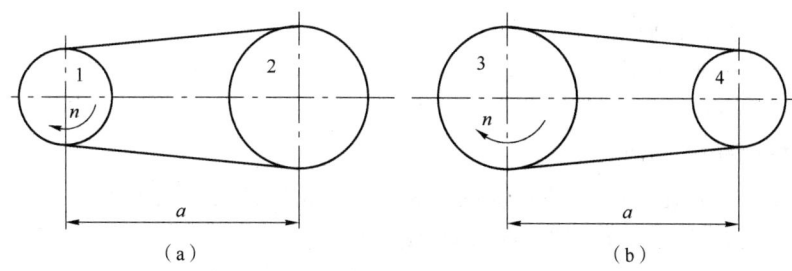

图 2-1-1

情况下,试分析:(6 分)

(1) 哪种传动装置传递的圆周力大?为什么?
(2) 哪种传动装置传递的功率大?为什么?
(3) 哪种传动装置的带寿命长?为什么?

## 1-5 计算分析题(共 39 分)

1. 一 V 带传动传递功率 $P = 5\,\text{kW}$,小带轮的直径 $d_1 = 100\,\text{mm}$,转速 $n_1 = 955\,\text{r/min}$,并测得紧边拉力 $F_1$ 为松边拉力 $F_2$ 的两倍。试计算有效拉力 $F_e$、松边拉力 $F_2$、紧边拉力 $F_1$ 及预紧力 $F_0$ 的大小。(8 分)

2. 图 2-1-2 所示的结构用四个 M12($d_1 = 10.106\,\text{mm}$)的普通螺栓连接,螺栓材料为 Q235,性能等级为 4.6 级,安全系数取 $S = 1.5$,接触面上的摩擦系数 $f = 0.2$,防滑系数 $K_s = 1.2$,求允许的最大横向力 $F$ 的大小。(10 分)

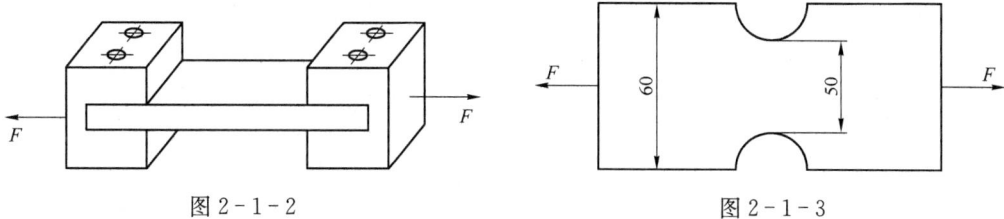

图 2-1-2     图 2-1-3

3. 图 2-1-3 所示的零件板厚为 20 mm,在变载荷 $F$ 的作用下,$F$ 的变化范围为 $10^5 \sim 2\times 10^5\,\text{N}$。材料的 $\sigma_S = 500\,\text{MPa}$,$\sigma_{-1} = 400\,\text{MPa}$,危险截面上有效应力集中系数 $k_\sigma = 1.4$,尺寸系数 $\varepsilon_\sigma = 0.7$,表面质量系数 $\beta_\sigma = 1$,强化系数 $\beta_q = 1$,材料常数 $\varphi_\sigma = 0.25$。试:(11 分)

(1) 画出零件简化的极限应力线图。
(2) 计算当 $r = C$ 及 $\sigma_m = C$ 时零件的安全系数 $S_{ca}$。

提示:$K_\sigma = \left(\dfrac{k_\sigma}{\varepsilon_\sigma} + \dfrac{1}{\beta_\sigma} - 1\right)\dfrac{1}{\beta_q}$;$\varphi_\sigma = \dfrac{2\sigma_{-1} - \sigma_0}{\sigma_0}$。

4. 图 2-1-4 所示的齿轮传动系统中,$z_1$、$z_2$ 为圆

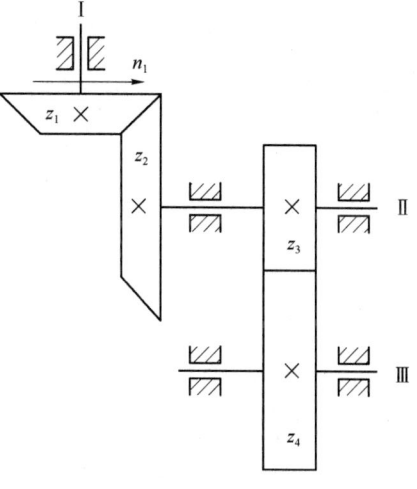

图 2-1-4

锥直齿轮，$z_3$、$z_4$ 为斜齿圆柱齿轮。已知 $n_I = 100 \text{ r/min}$，$z_1 = 30$，$z_2 = 60$，$P_1 = 2 \text{ kW}$，$F_{a2} = 2\,472 \text{ N}$，斜齿圆柱齿轮 $z_3 = 20$，$m_{n3} = 4 \text{ mm}$。若不计各种损耗，并使中间轴 II 上的轴向力为零。试：（10 分）

(1) 求各轴的转向（标在图上）。

(2) 确定 $z_3$、$z_4$ 的旋向，并计算相应的斜齿圆柱齿轮螺旋角 $\beta_3$ 的大小。

(3) 画出各齿轮的三个分力的方向（标在图上）。

# 机械设计(一)试题 1 解答

**1-1 是非题**
1. √  2. √  3. √  4. ×  5. √  6. √  7. ×  8. ×  9. ×  10. ×

**1-2 单项选择题**
1. C  2. B  3. A  4. D  5. D  6. A  7. C  8. D  9. B  10. A

**1-3 填空题**
1. 轴的直径；轮毂的长度  2. 螺栓杆和孔壁贴合面的压溃和螺栓杆疲劳剪断  3. 计算功率 $P_{ca}$；小带轮转速  4. 一半  5. 减小动载荷  6. 压力喷油  7. 提高传动的平稳性，减少冲击振动  8. 防止螺旋副在受载时发生相对转动

**1-4 简答题**

1. 答：当螺栓所受的轴向载荷在 $0\sim F$ 间变化时，则螺栓总拉力在 $F_0\sim F_2$ 间变动，如图 2-1-5 所示。在保持预紧力 $F_0$ 不变的条件下，若减小螺栓刚度 $C_b$ 或增大被连接件刚度 $C_m$，都可以减小应力幅 $\sigma_a$，从而提高螺栓连接的疲劳强度。但由于残余预紧力 $F_1$ 减小，从而降低了连接的紧密性。

2. 答：齿轮在传动过程中，在节线附近通常为单对齿啮合，齿面的接触应力大，此外在节线附近，齿面相对滑动速度小，不宜形成承载油膜，润滑条件差，因此容易出现点蚀。

   在开式齿轮传动中，由于齿面磨损较快，在点蚀发生之前，表层材料已被磨去，因此，很少在开式齿轮传动中发现点蚀。

   为提高抗疲劳点蚀能力，可以增大齿面硬度；在啮合的轮齿间加注润滑油可以减小摩擦，延缓点蚀。一般对于速度不高的齿轮传动，选用较高黏度的润滑油；对于速度较高的齿轮传动，宜选用黏度低的润滑油。

3. 答：带中的弹性滑动是由于带的弹性变形引起的带与带轮间的滑动；带打滑是由于带传动的有效拉力超过带与带轮之间的摩擦力的极限所引起的带与带轮间的全面滑动。

   弹性滑动是由于拉力差引起的，是带传动的固有特性；打滑是由于过载而引起的，是一种失效形式，只要设计合理是可以避免的。

   弹性滑动使从动轮的圆周速度低于主动轮的圆周速度；打滑将使带轮的磨损加剧，从动轮转速急剧降低，甚至使传动失效。

4. 答：在对称循环时，综合影响系数是试件与零件的对称循环弯曲疲劳极限的比值，即 $K_\sigma = \dfrac{\sigma_{-1}}{\sigma_{-1e}}$。在不对称循环时，综合影响系数是试件与零件的极限应力幅的比值，即 $K_\sigma = \dfrac{\sigma_a}{\sigma_{ae}}$。

   综合影响系数 $K_\sigma$ 对零件疲劳强度的尺寸、几何形状变化、表面加工质量及强化因素有影响，对零件的静强度则无影响。

5. 答：(1) 两种传动装置传递的圆周力一样大。这是因为两种传动装置的最小包角相等，摩擦系数相同，初拉力相等，所以圆周力，即有效拉力 $F_e = 2F_0 \dfrac{e^{f\alpha}-1}{e^{f\alpha}+1}$ 就相等。

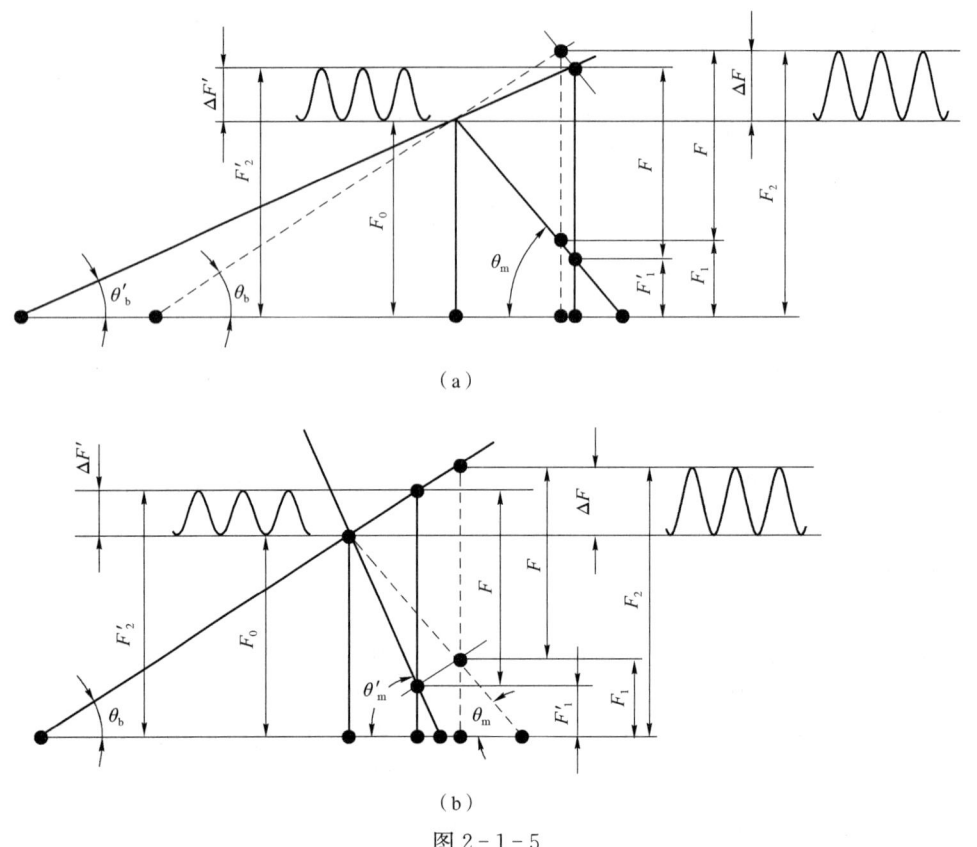

图 2-1-5

(a) 减小螺栓的刚度（$C_b' < C_b$，即 $\theta_b' < \theta_b$）;
(b) 增大被连接件的刚度（$C_m' > C_m$，即 $\theta_m' > \theta_m$）

(2) 图 b 传动装置所传递的功率大。这是因为 $d_3 > d_1$，带轮 1、3 均为主动轮，所以

$$v_a = \frac{\pi d_1 n}{60 \times 10\,000} < v_b = \frac{\pi d_3 n}{60 \times 1\,000}$$

又 $P = \dfrac{F_e v}{1\,000}$，而 $F_{ea} = F_{eb}$，故 $P_b > P_a$。

(3) 图 a 传动装置带的寿命长。这是因为两种传动装置传递的圆周力相等，但 $v_b > v_a$，单位时间内图 b 传动装置带的应力循环次数就多，故容易疲劳破坏。

## 1-5 计算分析题

1. 解：带轮的圆周速度为

$$v = \frac{\pi d_1 n_1}{60 \times 1\,000} = \frac{\pi \times 100 \times 955}{60 \times 1\,000} = 5 (\text{m/s})$$

有效拉力为

$$F_e = \frac{1\,000 P}{v} = \frac{1\,000 \times 5}{5} = 1\,000 (\text{N})$$

由 $F_1 - F_2 = F_e = 1\,000\,\text{N}$ 及 $F_1 = 2F_2$（已知条件）可得 $2F_2 - F_2 = 1\,000\,\text{N}$，即松边拉

力 $F_2 = 1\,000$ N,紧边拉力 $F_1 = 2F_2 = 2\,000$ N。

预紧力为
$$F_0 = \frac{1}{2}(F_1 + F_2) = \frac{1}{2} \times (1\,000 + 2\,000) = 1\,500(\text{N})$$

2. 解：由性能等级为 4.6 级得 $\sigma_S = 240$ MPa,故
$$[\sigma] = \frac{\sigma_S}{S} = \frac{240}{1.5} = 160(\text{MPa})$$

由 $\sigma = \dfrac{1.3F_0}{\frac{1}{4}\pi d_1^2} \leqslant [\sigma]$ 得

$$F_0 = \frac{\pi d_1^2 [\sigma]}{1.3 \times 4} = \frac{\pi \times 10.106^2 \times 160}{1.3 \times 4} = 9\,872.45(\text{N})$$

由 $fF_0 zi \geqslant K_s F$ 得
$$F \leqslant \frac{fF_0 zi}{K_s} = \frac{0.2 \times 9\,872.45 \times 2 \times 2}{1.2} = 6\,581.63(\text{N})$$

3. 解：(1) $K_\sigma = \left(\dfrac{k_\sigma}{\varepsilon_\sigma} + \dfrac{1}{\beta_\sigma} - 1\right)\dfrac{1}{\beta_q} = \left(\dfrac{1.4}{0.7} + \dfrac{1}{1} - 1\right) \times 1 = 2$

由 $\varphi_\sigma = \dfrac{2\sigma_{-1} - \sigma_0}{\sigma_0} = 0.25$ 得

$$\sigma_0 = \frac{2\sigma_{-1}}{1 + \varphi_\sigma} = \frac{2 \times 400}{1 + 0.25} = 640(\text{MPa})$$

$A$ 点的坐标为 $\left(0, \dfrac{\sigma_{-1}}{K_\sigma}\right)$,即 $(0, 200)$。$D$ 点的坐标为 $\left(\dfrac{\sigma_0}{2}, \dfrac{\sigma_0}{2K_\sigma}\right)$,即 $(320, 160)$。
$C$ 点的坐标为 $(\sigma_S, 0)$,即 $(500, 0)$。零件简化的极限应力线图如图 2-1-6 所示。

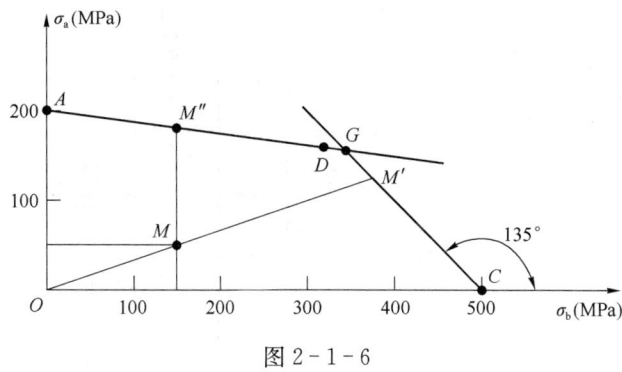

图 2-1-6

(2) 设零件的危险截面的工作应力点为 $M$,则其
$$\sigma_{\max} = \frac{F_{\max}}{A_{\min}} = \frac{2 \times 10^5}{20 \times 50} = 200(\text{MPa})$$

$$\sigma_{\min} = \frac{F_{\min}}{A_{\min}} = \frac{10^5}{20 \times 50} = 100 \text{(MPa)}$$

$$\sigma_a = \frac{\sigma_{\max} - \sigma_{\min}}{2} = \frac{200 - 100}{2} = 50 \text{(MPa)}$$

$$\sigma_m = \frac{\sigma_{\max} + \sigma_{\min}}{2} = \frac{200 + 100}{2} = 150 \text{(MPa)}$$

根据零件的极限应力线图有：当 $r = C$ 时，$M$ 点的极限应力点为 $M'$ 点，故零件发生的失效形式为塑性变形，其安全系数为

$$S_{ca} = \frac{\sigma_S}{\sigma_m + \sigma_a} = \frac{500}{150 + 50} = 2.5$$

当 $\sigma_m = C$ 时，$M$ 点的极限应力点为 $M''$ 点，故零件发生的失效形式为疲劳破坏，其安全系数为

$$S_{ca} = \frac{\sigma_{-1} + (K_\sigma - \varphi_\sigma)\sigma_m}{K_\sigma(\sigma_m + \sigma_a)} = \frac{400 + (2 - 0.25) \times 150}{2 \times (150 + 50)} = 1.656$$

4. 解：(1) 各轴转向如图 2-1-7 所示。

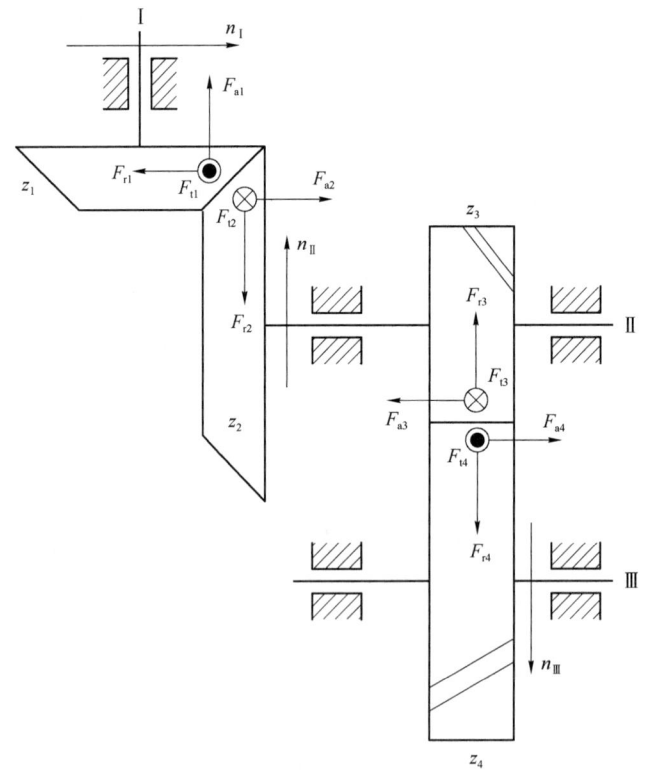

图 2-1-7

(2) 为使中间轴 II 上的轴向力为零，则 $z_3$ 必为右旋斜齿轮，$z_4$ 必为左旋斜齿轮。

$$T_1 = 9.55 \times 10^6 \frac{P_1}{n_1} = 9.55 \times 10^6 \times \frac{2}{100} = 1.91 \times 10^5 (\text{N} \cdot \text{mm})$$

$$T_3 = T_2 = T_1 i_{12} = T_1 \frac{z_2}{z_1} = 1.91 \times 10^5 \times \frac{60}{30} = 3.82 \times 10^5 (\text{N} \cdot \text{mm})$$

由已知条件得 $F_{a3} = F_{t3} \tan \beta_3 = \frac{2T_3}{d_3} \tan \beta_3 = \frac{2T_3}{\frac{m_{n3} z_3}{\cos \beta_3}} \tan \beta_3 = F_{a2}$

所以有
$$\frac{2T_3}{m_{n3} z_3} \sin \beta_3 = \frac{2 \times 3.82 \times 10^5}{4 \times 20} \sin \beta_3 = 2\,472$$

$$\sin \beta_3 = \frac{2\,472 \times 4 \times 20}{2 \times 3.82 \times 10^5}$$

故 $\beta_3 \approx 15°$。

(3) 圆锥齿轮的径向力各指向其轮心；轴向力由小端指向大端；主动轮的圆周力与其转向相反，从动轮的圆周力与其转向相同。斜齿圆柱齿轮的径向力也各指向其轮心；斜齿主动齿轮的轴向力根据左旋用左手定则，右旋用右手定则来确定，从动轮的轴向力与其主动轮的相反；主动轮的圆周力也与其转向相反，从动轮的圆周力与其转向相同。根据上述法则，各分力方向的确定如图 2-1-7 所示。

# 机械设计(一)试题 2

**2-1 是非题**(每小题 1 分,共 10 分)

1. 增大零件的截面尺寸只能提高零件的强度,不能提高零件的刚度。( )
2. 在变应力作用下,零件的主要失效形式将是疲劳断裂;而在静应力作用下,其失效形式将是塑性变形或断裂。( )
3. 普通平键的主要失效形式是工作面的挤压破坏。( )
4. 一个平键连接能传递的最大转矩为 $T$,则安装两个平键能传递的最大转矩为 $2T$。( )
5. 为了避免打滑,通常将带轮上与带接触的表面加工得粗糙些以增大摩擦力。( )
6. 带传动的弹性滑动是带传动的一种失效形式。( )
7. 对于软齿面闭式齿轮传动,若弯曲强度校核不足,较好的解决办法是保持分度圆直径 $d_1$ 和齿宽 $b$ 不变,减少齿数,增大模数。( )
8. 低速重载齿轮不会产生胶合,只有高速重载齿轮才会产生胶合。( )
9. 在有紧密性要求的螺栓连接结构中,接合面之间不用软垫片进行密封而采用密封环结构,这主要是为了增大被连接件的刚度,从而提高螺栓的疲劳强度。( )
10. 普通螺栓连接中的螺栓受横向载荷时只需计算抗剪强度和挤压强度。( )

**2-2 单项选择题**(每小题 1 分,共 10 分)

1. 某结构尺寸相同的零件,当采用_____材料制造时,其有效应力集中系数最大。
   A. HT200    B. 20 钢    C. 20CrMnTi    D. 15 钢
2. 某截面形状一定的零件,当尺寸增大时,其疲劳极限值将随之_____。
   A. 增高    B. 降低    C. 不变    D. 规律不定
3. 渐开线花键的定心方式为_____定心。
   A. 外径    B. 内径    C. 齿形    D. 齿顶
4. 带传动正常工作时,紧边拉力 $F_1$ 和松边拉力 $F_2$ 满足关系_____。
   A. $F_1 = F_2$    B. $F_1 - F_2 = F_e$    C. $F_1/F_2 = e^{f\alpha}$    D. $F_1 + F_2 = F_0$
5. 带传动采用张紧轮时,张紧轮应布置在_____。
   A. 松边内侧近小轮处    B. 松边内侧近大轮处
   C. 松边外侧近小轮处    D. 松边外侧近大轮处
6. 将材料为 45 钢的齿轮毛坯加工成 6 级精度的硬齿面直齿圆柱外齿轮,宜采用的制造工艺顺序是_____。
   A. 表面淬火→滚齿→磨齿    B. 滚齿→表面淬火→磨齿
   C. 滚齿→磨齿→表面淬火    D. 滚齿→调质→磨齿
7. 标准直齿圆柱齿轮传动,轮齿弯曲强度计算中的齿形系数 $Y_{Fa}$ 只决定于_____。
   A. 模数 $m$    B. 齿数 $z$    C. 压力角 $\alpha$    D. 齿宽系数 $\phi_d$

8. 齿轮传动中将轮齿加工成鼓形齿的目的是_____。
   A. 减小动载系数　　　　　　　　B. 减小齿向载荷分布系数
   C. 减小齿间载荷分配系统　　　　D. 减小使用系数

9. 当两个被连接件之一太厚,不宜制成通孔,且连接不需要经常拆装时,往往采用_____。
   A. 双头螺柱连接　　B. 螺栓连接　　C. 螺钉连接　　D. 紧定螺钉连接

10. 被连接件受横向外力作用,若采用一组普通螺栓连接时,则靠_____来平衡外力。
    A. 被连接件接合面间的摩擦力　　B. 螺栓的拉伸和挤压
    C. 螺栓的剪切和挤压　　　　　　D. 螺栓的剪切和被连接件的挤压

**2-3　填空题(每空格 1 分,共 10 分)**

1. 平键连接中,_____是工作面;楔键连接中,_____是工作面。
2. 在螺纹连接中采用悬置螺母或环槽螺母的目的是_____。
3. V 带传动限制带速 $v < 25 \sim 30 \, \text{m/s}$ 的目的是_____;限制带在小轮上的包角 $\alpha_1 \geqslant 120°$ 的目的是_____。
4. 在交变应力中,应力循环特性是指_____的比值。
5. 齿轮传动常见的失效形式有轮齿折断、_____、_____、_____、_____五种。

**2-4　简答题(共 27 分)**

1. 图 2-2-1 所示的底板螺栓组连接受外力 $F_e$ 的作用。外力 $F_e$ 作用在包含 $x$ 轴并垂直于底板接合面的平面内,$L \leqslant h$,$\theta < 45°$。试分析底板螺栓组的受力情况,并判断哪个螺栓受力最大? 保证连接安全工作的必要条件有哪些? (8 分)

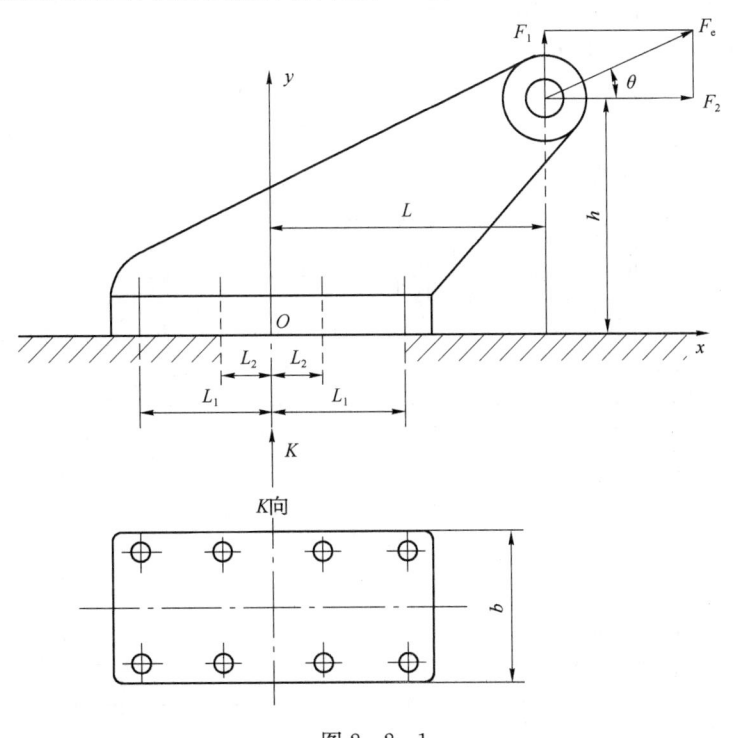

图 2-2-1

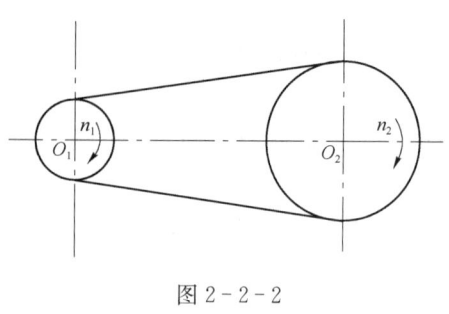

图 2-2-2

2. 在轴毂连接中,如果采用普通平键,则普通平键的截面尺寸 $b \times h$ 和长度尺寸 $L$ 是如何选择和确定的?(4 分)

3. 在直齿和斜齿圆柱齿轮传动中,为什么常将小齿轮设计得比大齿轮宽一些?强度计算时齿宽系数中的齿宽应代入哪一个?(6 分)

4. 试在图 2-2-2 中画出 V 带在减速时的工作应力分布情况示意图,并在此图上标出各应力以及最大应力点的位置。(9 分)

### 2-5 计算分析题(共 43 分)

1. 一钢制零件受弯曲变应力作用,最大工作应力 $\sigma_{max} = 230$ MPa,最小工作应力 $\sigma_{min} = 170$ MPa,材料的力学性能 $\sigma_S = 400$ MPa,$\sigma_{-1} = 300$ MPa,$\sigma_0 = 360$ MPa,弯曲疲劳极限综合影响系数 $K_\sigma = 1.2$。(10 分)

(1) 试分别画出材料和零件的简化极限应力线图($\sigma_m$-$\sigma_a$ 图)。

(2) 当应力按应力比 $r = C$(常数)规律增长时,试:① 用图解法求出该零件的极限平均应力、极限应力幅和极限应力的值;② 计算该零件的安全系数 $S_{ca}$;③ 指出在上述应力增长规律下可能的失效形式。

2. 设有一平带减速传动,已知两带轮的基准直径分别为 $d_{d1} = 160$ mm 和 $d_{d2} = 390$ mm,传动中心距 $a = 1\,000$ mm,小带轮的转速 $n_1 = 1\,460$ r/min,试求:(6 分)

(1) 小带轮的包角 $\alpha_1$。

(2) 不考虑带传动的弹性滑动时大带轮的转速 $n_2$。

(3) 当滑动率 $\varepsilon = 0.015$ 时大带轮的实际转速 $n_2$。

3. 如图 2-2-3 所示,用四个普通螺栓将一悬臂梁固定在立墙上的两块夹板间。已知载

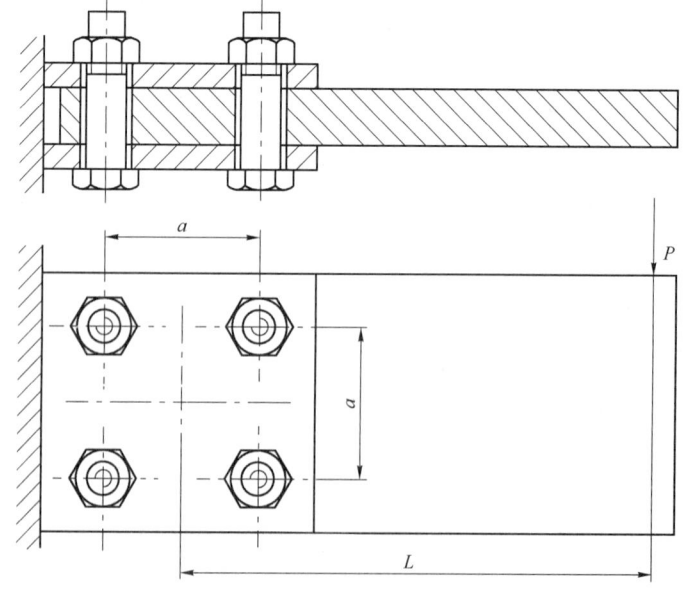

图 2-2-3

荷 $P=1000\,\text{N}$，图中尺寸 $a=50\,\text{mm}$，$L=500\,\text{mm}$。钢板间摩擦系数 $f=0.15$，防滑系数 $K_s=1.2$，螺栓的许用拉应力 $[\sigma]=360\,\text{MPa}$，普通螺纹公称直径见表 2-2-1，试选择普通螺栓的直径 $d$。（15 分）

**表 2-2-1　普通螺纹公称直径**　　　　　　　　　　　（mm）

| 第一直径系列 $d$ | 5 | 6 | 8 | 10 | 12 | 16 | 20 |
|---|---|---|---|---|---|---|---|
| 小径 $d_1$ | 4.134 | 4.917 | 6.647 | 8.376 | 10.10 | 13.835 | 17.29 |

4. 如图 2-2-4 所示为二级斜齿圆柱齿轮减速器。已知电动机功率 $P=3\,\text{kW}$，$n_1=970\,\text{r/min}$；高速级 $m_{n1}=2\,\text{mm}$，$z_1=25$，$z_2=53$，$\beta_1=13°$；低速级 $m_{n3}=3\,\text{mm}$，$z_3=22$，$z_4=50$。（12 分）

（1）为使轴 Ⅱ 上的轴承所承受的轴向力较小，确定低速级齿轮 3、4 的螺旋线方向（绘在图上表示）。

（2）绘出低速级齿轮 3、4 在啮合点处所受圆周力、径向力和轴向力的方向。

（3）齿轮 3 的螺旋角 $\beta_3$ 取多大值才能使轴 Ⅱ 上所受轴向力相互抵消？（计算时不考虑摩擦损失）

（4）计算高速级齿轮 1、2 所受圆周力、径向力和轴向力的大小。

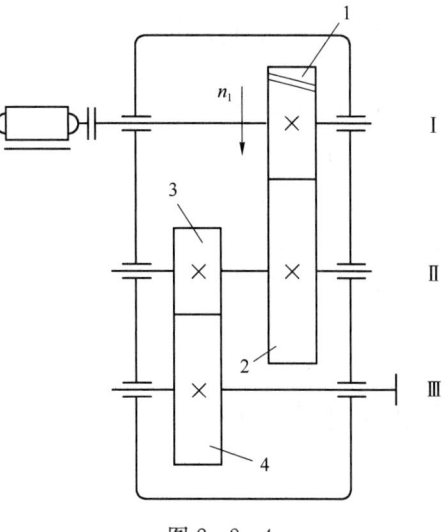

图 2-2-4

# 机械设计(一)试题 2 解答

**2-1 是非题**
1. × 2. √ 3. √ 4. × 5. × 6. × 7. √ 8. × 9. √ 10. ×

**2-2 单项选择题**
1. C 2. B 3. C 4. B 5. B 6. B 7. B 8. B 9. C 10. A

**2-3 填空题**
1. 两侧面；上、下两表面 2. 改善螺纹牙间载荷分配不均现象 3. 保证离心力不致过大；增大摩擦力以提高传动能力 4. 最小应力与最大应力 5. 齿面疲劳点蚀；齿面磨损；齿面胶合；塑性变形

**2-4 简答题**
1. 答：将 $F_e$ 力等效移到底板螺栓组中心，如图 2-2-5 所示，可知底板受到螺栓的轴向力 $F_1 = F_e \sin\theta$、横向力 $F_2 = F_e \cos\theta$ 和倾覆力矩 $M = F_e h\cos\theta - F_e L\sin\theta > 0$，从而可得到底板最左侧的两个螺栓受力最大。为保证连接安全工作，其必要条件为：

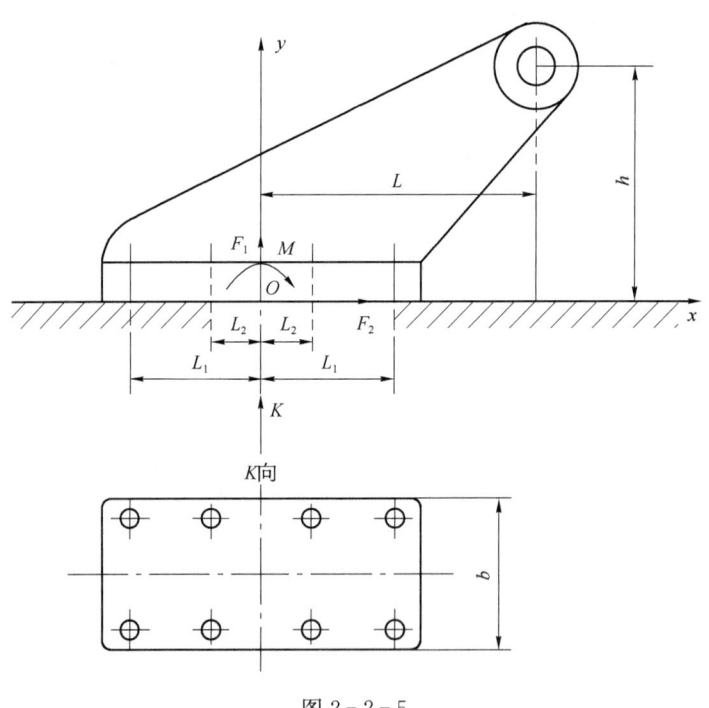

图 2-2-5

(1) 底板最左侧的两个螺栓受力最大，应验算该螺栓的抗拉强度，要求拉应力满足 $\sigma \leqslant [\sigma]$。

(2) 应验算底板右侧边缘的最大挤压应力，要求最大挤压应力满足 $\sigma_{pmax} \leqslant [\sigma]_p$。

(3) 应验算底板左侧边缘的最小挤压应力，要求最小挤压应力满足 $\sigma_{pmin} > 0$。

(4) 应验算底板在横向力作用下是否会滑移,要求摩擦力满足 $F_f > F_2$。

2. 答:普通平键的截面尺寸 $b \times h$ 是按轴的直径 $d$ 由标准确定。普通平键的长度 $L$ 一般可按轮毂的长度而定,即键长等于或略小于轮毂的长度并符合标准规定的长度系列。

3. 答:为了防止大、小齿轮因装配误差产生轴向错位而导致啮合齿宽减小,并考虑到节约材料和减小质量等因素,故常把小齿轮的齿宽 $b_1$ 在计算齿宽 $b$ 的基础上人为地加宽 $5 \sim 10$ mm。

强度计算时齿宽系数中的齿宽应代入大齿轮的齿宽 $b_2$。

4. 答:V 带的应力分布情况示意图以及各应力和最大应力点的位置如图 2-2-6 所示。

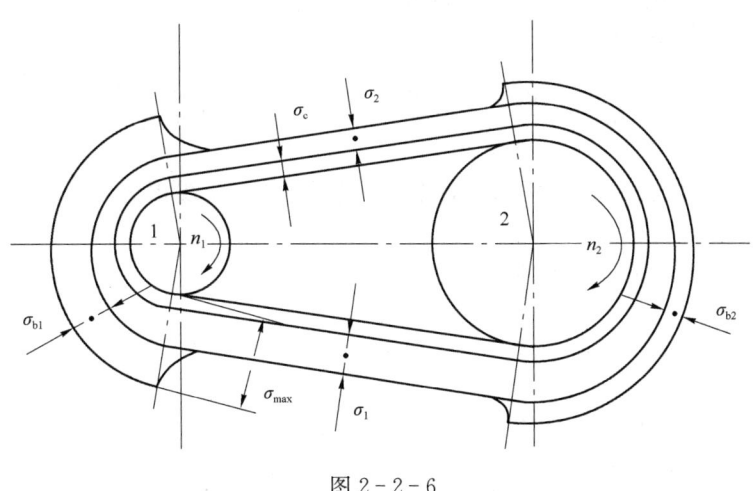

图 2-2-6

## 2-5 计算分析题

1. 解:(1) $A'$ 点坐标为 $(0, \sigma_{-1})$,即 $(0, 300)$;$D'$ 点坐标为 $\left(\dfrac{\sigma_0}{2}, \dfrac{\sigma_0}{2}\right)$,即 $(180, 180)$;$C$ 点的坐标为 $(\sigma_S, 0)$,即 $(400, 0)$。$A$ 点的坐标为 $\left(0, \dfrac{\sigma_{-1}}{K_\sigma}\right)$,即 $(0, 250)$;$D$ 点的坐标为 $\left(\dfrac{\sigma_0}{2}, \dfrac{\sigma_0}{2K_\sigma}\right)$,即 $(180, 150)$。材料的简化极限应力线图 $A'G'C$,零件的简化极限应力线图 $AGC$ 如图 2-2-7 所示。

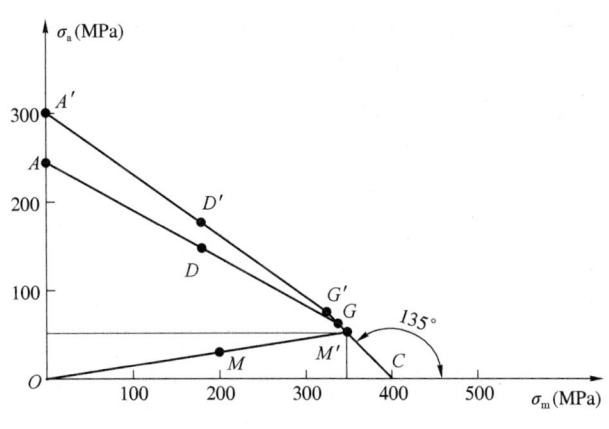

图 2-2-7

(2) ① 设零件的工作应力点为 $M$,其

$$\sigma_m = \frac{\sigma_{max} + \sigma_{min}}{2} = \frac{230 + 170}{2} = 200(\text{MPa})$$

$$\sigma_a = \frac{\sigma_{max} - \sigma_{min}}{2} = \frac{230 - 170}{2} = 30(\text{MPa})$$

则 $M$ 点坐标为 $(200, 30)$。在极限应力线图中,连接 $OM$ 并延长 $OM$ 线至与 $GC$ 线交 $M'$ 点,量得 $M$ 点的极限应力点 $M'$ 的极限平均应力 $\sigma'_{me} = 350 \text{ MPa}$,极限应力幅 $\sigma'_{ae} = 50 \text{ MPa}$,故极限应力 $\sigma'_{max} = \sigma'_{me} + \sigma'_{ae} = 350 + 50 = 400(\text{MPa})$。

② 零件的安全系数为

$$S_{ca} = \frac{\sigma'_{max}}{\sigma_{max}} = \frac{\sigma'_{max}}{\sigma_a + \sigma_m} = \frac{400}{230} = 1.739$$

③ 由于 $OM$ 的延长线是与零件的极限应力线图中的 $GC$ 线相交,故该零件可能的失效形式为屈服失效。

2. 解:(1) 根据小带轮包角的计算公式可得

$$\alpha_1 \approx 180° - (d_{d2} - d_{d1})\frac{57.3°}{a} = 180° - (390 - 160) \times \frac{57.3°}{1\ 000} = 166.82°$$

(2) 当不考虑带在传动过程中的弹性滑动时,大带轮的转速为

$$n_2 = \frac{n_1}{i_{12}} = \frac{n_1}{d_{d2}/d_{d1}} = \frac{1\ 460}{390/160} = 598.97(\text{r/min})$$

(3) 当带传动的滑动率 $\varepsilon = 0.015$ 时,大带轮的实际转速为

$$n_2 = \frac{n_1(1-\varepsilon)}{i_{12}} = \frac{n_1(1-\varepsilon)}{d_{d2}/d_{d1}} = \frac{1\ 460 \times (1-0.015)}{390/160} = 589.99(\text{r/min})$$

3. 解:由图 2-2-8 可见,将力 $P$ 移至螺栓组形心,则整个螺栓组所受的力为 $P$ 和 $T = PL$,而 $P$ 使每个螺栓受力为 $F_P$,$T$ 使每个螺栓受力为 $F_T$。

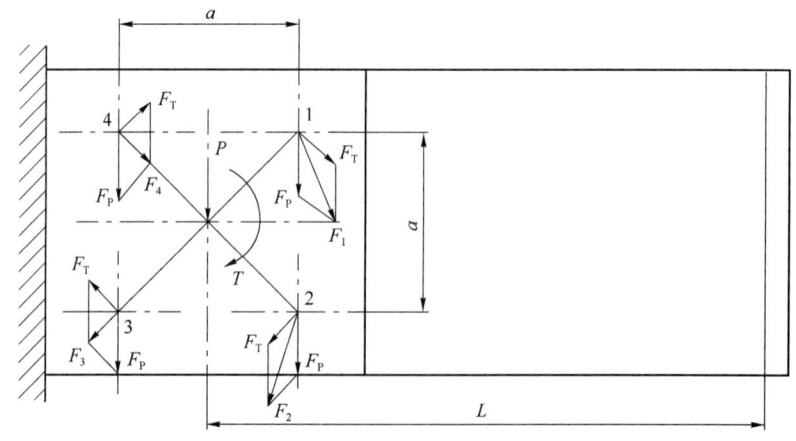

图 2-2-8

$$F_P = \frac{P}{4} = \frac{1\,000}{4} = 250(\text{N})$$

$$F_T = \frac{T}{4\sqrt{\left(\frac{a}{2}\right)^2 + \left(\frac{a}{2}\right)^2}} = \frac{PL}{2\sqrt{2}a} = \frac{1\,000 \times 500}{2\sqrt{2} \times 50} = 2\,500\sqrt{2}(\text{N})$$

由图 2-2-8 中每一螺栓的力矢量图可得,螺栓 1、2 的受力最大。

$$F_1 = F_2 = \sqrt{F_P^2 + F_T^2 - 2F_P F_T \cos 135°}$$
$$= \sqrt{250^2 + (2\,500\sqrt{2})^2 + 2 \times 250 \times 2\,500\sqrt{2} \times \frac{\sqrt{2}}{2}} = 3\,716.5(\text{N})$$

所需预紧力 $\quad F_0 = \dfrac{K_s F_1}{fm} = \dfrac{1.2 \times 3\,716.5}{0.15 \times 2} = 14\,866(\text{N})$

螺栓危险截面的直径 $\quad d_1 = \sqrt{\dfrac{4 \times 1.3 F_0}{\pi [\sigma]}} = \sqrt{\dfrac{4 \times 1.3 \times 14\,866}{\pi \times 360}} = 8.267(\text{mm})$

查表 2-2-1,可选择公称直径 $d = 10$ mm 的螺栓。

4. 解:(1) 如图 2-2-9 所示,按右手法则可确定齿轮 1 的轴向力 $F_{a1}$ 向右,则齿轮 2 轴向力 $F_{a2} = -F_{a1}$,即齿轮 2 的轴向力向左。为使轴 II 上所受轴向力较小,则齿轮 3 的轴向力 $F_{a3}$ 必须与齿轮 2 的轴向力 $F_{a2}$ 相反,即朝右。根据齿轮 3 的转向 $n_3$ 和轴向力 $F_{a3}$ 的方向按左手定则可确定齿轮 3 的螺旋线方向为"左旋";根据斜齿轮正确啮合条件,则齿轮 4 的螺旋线方向应为"右旋"。

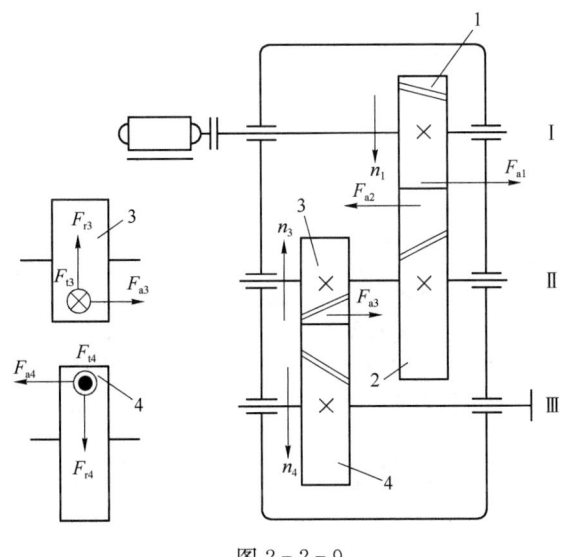

图 2-2-9

(2) 低速级齿轮 3、4 在啮合点处所受圆周力、径向力和轴向力的方向如图 2-2-9 所示。

(3) 为使轴 II 上所受轴向力相互抵消,则必须使 $F_{a2} = F_{a3}$。

$$F_{a2} = F_{a1} = F_{t1} \tan\beta_1 = \frac{2T_1}{d_1} \tan\beta_1 = \frac{2T_1}{m_{n1} z_1} \sin\beta_1$$

$$F_{a3} = F_{t3}\tan\beta_3 = \frac{2T_2}{d_3}\tan\beta_3 = \frac{2T_1 i_{12}}{d_3}\tan\beta_3 = \frac{2T_1 z_2}{z_1 d_3}\tan\beta_3 = \frac{2T_1 z_2}{z_1 m_{n3} z_3}\sin\beta_3$$

即有
$$\frac{2T_1}{m_{n1} z_1}\sin\beta_1 = \frac{2T_1 z_2}{z_1 m_{n3} z_3}\sin\beta_3$$

$$\sin\beta_3 = \frac{m_{n3} z_3}{m_{n1} z_2}\sin\beta_1 = \frac{3 \times 22}{2 \times 53} \times \sin 13°$$

由上式可得 $\beta_3 = 8.05°$。

因而当 $\beta_3 = 8.05°$ 时，才能使轴 Ⅱ 上所受轴向力相互抵消。

(4) 作用在齿轮 1 的转矩为

$$T_1 = 9.55 \times 10^6 \frac{P}{n_1} = 9.55 \times 10^6 \times \frac{3}{970} = 29\,536.08(\text{N}\cdot\text{mm})$$

作用在高速级齿轮 1、2 的圆周力、径向力和轴向力分别为

$$F_{t1} = F_{t2} = \frac{2T_1}{d_1} = \frac{2T_1}{m_{n1} z_1}\cos\beta_1 = \frac{2 \times 29\,536.08}{2 \times 25} \times \cos 13° = 1\,151.16(\text{N})$$

$$F_{a1} = F_{a2} = F_{t1}\tan\beta_1 = 1\,151.16 \times \tan 13° = 265.77(\text{N})$$

$$F_{r1} = F_{r2} = F_{t1}\frac{\tan\alpha_n}{\cos\beta_1} = 1\,151.16 \times \frac{\tan 20°}{\cos 13°} = 430.01(\text{N})$$

# 机械设计(一)试题 3

**3-1 是非题**(每小题 1 分,共 10 分)

1. 只有静载荷产生静强度破坏,只有变载荷才产生疲劳破坏。( )
2. 大多数通用机械零件及专用零件的失效都是由高周疲劳引起的。( )
3. 在 V 带传动设计计算中,通常限制带的根数 $z<10$,主要是为了保证每根带受力比较均匀。( )
4. 在带传动中,由离心力所引起的带的离心拉应力在各截面上都相等。( )
5. 为了提高受轴向变载荷螺栓连接的疲劳强度,可以增加螺栓的刚度。( )
6. 螺纹的升角越大,其连接的自锁性能就越好。( )
7. 平键连接可以实现轴与轮毂的轴向和周向固定。( )
8. 当一对圆柱齿轮若接触强度不够时,应增大模数;而当齿根弯曲强度不够时,则要加大分度圆直径。( )
9. 齿轮传动中齿面点蚀通常发生在轮齿节线以上的齿面上。( )
10. 内啮合圆柱齿轮传动中,其大、小齿轮的径向力都指向各自的轮心。( )

**3-2 单项选择题**(每小题 1 分,共 10 分)

1. 绘制零件的极限应力线图($\sigma_a$-$\sigma_m$ 图)时,必须已知的数据是_____。
   A. $\sigma_{-1}$,$\sigma_0$,$\sigma_S$,$k_\sigma$
   B. $\sigma_{-1}$,$\sigma_0$,$\sigma_S$,$K_\sigma$
   C. $\sigma_{-1}$,$\sigma_0$,$\varphi_\sigma$,$k_\sigma$
   D. $\sigma_{-1}$,$\sigma_0$,$\varphi_\sigma$,$K_\sigma$
2. 在承受横向载荷或旋转力矩的普通紧螺栓组连接中,螺栓杆_____作用。
   A. 受切应力
   B. 受拉应力
   C. 受扭转切应力和拉应力
   D. 既可能只受切应力,也可能只受拉应力
3. 工作时能不松脱,同时可承受振动和变载荷作用的销连接,常选用_____销。
   A. 槽   B. 开口   C. 圆锥   D. 圆柱
4. 有两对标准直齿圆柱齿轮传动,已知参数为 Ⅰ:$m=4$ mm,$z_1=40$,$z_2=120$;Ⅱ:$m=8$ mm,$z_1=20$,$z_2=60$,在其他条件相同的情况下,齿轮的接触疲劳强度_____;齿轮的弯曲疲劳强度_____。
   A. Ⅰ<Ⅱ
   B. Ⅰ=Ⅱ
   C. Ⅰ>Ⅱ
   D. Ⅰ≠Ⅱ
5. 润滑良好的闭式齿轮传动,在下列措施中,_____不利于减轻和防止齿面点蚀现象发生。
   A. 采用黏度低的润滑油
   B. 提高齿面硬度
   C. 采用加入添加剂的润滑油
   D. 降低齿面粗糙度值
6. 在斜齿圆柱齿轮传动设计中,_____应取标准值。
   A. 法面模数 $m_n$
   B. 端面模数 $m_t$

C. 分度圆柱螺旋角 $\beta$     D. 齿顶圆直径 $d_a$

7. 设 $b_2$、$b_1$ 分别为大、小齿轮的齿宽（$i \neq 1$），则设计斜齿圆柱齿轮传动时 $b_1$ 与 $b_2$ 的关系为_____，设计直齿圆锥齿轮传动时 $b_1$ 与 $b_2$ 的关系为_____。

A. $b_1 > b_2$     B. $b_1 = b_2$
C. $b_1 < b_2$     D. $b_1 \neq b_2$

8. 带在工作时产生弹性滑动，是由于_____。

A. 带不是绝对挠性体     B. 带与带轮间的摩擦系数偏低
C. 带绕过带轮时产生离心力     D. 带的松边与紧边拉力不等

### 3-3 填空题（每空格1分，共10分）

1. 在载荷与几何形状相同的条件下，钢制零件间的接触应力_____铸铁零件间的接触应力。

2. 螺纹连接的防松方法，按其工作原理可分为_____、_____、_____三种方式。

3. V带减速传动在工作时，最大应力 $\sigma_{max} =$ _____，发生在_____处。

4. 一对传动比 $i \neq 1$ 的齿轮啮合时，其大、小齿轮的接触应力是_____；而其许用接触应力是_____。

5. 半圆键的_____面为工作面，当需要用两个半圆键时，一般布置在轴的_____。

### 3-4 简答题（共34分）

1. 降低螺栓刚度 $C_b$ 及增大被连接件刚度 $C_m$ 的具体措施有哪些？（5分）

2. 在设计V带传动时，为什么要限制小带轮的最小直径和最小、最大速度？既然预紧力越大传递的功率也越大，为什么还要限制预紧力的大小？（6分）

3. 润滑良好的闭式齿轮传动，通常齿轮的疲劳折断发生在什么部位？为什么？为提高齿轮抗疲劳折断的能力可采取哪些措施？（6分）

4. 试说明如何提高圆柱齿轮的弯曲疲劳强度。（5分）

5. 图2-3-1所示为二级减速器中齿轮的两种不同布置方案，试问哪一种方案较为合理？为什么？（6分）

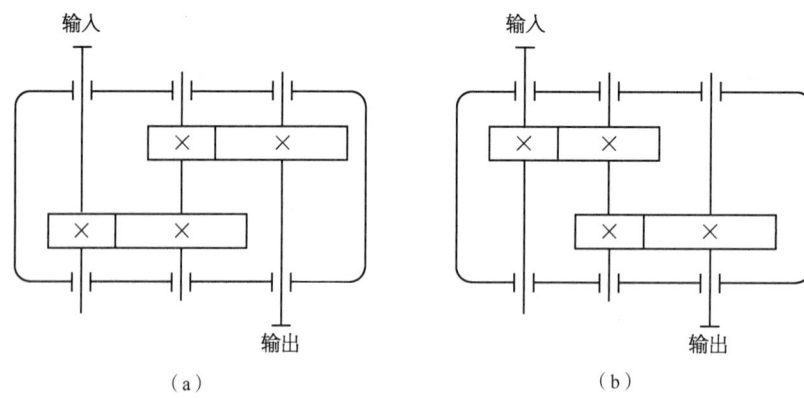

图2-3-1

6. 试指出图2-3-2中的错误结构，并画出正确的结构图。（6分）

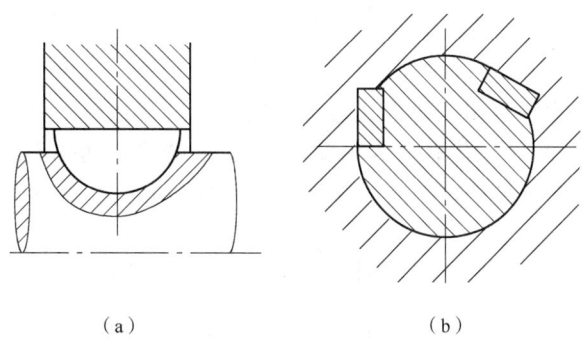

图 2-3-2
(a)半圆键连接；(b)传递双向转矩的切向键连接

**3-5 计算分析题(共 36 分)**

1. 45 钢经调质后的性能为 $\sigma_{-1}=300\,\text{MPa}$，$m=9\,\text{mm}$，$N_0=10^7$，以此材料做试件进行试验，先以对称循环变应力 $\sigma_1=500\,\text{MPa}$ 作用 $n_1=10^4$ 次，再以对称循环变应力 $\sigma_2=400\,\text{MPa}$ 作用于试件，求还能循环多少次才会使试件破坏。(8 分)

2. 图 2-3-3 所示为铰制孔用螺栓组连接的三个方案。已知 $L=300\,\text{mm}$，$a=60\,\text{mm}$，试求螺栓连接的三个方案中，受力最大的螺栓所受的力各为多少？哪个方案较好？(10 分)

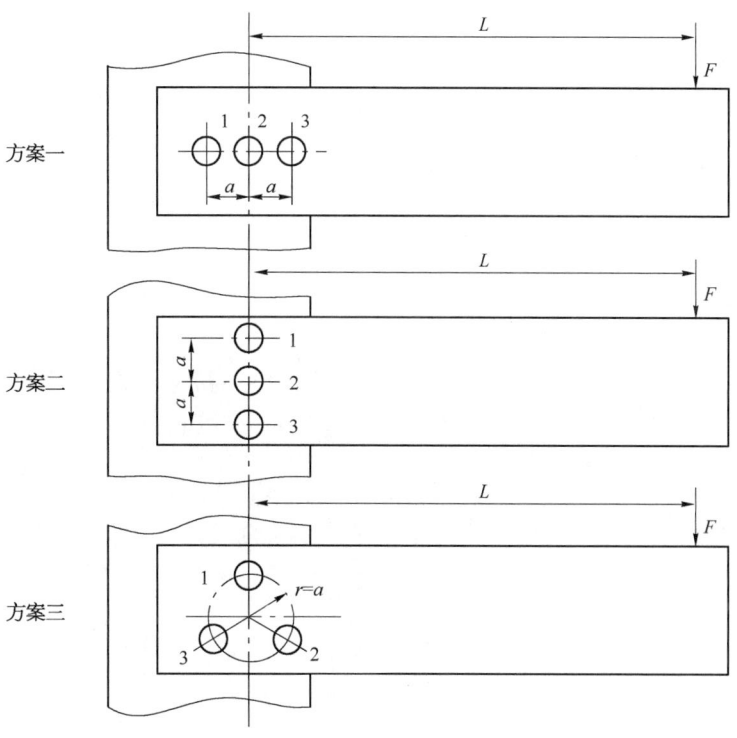

图 2-3-3

3. V 带传动的 $n_1=1\,450\,\text{r/min}$，带与带轮的当量摩擦系数 $f_v=0.51$，包角 $\alpha_1=180°$，预紧力 $F_0=360\,\text{N}$，试问：(6 分)

(1) 该传动所能传递的最大有效拉力为多少？

(2) 若 $d_{d1} = 100 \text{ mm}$，其传递的最大转矩为多少？

(3) 若传动效率为 0.95，弹性滑动忽略不计，从动输出功率为多少？

4. 图 2-3-4 所示为一直齿圆锥齿轮传动装置。已知参数：$z_1 = z_3 = 62$，$z_2 = 23$，$m = 3 \text{ mm}$，$b = 32 \text{ mm}$，$\alpha = 20°$。设齿轮 2 为主动轮，齿轮 2 的输入功率 $P_2 = 4.5 \text{ kW}$，转速 $n_2 = 825 \text{ r/min}$，并且齿轮 1、3 所受转矩相同。求齿轮 2 各分力的大小及方向。(12 分)

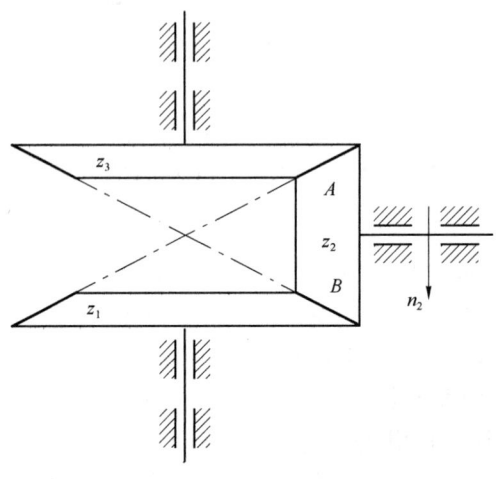

图 2-3-4

# 机械设计(一)试题 3 解答

**3-1 是非题**
1. × 2. ✓ 3. ✓ 4. ✓ 5. × 6. × 7. × 8. × 9. × 10. ×

**3-2 单项选择题**
1. B 2. C 3. A 4. B,A 5. A 6. A 7. A,B 8. D

**3-3 填空题**
1. 大于 2. 摩擦防松;机械防松;破坏螺纹副运动关系防松 3. $\sigma_1 + \sigma_{b1} + \sigma_c$;带的紧边开始绕上小带轮 4. 相等的;不相等的 5. 两侧;同一条母线上

**3-4 简答题**

1. 答:降低螺栓刚度 $C_b$ 的措施有:适当增加螺栓的长度;采用腰状杆螺栓和空心螺栓;在螺母下面安装弹性元件等。

   增大被连接件刚度 $C_m$ 的措施有:不用垫片或采用刚度较大的垫片等。

2. 答:限制小带轮的最小直径主要是为了避免出现过大的弯曲应力。

   带传动的速度过小,则表示所选的小带轮的直径过小,这将使所需的有效拉力 $F_e$ 过大,即所需带的根数过多,带的结构尺寸增大;带传动的速度过大,则离心力过大,所以要限制带的最小、最大速度。

   因为预紧力过大会降低带的疲劳强度,并增大带对轴和轴承的作用力,故要限制带的预紧力的大小。

3. 答:轮齿的疲劳折断通常发生在齿根危险剖面处,因为轮齿受载后齿根处产生的弯曲应力最大,再加上齿根过渡部分的截面突变及加工刀痕等引起的应力集中的作用。

   为提高轮齿的抗疲劳折断能力,可采取提高齿面硬度、减小齿面粗糙度、增大齿根圆角半径、对齿根进行喷丸或碾压强化处理、选用韧性较好的材料和采用合理的变位等措施。

4. 答:齿根弯曲疲劳强度的校核公式为

$$\sigma_F = \frac{KF_t}{bm} Y_{Fa} Y_{Sa} \leqslant [\sigma_F]$$

所以要提高圆柱齿轮的弯曲疲劳强度可由上式得出:① 增大模数 $m$,可以使 $\sigma_F$ 减小;② 适当增大齿轮宽度 $b$,可以使 $\sigma_F$ 减小;③ 增大齿数 $z$,可以使 $Y_{Fa}Y_{Sa}$ 的乘积减小,也可以使 $\sigma_F$ 减小;④ 选用较好的齿轮材料和热处理条件,可以提高齿轮的许用弯曲应力 $[\sigma_F]$;⑤ 对齿轮采用正变位可以增大齿厚,进而使 $Y_{Fa}$ 减小,从而使 $\sigma_F$ 减小等。

5. 答:图 a 较为合理。因为:① 轴和轮齿受载荷的作用会产生弯曲变形和扭转变形,且越靠近转矩输入端或输出端扭转变形越大,使载荷沿齿宽分布不均越严重;② 输入和输出的轴段长,具有较大的扭转缓冲作用,原动机和工作机的振动和冲击对齿轮传动影响较小。因此为了改善载荷沿齿宽分布不均的情况以及减小原动机和工作机的振动和冲击对齿轮传动的影响,应将齿轮配置在远离转矩输入端或输出端。

6. 答：因为半圆键连接两侧面是工作面，而上、下表面是非工作面，故键的上表面和轮毂的键槽底面间应留有间隙。正确的结构如图 2-3-5a 所示。

当传递双向转矩时，必须用两个切向键，两者间的夹角为 $120°\sim130°$，所以本题的两切向键的夹角值不对，此外右侧的一个切向键的一个边没有与轴剖面的半径方向对准。正确的结构如图 2-3-5b 所示。

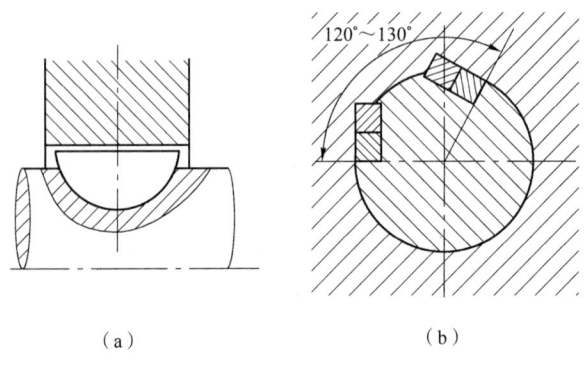

图 2-3-5

### 3-5 计算分析题

1. 解：由 $\sigma_{-1}^m N_0 = \sigma_r^m N_r$ 得

$$N_1 = N_0 \left(\frac{\sigma_{-1}}{\sigma_1}\right)^m = 10^7 \times \left(\frac{300}{500}\right)^9 \approx 1.00777 \times 10^5$$

$$N_2 = N_0 \left(\frac{\sigma_{-1}}{\sigma_2}\right)^m = 10^7 \times \left(\frac{300}{400}\right)^9 \approx 7.50847 \times 10^5$$

由疲劳损伤累积假说的数学表达式 $\dfrac{n_1}{N_1} + \dfrac{n_2}{N_2} = 1$ 得

$$n_2 = \left(1 - \frac{n_1}{N_1}\right)N_2 = \left(1 - \frac{10^4}{1.00777 \times 10^5}\right) \times 7.50847 \times 10^5 = 6.7634 \times 10^5$$

2. 解：(1) 计算方案一中螺栓的受力。先将外力 $F$ 移到螺栓组的中心，则螺栓组受到剪力 $F$ 和转矩 $T(T=FL)$ 的作用，设剪力分解在各螺栓上的力均为 $F_i$，转矩 $T$ 分解在各螺栓上的力均为 $F_j$，则 $F_i$ 和 $F_j$ 分别为

$$F_i = \frac{1}{3}F; \quad F_j = \frac{FL}{2a} = \frac{300F}{2 \times 60} = \frac{5}{2}F$$

由图 2-3-6 中的方案一受力图可知，螺栓 3 受力最大，即

$$F_3 = F_i + F_j = \frac{1}{3}F + \frac{5}{2}F = \frac{17}{6}F = 2.83F$$

(2) 计算方案二中螺栓的受力。同理可得作用在各螺栓上的 $F_i = \dfrac{1}{3}F$；$F_j = \dfrac{FL}{2a} = \dfrac{300F}{2 \times 60} = \dfrac{5}{2}F$。由图 2-3-6 中的方案二受力图可知，螺栓 1 和 3 受力最大，即

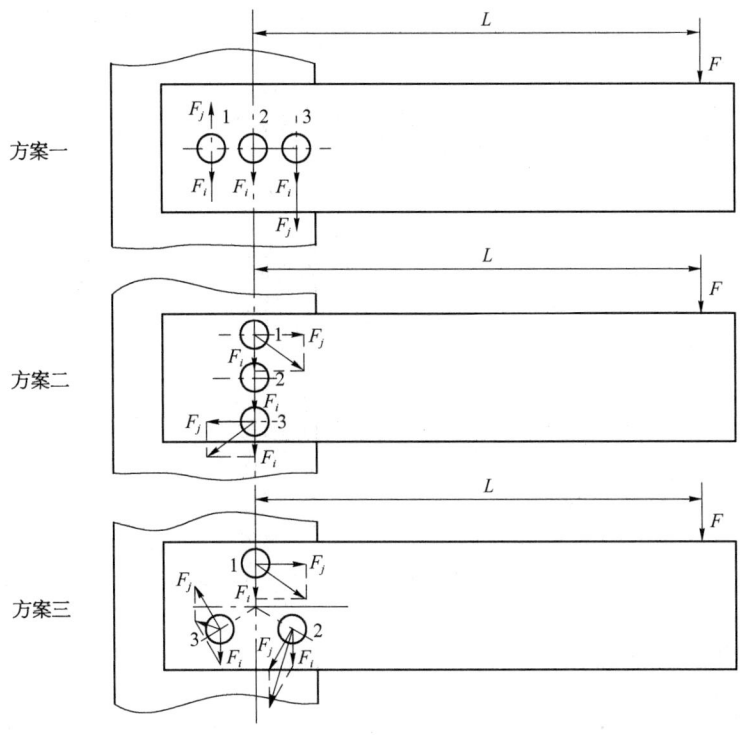

图 2-3-6

$$F_1 = F_3 = \sqrt{F_i^2 + F_j^2} = \sqrt{\left(\frac{1}{3}F\right)^2 + \left(\frac{5}{2}F\right)^2} = 2.52F$$

(3) 计算方案三中螺栓的受力。同理可得作用在各螺栓上的 $F_i = \frac{1}{3}F$；$F_j = \frac{FL}{3a} = \frac{300F}{3 \times 60} = \frac{5}{3}F$。由图 2-3-6 中的方案三受力图可知，螺栓 2 受力最大，即

$$F_2 = \sqrt{F_i^2 + F_j^2 - 2F_iF_j\cos 150°}$$
$$= \sqrt{\left(\frac{1}{3}F\right)^2 + \left(\frac{5}{3}F\right)^2 - 2 \times \left(\frac{1}{3}F\right) \times \left(\frac{5}{3}F\right) \times \cos 150°} = 1.96F$$

通过比较三个方案的螺栓受力情况，可以得出：题中方案三较好。

3. 解：(1) 临界有效拉力为

$$F_{ec} = 2F_0 \frac{e^{f_v\alpha} - 1}{e^{f_v\alpha} + 1} = 2 \times 360 \times \frac{e^{0.51\pi} - 1}{e^{0.51\pi} + 1} = 478.35(\text{N})$$

(2) 最大传递转矩为

$$T = F_{ec} \frac{d_{d1}}{2} = 478.35 \times \frac{100}{2} = 23\,917.5(\text{N} \cdot \text{mm})$$

(3) 从动输出功率为

$$P = \frac{F_{ec}v}{1\,000}\eta = \frac{F_{ec}n_1\pi d_{d1}}{60\times 1\,000\times 1\,000}\times 0.95$$
$$= \frac{478.35\times 1\,450\times \pi\times 100}{60\times 1\,000\times 1\,000}\times 0.95 = 3.45(\text{kW})$$

4. 解：锥距为

$$R = \frac{1}{2}\sqrt{d_1^2+d_2^2} = \frac{m}{2}\sqrt{z_1^2+z_2^2} = \frac{3}{2}\sqrt{62^2+23^2} = 99.19(\text{mm})$$

齿轮 2 分度圆锥角为

$$\delta_2 = \arctan\left(\frac{z_2}{z_1}\right) = \arctan\left(\frac{23}{62}\right) = 20°21'11''$$

齿轮 2 平均分度圆直径为

$$d_{m2} = \left(1-0.5\frac{b}{R}\right)d_2 = \left(1-0.5\times\frac{32}{99.19}\right)\times 23\times 3 = 57.87(\text{mm})$$

齿轮 2 所受的转矩为

$$T_2 = 9.55\times 10^6 \frac{P_2}{n_2} = 9.55\times 10^6\times\frac{4.5}{825} = 52\,091(\text{N}\cdot\text{mm})$$

齿轮 2 各分力的大小为

$$F_{2tA} = F_{2tB} = \frac{1}{2}\frac{2T_2}{d_{m2}} = \frac{2\times 52\,091}{2\times 57.87} = 900.1(\text{N})$$

$$F_{2aA} = F_{2aB} = F_{t2A}\tan\alpha\sin\delta_2 = 900.1\times\tan 20°\times\sin 20°21'11'' = 113.941(\text{N})$$

$$F_{2rA} = F_{2rB} = F_{t2A}\tan\alpha\cos\delta_2 = 900.1\times\tan 20°\times\cos 20°21'11'' = 307.16(\text{N})$$

齿轮 2 各分力方向如图 2-3-7 所示。

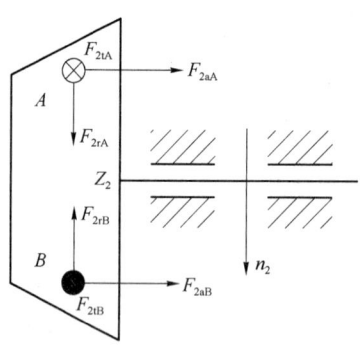

图 2-3-7

# 机械设计(一)试题 4

**4-1 是非题(每小题1分,共10分)**

1. 只要随时间发生变化的应力,均称为变应力。( )
2. 两零件的材料和几何尺寸都不相同,以曲面接触受载时,两者的接触应力值不相等。( )
3. 键的截面尺寸 $b×h$ 是按轴的直径 $d$ 由标准选定的。( )
4. 滑键的主要失效形式不是磨损而是键槽侧面的压溃。( )
5. 由于锥齿轮的几何尺寸是以大端为标准的,因此受力分析也在大端上进行。( )
6. 现有 A、B 两对闭式直齿圆柱齿轮传动。A 对齿轮参数为:$m=2$ mm、$z_1=40$、$z_2=90$、$b=60$ mm;B 对齿轮参数为:$m=4$ mm、$z_1=20$、$z_2=45$、$b=60$ mm。其他条件均相同时,则 B 对齿轮的齿根弯曲疲劳强度比 A 对齿轮的大。( )
7. 若带传动的初拉力一定,增大摩擦系数和包角都可提高带传动的临界摩擦力。( )
8. 带传动中,弹性滑动不可避免的原因是带的瞬时传动比不稳定。( )
9. 普通螺纹用于连接时,一般多用粗牙螺纹。( )
10. 受横向载荷的普通螺栓连接主要是靠连接预紧后在接合面间产生的摩擦力来承受横向载荷的。( )

**4-2 单项选择题(每小题1分,共10分)**

1. 在每次循环中,如果变应力的周期 $T$、应力幅 $\sigma_a$ 和平均应力 $\sigma_m$ 中有一个是变化的,则称该变应力为_____。
   A. 稳定变应力  B. 非稳定变应力
   C. 非对称循环变应力  D. 脉动循环变应力

2. 在图 2-4-1 所示的零件极限应力简图上,$M$ 为零件的工作应力点,若加载于零件的过程中保持最小应力 $\sigma_{min}$ 为常数,则该零件的极限应力点应为_____。
   A. $M_1$
   B. $M_2$
   C. $M_3$
   D. $M_4$

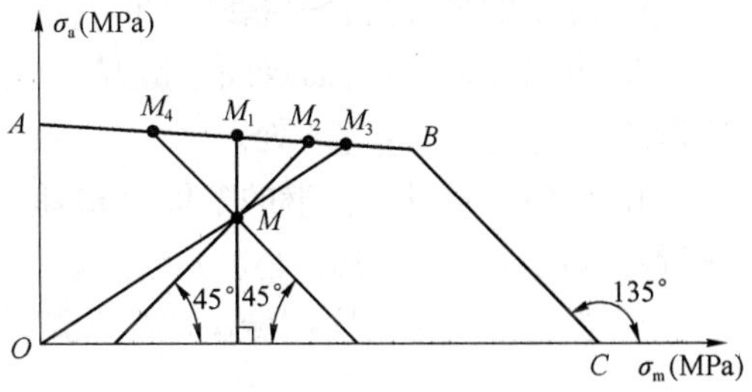

图 2-4-1

3. 开式齿轮传动中轮齿的主要失效形式是_____。
   A. 点蚀和弯曲疲劳折断  B. 胶合和齿面塑性变形
   C. 弯曲疲劳折断和磨粒磨损  D. 胶合和点蚀

4. 选择齿轮传动的平稳性精度等级时,主要依据是_____。
   A. 圆周速度  B. 转速

C. 传递的功率　　　　　　　　　D. 承受的转矩

5. 带传动的中心距过大时,会导致_____。
   A. 带的寿命缩短　　　　　　　B. 带的弹性滑动加剧
   C. 带的工作噪声增大　　　　　D. 带在工作时出现颤动

6. V带的楔角是_____。
   A. $32°$　　　　　　　　　　　B. $40°$
   C. $36°$　　　　　　　　　　　D. $38°$

7. 螺栓的材料性能等级标成6.8级,其数字6.8中的6代表_____。
   A. 螺栓材料相应的抗拉强度极限 $\sigma_B$ 的 1/100
   B. 螺栓材料相应的屈服极限 $\sigma_S$ 的 1/100
   C. 螺栓材料相应的抗拉强度极限与屈服极限的比值
   D. 螺栓材料相应的屈服极限与抗拉强度极限的比值

8. 用于薄壁零件连接的螺纹,应采用_____。
   A. 普通细牙螺纹　　　　　　　B. 梯形螺纹
   C. 锯齿形螺纹　　　　　　　　D. 多线的普通粗牙螺纹

9. 切向键连接的斜度是做在_____上的。
   A. 轮毂键槽底面　　　　　　　B. 轴的键槽底面
   C. 一对键的接触面　　　　　　D. 键的侧面

10. 设计键连接的主要程序是_____;其中 a. 按轮毂长度选择键的长度;b. 按轴的直径选择键的剖面尺寸;c. 按使用要求选择键的类型;d. 进行必要的强度校核。
    A. a→b→c→d　　　　　　　　B. b→a→c→d
    C. c→b→a→d　　　　　　　　D. a→c→b→d

### 4-3　填空题(每空格1分,共10分)

1. 在静强度条件下,强度极限 $\sigma_B$($\tau_B$)是_____材料的极限应力;而屈服极限 $\sigma_S$($\tau_S$)是_____材料的极限应力;疲劳极限 $\sigma_N$($\tau_N$)是_____作用下,塑性材料的极限应力。

2. 螺纹的公称直径是指螺纹的_____径,螺纹的升角是指螺纹_____径处的升角。

3. 齿轮传动中,齿面点蚀一般易出现在轮齿的_____处,轮齿折断易出现在轮齿的_____处。

4. 带传动不发生打滑的条件是传递的外载荷 $F \leqslant$ _____。为保证带传动具有一定的疲劳寿命,应使带中的最大应力 $\sigma_{max} \leqslant$ _____。

5. 当要用两个切向键传递双向转矩时,两个切向键间的夹角应为_____。

### 4-4　简答题(共31分)

1. 机械设计中零件材料选用的一般原则是什么?指出下列符号各代表什么材料?(9分)

   35　Q235　65Mn　ZG310-570　20CrMnTi　HT200　QT600-2

2. V带轮轮槽与带的安装情况如图2-4-2所示,其中哪种情况是正确的?为什么?(6分)

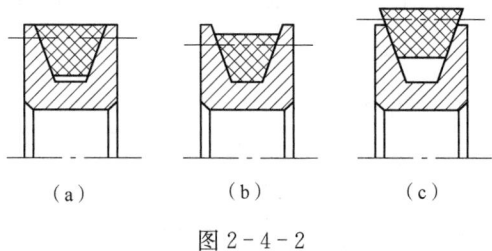

图 2-4-2

3. 花键连接的类型有哪几种？各采用何种定心方式？（4分）
4. 在圆柱齿轮设计中，怎样选择齿数和模数？（6分）
5. 在螺栓连接中，螺纹牙间载荷分布为什么会出现不均匀的现象？常用哪些结构形式可使螺纹牙间载荷分布趋于均匀？（6分）

## 4-5 计算分析题（共 39 分）

1. 已知 45 钢经调质后的力学性能为：强度极限 $\sigma_B = 600\,\text{MPa}$，屈服极限 $\sigma_S = 360\,\text{MPa}$，对称疲劳极限 $\sigma_{-1} = 300\,\text{MPa}$，材料常数 $\varphi_\sigma = 0.25$。材料的极限应力线图如图 2-4-3 所示。（8分）

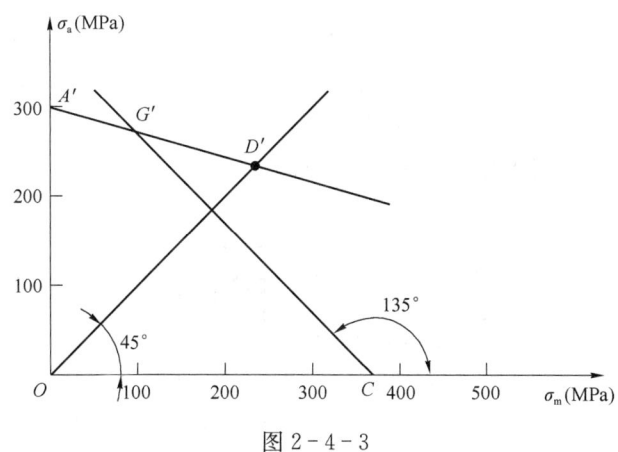

图 2-4-3

（1）试求材料的脉动疲劳极限 $\sigma_0$。
（2）若材料的弯曲疲劳极限的综合影响系数 $K_\sigma = 2$，试作出零件的极限应力线图。
（3）若某零件所受的最大工作应力 $\sigma_{\max} = 120\,\text{MPa}$，循环特性系数 $r = 0.25$，试求工作应力点 $M$ 的坐标 $(\sigma_m, \sigma_a)$。

2. 如图 2-4-4 所示，卷筒与齿轮用八个普通螺栓连接在一起，轴不旋转，卷筒与齿轮在轴上旋转。已知卷筒所受旋转力矩 $T = 10^7\,\text{N·mm}$，螺栓分布直径 $D_0 = 500\,\text{mm}$，卷筒与齿轮接合面间摩擦系数 $f = 0.12$，防滑系数 $K_s = 1.2$，螺栓材料的屈服极限 $\sigma_S = 300\,\text{MPa}$，安全系数 $S = 3$，普通螺纹基本尺寸见表 2-4-1，试设计该螺栓组的螺栓直径。（10分）

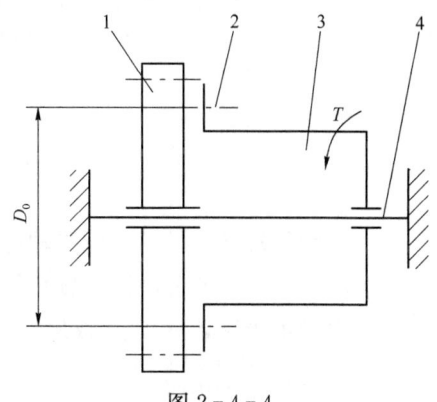

图 2-4-4

1—齿轮；2—螺栓连接；3—卷筒；4—轴

表 2-4-1　普通螺纹基本尺寸表(第一系列)　　　　　(mm)

| 公称直径 | 中径 $d_2$ | 小径 $d_1$ | 螺距 $P$ |
|---|---|---|---|
| 24 | 22.051 | 20.752 | 3 |
| 30 | 27.727 | 26.211 | 3.5 |
| 36 | 33.402 | 31.670 | 4 |
| 42 | 39.077 | 37.129 | 4.5 |
| 48 | 44.725 | 42.587 | 5 |

3. 已知一普通 V 带传动功率 $P=5$ kW，主动轮转速 $n_1=400$ r/min，主动轮直径 $d_{d1}=450$ mm，从动轮直径 $d_{d2}=650$ mm，中心距 $a=1\,500$ mm，当量摩擦系数 $f_v=0.2$，试求：(8 分)

(1) V 带的带速 $v$。
(2) 小带轮上的包角 $\alpha_1$。
(3) V 带的有效拉力 $F_e$。
(4) V 带所需的预紧力 $F_0$。

4. 图 2-4-5 所示为二级圆柱齿轮减速器，高速级和低速级均为标准斜齿圆柱齿轮传动。已知电动机的功率 $P=3$ kW，转速 $n=970$ r/min，高速级齿轮的 $m_{n1}=m_{n2}=2$ mm，$z_1=25$，$z_2=53$，$\beta_1=\beta_2=12°50'19''$；低速级齿轮的 $m_{n3}=m_{n4}=3$ mm，$z_3=22$，$z_4=50$，中心距 $a_{34}=110$ mm。不考虑摩擦损失，试：(13 分)

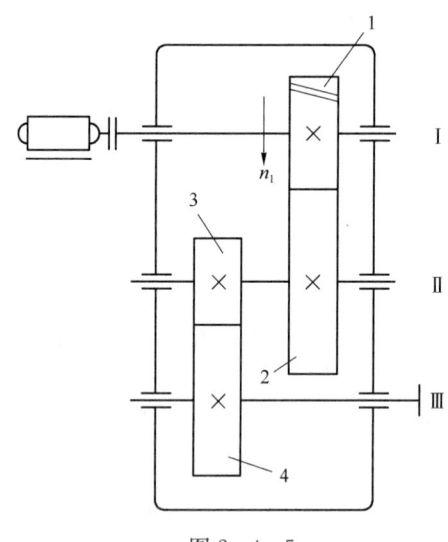

图 2-4-5

(1) 为使轴 Ⅱ 上的轴承所受轴向力较小，确定齿轮 3、4 的螺旋线方向。
(2) 求齿轮 3 的分度圆螺旋角的 $\beta_3$ 大小。
(3) 确定齿轮 3、4 所受各分力的大小及方向。

# 机械设计(一)试题 4 解答

**4-1 是非题**

1. ×  2. ×  3. √  4. ×  5. ×  6. √  7. √  8. ×  9. √  10. √

**4-2 单项选择题**

1. B  2. B  3. C  4. A  5. D  6. B  7. A  8. A  9. C  10. C

**4-3 填空题**

1. 脆性;塑性;变应力  2. 大;中  3. 靠近节线的齿根面;齿根过渡圆角  4. 带的临界有效拉力 $F_{ec}$;带的疲劳许用应力 $[\sigma]$  5. 120°~130°

**4-4 简答题**

1. 答：机械设计中零件材料选用一般依据要求、尺寸、批量、来源等综合考虑使用性、工艺性和经济性原则。

35：碳的质量分数为 0.35% 的优质碳素结构钢。

Q235：屈服极限为 235 MPa 的碳素结构钢。

65Mn：碳的质量分数为 0.65% 的含锰量较高的优质碳素钢。

ZG310-570：屈服极限和强度极限分别为 310 MPa、570 MPa 的铸钢。

20CrMnTi：低碳(碳的质量分数为 0.20%)合金结构钢。

HT200：强度极限为 200 MPa 的灰铸铁。

QT600-2：强度极限为 600 MPa 的球墨铸铁,伸长率为 2%。

2. 答：图 a 是正确的。因为 V 带的两侧面为工作面,底面不是工作面,应留有间隙,所以图 b 是错误的。同时为了保证带有足够的工作面,带的两侧面应全部装在轮槽内,所以图 c 也是错误的。

3. 答：花键连接按其齿形可分为矩形花键连接和渐开线花键连接两种。矩形花键连接的定心方式为小径定心,渐开线花键连接的定心方式为齿形定心。

4. 答：齿数选择的原则是：在满足弯曲强度的条件下,齿数 $z_1$ 尽可能选得多一些。闭式齿轮传动的小齿轮齿数可取为 $z_1 = 20 \sim 40$,开式齿轮传动的小齿轮齿数可取为 $z_1 = 17 \sim 20$。选择的小齿轮齿数应避免根切,相啮合的齿轮齿数最好互为质数,且还要考虑凑配、圆整中心距的需要。

模数选择的原则是：在满足弯曲强度的条件下,选择较小的模数。

5. 答：螺栓所受总拉力都是通过螺栓和螺母的螺纹牙面接触来传递的,由于螺栓和螺母的刚度和变形性质不同,造成各圈螺纹牙上的受力也是不同的,从而出现螺纹牙间的载荷不均匀现象。为了改善螺纹牙间的载荷分布不均匀程度,常采用悬置螺母、减小螺栓旋合段本来受力较大的几圈螺纹牙的受力面或采用钢丝螺套等措施。

**4-5 计算分析题**

1. 解：(1) 由材料常数 $\varphi_\sigma = \dfrac{2\sigma_{-1} - \sigma_0}{\sigma_0}$ 得

$$\sigma_0 = \frac{2\sigma_{-1}}{1+\varphi_\sigma} = \frac{2\times 300}{1+0.25} = 480(\text{MPa})$$

(2) 零件的极限应力线图如图 2-4-6 所示。其中 $A$ 点的坐标是 $\left(0, \dfrac{\sigma_{-1}}{K_\sigma}\right)$,即 $(0, 150)$;$D$ 点的坐标是 $\left(\dfrac{\sigma_0}{2}, \dfrac{\sigma_0}{2K_\sigma}\right)$,即 $(240, 120)$;$C$ 点的坐标是 $(\sigma_S, 0)$,即 $(360, 0)$。

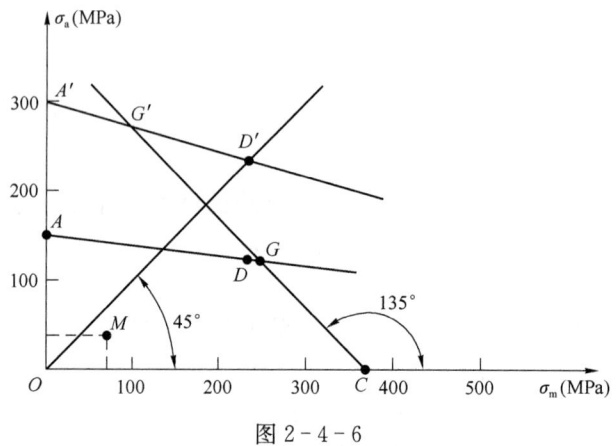

图 2-4-6

(3) 由 $r = \dfrac{\sigma_{\min}}{\sigma_{\max}} = 0.25$ 可得

$$\sigma_{\min} = r\sigma_{\max} = 0.25 \times 120 = 30(\text{MPa})$$

$$\sigma_m = \frac{\sigma_{\max}+\sigma_{\min}}{2} = \frac{120+30}{2} = 75(\text{MPa})$$

$$\sigma_a = \frac{\sigma_{\max}-\sigma_{\min}}{2} = \frac{120-30}{2} = 45(\text{MPa})$$

故工作应力点 $M$ 的坐标为 $(75, 45)$。

2. 解:(1) 计算螺栓所需的预紧力。由 $fF_0 z \dfrac{D_0}{2} = K_s T$ 得

$$F_0 = \frac{2K_s T}{fzD_0} = \frac{2\times 1.2\times 10^7}{0.12\times 8\times 500} = 50\,000(\text{N})$$

(2) 计算许用应力

$$[\sigma] = \frac{\sigma_S}{S} = \frac{300}{3} = 100(\text{MPa})$$

(3) 确定螺栓的直径

$$d_1 \geqslant \sqrt{\frac{4\times 1.3 F_0}{\pi[\sigma]}} = \sqrt{\frac{4\times 1.3\times 50\,000}{\pi\times 100}} = 28.768(\text{mm})$$

查表 2-4-1 选取螺栓 M36。

3. 解：(1) V 带的带速 $v = \dfrac{\pi d_{d1} n_1}{60} = \dfrac{\pi \times 0.45 \times 400}{60} = 9.42(\text{m/s})$

(2) 小带轮上的包角 $\alpha_1 = 180° - (d_{d2} - d_{d1}) \dfrac{57.3°}{a} = 180° - (650 - 450) \times \dfrac{57.3°}{1\,500} = 172.36° \approx 3.0 \text{ rad}$

(3) V 带的有效拉力 $F_e = \dfrac{1\,000 P}{v} = \dfrac{1\,000 \times 5}{9.42} = 530.79(\text{N})$

(4) 由 $F_e = 2F_0 \dfrac{\mathrm{e}^{f\alpha} - 1}{\mathrm{e}^{f\alpha} + 1}$ 得 V 带所需的预紧力

$$F_0 = \dfrac{F_e}{2} \dfrac{\mathrm{e}^{f_v \alpha_1} + 1}{\mathrm{e}^{f_v \alpha_1} - 1} = \dfrac{530.79}{2} \times \dfrac{\mathrm{e}^{0.2 \times 3.0} + 1}{\mathrm{e}^{0.2 \times 3.0} - 1} = 911.12(\text{N})$$

4. 解：(1) 如图 2-4-7 所示，齿轮 1 按右手法则可确定其轴向力 $F_{a1}$ 向右，则齿轮 2 轴向力 $F_{a2} = -F_{a1}$，即齿轮 2 的轴向力 $F_{a2}$ 向左。为使轴 Ⅱ 上所受轴向力较小，则齿轮 3 的轴向力 $F_{a3}$ 必须与齿轮 2 的轴向力 $F_{a2}$ 相反，即朝右。根据已确定的齿轮 3 的转向 $n_3$ 和轴向力 $F_{a3}$ 的方向按左手定则可确定齿轮 3 的螺旋线方向应为"左旋"，根据斜齿圆柱齿轮正确啮合条件，则可确定齿轮 4 的螺旋线方向应为"右旋"。

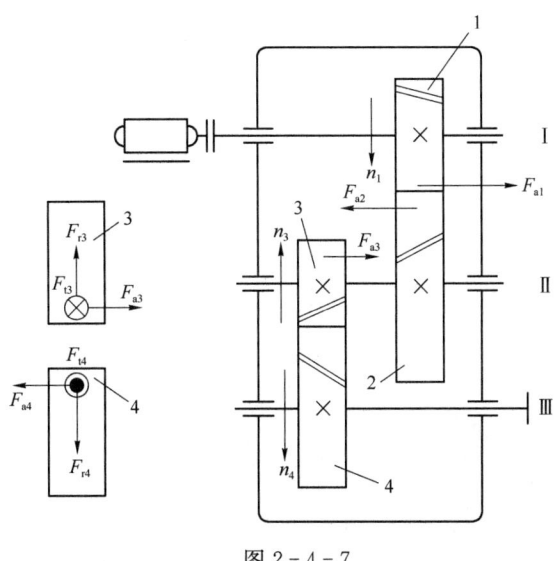

图 2-4-7

(2) 由 $a_{34} = \dfrac{m_{n3}(z_3 + z_4)}{2\cos\beta_3}$ 得

$$\cos\beta_3 = \dfrac{m_{n3}(z_3 + z_4)}{2 a_{34}} = \dfrac{3 \times (22 + 50)}{2 \times 110} = 0.981\,82,\ \beta_3 = 10°56'33''$$

(3) 低速级齿轮 3、4 在啮合点处所受圆周力、径向力和轴向力的方向如图(2-4-7)所示。

$$T_3 = 9.55 \times 10^6 \dfrac{P}{n_1} \dfrac{z_2}{z_1} = 9.55 \times 10^6 \times \dfrac{3}{970} \times \dfrac{53}{25} = 62\,616.50(\text{N} \cdot \text{mm})$$

$$F_{t3} = F_{t4} = \frac{2T_3}{d_3} = \frac{2T_3}{m_{n3}z_3}\cos\beta_3 = \frac{2\times 62\,616.50}{3\times 22}\times \cos 10°56'33''$$
$$= 1\,862.97(\text{N})$$

$$F_{a3} = F_{a4} = F_{t3}\tan\beta_3 = 1\,862.97\times \tan 10°56'33'' = 360.18(\text{N})$$

$$F_{r3} = F_{r4} = F_{t3}\frac{\tan\alpha_n}{\cos\beta_3} = 1\,862.97\times \frac{\tan 20°}{\cos 10°56'33''} = 690.62(\text{N})$$

# 机械设计(一)试题 5

**5-1 是非题**(每小题 1 分,共 10 分)
1. 变应力不一定只由变载荷产生。( )
2. 合金钢与碳素钢相比有较高的强度和较好的热处理能力,因此用合金钢制造零件不但可以减小尺寸,而且可以减小断面变化处过渡圆角半径和降低表面粗糙度的要求。( )
3. 当轴与轮毂连接承受载荷较大需要用两个平键连接时,两个平键应布置在轴的同一条母线上。( )
4. 花键连接通常用于要求轴与轮毂严格对中的场合。( )
5. 在渐开线圆柱齿轮传动中,相啮合的大、小齿轮工作载荷相同,所以两者的齿根弯曲应力以及齿面接触应力也分别相等。( )
6. 闭式软齿面齿轮传动设计中,小齿轮齿数的选择应以不根切为原则,尽量选少些。( )
7. 在相同的初拉力作用下,V 带的传动能力高于平带的传动能力。( )
8. 若一普通 V 带传动装置工作时有 300 r/min 和 600 r/min 两种转速,若传递的功率不变,则该带传动应按 600 r/min 进行设计。( )
9. 当螺纹公称直径、牙型角、螺纹线数相同时,细牙螺纹的自锁性比粗牙螺纹的自锁性要好。( )
10. 影响齿轮动载系数 $K_v$ 大小的主要因素是圆周速度和安装刚度。( )

**5-2 单项选择题**(每小题 1 分,共 10 分)
1. 在循环变应力作用下,影响疲劳强度的主要因素是_____。
   A. 最大应力 $\sigma_{max}$   B. 平均应力 $\sigma_m$   C. 最小应力 $\sigma_{min}$   D. 应力幅 $\sigma_a$
2. 零件受不稳定变应力作用时,若各级应力先作用最大的,然后依次降低时,则发生疲劳破坏时的总损伤率将_____。
   A. 大于 1              B. 等于 1
   C. 小于 1              D. 可能大于 1,也可能小于 1
3. 高速重载齿轮传动最可能出现的失效形式是_____。
   A. 齿面胶合   B. 齿面疲劳点蚀   C. 齿面磨损   D. 轮齿塑性变形
4. 除了调质以外,软齿面齿轮常用的热处理方法还有_____。
   A. 表面淬火   B. 正火   C. 渗氮   D. 碳氮共渗
5. 一定型号的 V 带传动,当小带轮转速一定时,其所能传递的功率增量取决于_____。
   A. 小带轮上的包角              B. 带的线速度
   C. 传动比                      D. 大带轮上的包角
6. 设 $d_{d1}$、$d_{d2}$ 分别为主、从动轮的基准直径,若考虑滑动率 $\varepsilon$,则带传动的实际传动比为_____。

A. $i = \dfrac{d_{d2}}{d_{d1}(1+\varepsilon)}$      B. $i = \dfrac{d_{d2}(1+\varepsilon^2)}{d_{d1}}$

C. $i = \dfrac{d_{d2}}{d_{d1}(1-\varepsilon)}$      D. $i = \dfrac{d_{d2}(1-\varepsilon)}{d_{d1}}$

7. 螺栓的材料性能等级标成 8.8 级,则该螺栓材料的最小屈服极限近似为_____。
   A. 640 MPa    B. 8 MPa    C. 800 MPa    D. 0.8 MPa

8. 对于受轴向变载荷作用的紧螺栓连接,若轴向工作载荷 $F$ 在 0~1 000 N 循环变化,则该连接螺栓所受拉应力的类型为_____。
   A. 非对称循环变应力      B. 脉动循环变应力
   C. 对称循环变应力      D. 非稳定循环变应力

9. 以下连接中不能用作轴向固定的是_____。
   A. 平键连接    B. 销连接    C. 螺钉连接    D. 过盈连接

10. 平键标记:键 B16×70 GB/T 1096—2003,B 表示_____平键。
    A. 圆头    B. 单圆头    C. 平头    D. 键宽×轴径

## 5-3 填空题(每空格1分,共10分)

1. 稳定循环变应力的三种基本形式是_____、_____和_____循环变应力。
2. 螺纹副的自锁条件是_____。
3. 斜齿圆柱齿轮传动中,螺旋角 $\beta$ 过小,会使得_____,$\beta$ 过大又会使得_____。在设计过程中,$\beta$ 的值取为_____。
4. 在设计 V 带传动时,V 带的型号可根据_____和_____查选型图确定。
5. _____键连接,既可传递转矩,又可承受单向轴向载荷,但容易破坏轴与轮毂的对中性。

## 5-4 简答题(共30分)

1. 在图 2-5-1 所示的极限应力曲线图上,$N$ 为零件的工作应力点。指出加载情况(应力变化规律)分别为 $r=C$,$\sigma_m=C$ 和 $\sigma_{min}=C$ 时的极限应力点,并说明零件的失效形式。(6分)
2. 为什么采用两个平键时,一般布置在沿周向相隔 180°? 为什么采用两个楔键时,一般布置在沿周向相隔 90°~120°? 为什么采用两个半圆键时,则常布置在轴的同一条母线上?(6分)
3. 图 2-5-2 所示为 V 带减速传动的张紧方案,试分析其不合理处并改正之。(5分)

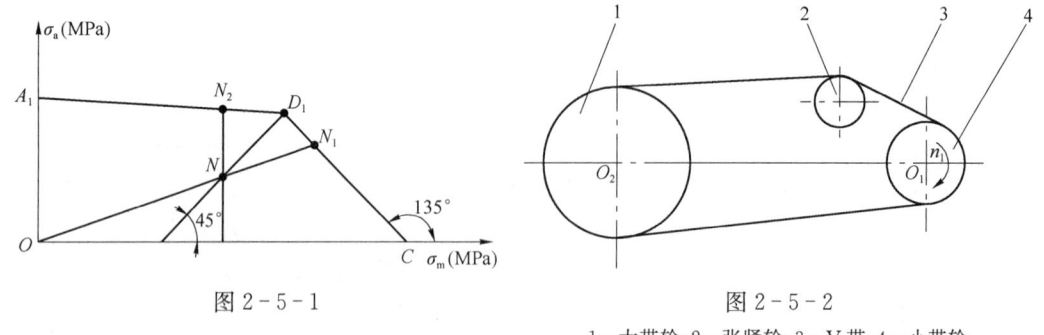

图 2-5-1      图 2-5-2

1—大带轮;2—张紧轮;3—V 带;4—小带轮

4. 常用螺纹有哪几种类型? 各用于什么场合? 对连接螺纹和传动螺纹的要求有何不同?(7分)

5. 试述闭式齿轮传动与开式齿轮传动的主要失效形式和设计准则。(6分)

**5-5 计算分析题(共40分)**

1. 某转轴所用材料的力学性能为：$\sigma_{-1} = 300\,\text{MPa}$，$\tau_{-1} = 200\,\text{MPa}$，$\varphi_\sigma = 0.2$，$\varphi_\tau = 0.1$。该轴工作时承受的弯曲应力为对称循环，扭转切应力为脉动循环，危险截面的工作应力 $\sigma_{max} = 90\,\text{MPa}$，$\tau_{max} = 124\,\text{MPa}$。设材料的综合影响系数 $K_\sigma = K_\tau = 1$，试计算考虑弯矩和扭矩共同作用时的计算安全系数。(8分)

2. 如图2-5-3所示的三种普通螺栓组连接中，螺栓数目 $z = 2$。设每个螺栓能承受的拉力为5 000 N，如果被连接件接合面的摩擦系数 $f = 0.3$，防滑系数 $K_s = 1$，试分别计算：(9分)

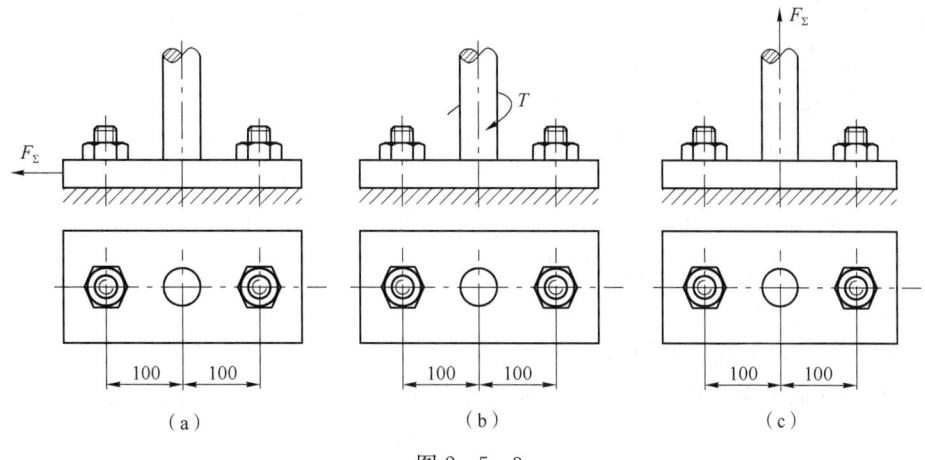

图2-5-3
(a) 受横向载荷；(b) 受转矩；(c) 受轴向载荷

(1) 图a螺栓组所能承受的最大的横向载荷 $F_\Sigma$。
(2) 图b螺栓组所能承受的最大的转矩 $T$。
(3) 图c中，若要求被连接件的总残余预紧力为 $1.8F_\Sigma$，螺栓组所能承受的最大的轴向载荷 $F_\Sigma$。

3. 已知一普通V带传动的主动轮直径 $d_{d1} = 180\,\text{mm}$，从动轮直径 $d_{d2} = 630\,\text{mm}$，中心距 $a = 1600\,\text{mm}$，主动轮转速 $n_1 = 1450\,\text{r/min}$，使用B型胶带4根，V带与带轮表面摩擦系数 $f = 0.4$，所能传递的最大功率 $P = 41.5\,\text{kW}$。V带轮槽角 $\varphi = 38°$，V带的弹性模量 $E = 200\,\text{MPa}$，B型V带的截面面积 $A = 138\,\text{mm}^2$，高度 $h = 10.5\,\text{mm}$，单位长度质量 $q = 0.17\,\text{kg/m}$。试计算V带紧边拉应力 $\sigma_1$、松边拉应力 $\sigma_2$、弯曲应力 $\sigma_{b1}$ 和 $\sigma_{b2}$ 以及离心拉应力 $\sigma_c$。(15分)

4. 一对直齿圆锥齿轮传动如图2-5-4所示。已知 $m = 2.5\,\text{mm}$，$\alpha = 20°$，$z_1 = 24$，$z_2 = 60$，$b = 24\,\text{mm}$，输入轴转速 $n_1 = 320\,\text{r/min}$，传递功率 $P = 3\,\text{kW}$。试求直齿圆锥齿轮受力的大小和方向。(8分)

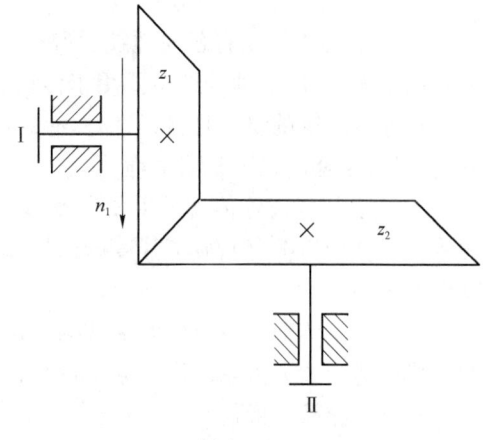

图2-5-4

# 机械设计(一)试题 5 解答

**5-1 是非题**
1. √  2. ×  3. ×  4. √  5. ×  6. ×  7. √  8. ×  9. √  10. ×

**5-2 单项选择题**
1. D  2. C  3. A  4. B  5. C  6. C  7. A  8. A  9. A  10. C

**5-3 填空题**
1. 对称循环;脉动循环;非对称  2. 螺纹的升角 $\psi$ 小于当量摩擦角 $\varphi_v$  3. 重合度小、斜齿轮优点不能体现;轴向力过大;8°～20°  4. 计算功率 $P_{ca}$;小带轮转速 $n_1$  5. 楔

**5-4 简答题**

1. 答：$N_1$ 点为 $r=C$ 的极限应力点,零件失效形式是塑性变形。$N_2$ 点为 $\sigma_m=C$ 的极限应力点,零件失效形式是疲劳断裂。$D_1$ 点为 $\sigma_{\min}=C$ 的极限应力点,零件失效形式可能是塑性变形,也可能是疲劳断裂。

2. 答：两个平键布置在沿周向相隔 180°是为了对轴的削弱均匀,使轴上所受的径向合力为零,保证轴及轮毂孔的对中性。两个楔键布置在沿周向相隔 90°～120°是为了保证轴与轮毂孔之间有较大的受力面积,产生较大的摩擦力矩。两个半圆键布置在轴的同一条母线上是为了减少键槽对轴强度的削弱。此外,上述各种布置也综合考虑了各类键连接的特点。

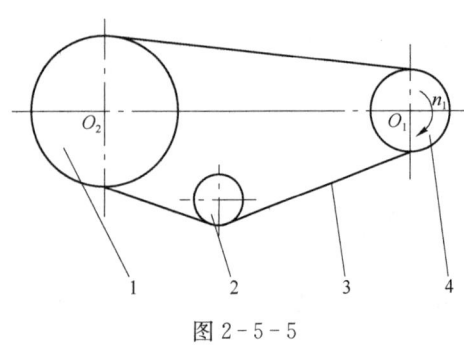

图 2-5-5

3. 答：在 V 带传动中,张紧轮不宜装在紧边,应装于松边的内侧并且靠近大带轮处。因为 V 带较厚,这样安装既能使带只受单向弯曲,而且又能防止小带轮包角减小。改正后的张紧布置方案如图 2-5-5 所示。

4. 答：常用螺纹有普通螺纹、管螺纹、梯形螺纹、矩形螺纹和锯齿形螺纹等。前两种螺纹主要用于连接,后三种螺纹主要用于传动。

对连接螺纹的要求是自锁性好,有足够的连接强度;对传动螺纹的要求是传动精度高,效率高,具有足够的强度和耐磨性。

5. 答：闭式齿轮传动的主要失效形式为轮齿折断、点蚀和胶合。设计准则为保证齿面接触疲劳强度和齿根弯曲疲劳强度。采用合适的润滑方式和采用抗胶合能力强的润滑油来考虑胶合的影响。

开式齿轮传动的主要失效形式为齿面磨损和轮齿折断。设计准则为保证齿根弯曲疲劳强度。采用适当增大齿轮的模数来考虑齿面磨损对轮齿抗弯曲能力的影响。

**5-5 计算分析题**

1. 解：由于弯曲应力为对称循环变应力,故 $\sigma_m=0$,$\sigma_a=\sigma_{\max}=90\,\text{MPa}$。又由于扭转切应力为脉动循环应力,故 $\tau_a=\tau_m=0.5\tau_{\max}=62\,\text{MPa}$。

零件承受单向应力时的计算安全系数为

$$S_\sigma = \frac{\sigma_{-1}}{K_\sigma \sigma_a + \varphi_\sigma \sigma_m} = \frac{300}{1 \times 90 + 0.2 \times 0} = 3.333$$

$$S_\tau = \frac{\tau_{-1}}{K_\tau \tau_a + \varphi_\tau \tau_m} = \frac{200}{1 \times 62 + 0.1 \times 62} = 2.933$$

零件承受双向应力时的计算安全系数为

$$S_{ca} = \frac{S_\sigma S_\tau}{\sqrt{S_\sigma^2 + S_\tau^2}} = \frac{3.333 \times 2.933}{\sqrt{3.333^2 + 2.933^2}} = 2.202$$

2. 解：(1) 由 $fF_0 zi \geqslant K_s F_\Sigma$ 得

$$F_\Sigma \leqslant \frac{fF_0 zi}{K_s} = \frac{0.3 \times 5\,000 \times 2 \times 1}{1} = 3\,000(\text{N})$$

(2) 由 $zfF_0 r \geqslant K_s T$ 得

$$T \leqslant \frac{zfF_0 r}{K_s} = \frac{2 \times 0.3 \times 5\,000 \times 100}{1} = 3 \times 10^5 (\text{N} \cdot \text{mm})$$

(3) 由 $F_2 = F + F_1 = F + \frac{1}{2} \times 1.8 F_\Sigma = \frac{F_\Sigma}{2} + \frac{1}{2} \times 1.8 F_\Sigma = 1.4 F_\Sigma$ 得

$$F_\Sigma = \frac{F_2}{1.4} = \frac{5\,000}{1.4} = 3\,571.43(\text{N})$$

3. 解：V 带的带速为

$$v = \frac{\pi d_{d1} n_1}{60} = \frac{\pi \times 0.18 \times 1\,450}{60} = 13.67(\text{m/s})$$

小带轮上的包角为

$$\alpha_1 = 180° - (d_{d2} - d_{d1}) \frac{57.3°}{a} = 180° - (630 - 180) \times \frac{57.3°}{1\,600}$$
$$= 163.88° \approx 2.86 \text{ rad}$$

V 带的有效拉力为

$$F_e = \frac{1\,000 P}{zv} = \frac{1\,000 \times 41.5}{4 \times 13.67} = 758.96(\text{N})$$

当量摩擦系数为

$$f_v = \frac{f}{\sin \frac{\varphi}{2}} = \frac{0.4}{\sin \frac{38°}{2}} = 1.23$$

由 $F_e = 2F_0 \dfrac{e^{f\alpha} - 1}{e^{f\alpha} + 1}$ 得 V 带所需的预紧力为

$$F_0 = \frac{F_e}{2} \frac{e^{f_v a_1}+1}{e^{f_v a_1}-1} = \frac{758.96}{2} \times \frac{e^{1.23\times 2.86}+1}{e^{1.23\times 2.86}-1} = 402.68(\text{N})$$

紧边与松边拉力分别为

$$F_1 = F_0 + \frac{F_e}{2} = 402.68 + \frac{758.96}{2} = 782.16(\text{N})$$

$$F_2 = F_0 - \frac{F_e}{2} = 402.68 - \frac{758.96}{2} = 23.2(\text{N})$$

紧边拉应力为

$$\sigma_1 = \frac{F_1}{A} = \frac{782.16}{138} = 5.67(\text{MPa})$$

松边拉应力为

$$\sigma_2 = \frac{F_2}{A} = \frac{23.2}{138} = 0.17(\text{MPa})$$

弯曲应力为

$$\sigma_{b1} = E \frac{h}{d_{d1}} = 200 \times \frac{10.5}{180} = 11.67(\text{MPa})$$

$$\sigma_{b2} = E \frac{h}{d_{d2}} = 200 \times \frac{10.5}{630} = 3.33(\text{MPa})$$

离心拉应力为

$$\sigma_c = \frac{qv^2}{A} = \frac{0.17 \times 13.67^2}{138} = 0.23(\text{MPa})$$

4. 解:分度圆锥角为

$$\delta_1 = \arctan \frac{z_1}{z_2} = \arctan \frac{24}{60} = 21.8°$$

分度圆直径为

$$d_1 = mz_1 = 2.5 \times 24 = 60(\text{mm})$$
$$d_2 = mz_2 = 2.5 \times 60 = 150(\text{mm})$$

节锥顶距为

$$R = \frac{1}{2}\sqrt{d_1^2 + d_2^2} = \frac{1}{2}\sqrt{60^2 + 150^2} = 80.78(\text{mm})$$

齿宽系数为

$$\varphi_R = \frac{b}{R} = \frac{24}{80.78} = 0.297$$

平均直径为

$$d_{m1} = (1-0.5\varphi_R)d_1 = (1-0.5 \times 0.297) \times 60 = 51.09 \text{(mm)}$$

转矩为

$$T_1 = 9.55 \times 10^6 \frac{P}{n_1} = 9.55 \times 10^6 \times \frac{3}{320} = 8.95 \times 10^4 \text{(N} \cdot \text{mm)}$$

圆周力为

$$F_{t1} = F_{t2} = \frac{2T_1}{d_{m1}} = \frac{2 \times 8.95 \times 10^4}{51.09} = 3\,504 \text{(N)}$$

径向力为

$$F_{r1} = F_{a2} = F_{t1} \tan \alpha \cos \delta_1 = 3\,504 \times \tan 20° \times \cos 21.8° = 1\,184 \text{(N)}$$

轴向力为

$$F_{a1} = F_{r2} = F_{t1} \tan \alpha \sin \delta_1 = 3\,504 \times \tan 20° \times \sin 21.8° = 474 \text{(N)}$$

各分力的方向如图 2-5-6 所示。

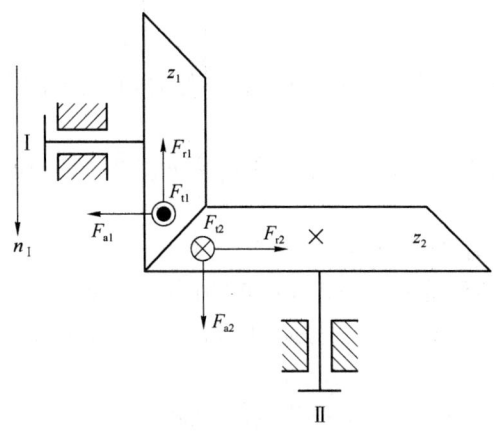

图 2-5-6

# 机械设计(一)试题 6

**6-1 是非题**(每小题 1 分,共 10 分)

1. 受变载荷作用的零件,当在有限寿命下工作时,其材料的疲劳极限总比无限寿命的要高。( )
2. 零件的表面破坏主要是腐蚀、磨损和接触疲劳。( )
3. 带传动的弹性滑动是由带的预紧力不够引起的。( )
4. 带在工作时受变应力的作用,这是它可能出现疲劳破坏的根本原因。( )
5. 细牙普通螺纹,牙细不耐磨,容易滑扣,所以自锁性能不如粗牙普通螺纹。( )
6. 被连接件是锻件或铸件时,应将安装螺栓处加工成小凸台或鱼眼坑,其目的是避免偏心载荷。( )
7. 滑键的主要失效形式不是磨损而是键槽侧面的压溃。( )
8. 普通平键标记为:键 20×90 GB/T 1096—2003 中,20 表示键宽,90 表示键高。( )
9. 齿轮传动在高速重载情况下,且散热条件不好时,其齿轮的主要失效形式为塑性变形。( )
10. 钢制圆柱齿轮,若齿根圆到键槽底部的距离 $e > 2m_t$ 时,应做成齿轮轴齿轮。( )

**6-2 单项选择题**(每小题 1 分,共 10 分)

1. 一用 45 钢制成的零件受静应力作用,其工作拉应力 $\sigma = 300$ MPa。若零件材料硬度为 250 HBS,屈服极限 $\sigma_S = 600$ MPa,许用拉应力 $[\sigma] = 400$ MPa,则零件的许用安全系数 $[S]$ 等于_____。
   A. 1.33　　B. 1.5　　C. 2.0　　D. 2.4

2. 某零件用 45 钢制造,经调质后的对称循环疲劳极限 $\sigma_{-1} = 307$ MPa,应力循环基数 $N_0 = 5 \times 10^6$,材料常数 $m = 9$,当实际应力循环基数 $N = 10^6$ 时,则有限寿命疲劳极限 $\sigma_{-1N}$ 为_____ MPa。
   A. 257　　B. 367　　C. 474　　D. 425

3. 用圆盘铣刀加工轴上键槽的优点是_____。
   A. 装配方便　　B. 对中性好　　C. 应力集中小　　D. 键的轴向固定好

4. 矩形花键中,加工方便且定心精度高的是_____。
   A. 齿侧定心　　B. 小径定心　　C. 大径定心　　D. 齿形定心

5. 同一螺栓组中,螺栓的材料、直径和长度都选得相同,这是为了_____。
   A. 提高强度　　B. 提高刚度　　C. 外形美观　　D. 降低成本

6. 一螺纹连接,螺栓和被连接件的刚度相同且 $\tan\theta_m = \tan\theta_b = 1$,若保证残余预紧力 $F_1$ 等于预紧力 $F_0$ 的 $\dfrac{1}{2}$,则该螺纹连接所能承受的最大轴向工作载荷 $F_{max}$ 的大小为_____。

A. $F_0$        B. $\dfrac{1}{2}F_0$        C. $\dfrac{3}{2}F_0$        D. $\dfrac{\sqrt{3}}{2}F_0$

7. 带传动中,带和带轮_____打滑。
   A. 沿大轮先发生　　　　　　　　B. 沿小轮先发生
   C. 沿两轮同时发生　　　　　　　D. 有时沿大轮发生,有时沿小轮发生
8. 与平带传动相比较,V带传动的优点是_____。
   A. 传动效率高　　B. 带的寿命长　　C. 带的价格低　　D. 承载能力强
9. 某齿轮箱中有一对45钢调质齿轮,经常发生齿面疲劳点蚀破坏,修配更换时,可采用的措施有_____。
   A. 改用铸钢 ZG45 　　　　　　　B. 适当增大齿轮模数 $m$
   C. 仍用 45 钢,改为齿面淬火　　　D. 适当增大齿数 $z$
10. 齿轮传动在以下几种情况中,_____的齿宽系数可取大些。
    A. 悬臂布置　　　B. 不对称布置　　　C. 对称布置

### 6-3 填空题(每空格1分,共10分)

1. 变应力特性可用 $\sigma_{max}$、$\sigma_{min}$、$\sigma_a$、$\sigma_m$、$r$ 五个参数中的任意_____个来描述。
2. 在任一给定循环特性的条件下,表示应力循环次数 $N$ 与疲劳极限 $\sigma_{rN}$ 的关系曲线称为_____,其高周疲劳 $CD$ 段的方程为_____。
3. 三角形螺纹的牙型角 $\alpha=$_____,适用于_____。
4. 圆锥销大头直径为 $D$,小头直径为 $d$,在国家标准中,其中_____是标准的。设圆锥销的长度为 $l$,则其锥度是_____。
5. V带传动的主要失效形式是_____和_____。
6. 在齿轮传动中,若一对齿轮采用软齿面,则小齿轮的齿面硬度应比大齿轮的齿面硬度高_____HBW。

### 6-4 简答题(共26分)

1. 图 2-6-1 所示的各零件均受静载荷作用,试判断零件上 $A$ 点的应力是静应力还是变应力,并确定应力循环特性 $r$ 的大小或范围。(6分)

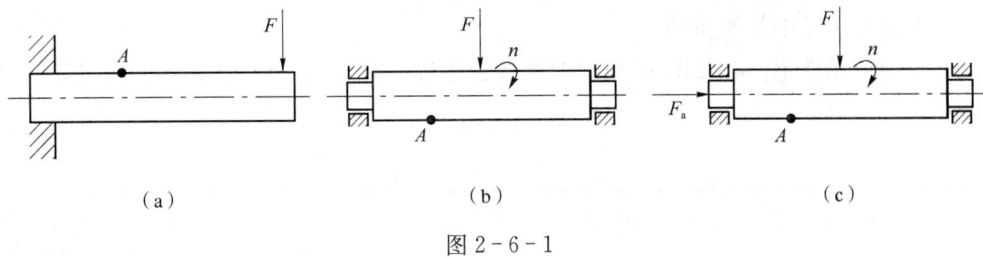

图 2-6-1

2. 为什么对于重要的螺栓连接要控制螺栓的预紧力 $F_0$?控制预紧力的常用方法有哪几种?(8分)
3. 一对圆柱齿轮传动,大齿轮和小齿轮的接触应力是否相等?如大、小齿轮的材料及热处理情况相同,则其许用接触应力是否相等?(6分)

4. 半圆键连接与普通平键连接相比,有什么优缺点?它适用于什么场合?(6分)

### 6-5 计算分析题(共44分)

1. 一转轴的材料为40Cr,调质处理,其力学性能为 $\varphi_\sigma = 0.2$,$\varphi_\tau = 0.1$,$\sigma_{-1} = 355\,\text{MPa}$,$\tau_{-1} = 205\,\text{MPa}$。其危险截面上的直径 $d = 40\,\text{mm}$,所受弯矩 $M = 400\,\text{N·m}$,疲劳强度的综合影响系数 $K_\sigma = 2.5$,$K_\tau = 1.5$。若该转轴工作时单向旋转,且经常开车与停车,设计计算安全系数 $S_{ca} = 2$,试求该轴能允许传递的最大扭矩 $T$。(10分)

2. 图2-6-2为螺杆拉紧装置,若按图上箭头方向旋转中间零件,能使两端螺杆 $A$、$B$ 向中央移动,从而将两零件拉紧。现已知螺杆所受的载荷 $F = 56\,\text{kN}$,载荷稳定,螺杆材料为Q235,性能等级为5.6,安全系数取 $S = 1.5$,试:(6分)

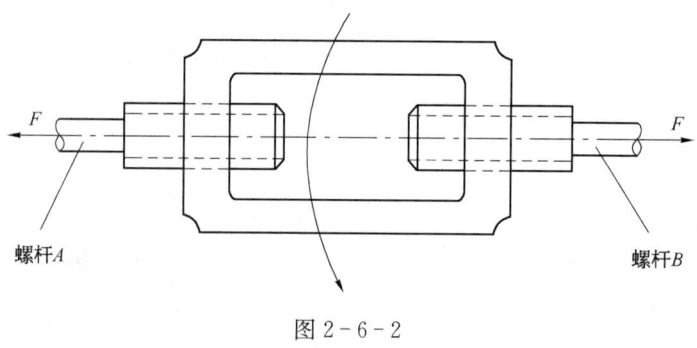

图2-6-2

(1) 判断该装置中螺杆 $A$、$B$ 上的螺纹旋向。
(2) 求螺杆 $A$、$B$ 所需的螺纹直径。

3. 已知某齿轮用一个 A 型平键与轴相连接,键的尺寸为 $b \times h \times L = 16\,\text{mm} \times 10\,\text{mm} \times 80\,\text{mm}$,轴的直径 $d = 50\,\text{mm}$,轴、键和轮毂材料的许用挤压应力 $\sigma_p$ 分别为 120 MPa、100 MPa、80 MPa。(6分)

(1) 试求此键连接所能传递的最大转矩 $T$。
(2) 若需传递转矩为 $900\,\text{N·m}$,此连接应如何改进?

4. 一对标准直齿圆柱齿轮传动,其参数见表2-6-1。试:(12分)
(1) 比较哪个齿轮易点蚀?
(2) 比较哪个齿轮的齿根易弯曲疲劳断裂?
(3) 求这对齿轮的齿宽系数 $\varphi_d$。
(4) 若载荷系数 $K_F = 1.3$,按齿根弯曲疲劳强度计算,齿轮允许传递的最大转矩 $T_1$ 等于多少?

表2-6-1

| 齿轮 | $m$(mm) | $z$ | $b$(mm) | $Y_{Fa}$ | $Y_{sa}$ | $[\sigma_F]$(MPa) | $[\sigma_H]$(MPa) |
|---|---|---|---|---|---|---|---|
| 1 | 3 | 17 | 60 | 2.97 | 1.52 | 390 | 500 |
| 2 | 3 | 45 | 55 | 2.35 | 1.68 | 370 | 470 |

5. 有一齿轮传动如图2-6-3所示。已知 $z_1 = 29$,$z_2 = 71$,$z_3 = 129$,模数 $m_n = 4\,\text{mm}$,压力角 $\alpha = 20°$,中心距 $a_1 = 205\,\text{mm}$,$a_2 = 410\,\text{mm}$。输入轴的功率 $P_1 = 11\,\text{kW}$,转速 $n_1 = $

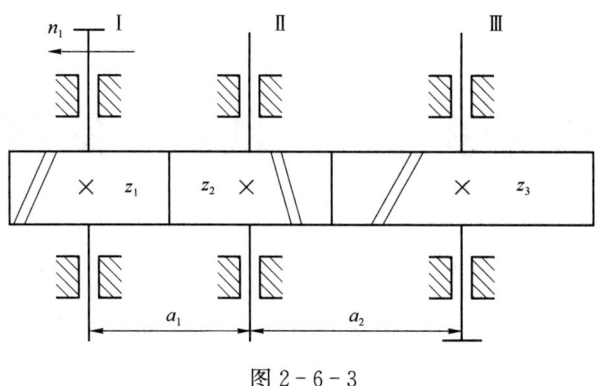

图 2-6-3

1 970 r/min，不计摩擦。试计算：(10 分)

(1) 各轴所受的转矩。

(2) 中间齿轮所受各力的方向和大小。

# 机械设计(一)试题 6 解答

**6-1 是非题**
1. √  2. √  3. ×  4. √  5. ×  6. √  7. ×  8. ×  9. ×  10. ×

**6-2 单项选择题**
1. B  2. B  3. C  4. B  5. C  6. A  7. B  8. D  9. C  10. C

**6-3 填空题**
1. 两  2. 疲劳曲线；$\sigma_{rN}^m N = \sigma_r^m N_0 = C$  3. 60°；连接  4. $D$；$\dfrac{D-d}{l}$  5. 疲劳断裂；打滑  6. 30～50

**6-4 简答题**

1. 答：图 a 中 A 点为静应力，$r=1$。图 b 中 A 点为对称循环变应力，$r=-1$。图 c 中 A 点为不对称循环变应力，$-1<r<1$。

2. 答：适当选用较大的预紧力对提高螺纹连接的可靠性以及连接间的疲劳强度都是有利的。但过大的预紧力会导致整个连接的结构尺寸增大，也会使连接件在装配时或偶然过载时被拉断。因此，对于重要的螺栓连接，在装配时要控制预紧力。

控制预紧力通常有借助测力矩扳手、定力矩扳手和采用测定螺栓伸长量的方法。

3. 答：在任何情况下，大、小齿轮的接触应力均相等。

若大、小齿轮的材料和热处理情况相同，许用接触应力不一定相等，这与两齿轮的接触疲劳寿命系数 $K_{HN}$ 是否相等有关，如果 $K_{HN1} = K_{HN2}$，则两者的许用接触应力相等，反之则不相等。

4. 答：半圆键的主要优点是加工工艺性好，装配方便，尤其适用于锥形轴端与轮毂的连接；主要缺点是轴上键槽较深，对轴的强度削弱较大，一般用于轻载静连接中。

**6-5 计算分析题**

1. 解：该转轴所受的弯曲应力为

$$\sigma_B = \frac{32M}{\pi d^3} = \frac{32 \times 400 \times 10^3}{\pi \times 40^3} = 63.66 \text{(MPa)}$$

当该转轴工作时单向旋转，且经常开车与停车，则该转轴所受的弯曲应力为对称循环变应力，该转轴所受的扭转剪切应力为脉动循环变应力。因而 $\sigma_m = 0$，$\sigma_a = \sigma_B = 63.66 \text{ MPa}$；$\tau_m = 0.5\tau_T$，$\tau_a = 0.5\tau_T$。零件承受单向应力时的计算安全系数为

$$S_\sigma = \frac{\sigma_{-1}}{K_\sigma \sigma_a + \varphi_\sigma \sigma_m} = \frac{355}{2.5 \times 63.66 + 0.2 \times 0} = 2.23$$

零件承受双向应力时的计算安全系数为

$$S_{ca} = \frac{S_\sigma S_\tau}{\sqrt{S_\sigma^2 + S_\tau^2}} = 2$$

则
$$S_\tau = \frac{S_{ca}S_\sigma}{\sqrt{S_\sigma^2 - S_{ca}^2}} = \frac{2 \times 2.23}{\sqrt{2.23^2 - 2^2}} = 4.52$$

由 $S_\tau = \dfrac{\tau_{-1}}{K_\tau \tau_a + \varphi_\tau \tau_m} = \dfrac{205}{1.5 \times 0.5\tau_T + 0.1 \times 0.5\tau_T} = \dfrac{205}{(1.5+0.1) \times 0.5\tau_T} = 4.52$

得，$\tau_T = 56.69\,\text{MPa}$。

由 $\tau_T = \dfrac{16T}{\pi d^3} = \dfrac{16T \times 10^3}{\pi \times 40^3} = 56.69\,\text{MPa}$，可得该轴能允许传递的最大扭矩为

$$T = \frac{56.69 \times \pi \times 40^3}{16 \times 10^3} = 712.39(\text{N}\cdot\text{m})$$

2. 解：(1) 螺杆 $A$ 上的螺纹旋向应是左旋，螺杆 $B$ 上的螺纹旋向应是右旋。

(2) 本题螺栓问题属于松螺栓连接，螺栓只是在工作时受到轴向载荷。许用应力为

$$[\sigma] = \frac{\sigma_S}{S} = \frac{300}{1.5} = 200(\text{MPa})$$

螺杆 $A$、$B$ 所需的螺纹直径

$$d_1 \geqslant \sqrt{\frac{4F}{\pi[\sigma]}} = \sqrt{\frac{4 \times 56 \times 10^3}{\pi \times 200}} = 18.88(\text{mm})$$

查标准可取 M20。

3. 解：(1) A 型平键的工作长度

$$l = L - b = 80 - 16 = 64(\text{mm})$$

取轴、键和轮毂三者中最弱材料的许用挤压应力 $[\sigma_p] = 80\,\text{MPa}$ 作为键连接的许用挤压应力，由公式 $\sigma_p = \dfrac{2T \times 10^3}{kld} = \dfrac{4T \times 10^3}{hld} \leqslant [\sigma_p]$ 得可传递最大转矩 $T_{max}$ 为

$$T_{max} = \frac{[\sigma_p]hld}{4 \times 10^3} = \frac{80 \times 10 \times 64 \times 50}{4 \times 10^3} = 640(\text{N}\cdot\text{m})$$

(2) 若需传递的转矩 $T = 900\,\text{N}\cdot\text{m}$，则超过了能传递的最大转矩，但小于采用双键连接的传动能力 $1.5T_{max}$。所以可改为采用双键连接，使两个平键布置在沿圆周相隔 $180°$。

4. 解：(1) 因为相互啮合的一对齿轮，其接触应力相等，而 $[\sigma_{H1}] > [\sigma_{H2}]$，故齿轮 2 相对更容易发生点蚀。

(2) 由于齿根弯曲强度的大小主要取决于比值 $\dfrac{[\sigma_F]}{Y_{Fa}Y_{Sa}}$ 的大小，该值越大，弯曲强度越大。今有

$$\frac{[\sigma_{F1}]}{Y_{Fa1}Y_{Sa1}} = \frac{390}{2.97 \times 1.52} = 86.39(\text{MPa})$$

$$\frac{[\sigma_{F2}]}{Y_{Fa2}Y_{Sa2}} = \frac{370}{2.35 \times 1.68} = 93.72(\text{MPa})$$

故齿轮 1 的齿根易发生弯曲疲劳断裂。

(3) 齿宽系数为 $\phi_d = b/d_1 = 55/(3 \times 17) = 1.08$

(4) 齿轮的齿顶圆压力角为

$$\alpha_{a1} = \arccos[z_1 \cos\alpha/(z_1 + 2h_a^*)] = \arccos[17 \times \cos 20°/(17 + 2 \times 1)] = 32.778°$$

$$\alpha_{a2} = \arccos[z_2 \cos\alpha/(z_2 + 2h_a^*)] = \arccos[45 \times \cos 20°/(45 + 2 \times 1)] = 25.881°$$

齿轮传动的重合度系数

$$\varepsilon_\alpha = [z_1(\tan\alpha_{a1} - \tan\alpha') + z_2(\tan\alpha_{a2} - \tan\alpha')]/2\pi$$
$$= [17 \times (\tan 32.778° - \tan 20°) + 45 \times (\tan 25.881° - \tan 20°)]/2\pi = 1.625$$

计算弯曲疲劳强度用的重合度系数

$$Y_\varepsilon = 0.25 + \frac{0.75}{\varepsilon_\alpha} = 0.25 + \frac{0.75}{1.625} = 0.712$$

按齿轮 1 计算齿根弯曲疲劳强度有

$$\sigma_{F1} = \frac{2K_F T_1}{\phi_d m^3 z_1^2} Y_{Fa1} Y_{Sa1} Y_\varepsilon \leqslant [\sigma_{F1}]$$

故 $T_{1\max} = \frac{[\sigma_{F1}]\phi_d m^3 z_1^2}{2K_F Y_{Fa1} Y_{Sa1} Y_\varepsilon} = \frac{390 \times 1.08 \times 3^3 \times 17^2}{2 \times 1.3 \times 2.97 \times 1.52 \times 0.712} = 393\,275.23(\text{N} \cdot \text{mm})$

即最大转矩 $T_1$ 为 393 275.23 N·mm。

5. 解：(1) $T_1 = 9\,550 \times \frac{P_1}{n_1} = 9\,550 \times \frac{11}{1\,970} = 53.32(\text{N} \cdot \text{m})$

中间齿轮 $z_2$ 为一惰轮，所以 $T_\text{II} = 0$。

$$T_{1\text{II}} = T_1 i_{12} i_{23} = T_1 \frac{z_2}{z_1} \frac{z_3}{z_2} = T_1 \frac{z_3}{z_1} = 53.32 \times \frac{129}{29} = 237.18(\text{N} \cdot \text{m})$$

(2) 由 $a_1 = \dfrac{m_n(z_1 + z_2)}{2\cos\beta_1} = 205$ 得

$$\cos\beta_1 = \frac{m_n(z_1 + z_2)}{2a_1} = \frac{4 \times (29 + 71)}{2 \times 205} = 0.975\,61$$

因而 $\beta_1 = \beta_2 = \beta_3 = 12.68°$。

$$d_1 = \frac{m_n z_1}{\cos\beta_1} = \frac{4 \times 29}{\cos 12.68°} = 118.9(\text{mm})$$

$$F_{t2} = F'_{t2} = F_{t1} = \frac{2T_1}{d_1} = \frac{2 \times 53.32 \times 10^3}{118.9} = 896.89(\text{N})$$

$$F_{r2} = F'_{r2} = \frac{F_{t2}}{\cos\beta_2}\tan\alpha_n = \frac{896.89}{\cos 12.68°} \times \tan 20° = 334.60(\text{N})$$

$$F_{a2} = F'_{a2} = F_{t2}\tan\beta = 896.89 \times \tan 12.68° = 201.79(\text{N})$$

中间齿轮 $z_2$ 所受各力的方向如图 2-6-4 所示。

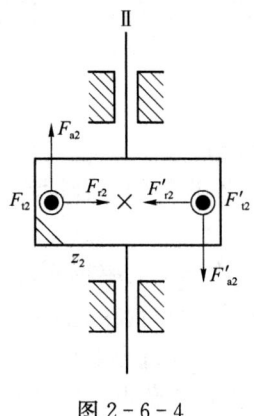

图 2-6-4

# 机械设计(二)试题 1

**7-1 是非题**(每小题 1 分,共 10 分)

1. 为了保证普通圆柱蜗杆传动具有良好的磨合性和耐磨性,通常采用钢制蜗杆与铜合金蜗轮。( )
2. 在蜗杆传动中,蜗杆头数越少,则传动效率越低,自锁性越差。( )
3. 在蜗杆、链两级传动中,宜将链传动布置在高速级。( )
4. 在链传动中,张紧轮宜紧压在松边靠近小链轮处。( )
5. 在滚动轴承中,任何一个元件出现疲劳点蚀之前所经过的总转数或在一定转速下的工作小时数,称为该轴承的基本额定寿命。( )
6. 滚动轴承静强度计算时,若安全系数 $S_0 < 1$,则说明该轴承已失效,无法运转。( )
7. 在不完全液体润滑滑动轴承设计中,限制 $pv$ 值的主要目的是限制轴承的温升。( )
8. 径向滑动轴承中其他条件不变时,$h_{min}$ 越小,偏心率越大,轴承的承载能力也越强。( )
9. 选择联轴器规格型号时的主要依据之一是:$T_{ca} < [T]$。( )
10. 轴的结构设计中,一般应尽量避免轴截面形状的突然变化,宜采用较大的过渡圆角,也可以改用内圆角、凹切圆角等。( )

**7-2 单项选择题**(每小题 1 分,共 10 分)

1. 链传动中,链条应尽量避免使用过渡链节,这主要是因为_____。
  A. 过渡链节制造困难  B. 要使用较长的销轴
  C. 装配困难  D. 链板要承受附加的弯曲载荷作用
2. 在蜗杆传动中,引入直径系数 $q$ 的目的是_____。
  A. 便于蜗杆尺寸参数的计算
  B. 容易实现蜗杆传动中心距的标准化
  C. 减少蜗轮滚刀的型号,有利于刀具标准化
3. 蜗杆传动的当量摩擦系数 $f_v$ 随齿面相对滑动速度 $v_s$ 的增大而_____。
  A. 减小  B. 不变  C. 增大
4. 下述有关轴承合金的说法,不正确的是_____。
  A. 嵌入性较好  B. 摩擦顺应性较好
  C. 一般用于单独制作轴瓦  D. 价格较高
5. 径向滑动轴承的偏心率 $\chi$ 应当是偏心距 $e$ 与_____之比。
  A. 轴承相对间隙 $\psi$  B. 轴承半径 $R$
  C. 轴承半径间隙 $\delta$  D. 轴颈半径 $r$

6. 牙嵌离合器的牙面许用压力和牙根许用弯曲应力与_____有关。
A. 工作情况系数 $K_A$      B. 牙型
C. 接合时的转速状态         D. 牙的数量
7. 多盘摩擦离合器的内摩擦盘有时制成蝶形,这是为了_____。
A. 减轻盘的磨损    B. 提高盘的刚性   C. 分离迅速    D. 增大当量摩擦系数
8. 在轴的初步计算中,轴的直径是按_____进行初步确定的。
A. 弯曲强度    B. 轴段的长度    C. 扭转强度    D. 轴段上零件的孔径
9. 转轴弯曲应力 $\sigma_b$ 的应力循环特性为_____。
A. $r=-1$    B. $r=0$    C. $r=+1$    D. $-1<r<1$
10. 下列四种型号的滚动轴承中,只能承受径向载荷的是_____。
A. N208    B. 6208    C. 3208    D. 51208

## 7-3 填空题(每空格1分,共10分)

1. 套筒滚子链的链节数常取_____,链轮齿数一般应取_____。
2. 自行车的前轮轴属于_____,自行车的中轴属于_____。
3. 滚动轴承是标准件,为使轴承便于互换和大量生产,轴承内孔与轴的配合采用_____;轴承外径与外壳孔的配合采用_____。
4. 在良好润滑的蜗杆传动中,转速越高,蜗杆传动效率越_____。
5. 液体动力润滑向心滑动轴承中,一般油槽应开在_____。
6. 挠性联轴器可以补偿的相对位移有轴向位移、径向位移、_____、_____等。

## 7-4 简答题(共26分)

1. 试比较刚性联轴器、无弹性元件的挠性联轴器和有弹性元件的挠性联轴器各有何优缺点?(8分)
2. 在链传动中,为什么小链轮的齿数 $z_1$ 不宜取得过少或过多?(8分)
3. 试写出液体动力润滑的一维雷诺方程式,并说明方程中各参数的意义及液体动压油膜形成的必要条件。(10分)

## 7-5 计算分析题(共34分)

1. 一手动绞车采用蜗杆传动,如图2-7-1所示,$m=8\text{ mm}$,$q=8$,$z_1=1$,$z_2=40$,卷筒直径 $D=200\text{ mm}$,试求:(9分)
(1) 欲使重物 $Q$ 上升1 m,手柄应转多少圈?并在图上标出重物上升时手柄的转向。
(2) 若当量摩擦系数 $f_v=0.2$,该机构是否自锁?
(3) 设 $Q=1000\text{ kg}$,人手最大推力为150 N时,求手柄长度 $L$ 的最小值。

2. 图2-7-2所示为一对角接触球轴承支承结构,轴承正向安装,轴上作用的径向外载荷 $F_{re}=6600\text{ N}$,轴向外载荷 $F_{ae}=1000\text{ N}$,轴承的派生轴向力 $F_d=0.68F_r$,轴承

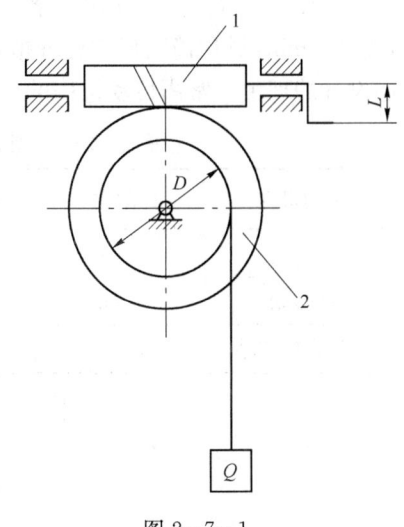

图 2-7-1

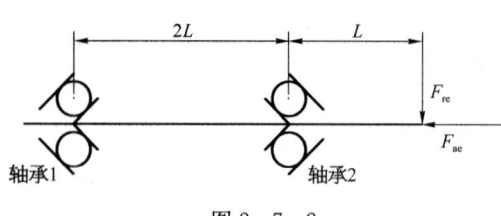

图 2-7-2

的额定动载荷 $C_r = 48\,000$ N，载荷系数 $f_p = 1.2$，工作转速 $n = 650$ r/min，正常工作温度。试：(10 分)

(1) 计算轴承 1、2 的径向载荷。
(2) 计算轴承 1、2 的轴向载荷。
(3) 计算轴承 1、2 的当量动载荷。
(4) 计算寿命较短的轴承寿命 $L_h$。

注：当 $F_a/F_r \leqslant e$ 时，$X = 1$，$Y = 0$；当 $F_a/F_r > e$ 时，$X = 0.41$，$Y = 0.87$；$e = 0.68$。

3. 图 2-7-3 所示为一台二级圆锥圆柱齿轮减速器简图，输入轴由左端看为逆时针转动。已知作用在圆锥齿轮 1 上的 $F_{t1} = 5\,000$ N、$F_{r1} = 1\,690$ N、$F_{a1} = 676$ N，平均分度圆直径 $d_{m1} = 120$ mm，$L_1 = L_3 = 60$ mm，$L_2 = 120$ mm，折合系数 $\alpha = 0.6$。试：(15 分)

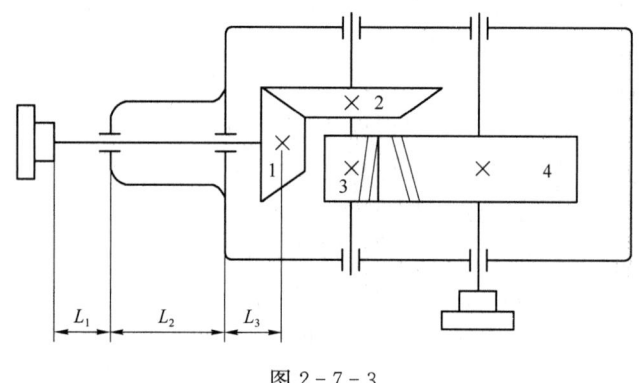

图 2-7-3

(1) 画出输入轴的计算简图。
(2) 计算轴的支承力。
(3) 画出轴的弯矩图、扭矩图和计算弯矩图，并将计算结果标在图中。

## 7-6 综合设计题(10 分)

拟设计一台运输机械设备，要求输出轴转速为 30 r/min，选用输入轴电机转速为 1 450 r/min，试用简图形式合理拟定整台设备(减速)的传动路线，要求功率的损耗最小，并简述设计的理由。常用传动机构的单级传动比及其效率见表 2-7-1。

表 2-7-1 常用传动机构的单级传动比(常用值)及其效率

| 传动机构 | 传动比 $i$ | 传动效率 $\eta$ | 传动机构 | 传动比 $i$ | 传动效率 $\eta$ |
|---|---|---|---|---|---|
| 带传动 | 2~4 | 0.97 | 圆锥齿轮传动 | 2~3 | 0.96 |
| 链传动 | 2~5 | 0.96 | 蜗杆传动 | 10~40 | 单头：0.75 双头：0.80 |
| 圆柱齿轮传动 | 3~5 | 0.97 | | | |

# 机械设计(二)试题 1 解答

**7-1 是非题**
1. √ 2. × 3. × 4. √ 5. × 6. × 7. √ 8. √ 9. √ 10. √

**7-2 单项选择题**
1. D 2. C 3. A 4. C 5. C 6. C 7. C 8. C 9. A 10. A

**7-3 填空题**
1. 偶数;与链节数互为质数的奇数 2. 固定心轴;转轴 3. 基孔制;基轴制 4. 高
5. 非承载区 6. 角位移;综合位移

**7-4 简答题**

1. 答:刚性联轴器结构简单、成本低、可传递较大的转矩,但对相对位移没有补偿能力,不能缓冲减振;无弹性元件的挠性联轴器具有补偿相对位移的能力,但不能缓冲减振;有弹性元件的挠性联轴器具有补偿相对位移的能力,也能缓冲减振。

2. 答:小链轮齿数取得过少将导致:① 传动的不均匀性和动载荷增大;② 链条进入和退出啮合时,链节间的相对转角增大,使铰链的磨损加剧;③ 链传递的圆周力增大,从而加速链条和链轮的损坏。

如果 $z_1$ 选得太多,则大链轮齿数 $z_2$ 将更多,除增大传动的尺寸和质量外,也易于因链条节距的伸长而发生跳齿和脱链现象,同样会缩短链条的使用寿命。

因此小链轮齿数 $z_1$ 既不能取得过少,也不能取得过多。

3. 答:液体动力润滑的一维雷诺方程为

$$\frac{\partial p}{\partial x} = \frac{6\eta v}{h^3}(h-h_0)$$

式中,$\frac{\partial p}{\partial x}$ 为压力油膜 $p$ 沿 $x$ 方向的分布;$\eta$ 为润滑油的动力黏度;$v$ 为两板间的相对运动速度;$h$ 为两板间任一处的间隙;$h_0$ 为两板间油压最大处的间隙。

形成液体动压油膜的必要条件是:① 相对滑动的两表面间必须形成收敛的楔形间隙;② 被油膜分开的两表面必须有足够的相对滑动速度,其运动方向必须使润滑油由大口流进,从小口流出;③ 润滑油必须有一定的黏度,供油要充分。

**7-5 计算分析题**

1. 解:(1) 由 $n_2 = \dfrac{1\,000}{\pi D}$,$i = \dfrac{n_1}{n_2} = \dfrac{z_2}{z_1} = 40$ 得

$$n_1 = 40 n_2 = 40 \times \frac{1\,000}{\pi \times 200} = 63.7(圈)$$

方向如图 2-7-4 所示。

(2) 由 $\tan\gamma = \dfrac{z_1}{q} = \dfrac{1}{8} = 0.125$ 可得，$\gamma = 7.125°$。

当量摩擦角为

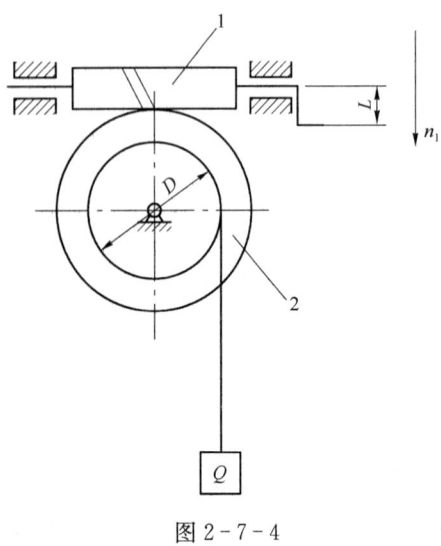

图 2-7-4

$$\varphi_v = \arctan f_v = \arctan 0.2 = 11.31°$$

由于 $\gamma < \varphi_v$，故该机构自锁。

(3) 作用在手柄上的转矩为

$$T_1 = P_1 L$$

作用在卷筒上的转矩为

$$\begin{aligned}T_2 &= T_1 i\eta = T_1 \dfrac{z_2}{z_1} \dfrac{\tan\gamma}{\tan(\gamma + \varphi_v)}\\&= P_1 L \times \dfrac{40}{1} \times \dfrac{\tan\gamma}{\tan(\gamma + \varphi_v)}\\&= 150 \times L \times 40 \times \dfrac{\tan 7.125°}{\tan(7.125° + 11.31°)}\\&= 2\,250 L = Q\dfrac{D}{2}\end{aligned}$$

则手柄长度的最小值为

$$L = \dfrac{QD}{2 \times 2\,250} = \dfrac{1\,000 \times 9.8 \times 200}{2 \times 2\,250} = 435.56 \text{(mm)}$$

2. 解：(1) 由图 2-7-5 可知

$$-F_{r1} 2L - F_{re} L = 0$$

即 $F_{r1} = -\dfrac{F_{re} L}{2L} = -3\,300 \text{(N)}$

由 $F_{r1} + F_{r2} - F_{re} = 0$ 得

$$F_{r2} = F_{re} - F_{r1} = 9\,900 \text{(N)}$$

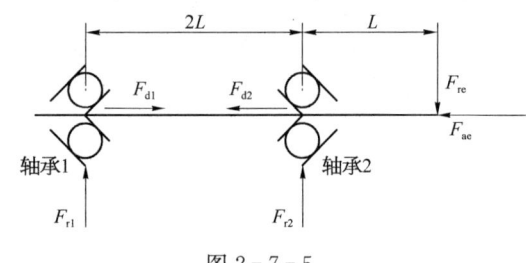

图 2-7-5

(2) 两轴承的派生轴向力为 $F_{d1} = 0.68 F_{r1} = 2\,244$ N，$F_{d2} = 0.68 F_{r2} = 6\,732$ N。由于 $F_{ae} + F_{d2} = 1\,000 + 6\,732 = 7\,732 \text{(N)} > F_{d1}$，故轴承 1 被"压紧"，轴承 2 被"放松"。因而 $F_{a1} = F_{ae} + F_{d2} = 7\,732$ N，$F_{a2} = F_{d2} = 6\,732$ N。

(3) 由于 $\dfrac{F_{a1}}{F_{r1}} = \dfrac{7\,732}{3\,300} = 2.34 > e$，故 $X_1 = 0.41$，$Y_1 = 0.87$。

由于 $\dfrac{F_{a2}}{F_{r2}} = \dfrac{6\,732}{9\,900} = 0.68 = e$，故 $X_2 = 1$，$Y_2 = 0$。

两轴承的当量动载荷为

$$P_1 = f_p (X_1 F_{r1} + Y_1 F_{a1}) = 1.2 \times (0.41 \times 3\,300 + 0.87 \times 7\,732) = 9\,695.8 \text{(N)}$$

$$P_2 = f_p (X_2 F_{r2} + Y_2 F_{a2}) = 1.2 \times (1 \times 9\,900 + 0 \times 6\,732) = 11\,880 \text{(N)}$$

(4) $P_2 > P_1$,故寿命较短的轴承寿命为

$$L_h = \frac{10^6}{60n}\left(\frac{f_t C}{P_2}\right)^3 = \frac{10^6}{60 \times 650}\left(\frac{1 \times 48\,000}{11\,880}\right)^3 = 1\,691(\text{h})$$

3. 解：(1) 输入轴的计算简图如图 2-7-6a 所示。

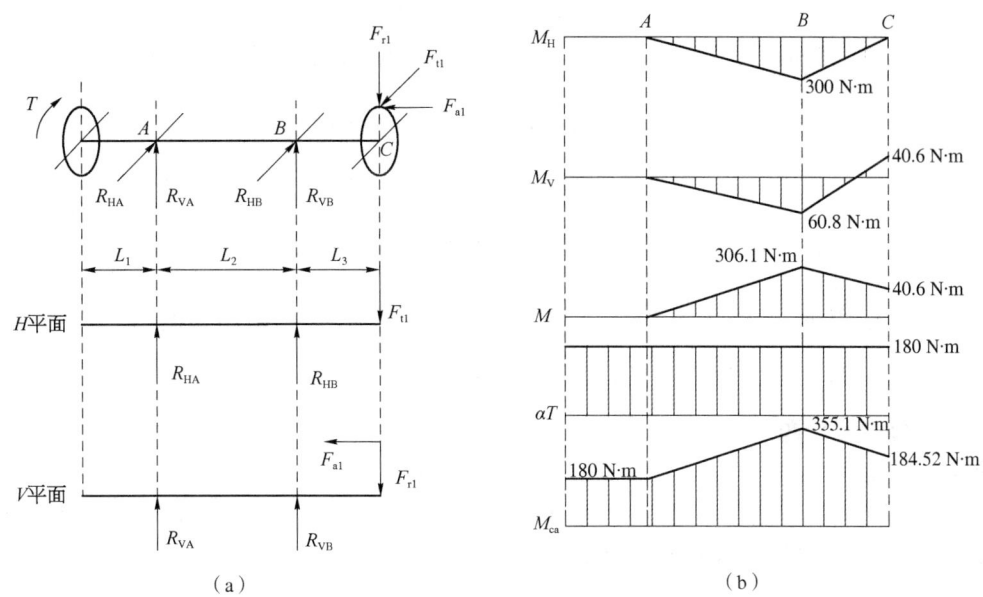

(a)

(b)

图 2-7-6

(a) 输入轴的计算简图；(b) 输入轴的弯矩图、扭矩图和计算弯矩图

(2) 将轴系部件受到的空间力系分解为铅垂面和水平面两个平面力系。由力分析可知

$$-120R_{HA} - 60F_{t1} = 0$$

即

$$R_{HA} = -\frac{60}{120}F_{t1} = -\frac{60}{120} \times 5\,000 = -2\,500(\text{N})$$

$$120R_{HB} - 180F_{t1} = 0$$

即

$$R_{HB} = \frac{180}{120}F_{t1} = \frac{180}{120} \times 5\,000 = 7\,500(\text{N})$$

$$-120R_{VA} - 60F_{r1} + F_{a1}\frac{d_{m1}}{2} = 0$$

即

$$R_{VA} = -507\text{ N}$$

$$120R_{VB} - 180F_{r1} + F_{a1}\frac{d_{m1}}{2} = 0$$

即

$$R_{VB} = 2\,197\text{ N}$$

(3) 输入轴的弯矩图、扭矩图和计算弯矩图如图 2-7-6b 所示。图中

$$M_{a1} = F_{a1}\frac{d_{m1}}{2} = 676 \times \frac{120}{2} = 40\,560(\text{N} \cdot \text{mm}) = 40.6(\text{N} \cdot \text{m})$$

$$T = F_{t1}\frac{d_{m1}}{2} = 5\,000 \times \frac{120}{2} = 3 \times 10^5(\text{N} \cdot \text{mm}) = 300(\text{N} \cdot \text{m})$$

$$M_{HB} = 120 R_{HA} = 120 \times (-2\,500) = -3 \times 10^5(\text{N} \cdot \text{mm}) = -300(\text{N} \cdot \text{m})$$

$$M_{VB} = 120 R_{VA} = 120 \times (-507) = -60\,840(\text{N} \cdot \text{mm}) = -60.8(\text{N} \cdot \text{m})$$

$$M_B = \sqrt{M_{HB}^2 + M_{VB}^2} = 306.1(\text{N} \cdot \text{m})$$

$$\alpha T = 0.6 \times 300 = 180(\text{N} \cdot \text{m})$$

$$M_{caA} = \sqrt{M_A^2 + (\alpha T)^2} = \sqrt{0 + 180^2} = 180(\text{N} \cdot \text{m})$$

$$M_{caB} = \sqrt{M_B^2 + (\alpha T)^2} = \sqrt{306.1^2 + 180^2} = 355.1(\text{N} \cdot \text{m})$$

$$M_{caC} = \sqrt{M_C^2 + (\alpha T)^2} = \sqrt{40.6^2 + 180^2} = 184.52(\text{N} \cdot \text{m})$$

### 7-6 综合设计题

解：总传动比 $i = 1\,450/30 = 48.33$

根据常用传动机构的单级传动比常用值可取：$i_{带} = 3.02$，$i_{圆柱齿轮} = 4$，$i_{链} = 4$。传动线路的设计如图 2-7-7 所示，这时的总效率为

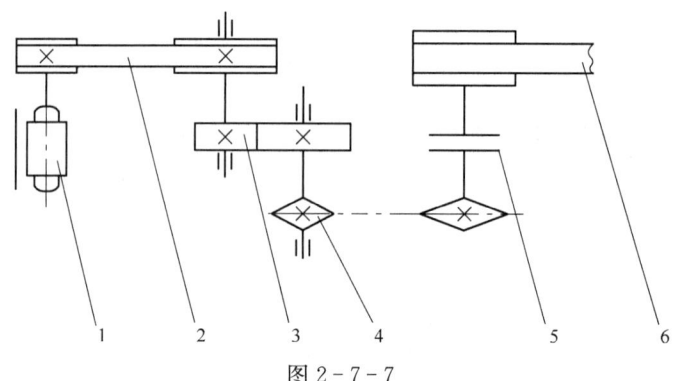

图 2-7-7

1—电动机；2—带传动；3—圆柱齿轮传动；4—链传动；5—联轴器；6—带式输送机

$$\eta_{总} = \eta_{带} \eta_{圆柱齿轮} \eta_{链} = 0.97 \times 0.97 \times 0.96 = 0.90$$

设计理由：带传动由于承载能力弱，但传动平稳，能缓冲吸振，故应布置在高速级。链传动由于多边形效应，瞬时传动比不断变化，产生冲击、振动，而使转速不均匀，故宜布置在低速级。又由于传动系统无须改变方向，要求功率的损耗最小，故中间传动采用圆柱齿轮传动。

# 机械设计(二)试题 2

**8-1 是非题(每小题1分,共10分)**

1. 蜗杆传动由于在啮合传动过程中有相当大的滑动,因而更容易产生齿面点蚀和塑性变形。( )
2. 在链传动中,当主动链轮匀速回转时,链速是变化的。( )
3. 设计不完全液体摩擦滑动轴承,只要满足$p \leqslant [p]$、$pv \leqslant [pv]$两个条件,则必定为合格的设计。( )
4. 与滚动轴承相比,滑动轴承具有径向尺寸大、承载能力也高的特点。( )
5. 双向推力球轴承在工作时可承受双向轴向载荷,而且允许的极限转速很高。( )
6. 滚动球轴承在工作时滚动体上某一点的载荷及应力均呈周期性的不稳定变化。( )
7. 凸缘联轴器常用于传递转矩大,被连接两轴间存在综合位移的机械结构设计中。( )
8. 为实现在任何工作状态下两轴间的运动和动力的连接,结构设计时应选用摩擦式离合器结构形式。( )
9. 在工作时只承受弯矩而不承受扭矩的轴,其工作应力必定为对称循环变应力。( )
10. 中碳钢制造的轴改用合金钢制造,无助于提高轴的刚度。( )

**8-2 单项选择题(每小题1分,共10分)**

1. 闭式蜗杆传动的相对滑动速度$v_s < 4 \sim 5$ m/s时常采用_____润滑方式。
   A. 油池           B. 滴油           C. 溅油轮           D. 喷油
2. 设计蜗杆传动时,增大蜗杆导程角的数值,可以提高_____。
   A. 传动效率                          B. 传动功率
   C. 蜗杆刚度                          D. 蜗杆圆周速度
3. 对于整体式径向滑动轴承,若轴颈单方向旋转,载荷方向基本不变,则单轴向油槽最好开在_____位置,以保证正常工作。
   A. 最小油膜厚度                      B. 任意
   C. 最大油膜厚度                      D. 由结构设计确定
4. 液体动压轴承通常采用润滑油作为润滑剂,原则上当转速低、压力大时,应选用_____润滑油。
   A. 黏度较高                          B. 任意黏度
   C. 黏度较低                          D. 润滑脂,不选用
5. 在做轴的疲劳强度校核计算时,对于一般转轴,轴的弯曲应力应按_____考虑。
   A. 脉动循环变应力                    B. 对称循环变应力
   C. 静应力                            D. 非对称循环变应力

6. 链条在小链轮上的包角过小的缺点是_____。
   A. 链条铰链易发生胶合
   B. 链条易被拉断,承载能力低
   C. 同时啮合的齿数少,链条和轮齿磨损快
   D. 传动的不均匀性增大
7. 链传动张紧的目的是_____。
   A. 使链条产生初拉力,以使链传动能传递运动和功率
   B. 使链条与轮齿之间产生摩擦力,以使链传动能传递运动和功率
   C. 避免链条垂度过大时产生啮合不良
   D. 避免打滑
8. 降低转轴表面粗糙度值,并对必要部位进行表面强化处理,主要是为了提高转轴的_____。
   A. 刚度　　　　　　　　　　B. 承载能力
   C. 疲劳强度　　　　　　　　D. 振动稳定性
9. 滚动轴承的基本额定动载荷是指该轴承_____。
   A. 使用寿命为 $10^6$ 转时所能承受的最大载荷
   B. 使用寿命为 $10^6$ h 时所能承受的最大载荷
   C. 平均寿命为 $10^6$ 转时所能承受的最大载荷
   D. 基本额定寿命为 $10^6$ 转时所能承受的最大载荷
10. 联轴器和离合器的主要作用是_____。
    A. 缓冲、减振　　　　　　　B. 传递运动和转矩
    C. 防止机器发生过载　　　　D. 补偿两轴的不同心或热膨胀

### 8-3　填空题(每空格 1 分,共 10 分)

1. 设计闭式蜗杆传动时进行热平衡计算,其主要目的是_____。
2. 链传动的_____传动比是不变的,而_____传动比是变化的。
3. 刚性凸缘联轴器两种对中方式是_____和_____来实现两轴对中的。
4. 滚动轴承在计算当量动载荷时引入判断系数 $e$,该值越大,表示轴承所能承受的_____载荷也越大。
5. 按弯扭复合强度计算转轴危险截面处应力时引入折合系数 $\alpha$,是考虑_____。
6. 二级齿轮减速器中的中、低速轴的直径,一般应比高速轴的直径_____。
7. 在液体动力润滑径向滑动轴承中,计算最小油膜厚度 $h_{\min}$ 的目的是_____。
8. 滚动轴承预紧的主要目的是提高轴承的旋转精度,增加_____,减小机器工作时轴的振动。

### 8-4　简答题(共 29 分)

1. 闭式蜗杆传动如果在热平衡计算时不能满足温度的要求,则常采用哪些措施以提高散热能力?(3 分)
2. 试分析说明在图 2-8-1 所示的四种情况下有哪几种可能形成流体动压润滑?(图 c 中 $v_1 > v_2$)(8 分)

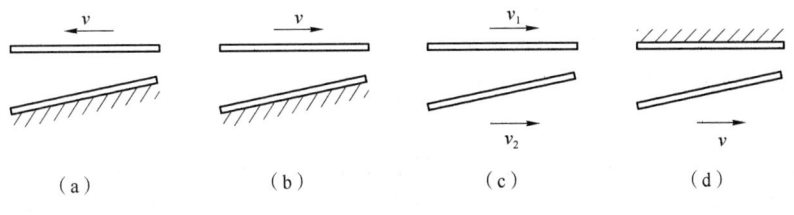

图 2-8-1

3. 轴的常用强度计算方法有哪几种？试列出其基本公式，并说明其应用场合。（12 分）

4. 何谓滚动轴承基本额定动载荷？何谓当量动载荷？（6 分）

## 8-5 计算分析题（共 32 分）

1. 图 2-8-2 所示为一双蜗杆传动装置示意图，已知输出轴蜗轮 4 的转向和蜗杆 3 的螺旋线方向。（12 分）

(1) 欲使工作时中间轴Ⅱ的轴向力能抵消一部分，试确定蜗杆 1 的转向及其旋向（直接标在图上）。

(2) 设蜗杆 3 和蜗轮 4 为一标准普通蜗杆传动，已知参数：$m_{34}=5$ mm，$z_3=2$，$z_4=60$，$d_3=63$ mm，$\alpha=20°$，$T_1=1\,500$ N·mm，$\eta_{12}=0.85$，$i_{12}=25$，$\eta_{34}=0.82$。试求蜗轮 4 螺旋角的数值 $\beta_4$ 以及作用在蜗轮 4 上各分力的大小及方向（直接标在图上）。

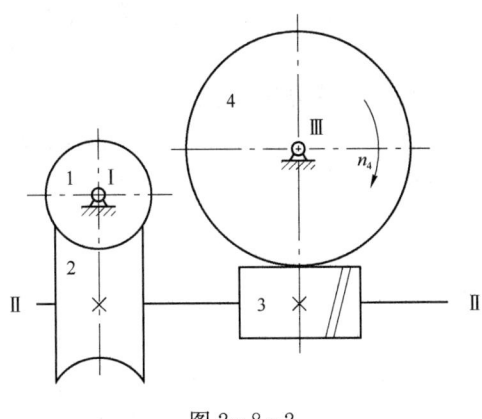

图 2-8-2

2. 图 2-8-3 所示为一蜗轮传动轴，两端安装一对正安装 30208 轴承。已知蜗轮的分度圆直径 $d=200$ mm，各分力大小为 $F_T=4\,000$ N，$F_R=1\,000$ N，$F_A=400$ N，支点跨距 $L=200$ mm，载荷系数 $f_p=1.0$。试：（12 分）

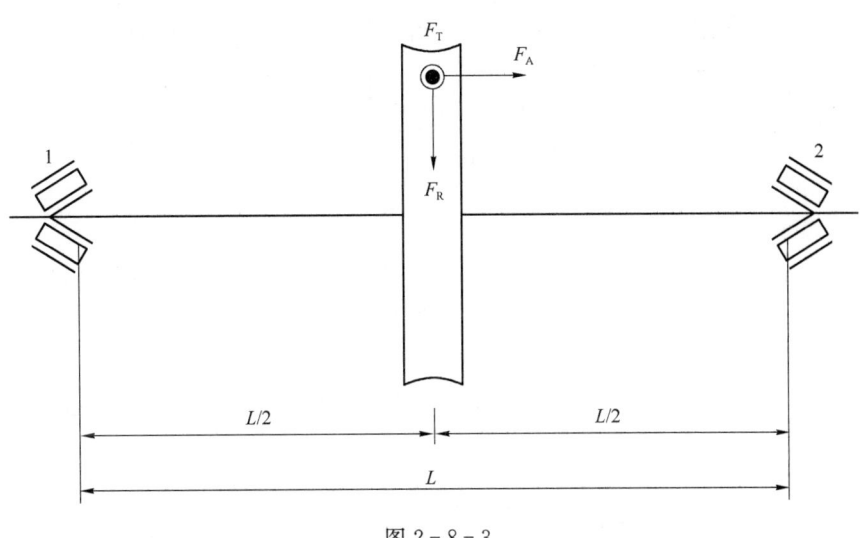

图 2-8-3

(1) 指出轴承代号的意义（类型、系列、内径尺寸、公差等级、径向游隙系列）。

(2) 求出两支承处的径向合成支反力 $R_1$ 和 $R_2$。
(3) 求出两轴承所受的轴向载荷 $F_{a1}$ 和 $F_{a2}$。
(4) 求出两轴承的当量动载荷 $P_1$ 和 $P_2$。
(5) 哪个轴承寿命短,为什么?
(6) 在其他条件不变的情况下,轴承的载荷减小一半,轴承的寿命提高几倍?

注:30208 轴承的 $F_d = F_r/(2Y)$,$e = 0.37$。当 $F_a/F_r \leqslant e$ 时,$X = 1$,$Y = 0$;当 $F_a/F_r > e$ 时,$X = 0.4$,$Y = 2.1$。

3. 已知一传动轴传递的功率 $P = 37 \text{ kW}$,轴的转速 $n = 960 \text{ r/min}$,若轴上许用扭转切应力 $[\tau]_T$ 不超过 40 MPa,传动轴的直径应为多少? 试:(8 分)
(1) 按实心轴计算。
(2) 按空心轴计算,内外径之比取 0.6。

**8-6 结构分析题(9 分)**

图 2-8-4 所示为一对正安装的圆锥滚子轴承支承的轴系,轴端装有链轮,试指出图中标号处的错误及不合理结构的原因。

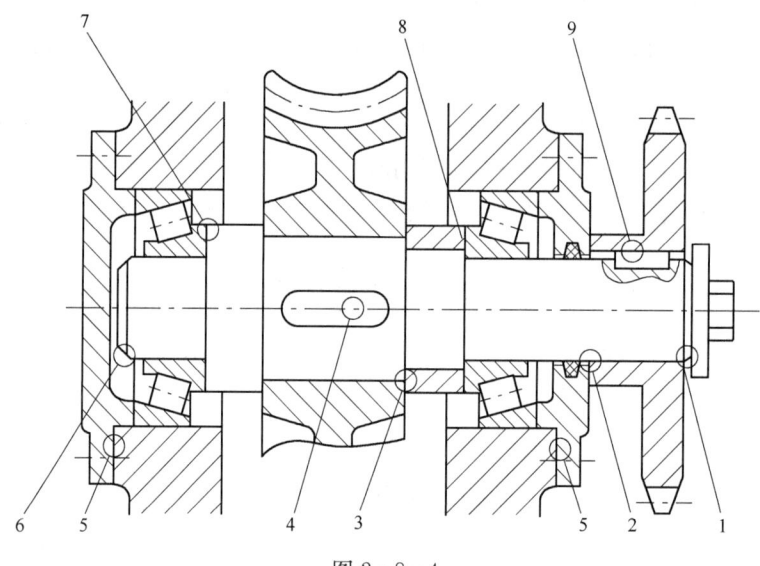

图 2-8-4

# 机械设计(二)试题 2 解答

**8-1 是非题**
1. ×  2. √  3. ×  4. ×  5. ×  6. √  7. ×  8. √  9. ×  10. √

**8-2 单项选择题**
1. A  2. A  3. C  4. A  5. B  6. C  7. C  8. C  9. D  10. B

**8-3 填空题**
1. 保证油温稳定地处于规定的范围内  2. 平均;瞬时  3. 靠铰制孔用螺栓;对中榫
4. 轴向  5. 由弯矩所产生的弯曲应力和由扭矩所产生的扭转剪应力的循环特性的不同
6. 大  7. 判断轴承是否处于液体摩擦状态  8. 轴承装置的刚性

**8-4 简答题**
1. 答:常用的散热措施有:① 加散热片以增大散热面积;② 在蜗杆轴端加装风扇以加速空气的流通;③ 在传动箱内装循环冷却管路。

2. 答:图 a 上板的运动方向使润滑油由小口流进,从大口流出,故不能形成流体动压润滑。

图 b 上板的运动方向使润滑油由大口流进,从小口流出,故能形成流体动压润滑。

图 c 因 $v_1 > v_2$,用相对运动法分析可得出:此情况相当于上平板向右运动,下斜板固定不动,即润滑油由大口流进,从小口流出,故能形成流体动压润滑。

图 d 因下斜板向右运动,用相对运动法分析可得出:此情况相当于上平板向左运动,下斜板固定不动,即润滑油由小口流进,从大口流出,故不能形成流体动压润滑。

3. 答:轴的常用强度计算方法有以下四种:
(1) 按扭转强度条件计算,其基本公式是

$$\tau_T = \frac{T}{W_T} \leqslant [\tau_T]$$

主要应用于设计传动轴,初步估算轴径以便进行结构设计等。

(2) 按弯扭合成强度条件计算,其基本公式是

$$\sigma_{ca} = \frac{\sqrt{M^2 + (\alpha T)^2}}{W} \leqslant [\sigma_{-1}]$$

主要应用于计算一般重要的、弯扭复合的轴。

(3) 按疲劳强度条件进行精确校核,其基本公式是

$$S_{ca} = \frac{S_\sigma S_\tau}{\sqrt{S_\sigma^2 + S_\tau^2}} \geqslant S$$

主要应用于重要的、计算精度较高的轴。

(4) 按静强度条件进行校核,其基本公式是

$$S_{sca} = \frac{S_{s\sigma}S_{s\tau}}{\sqrt{S_{s\sigma}^2 + S_{s\tau}^2}} \geqslant S_s$$

主要应用于瞬时过载很大或应力循环的不对称性较为严重的轴。

4. 答：滚动轴承基本额定动载荷是指滚动轴承的基本额定寿命恰好为 $10^6$ 转时所能承受的载荷值。当量动载荷是一个假想的恒定载荷,在这一载荷作用下,轴承寿命与实际载荷作用下的寿命相等。对于径向接触轴承和向心角接触轴承,当量动载荷是径向载荷；对于轴向接触轴承,当量动载荷是轴向载荷。

### 8-5 计算分析题

1. 解：(1) 根据蜗轮 4 的转向及蜗杆 3 的旋向利用左手定则可得蜗杆 3 的轴向力方向向右,则按题意有 $F_{a2}$ 方向与 $F_{a3}$ 方向相反,得 $F_{a2}$ 应方向朝左,由 $F_{t1} = -F_{a2}$ 得 $F_{t1}$ 应方向朝右,由于蜗杆 1 是主动件,故其转动方向应与 $F_{t1}$ 的方向相反,因而蜗杆 1 的转向应为顺时针；再利用左手定则可确定蜗杆 1 螺旋线的旋向为"左旋",如图 2-8-5 所示。

(2) 蜗杆 3 的升角为

$$\tan \gamma_3 = \frac{z_3}{q_3} = \frac{m_{34}z_3}{d_3} = \frac{5 \times 2}{63} = 0.15873,$$

$$\gamma_3 = 9.02°$$

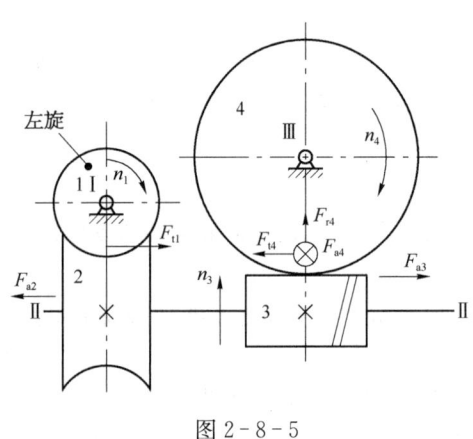

图 2-8-5

则由蜗轮蜗杆正确啮合条件得：$\beta_4 = \gamma_3 = 9.02°$。

作用在蜗杆 3 的转矩为

$$T_3 = T_2 = T_1 i_{12} \eta_{12} = 1\,500 \times 25 \times 0.85 = 31\,875 (\text{N} \cdot \text{mm})$$

则作用在蜗轮 4 的转矩为

$$T_4 = T_3 i_{34} \eta_{34} = 31\,875 \times \frac{60}{2} \times 0.82 = 784\,125 (\text{N} \cdot \text{mm})$$

于是,可得作用在蜗轮 4 上的各分力的大小为

$$F_{a4} = F_{t3} = \frac{2T_3}{d_3} = \frac{2 \times 31\,875}{63} = 1\,011.90 (\text{N})$$

$$F_{t4} = \frac{2T_4}{d_4} = \frac{2 \times 784\,125}{5 \times 60} = 5\,227.5 (\text{N})$$

$$F_{r4} = F_{t4} \tan \alpha = 5\,227.5 \times \tan 20° = 1\,902.65 (\text{N})$$

各分力方向如图 2-8-5 所示。

2. 解：(1) 内径为 40 mm 的圆锥滚子轴承,尺寸系列 02,0 级公差,0 组游隙。

(2) 计算支承反力。由图 2-8-6 可得

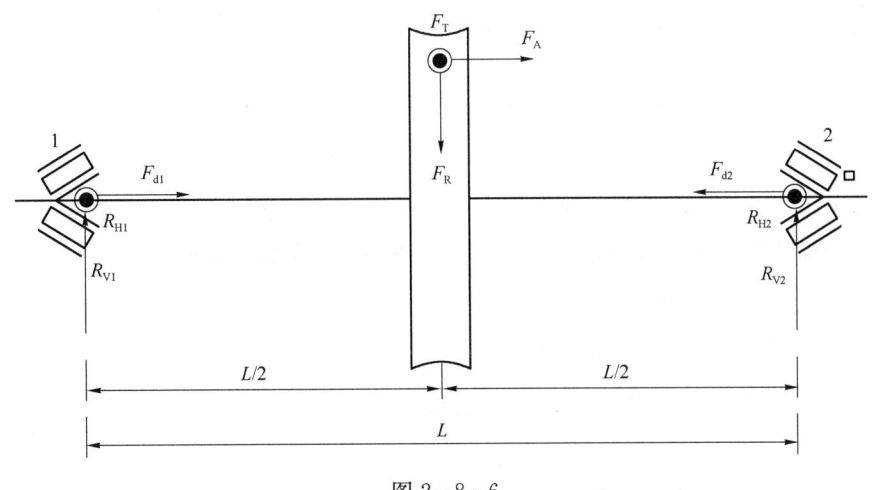

图 2-8-6

$$-100F_R - 100F_A + 200R_{V2} = 0$$

即 
$$R_{V2} = 700 \text{ N}$$

$$R_{V1} + R_{V2} - F_R = 0$$

即 
$$R_{V1} = 300 \text{ N}$$

$$-100F_T - 200R_{H2} = 0$$

即 
$$R_{H2} = -2\,000 \text{ N}$$

$$R_{H1} + R_{H2} + F_T = 0$$

即 
$$R_{H1} = -2\,000 \text{ N}$$

$$R_1 = \sqrt{R_{V1}^2 + R_{H1}^2} = 2\,022(\text{N})$$

$$R_2 = \sqrt{R_{V2}^2 + R_{H2}^2} = 2\,119(\text{N})$$

(3) 计算轴承的轴向载荷。

$$F_{d1} = \frac{R_1}{2Y} = \frac{2\,022}{2 \times 2.1} = 481(\text{N})$$

$$F_{d2} = \frac{R_2}{2Y} = \frac{2\,119}{2 \times 2.1} = 505(\text{N})$$

因为 $F_{d1} + F_A = 481 + 400 = 881(\text{N}) > F_{d2}$,所以轴承 2 被"压紧",轴承 1 被"放松",即有

$$F_{a2} = F_A + F_{d1} = 881(\text{N})$$

$$F_{a1} = F_{d1} = 481 \text{ N}$$

(4) 计算轴承的当量动载荷。因 $\dfrac{F_{a1}}{R_1} = \dfrac{481}{2\,022} = 0.24 < e$,故 $X_1 = 1$, $Y_1 = 0$;因

$\dfrac{F_{a2}}{R_2} = \dfrac{881}{2\,119} = 0.42 > e$,故 $X_2 = 0.4$,$Y_2 = 2.1$。两轴承的当量动载荷

$$P_1 = f_p(X_1 R_1 + Y_1 F_{a1}) = 1.0 \times (1 \times 2\,022 + 0) = 2\,022(\text{N})$$

$$P_2 = f_p(X_2 R_2 + Y_2 F_{a2}) = 1.0 \times (0.4 \times 2\,119 + 2.1 \times 881) = 2\,698(\text{N})$$

(5) 因为 $P_2 > P_1$,根据当量动载荷与寿命成反比,所以轴承 2 的寿命较短。

(6) 设轴承的载荷由 $P_2$ 减小一半为 $P$,相应的轴承寿命为 $L'$,则

$$L' = \dfrac{10^6}{60n}\left(\dfrac{C}{P}\right)^\varepsilon = \dfrac{10^6}{60n}\left(\dfrac{C}{P_2/2}\right)^\varepsilon = \dfrac{10^6}{60n}\left(\dfrac{C}{P_2}\right)^\varepsilon 2^\varepsilon = L_2 2^\varepsilon = 2^{\frac{10}{3}} L_2 = 10.08 L_2$$

故轴承的载荷减小一半,轴承寿命将提高约 10 倍。

3. 解:(1) 由 $\tau = \dfrac{T}{W_T} = \dfrac{9.55 \times 10^6 \dfrac{P}{n}}{0.2 d^3} \leqslant [\tau]_T$ 得

$$d \geqslant \sqrt[3]{\dfrac{9.55 \times 10^6 \dfrac{P}{n}}{0.2 [\tau]_T}} = 35.83(\text{mm})$$

(2) 内外径之比 $\beta = \dfrac{d_1}{d}$,空心轴的抗扭截面系数 $W_T = \dfrac{\pi d^3}{16}(1-\beta^4) = 0.2 d^3 (1-\beta^4)$。

当 $\beta = 0.6$ 时

$$d \geqslant \sqrt[3]{\dfrac{9.55 \times 10^6 \dfrac{P}{n}}{0.2 [\tau](1-\beta^4)}} = 37.53(\text{mm})$$

## 8-6 结构分析题

解:(1) 链轮右端轴向定位不可靠(安装链轮的轴头长度应比轮毂长度短 2~3 mm)。

(2) 链轮左端轴向定位不合理(此处应设有一轴肩),并且透盖不应与其接触。

(3) 齿轮轴向定位不可靠(安装齿轮的轴头长度应比轮毂长度短 2~3 mm)。

(4) 齿轮键槽应与链轮键槽在轴的同一母线上,以便于加工。

(5) 透盖和闷盖与箱体间应有调整垫片,以利调整轴承的间隙。

(6) 轴的左端伸出轴承内圈的长度应短些。

(7) 轴肩太高,左轴承无法拆卸。

(8) 右轴承左端定位不可靠,并且无法拆卸。

(9) 键与毂孔键槽底面间应有间隙。

# 机械设计(二)试题 3

**9-1 是非题**(每小题 1 分,共 10 分)

1. 设计转轴时,用公式 $d \geqslant A_0 \sqrt[3]{\dfrac{P}{n}}$ 求出的值,应为设计阶梯轴结构时的最小直径。 ( )
2. 滚动轴承中,滚子轴承的承载能力要比球轴承高而极限转速则比球轴承低。 ( )
3. 毡圈密封装置的毡圈及轴承盖上的装毡圈槽都是矩形截面,目的是得到较好的密封效果。 ( )
4. 刚性联轴器在安装时要求两轴严格对中,而挠性联轴器在安装时则可以不必考虑对中问题。 ( )
5. 承受载荷 $F$ 的径向滑动轴承在稳定运转时轴径中心与轴承孔中心并不重合,轴径转速越高,则偏心距越小,但偏心距永远不能减小到零。 ( )
6. 当滚动轴承采用脂润滑时,为了保证其工作时间更长,应将润滑脂充满整个滚动轴承的空间。 ( )
7. 在滚子链设计中,由于链节数一般选用偶数,考虑到均匀磨损,链轮齿数也最好采用偶数。 ( )
8. 为了使蜗杆传动中的蜗轮转速降低一半,可以不用更换蜗轮,而只需用一个双头蜗杆代替原来的单头蜗杆。 ( )
9. 单万向联轴器的从动轴角速度不均匀,改用双万向联轴器后,从动轴的角速度即可变为均匀。 ( )
10. 通常对于跨距 $L > 350$ mm,且工作温度变化较大的轴,可将滚动轴承支承设计为一端固定、另一端能轴向游动的结构。 ( )

**9-2 单项选择题**(每小题 1 分,共 10 分)

1. 普通蜗杆传动,其传动效率主要取决于_____。
   A. 工作载荷
   B. 搅油效率
   C. 啮合效率
   D. 轴承效率
2. 对闭式蜗杆传动进行热平衡计算的主要目的是_____。
   A. 防止润滑油受热膨胀后外溢
   B. 防止蜗轮材料在高温下力学性能下降
   C. 防止润滑油温度升高后,导致润滑条件恶化
   D. 防止温度升高产生热变形,破坏传动的正确啮合
3. 由套筒滚子链的额定功率曲线可知,润滑良好、中等速度的链传动中,其承载能力主要取决于_____。
   A. 链板的疲劳强度
   B. 铰链磨损

C. 滚子和套筒的冲击断裂　　　　　　D. 铰链表面胶合

4. 联轴器和离合器的主要区别是_____。
A. 联轴器多数已经标准化和系列化,而离合器不是
B. 联轴器靠啮合传动,而离合器靠摩擦传动
C. 离合器能补偿两轴的偏移,而联轴器不能
D. 联轴器是一种固定连接装置,而离合器是一种能随时将两轴接合和分离的装置

5. 设计动压向心滑动轴承时,若宽径比取得较大,则_____。
A. 轴承端泄量小,承载能力强,温升高
B. 轴承端泄量小,承载能力强,温升低
C. 轴承端泄量大,承载能力弱,温升高
D. 轴承端泄量大,承载能力弱,温升低

6. 设计液体动压润滑向心滑动轴承时,相对间隙通常根据_____来进行选择。
A. 轴承载荷及轴颈圆周速度　　　　B. 轴承载荷及轴颈直径
C. 润滑油的黏度及轴承载荷　　　　D. 润滑油的黏度及轴颈圆周速度

7. 设计减速器中的轴,其一般设计步骤为_____。
A. 先进行结构设计,再做扭转强度、弯扭合成强度和安全系数校核
B. 按弯扭合成强度初估轴径,再进行结构设计,最后校核扭转强度和安全系数
C. 根据安全系数定出轴径和长度,再校核扭转强度、弯扭合成强度
D. 按扭转强度初估轴径,再进行结构设计,最后校核弯扭合成强度和安全系数

8. 在下列四种轴承中,_____必须成对使用。
A. 深沟球轴承　　　　　　　　　　B. 圆锥滚子轴承
C. 推力轴承　　　　　　　　　　　D. 圆柱滚子轴承

9. 代号为 6206 的滚动轴承,其内圈与轴的配合的正确标注应为_____。
A. $\phi 30 \frac{H8}{k7}$　　B. $\phi 30 k7$　　C. $\phi 30 \frac{k7}{H8}$　　D. $\phi 30 H8$

10. 在_____的工作场合下,选用的牙嵌式离合器可采用较少的牙数。
A. 传递扭矩较小,设计接合速度较低
B. 传递扭矩较小,设计接合速度较高
C. 传递扭矩较大,设计接合速度较低
D. 传递扭矩较大,设计接合速度较高

## 9-3　填空题(每空格 1 分,共 10 分)

1. 代号为 30208 的滚动轴承的类型名称是_____轴承,其内径是_____mm。
2. 在蜗杆传动中,蜗杆螺旋部分的强度总是_____蜗轮轮齿的强度,所以失效常发生在_____上。
3. 轴上需车制螺纹的轴段应设_____槽;需要磨削的轴段应设_____槽。
4. 当受载较大、两轴较难对中时,应选用_____联轴器来连接;当原动机发出的动力较不稳定时,其输出轴与传动轴之间应选用_____联轴器来连接。
5. 某滚子链的标记为:16A - 1×50 GB 1234.1—83,其中 16A 代表_____,50 代表_____。

## 9-4 简答分析题(共 33 分)

1. 影响链传动动载荷的主要参数是什么？设计中应如何选择？（5 分）
2. 为什么把蜗杆分度圆直径规定为标准值？设计时应如何选取标准值？（5 分）
3. 如图 2-9-1 所示的两平板间充满一定黏度的润滑油，下平板静止不动，上平板以速度 $v$ 沿 $x$ 方向向左运动，满足流体动力润滑的条件。试：（10 分）

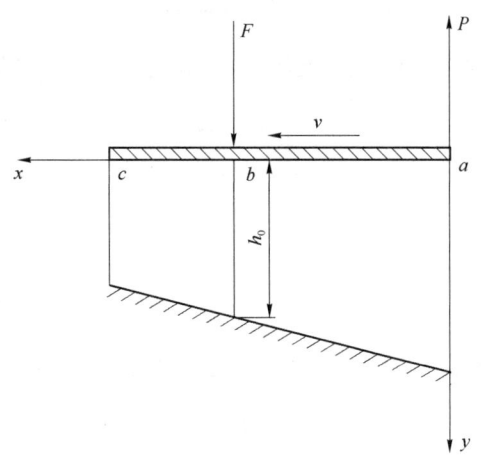

图 2-9-1

（1）写出流体动力润滑的一维雷诺方程式。
（2）定性画出油膜压力沿 $x$ 轴的分布图以及 $a$、$b$、$c$ 三个截面处的油层速度沿 $y$ 方向的分布曲线。
（3）当上平板上载荷 $F$ 增大为 $F_1$ 时，上平板将如何变化？为什么变化后即可支撑 $F_1$ 载荷？

4. 图 2-9-2 所示为一起重装置的两种传动方案。若工况为长期运转，试说明这两种方案是否合理？为什么？若限定图中传动件的类型不变，较合理的方案应如何组成？（7 分）

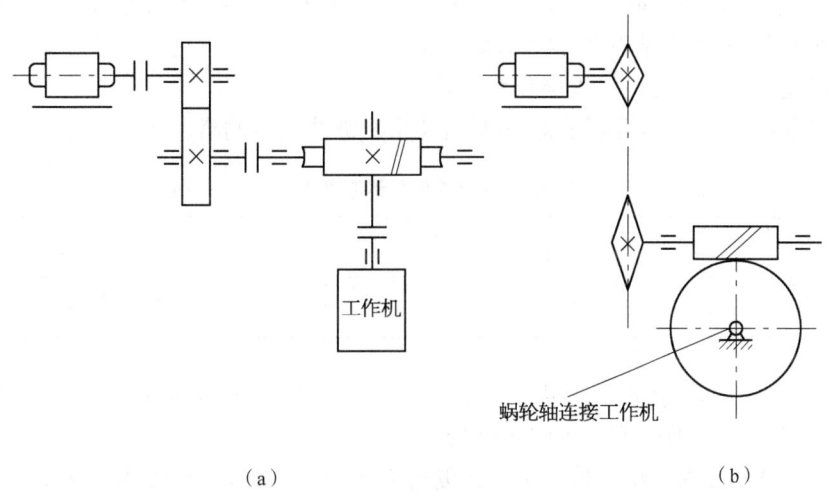

(a)　　　　　　　　(b)

图 2-9-2

5. 图 2-9-3 所示为起重机卷筒轴与齿轮、卷筒连接的三种方案,其中方案 a、b 的轴、毂采用键连接,试分析各方案中的轴受力情况,并按表 2-9-1 内的提示选择答案填入表格内的空格。(6分)

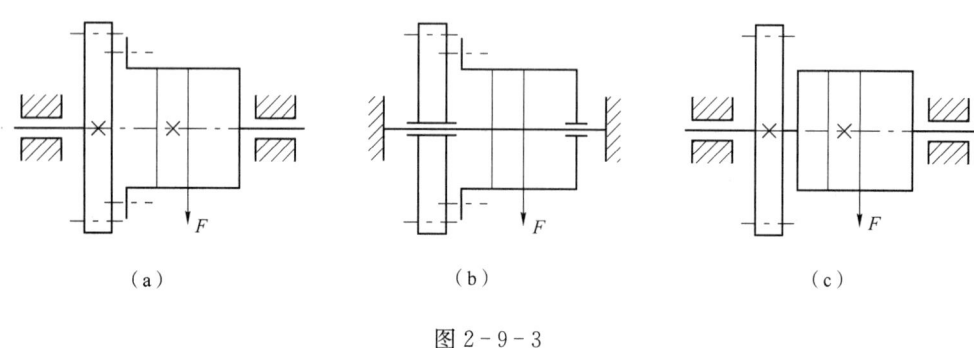

图 2-9-3

表 2-9-1 起重机卷筒轴的类型及其应力分析

| 方案编号 | 轴的类型<br>(转轴、心轴、传动轴) | 轴所受的应力种类<br>(弯曲应力、扭转应力) | 轴所受的应力性质<br>(变应力、静应力) | 所需轴径<br>(较大、较小) |
| --- | --- | --- | --- | --- |
| a |  |  |  |  |
| b |  |  |  |  |
| c |  |  |  |  |

### 9-5 计算分析题(共 27 分)

1. 发电机转子的径向滑动轴承,轴瓦包角为 $180°$,轴径直径 $d = 150$ mm,宽径比 $B/d = 1$,半径间隙 $\delta = 0.067\ 5$ mm,承受工作载荷 $F = 50\ 000$ N,轴径转速 $n = 1\ 000$ r/min,采用锡青铜,其 $[p] = 15$ MPa,$[v] = 10$ m/s,$[pv] = 20$ MPa·m/s,轴颈的表面粗糙度 $Ra_1 = 0.5\ \mu$m,轴瓦的表面粗糙度 $Ra_2 = 0.75\ \mu$m,润滑油在轴承平均温度下的黏度 $\eta = 0.014$ Pa·s,有限宽轴承的承载量系数 $C_p$ 见表 2-9-2,试:(7分)

(1) 验算此轴承是否产生过度磨损和发热。

(2) 取安全系数 $S = 2$,演算此轴承是否能形成液体动力润滑。

表 2-9-2 有限宽轴承的承载量系数 $C_p$ ($B/d = 1$ 时)

| 偏心率 $\chi$ | 0.60 | 0.65 | 0.70 | 0.75 | 0.80 | 0.85 | 0.90 | 0.95 |
| --- | --- | --- | --- | --- | --- | --- | --- | --- |
| 承载量系数 $C_p$ | 1.253 | 1.528 | 1.929 | 2.469 | 3.372 | 4.808 | 7.772 | 11.38 |

2. 如图 2-9-4 所示的某斜齿轮轴由一对 30209E 型的圆锥滚子轴承支承,轴承的性能参数见表 2-9-3,所受的径向力分别为 $F_{r1} = 5\ 000$ N,$F_{r2} = 3\ 500$ N,作用于轴上的外载荷为 $F_{ae} = 1\ 000$ N,方向如图示,取载荷系数 $f_p = 1.2$,常温下工作,$f_t = 1$。试:(10分)

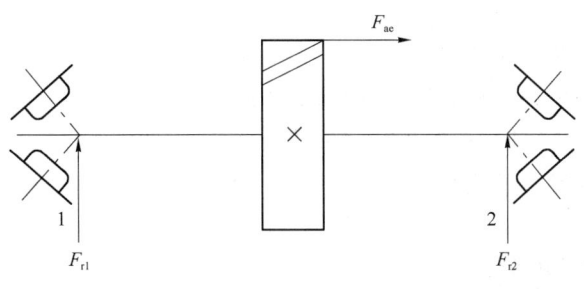

图 2-9-4

表 2-9-3  30209E 型轴承性能参数

| 轴承代号 | C(kN) | $\dfrac{F_a}{F_r} \leqslant e$ | | $\dfrac{F_a}{F_r} > e$ | | e | 派生轴向力 $F_d$ | 极限转速(r/min)（脂润滑） |
|---|---|---|---|---|---|---|---|---|
| | | X | Y | X | Y | | | |
| 30209E | 64.2 | 1 | 0 | 0.4 | 1.5 | 0.4 | $F_d = \dfrac{F_r}{2Y}$ | 4 500 |

(1) 计算两轴承当量动载荷 $P_1$ 和 $P_2$。

(2) 当该对轴承的预期寿命 $L'_h = 20\,000$ h 时,求轴承所允许的最大工作转速 $n_{\max}$。

3. 图 2-9-5 所示为一双速蜗杆提升机构传动系统简图(未画出锥齿轮与蜗杆间的离合器)。已知 $z_1 = z_2 = z_3$, $z_4 = 1$, $z_5 = 50$, $z_6 = 2$, $z_7 = 60$, $m_4 = m_6 = 8$ mm, $d_4 = d_6 = 100$ mm,卷筒直径 $D_1 = 300$ mm, $D_2 = 400$ mm,试分析:(10 分)

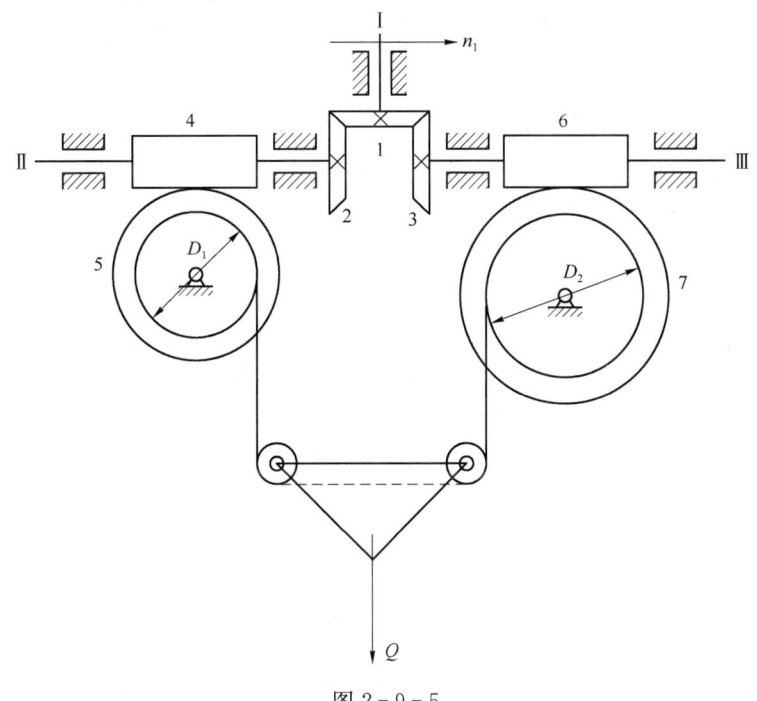

图 2-9-5

(1) 欲减小轴Ⅱ、Ⅲ所受的轴向力,则蜗杆 4 和蜗杆 6 的螺旋线方向应如何确定?

(2) 蜗轮 5 和蜗轮 7 在图示条件下的转向。
(3) 在图上标出蜗轮 7 的圆周力、径向力和轴向力的方向。
(4) 计算两个蜗杆传动的啮合效率(设当量摩擦角 $\varphi_v = 2°$)。
(5) 重物快速上升 1 m 时,齿轮 1 转多少转?
(6) 该机构反行程能否自锁?

**9-6 结构分析题(10 分)**

图 2-9-6 所示为一对正安装的角接触球轴承支承的轴系,齿轮用油池润滑,轴承用脂润滑,轴端装有带轮。试指出图中标有序号处的错误及不合理结构的原因。(注:不要考虑图中倒角及圆角)

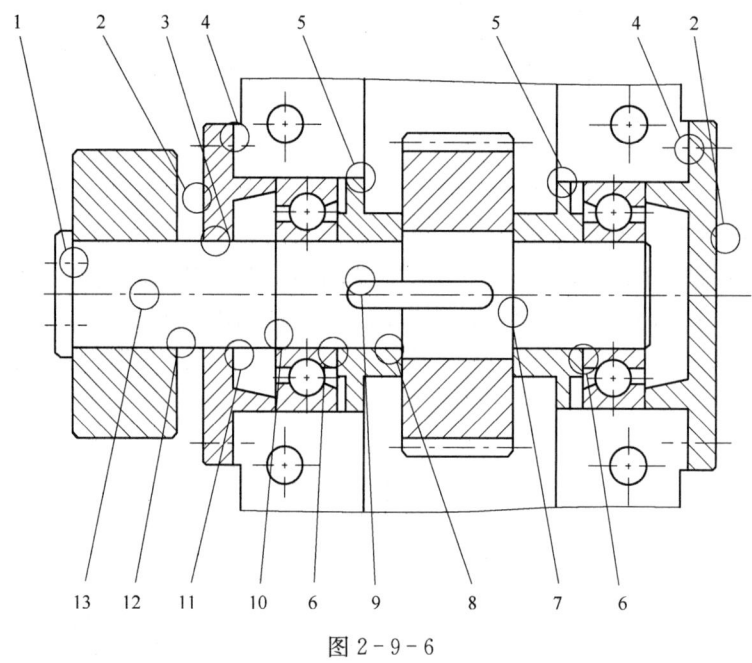

图 2-9-6

# 机械设计(二)试题 3 解答

**9-1 是非题**
1. √  2. √  3. ×  4. ×  5. √  6. ×  7. ×  8. ×  9. ×  10. √

**9-2 单项选择题**
1. C  2. C  3. A  4. D  5. A  6. A  7. D  8. B  9. B  10. C

**9-3 填空题**
1. 圆锥滚子;40  2. 高于;蜗轮轮齿  3. 螺纹退刀;砂轮越程  4. 无弹性元件挠性;有弹性元件挠性  5. 链号;链节数

**9-4 简答分析题**

1. 答:影响链传动动载荷的主要参数是链轮齿数 $z$、链节距 $p$ 和链轮转速 $n$。设计中采用较多的链轮齿数、较小的链节距,并限制链轮转速不要过高,对降低动载荷都是有利的。

2. 答:为保证加工出的蜗轮能与蜗杆正确啮合,要求加工蜗轮滚刀的直径与齿形参数和蜗杆相同。因此对每一个模数 $m$ 都规定有限几个蜗杆分度圆标准直径,可以减少滚刀的数目和便于滚刀标准化。设计时蜗杆分度圆直径必须符合 $m$ 和 $d_1$ 的对应关系,否则没有标准刀具。

3. 答:(1) 流体动力润滑的一维雷诺方程式为 $\dfrac{\partial p}{\partial x} = \dfrac{6\eta v}{h^3}(h - h_0)$。

(2) 油膜压力沿 $x$ 轴的分布图以及 $a$、$b$、$c$ 三个截面处的油层速度沿 $y$ 方向的分布曲线如图 2-9-7 所示。

(3) 当上平板上载荷 $F$ 增大为 $F_1$ 时,上平板将下降。

由于上平板的下降使 $h$、$h_0$ 都减小相同的值,这样 $(h-h_0)$ 的值与原值比较没有变化,而分母中的 $h^3$ 的值与原值比较却大大减小,由一维雷诺方程式可知,$\dfrac{\partial p}{\partial x}$ 大大增加,从而可增大油膜压力来支撑 $F_1$ 载荷。

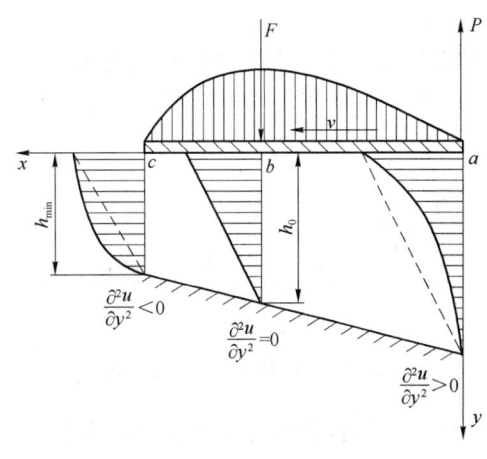

图 2-9-7

4. 答:方案 a 和 b 将蜗杆传动置于低速级,其所传递的转矩比置于高速级要大,发热量也大,传动效率低;又由于蜗杆传动的转矩增大,相应蜗杆传动的 $q$、$m$ 等参数都要选得较大,有色金属的用料就要增加,制造成本上升。另外,方案 b 中将链传动置于高速级,由于链传动的多边形效应而使链速不均匀、瞬时速比变化,从而产生较大的冲击、振动和噪声。故这两种方案都不尽合理。

若将两级传动全部改为二级圆柱齿轮传动,或将方案 a 中的齿轮传动与蜗杆传动或将方案 b 中的链传动与蜗杆传动互易其位较为合理。

5. 答：起重机卷筒轴的类型及其应力分析见表 2-9-4。

表 2-9-4 起重机卷筒轴的类型及其应力分析答案

| 方案编号 | 轴的类型 | 轴所受的应力种类 | 轴所受的应力性质 | 所需轴径 |
|---|---|---|---|---|
| a | 转动心轴 | 弯曲应力 | 变应力 | 较大 |
| b | 固定心轴 | 弯曲应力 | 静应力 | 较小 |
| c | 转轴 | 弯曲应力+扭转应力 | 变应力 | 较大 |

### 9-5 计算分析题

1. 解：(1) 验算轴承的平均压力。

$$p = \frac{F}{dB} = \frac{5 \times 10^4}{150 \times 150} = 2.22(\text{MPa}) < [p]$$

验算轴承的 $pv$ 值

$$pv = \frac{F}{dB} \frac{\pi dn}{60 \times 1\,000} = \frac{Fn}{19\,100B} = \frac{50\,000 \times 1\,000}{19\,100 \times 150}$$
$$= 17.45(\text{MPa} \cdot \text{m/s}) < [pv]$$

验算滑动速度

$$v = \frac{\pi dn}{60 \times 1\,000} = \frac{\pi \times 150 \times 1\,000}{60 \times 1\,000} = 7.85(\text{m/s}) < [v]$$

故此轴承不会产生过度磨损与过热。

(2) 轴承在液体动力润滑状态下承受最大载荷时有 $h_{\min} = [h_{\min}]$，即

$$\delta(1-\chi) = 4S(Ra_1 + Ra_2)$$

则有

$$\chi = 1 - \frac{4S(Ra_1 + Ra_2)}{\delta} = 1 - \frac{4 \times 2 \times (0.000\,5 + 0.000\,75)}{0.067\,5} = 0.85$$

由 $B/d = 1$ 及 $\chi = 0.85$ 查表 2-9-2 得：$C_p = 4.808$。由于 $\psi = \frac{\delta}{r} = \frac{0.067\,5}{75} = 0.000\,9$，因此轴承在液体动力润滑状态下能够承受的最大载荷为

$$F_{\max} = \frac{\eta \omega dB}{\psi^2} C_p = \frac{0.014 \times \frac{2\pi \times 1\,000}{60} \times 0.15 \times 0.15}{0.000\,9^2} \times 4.808$$
$$= 195\,802.67(\text{N}) > F$$

故此轴承能形成液体动力润滑。

2. 解：(1) 两轴承的派生轴向力分别为

$$F_{d1} = \frac{F_{r1}}{2Y} = \frac{5\,000}{2 \times 1.5} = 1\,667(\text{N})$$

$$F_{d2} = \frac{F_{r2}}{2Y} = \frac{3\,500}{2 \times 1.5} = 1\,167(\text{N})$$

由图 2-9-8 可得：$F_{d1} + F_{ae} = 1\,667 + 1\,000 = 2\,667(\text{N}) > F_{d2}$，故轴承 2 被"压紧"，轴承 1 被"放松"，两轴承的轴向力分别为

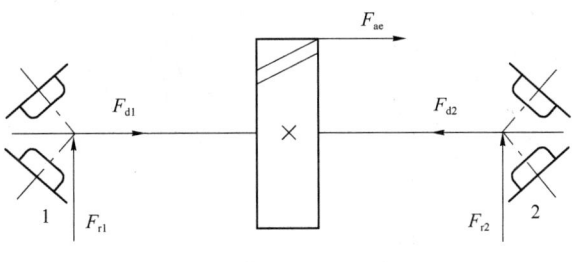

图 2-9-8

$$F_{a2} = F_{ae} + F_{d1} = 2\,667(\text{N})$$
$$F_{a1} = F_{d1} = 1\,667\,\text{N}$$

因 $\dfrac{F_{a1}}{F_{r1}} = \dfrac{1\,667}{5\,000} = 0.333 < e$，故 $X_1 = 1$，$Y_1 = 0$；因 $\dfrac{F_{a2}}{F_{r2}} = \dfrac{2\,667}{3\,500} = 0.762 > e$，故 $X_2 = 0.4$，$Y_2 = 1.5$。两轴承的当量动载荷分别为

$$P_1 = f_p(X_1 F_{r1} + Y_1 F_{a1}) = 1.2 \times (1 \times 5\,000 + 0) = 6\,000(\text{N})$$
$$P_2 = f_p(X_2 F_{r2} + Y_2 F_{a2}) = 1.2 \times (0.4 \times 3\,500 + 1.5 \times 2\,667) = 6\,481(\text{N})$$

(2) 由于 $P_2 > P_1$，故按 $P_2$ 计算。按寿命计算公式得

$$n_{\max} = \frac{10^6}{60 L_h'} \left(\frac{f_t C}{P_2}\right)^\varepsilon = \frac{10^6}{60 \times 20\,000} \left(\frac{1 \times 64\,200}{6\,481}\right)^{\frac{10}{3}}$$
$$= 1\,740(\text{r/min}) < n_{极} = 4\,500\,\text{r/min}$$

因此该轴承所允许的最大工作转速 $n_{\max} = 1\,740\,\text{r/min}$。

3. 解：(1) 根据 $n_1$ 方向可得 $n_2$ 方向向下，$n_3$ 方向向上，如图 2-9-9 所示；根据锥齿轮的轴向力指向大端，可得 $F_{a2}$ 方向向左，$F_{a3}$ 方向向右，又由于按题意有 $F_{a4}$ 方向与 $F_{a2}$ 方向相反，$F_{a6}$ 方向与 $F_{a3}$ 方向相反，因此根据右手定则得蜗杆 4 和蜗杆 6 的螺旋线方向均为右旋。

(2) 蜗轮 5 和蜗轮 7 在图示条件下的转向如图 2-9-9 所示。

(3) 蜗轮 7 的圆周力、径向力和轴向力的方向如图 2-9-9 所示。

(4) 两蜗杆的升角分别为

$$\gamma_4 = \arctan\left(\frac{z_4}{q_4}\right) = \arctan\left(\frac{m_4 z_4}{d_4}\right) = \arctan\left(\frac{8 \times 1}{100}\right) = 4.57°$$

$$\gamma_6 = \arctan\left(\frac{z_6}{q_6}\right) = \arctan\left(\frac{m_6 z_6}{d_6}\right) = \arctan\left(\frac{8 \times 2}{100}\right) = 9.09°$$

两蜗杆传动的啮合效率分别为

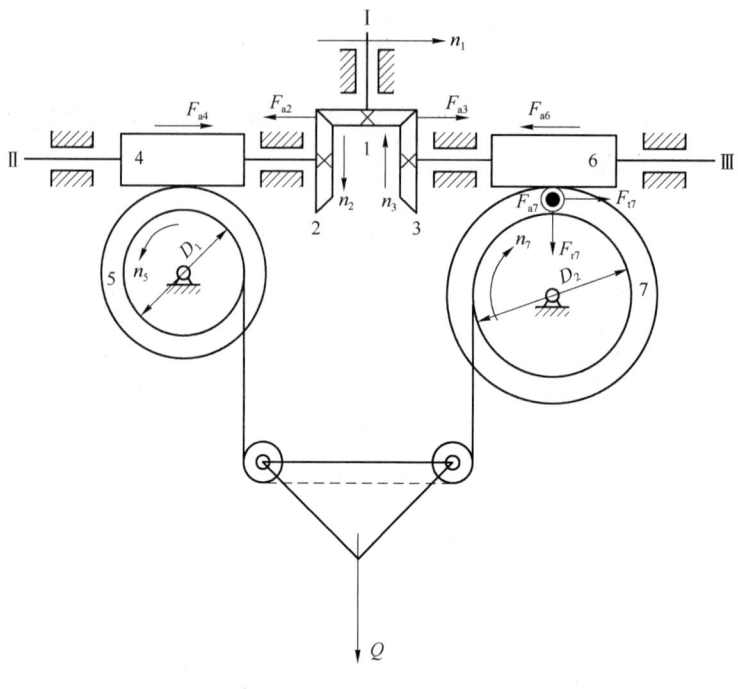

图 2-9-9

$$\eta_{4-5} = \frac{\tan\gamma_4}{\tan(\gamma_4+\varphi_v)} = \frac{\tan 4.57°}{\tan(4.57°+2°)} = 0.694 = 69.4\%$$

$$\eta_{6-7} = \frac{\tan\gamma_6}{\tan(\gamma_6+\varphi_v)} = \frac{\tan 9.09°}{\tan(9.09°+2°)} = 0.816 = 81.6\%$$

(5) 由传动比 $i_{15} = \dfrac{n_1}{n_5} = \dfrac{z_2 z_5}{z_1 z_4}$ 可求得轮 5 的转速为

$$n_5 = n_1 \frac{z_1 z_4}{z_2 z_5} = n_1 \frac{z_4}{z_5}$$

由传动比 $i_{17} = \dfrac{n_1}{n_7} = \dfrac{z_3 z_7}{z_1 z_6}$ 可求得轮 7 的转速为

$$n_7 = n_1 \frac{z_1 z_6}{z_3 z_7} = n_1 \frac{z_6}{z_7}$$

要使重物上升 1 m，则两卷筒卷绕的绳索应为 2 m，就有

$$n_5 \pi D_1 + n_7 \pi D_2 = 2\,000$$

即

$$n_1 \frac{z_4}{z_5} \pi D_1 + n_1 \frac{z_6}{z_7} \pi D_2 = 2\,000$$

解得 $n_1 = 32.94$ 转。

(6) 因 $\gamma_4 > \varphi_v$，$\gamma_6 > \varphi_v$，故该机构反行程不能自锁。

**9-6 结构分析题**

解：(1) 带轮左端轴向固定不可靠，安装带轮的轴段应比轮毂长度短 2～3 mm。

(2) 左右轴承端盖外侧中间应凹下一点,以便加工表面与非加工表面的区分。
(3) 透盖无密封装置。
(4) 左右轴承盖与箱体间缺调整间隙的垫片。
(5) 挡油环与箱体孔相接触。
(6) 两套筒外径太大,轴承无法拆卸。
(7) 齿轮轴向固定不可靠,安装齿轮的轴段应比轮毂长度短 2~3 mm。
(8) 齿轮无安装基准,应在此设一轴肩。
(9) 键过长,套筒无法安装。
(10) 精加工面太长,轴承安装不方便。
(11) 左轴承端盖孔与轴相接触。
(12) 带轮无轴向定位,应在此设一轴肩。
(13) 带轮无周向固定,应安装一平键。

# 机械设计(二)试题 4

**10-1 是非题**(每小题 1 分,共 10 分)

1. 在链传动设计时,链条的型号是通过抗拉强度计算公式而确定的。（　）
2. 在蜗杆传动中,由于蜗轮的工作次数较少,因此蜗轮采用强度较低的有色金属材料来制造。（　）
3. 为了提高蜗杆传动的效率,在润滑良好的条件下,最有效的方法是增大蜗杆直径系数 $q$。（　）
4. 非液体摩擦滑动轴承的主要失效形式是点蚀。（　）
5. 动压滑动轴承热平衡计算时,若进油温度 $t_i < 35℃$,则说明轴承发热不严重。（　）
6. 角接触轴承可以单独使用,也可以成对使用。（　）
7. 轴承加挡油环的目的是防止齿轮箱内的润滑油冲稀轴承中的润滑脂。（　）
8. 轴的强度计算中,安全系数校核就是疲劳强度校核,即计入应力集中、表面状态和尺寸影响以后的精确校核。（　）
9. 为使轴上零件与轴肩端面紧密贴合,应保证轴的圆角半径 $r$,轮毂孔的倒角高度 $C$ 或圆角半径 $R$,轴肩高度 $h$ 之间的关系为:$r > C > h$ 或 $r > R > h$。（　）
10. 安全离合器的作用是当工作转速超过机器允许的转速时,连接件将发生打滑,从而保护机器中的重要零件不致损坏。（　）

**10-2 单项选择题**(每小题 1 分,共 10 分)

1. 在链传动中,若大链轮的齿数过大,则_____。
   A. 链条磨损后易脱链和跳链　　　　B. 链条的磨损快
   C. 链传动的动载荷与冲击作用大　　D. 链传动的噪声高
2. 对提高蜗杆刚度效果不大的措施是_____。
   A. 增大蜗杆直径系数 $q$　　　　　　B. 增大模数 $m$
   C. 用合金钢替代碳钢　　　　　　　D. 增大蜗杆直径
3. 在滑动轴承中,相对间隙 $\psi$ 是一个重要参数,它是_____与公称直径之比。
   A. 半径间隙 $\delta = R - r$　　　　　B. 直径间隙 $\Delta = D - d$
   C. 最小油膜厚度 $h_{min}$　　　　　　D. 偏心率 $\chi$
4. 滑动轴承材料应有良好的嵌入性是指_____。
   A. 摩擦系数小　　　　　　　　　　B. 抗黏着磨损
   C. 容纳硬质颗粒以防止磨粒磨损　　D. 顺应对中误差
5. 滚动轴承的接触式密封是_____。
   A. 毡圈密封　　B. 油沟式密封　　C. 迷宫式密封　　D. 甩油密封
6. _____不宜用来同时承受径向载荷和轴向载荷。
   A. 圆锥滚子轴承　　　　　　　　　B. 角接触球轴承

C. 深沟球轴承　　　　　　　　D. 圆柱滚子轴承
7. 在下列联轴器中,能补偿两轴的相对位移以及可缓冲吸振的是_____。
   A. 凸缘联轴器　　　　　　　　B. 齿式联轴器
   C. 万向联轴器　　　　　　　　D. 弹性柱销联轴器
8. 在牙嵌式离合器中,常用基本牙型有三角形、梯形、矩形和锯齿形。其中矩形牙型使用较少,主要原因是_____。
   A. 传递转矩小　　　　　　　　B. 牙齿强度不高
   C. 不便接合与分离　　　　　　D. 只能传递单向转矩
9. 降低转轴表面粗糙度值,并对必要部位进行表面强化处理,主要是为了提高转轴的_____。
   A. 刚度　　　　　　　　　　　B. 承载能力
   C. 疲劳强度　　　　　　　　　D. 振动稳定性
10. 轴环的用途是_____。
    A. 作为轴加工时的定位面　　　B. 提高轴的强度
    C. 提高轴的刚度　　　　　　　D. 使轴上零件获得轴向定位

**10-3　填空题(每空格 1 分,共 10 分)**

1. 链传动中,增大链节距,优点是_____,缺点是_____。
2. 采用铸铝铁青铜 ZCuAl10Fe3 制作蜗轮轮缘材料时,其许用接触应力[$\sigma_H$]与_____有关,而与_____无关。
3. 选择滑动轴承所用的润滑油时,对于液体润滑轴承主要考虑润滑油的_____,对于不完全液体润滑轴承主要考虑润滑油的_____。
4. 一般单向回转的转轴,考虑启动、停车及载荷不稳定的影响,其扭转剪切应力的性质按_____处理。
5. 在基本额定动载荷作用下,滚动轴承可以工作_____转而不发生点蚀,其可靠度为_____。
6. 传递两相交轴间运动而又要求轴间夹角经常变化时,可以采用_____联轴器。

**10-4　简答题(共 38 分)**

1. 图 2-10-1 所示为链传动的三种布置形式,小链轮均为主动轮。(9 分)

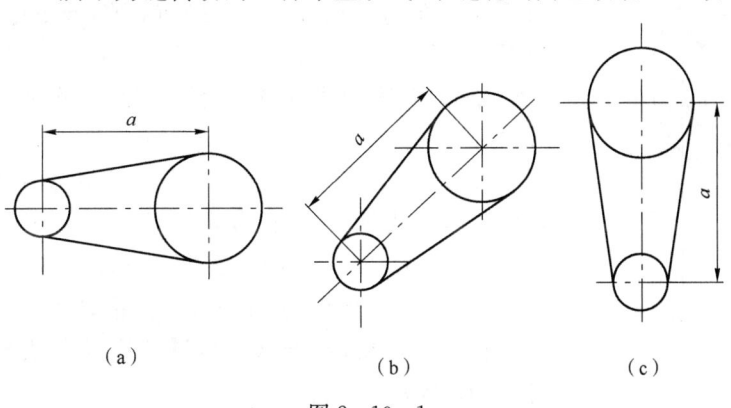

图 2-10-1

(1) 图 a 中传动比 $i = 2\sim 3$, 中心距 $a = (30\sim 50)p$, 两轴连线为水平线, 试问链轮应按哪个方向回转才算合理？

(2) 图 b 中传动比 $i > 2$, 中心距 $a < 30p$, 两轴连线与水平线有一夹角, 试问链轮应按哪个方向回转才算合理？

(3) 图 c 中传动比 $i$ 和中心距 $a$ 为任意值, 两轴连线为铅垂线, 试问这种布置有何缺点？应采取何种措施？

2. 试标出图 2-10-2 所示的两种传动形式的蜗杆、蜗轮和齿轮的转向, 画出啮合点的受力方向(各用三个分力表示), 并分析这两种传动形式的优缺点。(19 分)

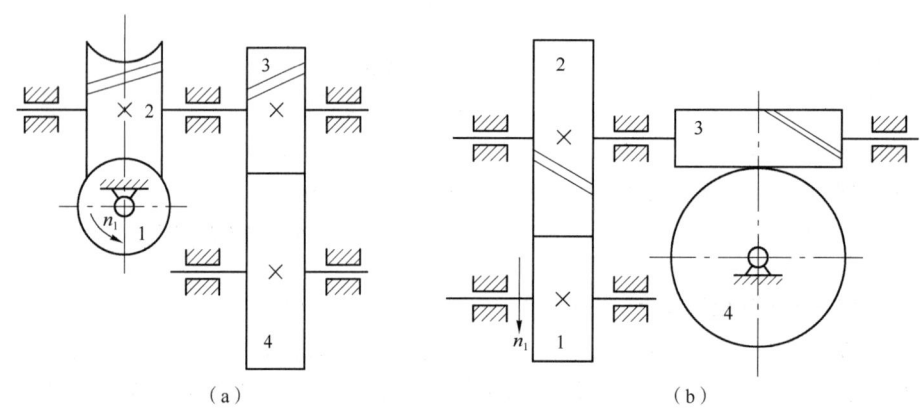

图 2-10-2
(a) 蜗杆 1 主动；(b) 齿轮 1 主动

3. 试说明下列各轴承的内径有多大。哪个轴承公差等级最高？哪个允许的极限转速最高？哪个承受径向载荷能力最强？哪个不能承受径向载荷？(10 分)

N307/P4    6207/P2    30207    51307/P6

## 10-5 计算分析题(共 24 分)

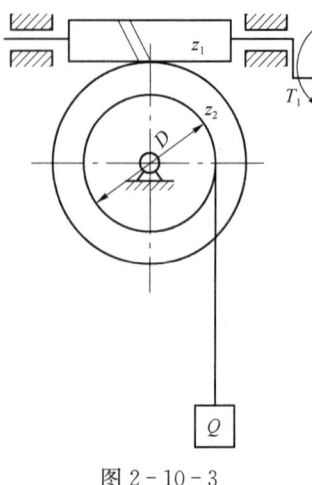

图 2-10-3

1. 一起重量 $Q = 5000\,\text{N}$ 的手动蜗杆传动起重装置如图 2-10-3 所示, 起重卷筒的计算直径 $D = 180\,\text{mm}$, 作用于蜗杆手柄上的起重转矩 $T_1 = 20\,000\,\text{N}\cdot\text{mm}$。已知蜗杆为单头蜗杆, 模数 $m = 5\,\text{mm}$, 蜗杆直径系数 $q = 10$, 传动总效率 $\eta = 0.4$。试确定所需蜗轮的齿数 $z_2$ 及传动的中心距 $a$。(6 分)

2. 如图 2-10-4 所示, 一轴的两端各采用一个 6310 型深沟球轴承支承, 外部轴向载荷 $F_{ae} = 1450\,\text{N}$, 每个轴承受径向力 $F_{r1} = F_{r2} = 5800\,\text{N}$, 轴的转速 $n = 970\,\text{r/min}$, 载荷系数 $f_p = 1.2$, 工作温度为 150℃, 温度系数 $f_t = 0.9$。6310 型轴承的性能参数见表 2-10-1, 试计算寿命低的轴承的工作寿命。(12 分)

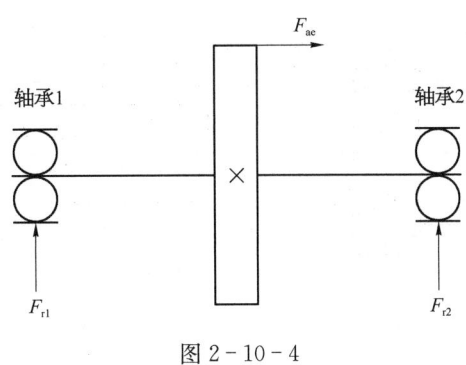

图 2-10-4

表 2-10-1 6310 型轴承的性能参数

| C(N) | $C_0$(N) | 相对轴向载荷 $\dfrac{F_a}{C_0}$ | 判断系数 $e$ | $\dfrac{F_a}{F_r} \leqslant e$ | | $\dfrac{F_a}{F_r} > e$ | |
|---|---|---|---|---|---|---|---|
| | | | | X | Y | X | Y |
| 47 500 | 35 600 | 0.025 | 0.22 | 1 | 0 | 0.56 | 2.0 |
| | | 0.040 | 0.24 | | | | 1.8 |
| | | 0.070 | 0.27 | | | | 1.6 |
| | | 0.130 | 0.31 | | | | 1.4 |
| | | 0.250 | 0.37 | | | | 1.2 |
| | | 0.500 | 0.44 | | | | 1.0 |

3. 一液体摩擦径向滑动轴承,已知轴颈直径 $d=80$ mm,轴承宽度 $B=80$ mm,轴的转速 $n=1500$ r/min,半径间隙 $\delta=0.06$ mm,偏心率 $\chi=0.60$,采用 30 号机械油润滑,润滑油在 50℃时的黏度 $\eta=0.02$ Pa·s。承载量系数 $C_p$ 与偏心率 $\chi$ 对应关系的值可查表 2-10-2。试求该轴承能承受的最大的径向载荷 $F$。(6 分)

表 2-10-2 有限宽轴承的承载量系数 $C_p$($B/d=1.0$ 时)

| 偏心率 $\chi$ | 0.60 | 0.65 | 0.70 | 0.75 | 0.80 | 0.85 | 0.90 | 0.925 |
|---|---|---|---|---|---|---|---|---|
| 承载量系数 $C_p$ | 1.253 | 1.528 | 1.929 | 2.469 | 3.372 | 4.808 | 7.772 | 11.38 |

**10-6 结构分析题(8 分)**

图 2-10-5 所示的结构中,试指出图中 8 处标有序号的错误或不合理结构的原因。

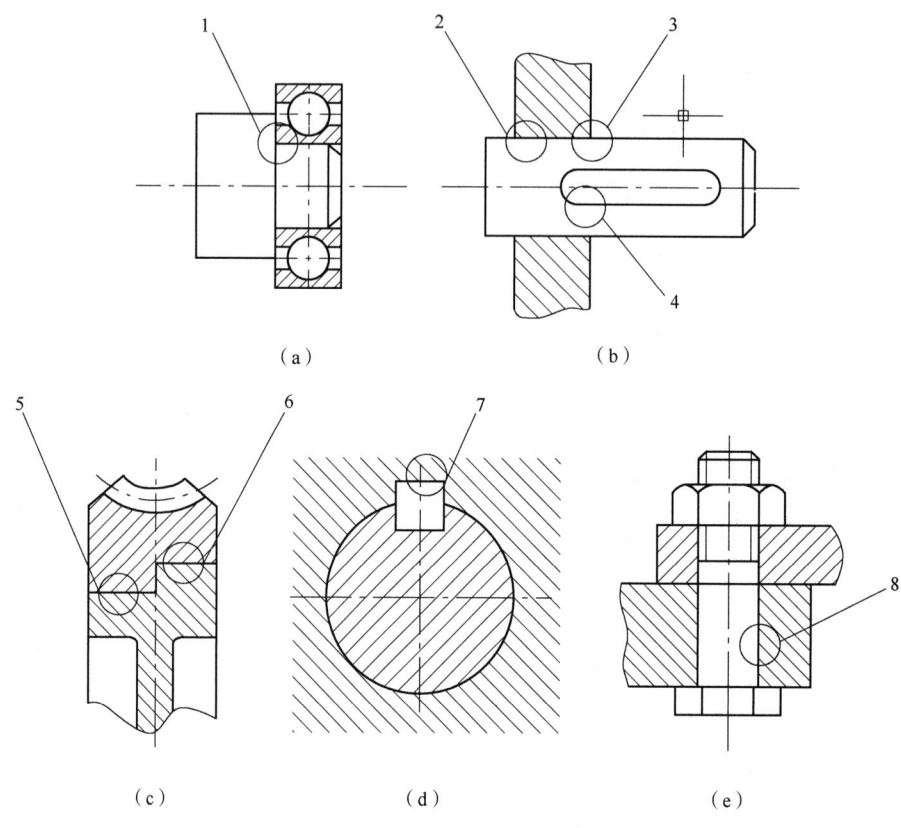

图 2-10-5
(a) 滚动轴承与轴的连接；(b) 轴承盖与转动轴的连接；
(c) 蜗轮齿圈与轮毂的过盈配合连接；(d) 普通平键连接；(e) 普通螺栓连接

# 机械设计(二)试题 4 解答

**10-1 是非题**
1. × 2. × 3. × 4. × 5. × 6. × 7. √ 8. √ 9. × 10. ×

**10-2 单项选择题**
1. A 2. C 3. B 4. C 5. A 6. D 7. D 8. C 9. C 10. D

**10-3 填空题**
1. 承载能力强；多边形效应严重  2. 相对滑动速度 $v_s$；应力循环次数 $N$  3. 黏度；油性
4. 脉动循环  5. $10^6$；90%  6. 万向

**10-4 简答题**

1. 答：(1) 链传动中，两链轮连轴线为水平线时，最好紧边布置在上，松边布置在下，因而两链轮按逆时针方向回转比较合理。

(2) 链传动中，两链轮连轴线与水平线有一夹角时，紧边应布置在上，松边应布置在下，否则当链条下垂量增大时，容易被链轮卡死，因而两链轮宜按逆时针方向回转。

(3) 链传动中，两链轮连轴线为铅垂线时，链条下垂量增大，会减少链轮的啮合齿数，降低传递能力。为此应采取调整中心距，加张紧装置和使上、下两轮偏置，使两轮连轴线不在同一铅垂线上等措施。

2. 答：两种传动形式的蜗杆、蜗轮和齿轮的转向及啮合点的受力方向如图 2-10-6 所示。

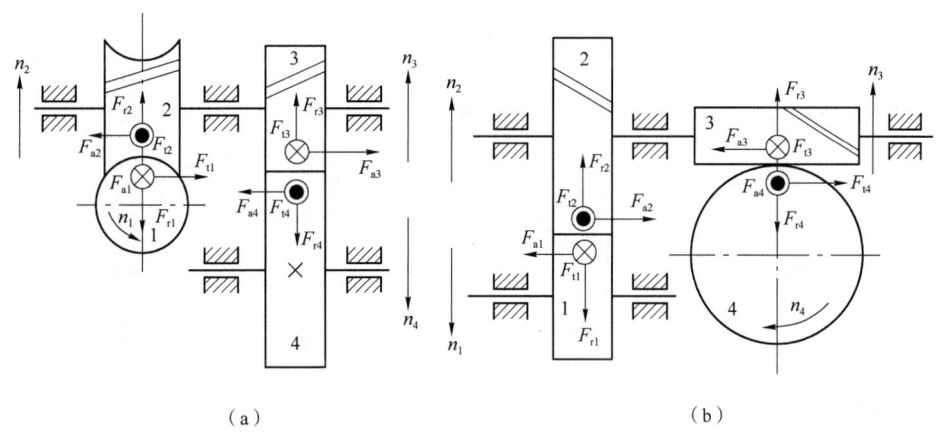

图 2-10-6
(a) 蜗杆 1 主动；(b) 齿轮 1 主动

在图 2-10-2a 中，蜗杆传动布置在高速级，相对滑动速度 $v_s$ 大，齿面间易形成油膜，使齿面间摩擦系数降低，减轻磨损，从而提高传动效率和承载能力；另外蜗杆布置在高速级，使传动更平稳，传动噪声更低。但如果润滑油散热不良，$v_s$ 大会使齿面产生磨损和胶合。在图 2-

10-2b 中,齿轮传动布置在高速级,则传动结构紧凑,但蜗杆传动的效率较低。

3. 答:各轴承的内径均为 35 mm;轴承公差等级最高的轴承是 6207/P2;极限转速最高的轴承是 6207/P2;承受径向载荷能力最强的轴承是 N307/P4;不能承受径向载荷的轴承是 51307/P6。

### 10-5 计算分析题

1. 解:作用于蜗轮上的转矩为

$$T_2 = Q\frac{D}{2} = 5\,000 \times \frac{180}{2} = 450\,000(\text{N} \cdot \text{mm})$$

由 $T_2 = T_1 i\eta = T_1 \dfrac{z_2}{z_1}\eta$ 可得蜗轮所需齿数为

$$z_2 = \frac{T_2 z_1}{T_1 \eta} = \frac{450\,000 \times 1}{20\,000 \times 0.4} = 56.25$$

取正整数 $z_2 = 56$,则蜗杆传动的中心距为

$$a = \frac{d_1 + d_2}{2} = \frac{m(q + z_2)}{2} = \frac{5 \times (10 + 56)}{2} = 165(\text{mm})$$

2. 解:根据受力分析得:$F_{a1} = 0$,$F_{a2} = F_{ae} = 1\,450$ N。

按轴承 2 的相对轴向载荷 $\dfrac{F_{a2}}{C_0} = \dfrac{1\,450}{35\,600} = 0.04$,可由表 2-10-1 查得 $e = 0.24$。由 $\dfrac{F_{a2}}{F_{r2}} = \dfrac{1\,450}{5\,800} = 0.25 > e$,查表 2-10-1 得:$X_2 = 0.56$,$Y_2 = 1.8$。两轴承的当量动载荷分别为

$$P_1 = f_p F_{r1} = 1.2 \times 5\,800 = 6\,960(\text{N})$$

$$P_2 = f_p(X_2 F_{r2} + Y_2 F_{a2}) = 1.2 \times (0.56 \times 5\,800 + 1.8 \times 1\,450) = 7\,029.6(\text{N})$$

因为 $P_2 > P_1$,所以轴承 2 的寿命低。轴承 2 的寿命为

$$L_{h2} = \frac{10^6}{60n}\left(\frac{f_t C}{P_2}\right)^\varepsilon = \frac{10^6}{60 \times 970}\left(\frac{0.9 \times 47\,500}{7\,029.6}\right)^3 = 3\,864.50(\text{h})$$

3. 解:相对间隙为

$$\psi = \frac{\delta}{r} = \frac{2\delta}{d} = \frac{2 \times 0.06}{80} = 0.001\,5$$

轴颈圆周速度为

$$v = \frac{\pi d n}{60 \times 1\,000} = \frac{\pi \times 80 \times 1\,500}{60 \times 1\,000} = 6.28(\text{m/s})$$

按宽径比 $\dfrac{B}{d} = \dfrac{80}{80} = 1.0$ 及偏心率 $\chi = 0.60$ 查表 2-10-2,可得轴承的承载量系数 $C_p = 1.253$。轴承能承受的最大的径向载荷为

$$F = \frac{\eta \omega d B}{\psi^2} C_p = \frac{2\eta v B}{\psi^2} C_p = \frac{2 \times 0.02 \times 6.28 \times 0.08}{0.001\ 5^2} \times 1.253 = 11\ 191.24(\text{N})$$

**10-6 结构分析题**

解：(1) 轴肩过高，轴承无法拆卸。
(2) 静止件轴承盖与转动件轴直接接触，应有一定的间隙。
(3) 缺少密封装置，应加密封件。
(4) 键槽过长，轴承盖无法装入。
(5) 为了增加连接的可靠性，在接缝处应安装紧定螺钉。
(6) 此处应有间隙。
(7) 键的非工作面与轮毂之间应有间隙。
(8) 普通螺栓连接中，被连接件与螺杆之间应有间隙。

# 机械设计(二)试题 5

**11-1 是非题(每小题1分,共10分)**

1. 一般情况下,链传动的多边形效应只能减小,不能消除。（  ）
2. 采用铸铝铁青铜 ZCuAl10Fe3 制作蜗轮材料时,蜗杆传动的承载能力主要取决于齿面的胶合。（  ）
3. 标准蜗杆传动的中心距 $a = \dfrac{m}{2}(z_1 + z_2)$。（  ）
4. 通过直接求解流体动力润滑的雷诺方程,可以求出滑动轴承间隙中润滑油的流量分布。（  ）
5. 宽径比选得大,可以增大压强,对提高高速轴承的运转平稳性有利,同时还可以增大端泄流量,降低温升。（  ）
6. 滚动轴承的旋转精度比设计精密的滑动轴承更高。（  ）
7. 轴承转动时,滚动体和滚道受按对称循环变化的接触应力。（  ）
8. 在滚动轴承组合结构设计中,一端固定、一端游动支承结构形式一般适合于工作温度变化不大、轴承跨距较小的场合。（  ）
9. 轴上安装有过盈连接零件时,应力集中将发生在轴上轮毂中间部位。（  ）
10. 凸缘联轴器、链式联轴器、夹壳联轴器都是刚性联轴器。（  ）

**11-2 单项选择题(每小题1分,共10分)**

1. 与齿轮传动相比,链传动的优点是_____。
   A. 传动效率高  B. 工作平稳、无噪声
   C. 承载能力强  D. 能传递的中心距大
2. 闭式蜗杆传动的主要失效形式是_____。
   A. 蜗杆断裂  B. 蜗轮轮齿折断
   C. 磨粒磨损  D. 胶合和疲劳点蚀
3. 设计液体动压径向滑动轴承时,若发现最小油膜厚度 $h_{min}$ 不够大,在下列改进设计的措施中,最有效的是_____。
   A. 减小轴承的宽径比 $B/d$  B. 增加供油量 $q$
   C. 减小相对间隙 $\psi$  D. 增大偏心率 $\chi$
4. 在_____的情况下,滑动轴承润滑油的黏度不应选得较高。
   A. 重载  B. 高速
   C. 工作温度高  D. 承载变载荷或振动冲击载荷
5. 对于一般转速的滚动轴承,其主要失效形式是_____,设计时要进行轴承的寿命计算。
   A. 磨损  B. 疲劳点蚀

C. 塑性变形 D. 磨损和胶合

6. 与滚动轴承配合的轴颈,必须符合滚动轴承的_____标准系列。
   A. 宽度 B. 外径
   C. 内径 D. 宽度和外径

7. 在以下四点中,_____不属于轮胎联轴器的特点。
   A. 富有弹性 B. 结构紧凑
   C. 扭转刚度小 D. 缓冲性能好

8. 剪切销式安全联轴器宜于用来传递_____。
   A. 功率 B. 转速
   C. 转矩 D. 最大冲击载荷

9. 增大轴的阶梯过渡圆角半径的优点是_____。
   A. 使零件的轴向定位比较可靠
   B. 使轴的加工比较方便
   C. 使零件的轴向固定比较可靠
   D. 降低应力集中,提高轴的疲劳强度

10. 计算表明某钢制调质处理的轴刚度不够,建议:① 增加轴的径向尺寸;② 用合金钢代替碳钢;③ 采用淬火处理;④ 加大支承间的距离。所列举的措施中,有_____能达到提高轴的刚度的目的。
    A. 四种 B. 三种
    C. 两种 D. 一种

**11-3 填空题(每空格 1 分,共 10 分)**

1. 链传动工作时,其转速越高,运动不均匀性就越_____,故链传动多用于_____速传动。
2. 蜗杆传动中,产生自锁的条件是_____。
3. 按所受载荷的性质分类,车床的主轴是_____,自行车的后轴是_____,连接汽车变速器与后桥以传递动力的轴是_____。
4. 有一滚动轴承部件,已知轴颈圆周速度 $v=3$ m/s,采用脂润滑,则宜选用_____密封;若轴颈圆周速度 $v=6$ m/s,采用油润滑,则宜选用_____密封。
5. 刚性联轴器的主要缺点有_____、_____。

**11-4 简答题(共 32 分)**

1. 在什么情况下按额定功率曲线来选择链条?在什么情况下按静强度计算来选择链条?(6 分)
2. 蜗杆传动中为何常以蜗杆为主动件?蜗轮能否作为主动件?为什么?(8 分)
3. 图 2-11-1 所示为轴上零件的两种布置方案,功率由齿轮 $A$ 输入,齿轮 1 输出扭矩 $T_1$,齿轮 2 输出扭矩 $T_2$,且 $T_1>T_2$,试绘制出两轴的扭矩图并分析哪种布置方案有利于减小轴的载荷。(8 分)
4. 说明下列滚动轴承代号的含义及其适用场合。(10 分)
   (1) 6208;(2) 7205AC/P5。

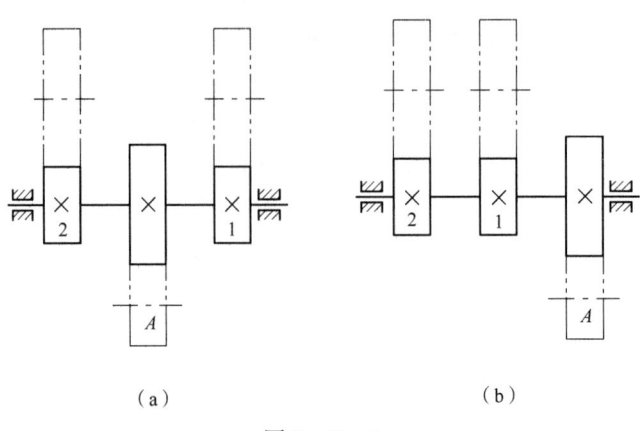

(a) 输入件在中间,输出件在左右两侧;(b) 输入件在右侧,输出件集中在左侧

图 2-11-1

## 11-5 计算分析题(共 28 分)

1. 图 2-11-2 所示为由电动机驱动的闭式普通圆柱蜗杆传动。已知模数 $m=8$ mm,蜗杆分度圆直径 $d_1=80$ mm,蜗杆头数 $z_1=4$,蜗轮齿数 $z_2=46$,蜗轮轴输出转矩 $T_2=1.63\times 10^6$ N·mm,蜗杆转速 $n_1=1460$ r/min,蜗杆与蜗轮间的当量摩擦系数 $f_v=0.03$,每日两班制工作,每年按 250 个工作日计算,轴承效率与搅油效率的乘积取为 $\eta_2\eta_3=0.96$。试求:(18 分)

(1) 该传动的啮合效率及总效率。

(2) 蜗杆的转向、蜗轮轮齿的旋向和作用在蜗杆及蜗轮上各力的大小和方向(各用三个分力表示)。

(3) 该传动三年中功率损耗的费用[工业用电按 1 元/(kW·h)计算]。

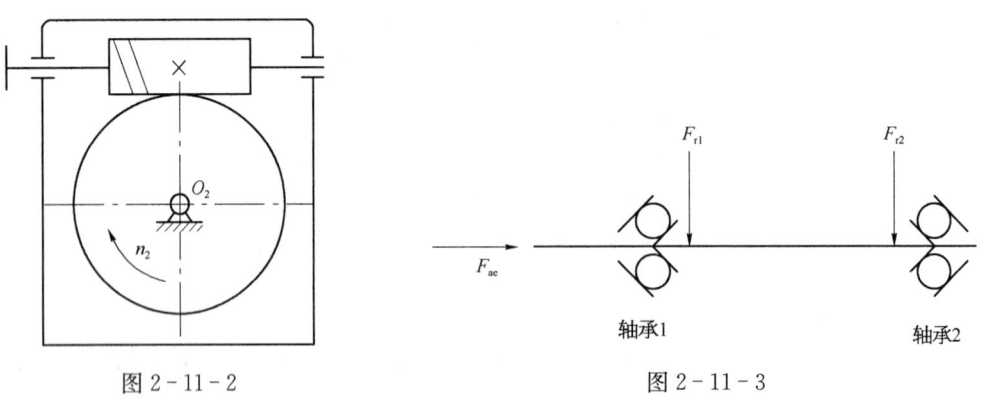

图 2-11-2　　　　　　　　图 2-11-3

2. 如图 2-11-3 所示,轴系采用一对型号为 7210AC 的角接触球轴承支承,已知轴承径向力 $F_{r1}=2200$ N,$F_{r2}=1300$ N,轴的转速 $n=1460$ r/min。轴承基本额定动载荷 $C=32.8$ kN,$e=0.7$,$F_d=0.7F_r$。当 $\dfrac{F_a}{F_r}\leqslant e$ 时,$X=1$,$Y=0$;当 $\dfrac{F_a}{F_r}>e$ 时,$X=0.41$,$Y=0.87$。预期计算寿命 $L'_h=15\,000$ h,取载荷系数 $f_p=1.0$,温度系数 $f_t=1.0$。试求轴上允许的最大轴向载荷 $F_{ae}$。(10 分)

**11-6 结构分析题(10 分)**

如图 2-11-4 所示为一对正安装的角接触球轴承的轴系结构。试指出图中至少 10 处标有序号的错误或不合理结构的原因。(注:不要考虑图中的倒角及圆角)

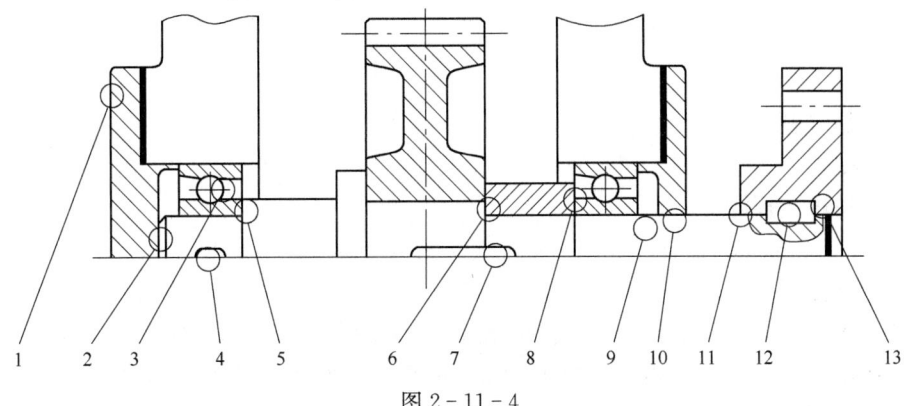

图 2-11-4

# 机械设计(二)试题 5 解答

**11-1 是非题**
1. √  2. √  3. ×  4. ×  5. ×  6. ×  7. ×  8. ×  9. ×  10. ×

**11-2 单项选择题**
1. D  2. D  3. A  4. B  5. B  6. C  7. B  8. C  9. D  10. D

**11-3 填空题**
1. 严重;低  2. 蜗杆的导程角小于啮合面的当量摩擦角  3. 转轴;固定心轴;传动轴
4. 毡圈;唇形圈  5. 不具有补偿两轴轴线相对偏移的能力;无缓冲吸振作用

**11-4 简答题**

1. 答:链传动一般分为低速($v<0.6$ m/s)、中速($v=0.6\sim 8$ m/s)和高速($v>8$ m/s)。对于中、高速链传动,通常按额定功率曲线来选择链条;对于低速链传动,则按静强度计算来选择链条。

2. 答:在机械系统中,原动机的转速一般比较高,因而蜗杆传动通常用于减速运动,则以蜗杆为主动件。在蜗杆传动中,蜗杆头数少时通常反行程具有自锁性,这时蜗轮不能作为主动件;当蜗杆头数多时,效率提高,反行程传动不自锁,蜗轮可以作为主动件,但这种增速传动与齿轮传动相比,齿面相对滑动速度大,对材料要求高,易发生磨损和胶合破坏,因此很少应用。

3. 答:图 2-11-5a 中,轴所受最大扭矩 $T_{max}=T_1$;在图 2-11-5b 中,轴所受最大扭矩 $T_{max}=T_1+T_2$。显然,当扭矩由一个传动件输入,而由几个传动件输出时,为了减小轴上的扭矩,应将输入件放在中间,即图 2-11-5a 的布置较为合理。

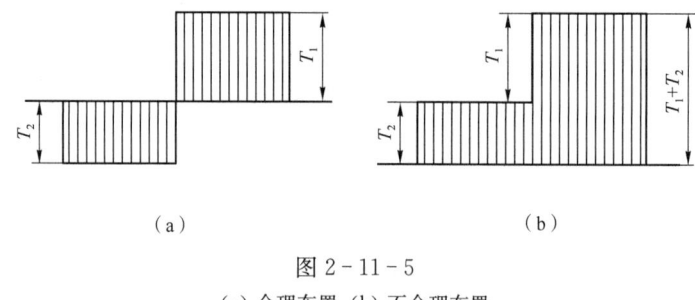

图 2-11-5
(a) 合理布置;(b) 不合理布置

4. 答:(1)

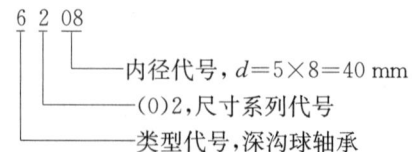

适用于主要承受径向载荷,也可同时承受小的双向轴向载荷,且高转速的场合。当转速很高且轴向载荷不太大时,可代替推力轴承承受纯轴向载荷。

(2)

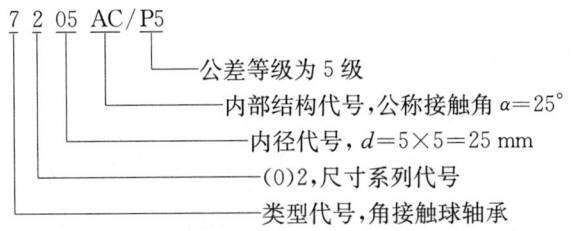

适用于同时承受径向载荷和轴向载荷作用,且转速较高的场合。

**11-5 计算分析题**

1. 解：(1) 由 $\tan\gamma = \dfrac{z_1}{q} = \dfrac{z_1 m}{d_1} = \dfrac{4 \times 8}{80} = 0.4$ 可得,导程角 $\gamma = 21.8°$。当量摩擦角为

$$\varphi_v = \arctan f_v = \arctan 0.03 = 1.718°$$

啮合效率为

$$\eta_1 = \dfrac{\tan\gamma}{\tan(\gamma + \varphi_v)} = \dfrac{\tan 21.8°}{\tan(21.8° + 1.718°)} = 0.919$$

蜗杆传动的总效率为

$$\eta = \eta_1 \eta_2 \eta_3 = 0.919 \times 0.96 = 0.882$$

(2) 作用在蜗杆上的转矩为

$$T_1 = \dfrac{T_2}{i\eta} = \dfrac{T_2}{\dfrac{z_2}{z_1}\eta} = \dfrac{1.63 \times 10^6 \times 4}{46 \times 0.882} = 160\,702(\text{N·mm})$$

蜗杆的圆周力与蜗轮的轴向力为

$$F_{t1} = F_{a2} = \dfrac{2T_1}{d_1} = \dfrac{2 \times 160\,702}{80} = 4\,017.55(\text{N})$$

蜗杆的轴向力与蜗轮的圆周力为

$$F_{a1} = F_{t2} = \dfrac{2T_2}{d_2} = \dfrac{2 \times 1.63 \times 10^6}{8 \times 46} = 8\,858.7(\text{N})$$

蜗杆和蜗轮的径向力为

$$F_{r1} = F_{r2} = F_{t2}\tan\alpha = 8\,858.7 \times \tan 20° = 3\,224.30(\text{N})$$

蜗杆转向、蜗杆和蜗轮上各力的方向如图 2-11-6 所示。蜗轮轮齿的旋向应与蜗杆相同,故为右旋。

(3) 蜗杆传动的输入功率为

$$P_1 = \dfrac{T_1 n_1}{9.55 \times 10^6} = \dfrac{160\,702 \times 1\,460}{9.55 \times 10^6} = 24.57(\text{kW})$$

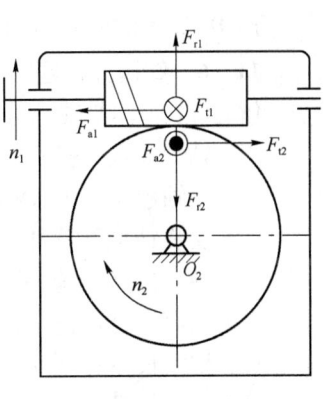

图 2-11-6

三年中功率损耗的总费用为

$$D = tP_1(1-\eta) \times 1 = (3 \times 250 \times 2 \times 8) \times 24.57 \times (1-0.882) \times 1$$
$$= 34\,791.12(元)$$

2. 解：两轴承的派生轴向力为

$$F_{d1} = 0.7F_{r1} = 0.7 \times 2\,200 = 1\,540(N)$$

$$F_{d2} = 0.7F_{r2} = 0.7 \times 1\,300 = 910(N)$$

由图 2-11-7 可得：$F_{d1} + F_{ae} = 1\,540 + F_{ae} > F_{d2} = 910$ N，所以轴承 2 被"压紧"，轴承 1 被"放松"。即有 $F_{a2} = F_{d1} + F_{ae} = 1\,540 + F_{ae}$，$F_{a1} = F_{d1} = 1\,540$ N。

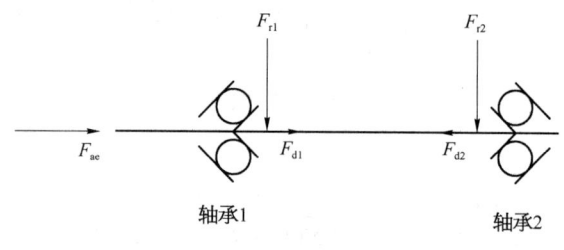

图 2-11-7

由 $\dfrac{F_{a1}}{F_{r1}} = \dfrac{1\,540}{2\,200} = 0.7 = e$ 可得：$X_1 = 1$，$Y_1 = 0$；由 $\dfrac{F_{a2}}{F_{r2}} = \dfrac{1\,540 + F_{ae}}{1\,300} > e$ 可得：$X_2 = 0.41$，$Y_2 = 0.87$。当量动载荷为

$$P_1 = f_p(X_1 F_{r1} + Y_1 F_{a1}) = 1.0 \times 1 \times 2\,200 = 2\,200(N)$$

$$P_2 = f_p(X_2 F_{r2} + Y_2 F_{a2}) = 1.0 \times [0.41 \times 1\,300 + 0.87 \times (1\,540 + F_{ae})]$$
$$= 1\,872.8 + 0.87 F_{ae}$$

由额定动载荷可得出允许的当量动载荷为

$$P = \dfrac{f_t C}{\sqrt[\varepsilon]{\dfrac{60 n L'_h}{10^6}}} = \dfrac{1.0 \times 32\,800}{\sqrt[3]{\dfrac{60 \times 1\,460 \times 15\,000}{10^6}}} = 2\,994.62(N)$$

由 $P_2 = 1\,872.8 + 0.87 F_{ae} \leqslant 2\,994.62$ 可得：$F_{ae} \leqslant 1\,289.45$ N。

**11-6 结构分析题**

解：(1) 箱体与轴承盖缺螺钉连接。

(2) 轴太长，已碰到了左轴承端盖，动静接触。

(3) 左轴承装反了，两轴承安装应构成正安装。

(4) 安装轴承不需要键，故此键槽多余。

(5) 轴肩过高，左轴承无法拆卸。

(6) 三面贴合，齿轮固定不可靠(轮毂的长度应比相应的轴段长 2~3 mm)。

(7) 键太长，右边套筒无法安装。

(8) 套筒外径太大，右轴承无法拆卸。

(9) 精加工面过长，应设计成阶梯轴。

(10) 右轴承透盖与轴间应有间隙,并加上密封装置。
(11) 联轴器无轴向固定(此处应设计有一轴肩)。
(12) 轴上两个键槽不在同一条母线上,轴的结构工艺性差。
(13) 联轴器无键槽,键根本无法安装。

# 机械设计(二)试题 6

**12－1 是非题**(每小题 1 分,共 10 分)

1. 链传动中,当主动链轮匀速转动时,链速是变化的,但链传动的平均传动比恒定不变。
 (　　)
2. 链传动张紧的目的是避免打滑。 (　　)
3. 蜗杆传动中,如果模数和蜗杆头数一定,增加蜗杆分度圆直径,将使传动效率降低,蜗杆刚度提高。 (　　)
4. 角接触球轴承的派生轴向力 $F_d$ 是由其支承的轴上的轴向载荷引起的。 (　　)
5. 轴承合金是锡、铅、锑、铜的合金。这类材料的机械强度低,不能单独制作轴瓦。
 (　　)
6. 维持边界油膜不遭破坏是非液体摩擦滑动轴承的设计依据。 (　　)
7. 承受弯矩的转轴容易发生疲劳断裂,是由于其最大弯曲应力超过材料的强度极限。
 (　　)
8. 实际的轴多做成阶梯形,主要是为了减轻轴的重量,降低制造费用。 (　　)
9. 多片式摩擦离合器的摩擦片数越多,接合就越不可靠,因而传递的扭矩也越小。
 (　　)
10. 挠性联轴器可以分为无弹性元件、有弹性元件的挠性联轴器两类。 (　　)

**12－2 单项选择题**(每小题 1 分,共 10 分)

1. 图 2－12－1 所示的蜗杆传动中,蜗杆主动,则图_____的蜗轮转向是正确的。

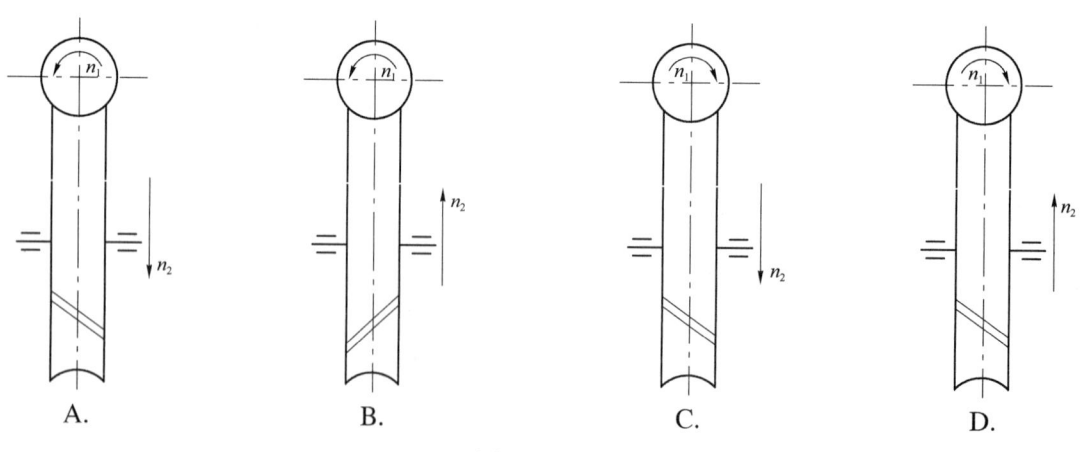

图 2－12－1

2. 链传动中,链节数取偶数,链轮齿数取奇数,最好互为质数,其原因是_____。
 A. 链条与链轮轮齿磨损均匀　　　　B. 工作平稳

C. 避免采用过渡链节　　　　　　D. 具有抗冲击力

3. 双向运转的液体润滑推力轴承,止推盘工作面应做成图 2-12-2 _____ 所示的形状。

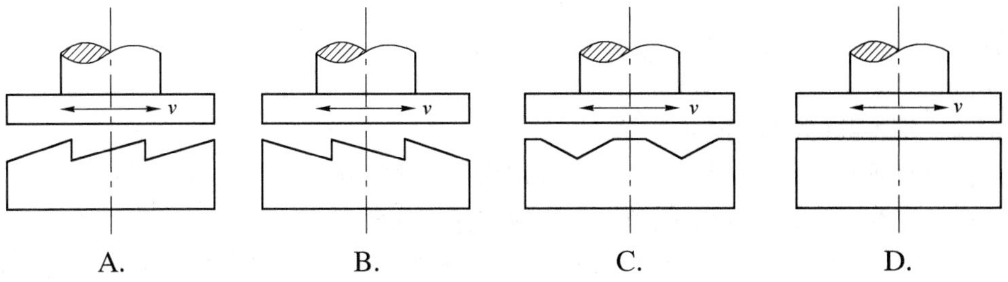

A.　　　　　B.　　　　　C.　　　　　D.

图 2-12-2

4. 下列机械中,_____只能采用滑动轴承。
    A. 普通齿轮减速器　　　　　B. 电动机转子
    C. 火车轴承　　　　　　　　D. 汽车内燃机曲轴轴承
5. 调心滚子轴承的滚动体形状为_____。
    A. 球形　　　　　　　　　　B. 圆柱形
    C. 鼓形(球面滚子)　　　　　D. 圆锥形
6. 转速与基本额定动载荷一定的球轴承,若当量动载荷增加1倍,则其寿命为原来寿命的_____倍。
    A. 4　　　　B. 1/4　　　　C. 8　　　　D. 1/8
7. 当轴上安装的零件要承受轴向力时,采用_____来进行轴向固定,所能承受的轴向力较大。
    A. 螺母　　　B. 紧定螺钉　　C. 弹性挡圈　　D. 螺钉
8. 当轴受力较大时,如果要求轴的直径不宜太大,则应采用_____。
    A. 45钢正火　　B. HT250　　C. Q275　　D. 40Cr调质处理
9. 受冲击载荷的联轴器应采用_____。
    A. 变刚度联轴器,载荷增大时刚度增大的联轴器
    B. 定刚度联轴器
    C. 变刚度联轴器,载荷增大时刚度减小的联轴器
    D. 刚性联轴器
10. 对于经常过载的安全离合器应该采用_____。
    A. 牙嵌式安全离合器　　　　　B. 摩擦式安全离合器
    C. 离心式安全离合器　　　　　D. 定向离合器

## 12-3　填空题(每空格1分,共10分)

1. 润滑油的黏度与温度有关,且黏度随温度的升高而_____。
2. 蜗杆传动的热平衡计算公式是按_____条件建立的。
3. 滚动轴承的静载荷计算是为了避免发生_____失效。
4. 链传动中,即使主动链轮的角速度是常数,也只有当_____时,从

动轮的角速度和传动比才能得到恒定值。

5. 滑动轴承轴瓦常用的材料有_____、_____等。滚动轴承的内、外圈常用材料为_____，保持架常用_____材料。

6. 轴上轴承的跨距较短且温差较小时，轴承的配置应用_____形式；当两轴承的跨距较长且温差较大时，轴承的配置应用_____形式。

**12-4　简答题（共 27 分）**

1. 若轴的强度不足或刚度不足时，可分别采取哪些措施？（6 分）
2. 在设计滑动轴承时，相对间隙 $\psi$ 的选取与速度和载荷的大小有何关系？（6 分）
3. 十字轴万向联轴器适用于什么场合？为何常成对使用？在成对使用时如何布置才能使主、从动轴的角速度随时相等？（5 分）
4. 说明下列滚动轴承代号的含义及其适用场合。（10 分）
(1) N309E；(2) 30206。

**12-5　计算分析题（共 34 分）**

1. 图 2-12-3 为某球轴承的载荷 $P$ 与基本额定寿命 $L_{10}$ 之间的关系曲线。试求：（6 分）

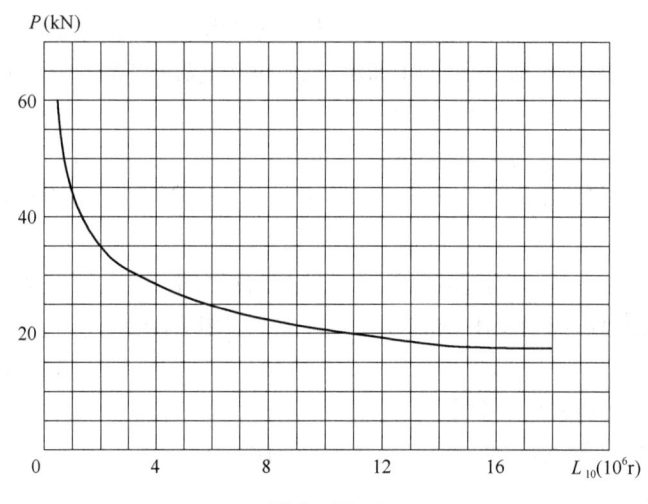

图 2-12-3

(1) 该轴承的额定动载荷 $C$。
(2) 若该球轴承的当量动载荷 $P=0.1C$，轴承转速 $n=1\,000$ r/min，求此轴承的寿命 $L_h$。

2. 图 2-12-4 所示为一单向转动的从动轴，轴上为标准直齿圆柱齿轮。已知齿轮模数 $m=2$ mm，齿数 $z=50$，分度圆压力角 $\alpha=20°$，工作转矩 $T=50$ N·m；在具有最大弯矩的轴截面上，抗弯截面系数 $W=2\,500$ mm$^3$，抗扭截面系数 $W_T=5\,000$ mm$^3$。(16 分)

(1) 分析计算该齿轮受力的大小及方向（用分力表示，$A$ 为啮合点）。

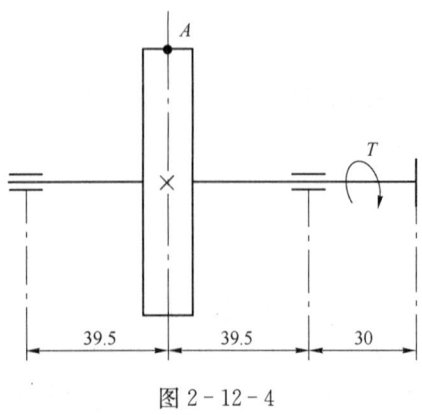

图 2-12-4

(2) 作出轴的弯矩图、合成弯矩图和转矩图。

(3) 求该截面上弯曲应力的应力幅 $\sigma_a$ 和平均应力 $\sigma_m$。

(4) 求该截面上扭转切应力的应力幅 $\tau_a$ 和平均应力 $\tau_m$。

3. 已知某滚子链传动水平布置,传递的功率 $P = 9.7\,\text{kW}$,小链轮转速 $n_1 = 730\,\text{r/min}$,齿数 $z_1 = 18$,链节距 $p = 19.05\,\text{mm}$,中心距 $a = 665\,\text{mm}$,垂度系数 $K_f = 6$,链条单位长度的质量 $q = 1.5\,\text{kg/m}$,压轴力系数 $K_{Fp} = 1.15$。求传动中紧边拉力 $F_1$ 及压轴力 $F_p$。(8分)

4. 一单级圆柱蜗杆传动,蜗杆轴上输入功率 $P_1 = 5.5\,\text{kW}$,传动效率 $\eta = 0.8$,表面传热系数 $\alpha_d = 12\,\text{W/(m}^2 \cdot \text{℃)}$,散热面积 $S = 1.6\,\text{m}^2$,要求 $[\Delta t] = 60\text{℃}$,试对该蜗杆传动进行热平衡计算。(4分)

**12-6 结构设计题(9分)**

如图 2-12-5 所示的箭头为示意的载荷方向,按支承的形式试指出在3个支承处应安装的轴承类型,并在其上画出轴承的结构图。

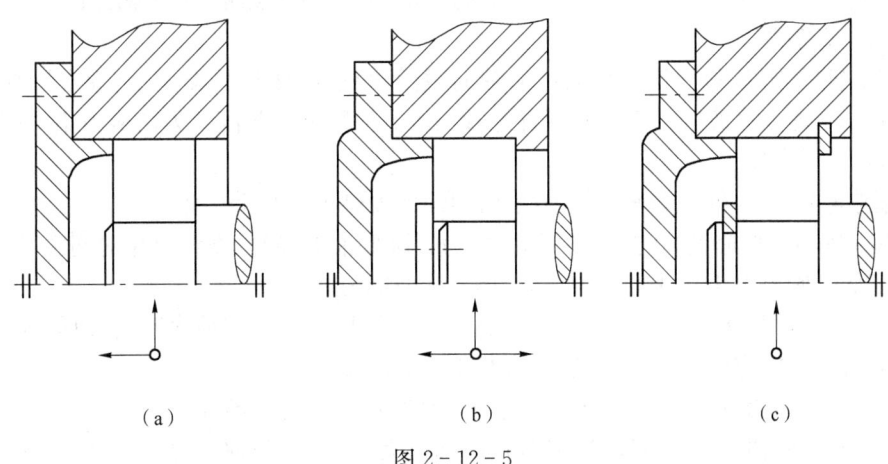

图 2-12-5

(a) 单向固定支承;(b) 双向固定支承;(c) 游动支承

# 机械设计(二)试题 6 解答

**12-1 是非题**
1. √  2. ×  3. √  4. ×  5. √  6. √  7. ×  8. ×  9. ×  10. √

**12-2 单项选择题**
1. C  2. A  3. C  4. D  5. C  6. D  7. A  8. D  9. A  10. B

**12-3 填空题**
1. 下降  2. 单位时间内的发热量 $\phi_1$ 等于同时间内的散热量 $\phi_2$  3. 塑性变形  4. $z_1 = z_2$,中心距是链节距的整数倍  5. 轴承合金(巴氏合金或白合金);铜合金;轴承铬钢;低碳钢
6. 双支点各单向固定(两端固定);一支点双向固定,另一端支点游动(一端固定,一端游动)

**12-4 简答题**
1. 答:轴的强度不足时,可采取增大轴的截面面积;改变材料类型;合理布置轴上零件;改进轴的结构,增大过渡圆角半径和用开卸载槽等方法降低过盈配合处的应力集中程度;改进轴的表面质量等措施。

轴的刚度不足时,可采取增大轴的截面面积;改变轴的结构等措施。

2. 答:滑动轴承速度高时,油的温升高,为了降低油的温升,设计时相对间隙 $\psi$ 应取得大一些;速度低时则取得小一些,这也有利于提高承载能力。

滑动轴承的承载能力 $F$ 与相对间隙 $\psi$ 的平方成反比。因此载荷大时,相对间隙 $\psi$ 应取得小一些,载荷小时则应取得大一些,这也有利于降低油温。

3. 答:十字轴万向联轴器用于连接的两轴具有较大夹角的场合。

十字轴万向联轴器是不等速联轴器,在两轴有夹角时,主动轴匀速转动,则从动轴将变速转动。采用双十字轴万向联轴器时,可实现输入轴与输出轴等速转动。

当主动轴与中间轴的夹角 $\alpha_1$ 等于中间轴与从动轴的夹角 $\alpha_2$,且中间轴上的两十字叉又位于同一平面时,成对使用的十字轴万向联轴器才能使主、从动轴的角速度随时相等。

4. 答:(1)

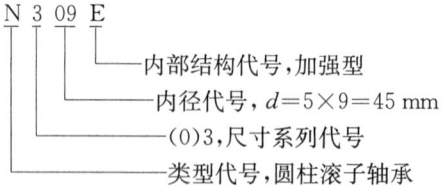

适用于承受较大的纯径向载荷作用,且转速较高的场合。

(2)

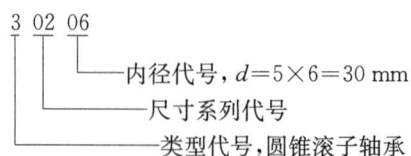

适用于同时承受较大的径向载荷和轴向载荷作用,中等转速,便于调整游隙的场合。

**12-5 计算分析题**

1. 解:(1) 查图 2-12-3 可得:当 $L_{10} = 1 \times 10^6$ r 时,$C = 45$ kN。
(2) 轴承的寿命为

$$L_h = \frac{10^6}{60n} \left(\frac{C}{P}\right)^\varepsilon = \frac{10^6}{60 \times 1\,000} \left(\frac{C}{0.1C}\right)^3 = 16\,666.67(\text{h})$$

2. 解:(1) 齿轮所受的圆周力和径向力分别为

$$F_t = \frac{2T}{d} = \frac{2 \times 50 \times 10^3}{2 \times 50} = 1\,000(\text{N})$$

$$F_r = F_t \tan\alpha = 1\,000 \times \tan 20° = 363.97(\text{N})$$

力的方向如图 2-12-6a 所示。
(2) 作用在轴上的弯矩及转矩分别为

$$M_{H\text{max}} = \frac{F_t}{2} \times 39.5 = \frac{1\,000}{2} \times 39.5 = 19\,750(\text{N} \cdot \text{mm})$$

$$M_{V\text{max}} = \frac{F_r}{2} \times 39.5 = \frac{363.97}{2} \times 39.5 = 7\,188.41(\text{N} \cdot \text{mm})$$

$$M_{\text{max}} = \sqrt{M_{H\text{max}}^2 + M_{V\text{max}}^2} = \sqrt{19\,750^2 + 7\,188.41^2} = 21\,017.51(\text{N} \cdot \text{mm})$$

$$T = F_t \frac{d}{2} = 1\,000 \times \frac{2 \times 50}{2} = 50\,000(\text{N} \cdot \text{mm})$$

轴的弯矩图、合成弯矩图和转矩图如图 2-12-6b、c、d、e 所示。
(3) 作用在最大弯矩的轴截面上的弯曲应力为

$$\sigma_B = \frac{M_{\text{max}}}{W} = \frac{21\,017.51}{2\,500} = 8.41(\text{MPa})$$

因为弯曲应力为对称循环变应力,故 $\sigma_m = 0$,$\sigma_a = 8.41$ MPa。
(4) 作用在最大弯矩的轴截面上的扭转切应力为

$$\tau_T = \frac{T}{W_T} = \frac{50\,000}{5\,000} = 10(\text{MPa})$$

因为扭转切应力为脉动循环变应力,故 $\tau_m = \tau_a = 0.5\tau_T = 0.5 \times 10 = 5(\text{MPa})$。

3. 解:平均链速

$$v = \frac{z_1 n_1 p}{60 \times 1\,000} = \frac{18 \times 730 \times 19.05}{60 \times 1\,000} = 4.17(\text{m/s})$$

故有效圆周力

$$F_e = \frac{1\,000P}{v} = \frac{1\,000 \times 9.7}{4.17} = 2\,326.14(\text{N})$$

离心拉力

$$F_c = qv^2 = 1.5 \times 4.17^2 = 26.08(\text{N})$$

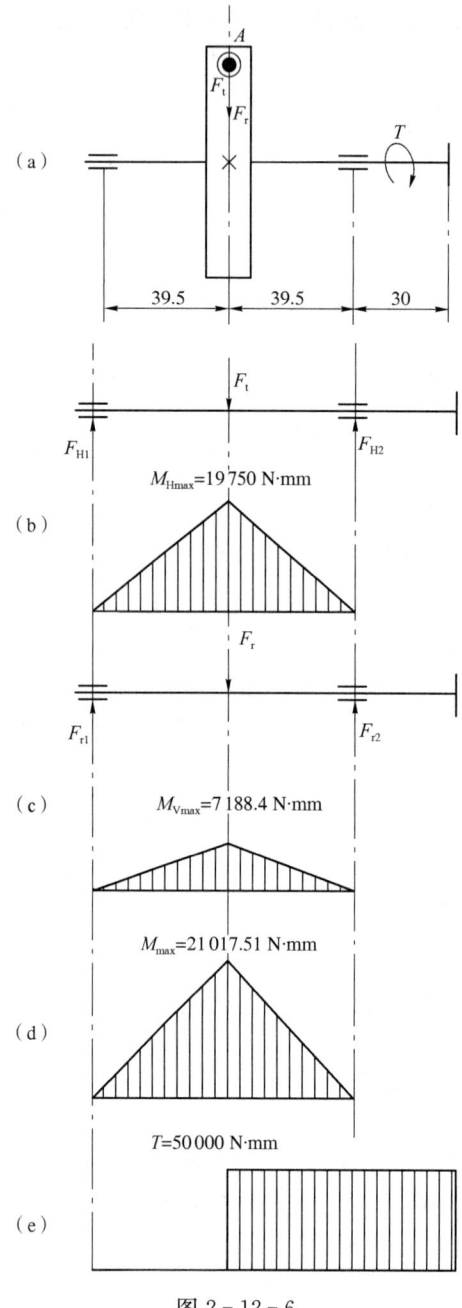

图 2-12-6

对于水平布置的垂度拉力　　$F_f = K_f qa \times 10^{-2} = 6 \times 1.5 \times 665 \times 10^{-2} = 59.85(\text{N})$

故紧边拉力　　　　$F_1 = F_e + F_c + F_f = 2\,326.14 + 26.08 + 59.85 = 2\,412.07(\text{N})$

压轴力　　　　　　$F_p \approx K_{Fp} F_e = 1.15 \times 2\,326.14 = 2\,675.06(\text{N})$

4. 解：该蜗杆传动的温升为

$$\Delta t = \frac{1\,000 P_1(1-\eta)}{\alpha_d S} = \frac{1\,000 \times 5.5 \times (1-0.8)}{12 \times 1.6} = 57.29(\text{℃}) < [\Delta t] = 60\text{℃}$$

故蜗杆传动热平衡满足适用要求。

**12-6  结构设计题**

解：图 a 应安装角接触球轴承(70000)；图 b 应安装深沟球轴承(60000)；图 c 应安装圆柱滚子轴承(N0000)。轴承的结构图如图 2-12-7 所示。

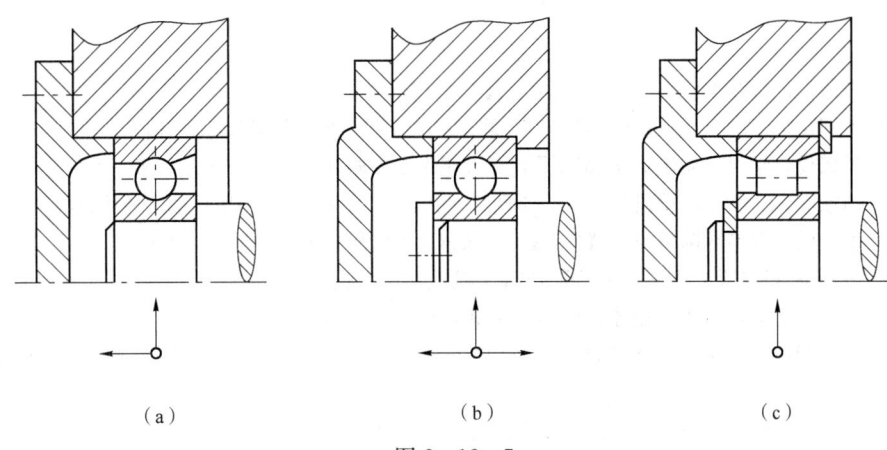

图 2-12-7
(a) 单向固定支承；(b) 双向固定支承；(c) 游动支承

# 参 考 文 献

[1] 傅燕鸣.机械设计试题集[M].2版.上海:上海大学出版社,2012.
[2] 濮良贵,陈国定,吴立言.机械设计[M].9版.北京:高等教育出版社,2013.
[3] 唐蓉城.机械设计学习与应试指南[M].天津:天津大学出版社,1995.
[4] 彭文生,杨家军,王均荣.机械设计与机械原理考研指南[M].武汉:华中理工大学出版社,2000.
[5] 杨昂岳.机械设计典型题解析与实战模拟[M].长沙:国防科技大学出版社,2002.
[6] 吴宗泽,肖丽英.机械设计学习指南[M].北京:机械工业出版社,2005.
[7] 殷耀华.机械设计学习与考研辅导[M].北京:北京理工大学出版社,2005.
[8] 机械类教材辅导及考研应试指导委员会.机械设计辅导及考研应试指导[M].北京:机械工业出版社,2003.
[9] 李育锡.机械设计作业集[M].2版.北京:高等教育出版社,2001.
[10] 秦彦斌,陆品.机械设计导教·导学·导考[M].西安:西北工业大学出版社,2005.